항만
개발계획

이중우 이재완 정대득

博 英 社

본서는 한국해양대학교 항만물류전문인력양성사업단에서
국토해양부의 지원사업으로 출간되었다.

머 리 말

근래에 와서도 항만시설은 과거의 예를 답습함으로써 문제없이 설계될 수 있었었다. 그러나 세계무역에서 급격한 통신의 발달과 경제적 압력이 과학적 발견과 발명을 재촉하게 되고 기술적인 보완간의 간격을 좁히게 되었으며 따라서 재래의 모델로는 충분하지 않게 되었다. 컨테이너화, 초대형선, 대양항행의 바지선, 새로운 화물하역 및 저장기술, 진흥형 항만, 하이브리드 안벽, 모바일하버 등은 가장 최근에 개발된 몇 가지의 기술에 불과하나 이들에 반응하여 항만은 불가피하게 새롭게 개발되어야 한다. 한편, 필요에 의하거나 거대한 사회적인 압력에 의해 태동한 또 다른 특기할 사항은 환경적인 균형을 유지하여야 한다는 점이 부각되므로 친환경적 항만개발부분도 반영되어야 할 사항이다.

최근 정부의 동북아 물류 중심기지 확보를 위한 대대적인 항만정비 및 건설정책에 힘입어 부산신항, 광양항, 영일만신항 등 9대 신항과 같은 대규모 항만건설이 역사 이래 최대 규모로 진행 중에 있으며, 이를 위해 많은 항만관련자들이 부단한 노력으로 우리나라 항만분야의 설계 및 시공기술은 과거에 비해 괄목할 만한 성장을 가져왔고 아울러 항만 선진국과의 기술격차도 크게 줄이고 있는 것은 사실이다. 그러나 대규모 항만을 건설하면서도 초기 기본계획에서 실시설계에 이르는 단계에서 국부적으로 대규모 항만건설이 진행되고 있는 현장을 답사하거나 접촉하여 자료수집에 많은 노력을 기울여 왔어도 늘 기본적인 지침이나 교과서적 기준이 없어서 아쉬움과 부족함을 느껴왔다. 이로 인해 항만개발계획에서 필요한 단계적 절차나 검토부분에 미비한 점이 계획의 추진과정에서 나타나고 있는 것도 사실이다. 이에 집필진은 분야별로 산재된 여러 가지 지침이나 사례 등을 조사하고 정리하여 보다 체계적이고 교육현장 및 현업에서도 실질적으로 활용할 수 있는 기본기술서적을 준비하게 되었다.

항만개발계획 분야의 교재는 국내에 전무한 실정이며 다만 일부 대학에서 대학원의 항만과 관련된 강의원고로 정리하였거나 기업에서 내부지침, 중앙정부 또는 지방정부·공기관 등에서 정책 및 보고자료로 활용해오고 있지만 정식으로 출판사를 통해 출판된 것이 아니며, 이조차도 체계적인 정비가 필요하다고 본다. 또한 학부의 항만공학, 해안 및 항만공학, 항만관리론, 물류시스템론 등에서 개발 또는 계획분야에 관해 극히 일부분만을 언급하고 있을 뿐이고, 본서와 동시에 집필된 항만물류수송계획론, 항만운영관리론, 항만물류론 등의 교재에서도 항만계획이나 항만시설현황 외에 타당성 분석 및 항만개발규모 등이 일부 소개되고 있다.

전반적인 교재의 내용은 먼저 총설에서 교재 전체에 대한 개괄을 소개하고 항만개발계획의 기본, 항만계획과 조사, 항만분석, 항만용지의 이용 및 친수계획, 부두시설계획, 항만개발과 지역사회, 항만개발과 환경 등을 다룬 후에 항만개발계획의 국내외 사례 및 항만재개발과 미래의 항만을 정리하였다.

이와 같이 선박 및 수송하역기기의 발전과 함께 물류/수송 전반을 서비스할 항만의 초기 계획단계에서부터 개발 및 건설, 유지 보수에 이르는 전반을 골고루 다루어 물류전문가 외에도 항만정책 및 건설계획 관련자들의 지침서로 활용할 수 있도록 하는 것을 목표로 하였다. 교재의 특성상 항만설계부분이 다소 포함되지만 이는 개발계획의 이해를 돕는 의미에서 각종 개발구상이나 시설물의 그림 및 사진, 개발실례를 포함할 것이므로 이 분야에 입문하는 대학생 및 항만에 종사하거나 관계하는 경력자나 전문가들의 교재나 참고서로 사용될 수 있을 것이다. 특히, 본서와 관련해서 국토해양부의 여러 부서로부터 많은 자료의 도움을 받았으므로 이에 감사를 드리는 바이며, 비록 일반적인 내용이고, 주위로부터 도움이 있었음에도 계속 보완과 수정을 반복하여 걸맞은 교재로 거듭나기를 희망하면서 감히 첫발을 내딛고자 한다.

2009. 1

저자일동

목　　차

제1장 총　　설

제 2 장 항만개발계획의 기본

제 3 장 항만계획과 조사

제 4 장　항만계획의 여건분석

제 5 장 항만용지의 이용 및 친수계획

제 6 장 항만계획 및 부두시설

제 7 장 항만개발과 지역사회

제 8 장 항만개발과 환경

제 9 장 항만개발계획 사례

제10장 항만재개발계획

제11장 미래의 항만

용어정의

이 책에서 사용한 주요 용어를 나열하면 다음과 같다(그림 참조).

에이프런(apron): 안벽과 상옥이나 창고사이에 화물을 적양하하기 위한 공간.

선좌(berth): 선박이 정박할 수 있는 공간. 안벽이나 잔교의 경우는 노동, 장비 및 화물이 선박에 대해 제공되는 구조물의 일부분을 포함한다.

접안선(berth line): 부두 상부구조물의 최외곽선. 방현재와 같은 분리할 수 있는 장비는 안벽선의 외측에 놓이게 된다.

접안구조물: 선박으로부터 적양하를 위한 인공적인 착지. 접안구조물은 다음과 같이 세분(berth structure)한다.

- 안벽: 일반적으로 해안선과 나란하게 축조된 접안구조물.
- 잔교 또는 돌: 해안에서 돌출되어 나온 접안구조물.
- 돌핀: 개방해역에서 선박을 접안시키기 위한 구조물.

방파제(breakwater): 파랑의 작용으로부터 항만을 보호하기 위한 사석/콘크리트 구조물.

방현재(fender): 부두에 계류된 선박 사이에서 충격을 완화하기 위한 시설.

격벽(bulkhead): 땅을 지지하기 위한 구조로 흙과 물 사이의 횡방향 하중의 차이를 저지하기 위한 구조물.

박거(dock): 박거문으로 조석의 영향을 차단하게 한 항만 내의 수역.

돌핀(dolphin): 선박의 정박, 접안 및 유도하기 위한 고립파일이나 중력식으로 된 구조물.

항만(harbor): 화물의 이적, 급유, 수리 등을 위해 선박이 안전하고 적절히 피박할 수 있도록 보호된 수역으로 다음과 같이 구분할 수 있다.

- 자연항: 자연적인 지형으로 폭풍과 파랑으로부터 보호된 항만.
- 반자연항: 자연적 및 인공적인 보호가 이루어진 항만.
- 인공항: 방파제와 같은 것으로 파랑의 영향으로부터 보호된 항만이나 준설 등

으로 개발한 항만.

(port): 선박이 화물을 적양하할 수 있도록 차폐된 영역으로 여기에는 접근수로, 묘박지 등을 포함한 항만이며 다음과 같이 구분할 수 있다.

- 외해항만: 항만이 대양항행선박이 바로 접근할 수 있도록 해안, 감조수역 또는 하구에 위치한 항만.
- 내륙수로항만: 가항역의 강, 수로 및 호수에 위치한 항만.

야드(yard): 야드는 다음과 같이 나눌 수 있다.

- 일차 야드: 저장지역에서 주로 출입화물의 일시적인 저장에 이용되는 부분.
- 이차 야드: 샤시, 빈컨테이너 저장, 기타 장비 및 시설이 점유하는 부분.

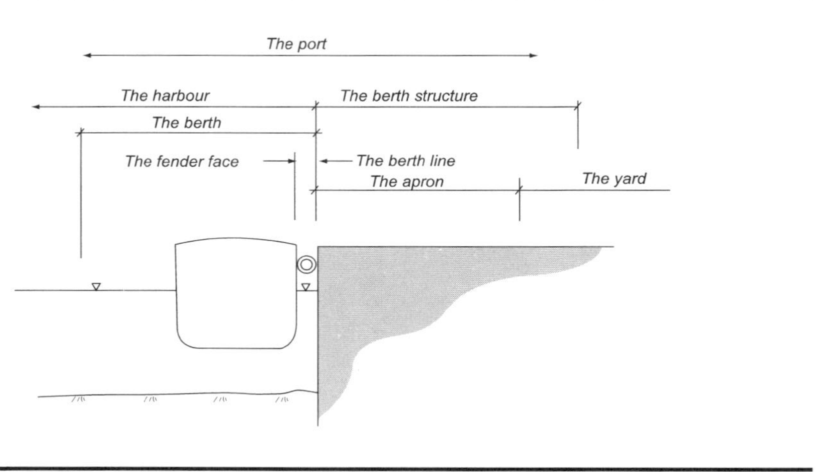

제 1 절 항만의 정의 및 발전

1. 항만의 정의

1) 항만의 어원

항만은 어원적으로 '바다, 강, 호수 등의 임수(臨水) 지역에 위치하여 사람이나 화물의 출입을 담당하는 영역'으로 정의할 수 있으며, 현실적으로는 법률적·경제적·사회적인 측면을 종합적으로 고려하여 그 개념을 정의하여야 한다. 서양에서 항만의 어원은 영어의 포트(port)와 하버(harbor)로 나누어 나타나는데, port는 라틴어의 porta(門)라고 하여 수륙교통의 공통접속영역에서 바다나 육지로 통하는 관문(gate)의 개념이 강하다. 반면에 harbor는 아일랜드어의 herr(군대)와 barg(구하다, 지키다, 보호하다)에서 유래하여 근대를 은닉하여 보호하는 장소 또는 피난소라는 의미를 지니고 있었는데, 최종적으로 선박에 대해 적당한 수심을 가지고, 충분한 피난처를 제공할 수 있는 자연적인 작은 만(彎)이나 강 입구를 의미한다. 현실적으로 port는 이와 같은 harbor의 자연적 조건 하에서 여객이나 화물을 육상이나 선박에 옮겨 실을 수 있는 시설을 갖추고 있는 넓은 의미의 항만을 의미한다.

2) 항만의 정의와 기능

현대에 와서 항만은 해·육수송의 중계점으로서 육송된 화물의 선적과 해송된 화물의 양륙, 이들 화물의 보관 등의 주기능인 유통기능과 이와 관련된 선박의 입출항 등의 여러 가지 기능이 복합된 종합 산업활동의 장소라 정의할 수 있다. 항만은 선박이 안전하게 입출항하고 하역을 행하기 위한 정온한 수면적, 접안 및 하역, 보관 및 이송시설 등이 필요하며, 보급 및 지원시설 등이 있어야 한다.

오늘날의 항만은 선박의 정박지 및 화물과 여객의 수송터미널로서의 기능 이외에 수출입 화물의 적기공급과 원활한 하역 및 유통을 통한 수송비용의 저렴화 등 국민경제생활과 밀접한 관계가 있을 뿐만 아니라 연안 및 내수역의 수송력 강화로 육상의 수송능력을 일부 담당함으로써 경제적 화물유통을 가능케 한다. 아울러 항만의 개발에 따른 해수면 매립으로 국토를 확장하고 임해공업단지를 개발함으로써 고용기회의 증대와 지역의 발전 및 인구분산의 효과를 꾀할 수 있으며, 유사시 군수물자의 수송을 담당하는 등의 국가발전에 막중한 역할을 담당하고 있다.

2. 항만의 발전

현대는 어떠한 시대보다 변화를 요구하고 변화에 영향을 미치는 시대이다. 금세기에서는 과학·기술·사회·정치·문화 나아가서는 환경적으로도 훨씬 큰 변화를 야기하였으며 또한 이를 추구해 왔다고 본다. 변화에 작용을 미치는 공동의 상승작용은 그 비율이 증가되어 변화에 순응하는 능력과 그 변화를 위한 계획이 현존하는 모든 것의 중심이 되도록 만들었다. 변화에 대비하고 대처한 집단은 존립의 위험은커녕 오히려 발전해 나가고 있는 것이 현실이다.

1) 항만의 발전역사

자동차, 항공기 등의 발달이 없었던 근대까지는 선박이 유일한 대량수송 수단이었고 바다는 지구를 갈라놓고 하천이 내륙으로 통하므로 선박의 교통이 넓은 지역과의 교류를 용이하게 하였다. 티그리스·유프라테스강에 연한 메소포타미아문화, 나일강의 이집트문화, 황화강의 중국문화는 이와 같이 번영하였다. 또한 지중해를 제압한 페니키아, 로마는 유럽문화의 발상으로 되어 대항해시대를 경유하여 7대양을 제패한 영국이 서구문화의 상징으로 되어 왔다. 국제교류를 활발하게 하기 위하여 관세의 배제 등의 자유화 기운도 자라나 북구유럽의 한자동맹 제반 항만과 홍콩, 싱가폴항 등의 자유항이 발생하게 되었다. 인공항은 이미 B. C. 2500년 페니키아의 타일 및 시돈 등에서 축조되어서 그 역사는 오래된다. 세계의 근대화는 증기선의 발명, 1861년의 수에즈운하, 1915년의 파나마운하의 개통에 의해 국제교류가 활발히 이루어져 한층 더 촉진되었다고 할 수 있을 것이다.

항만의 변화에 반응하게 되는 움직임으로부터 나타날 수 있는 여러 문제점은 전 세계의 여러 항만에서 설계의 사례를 살펴보면 잘 알 수가 있다. 로마제국 멸망까지 항만은 지중해, 홍해 및 페르시아만에 밀집되어 웅대하고 견고하게 유지되고 있었으므로 이 당시의 항만은 기념비, 피라미드, 사원 등과 같이 많은 주의를 기울여 건설되고 유지되어 왔는데 로마제국의 멸망에 이은 세계의 리더십 부족과 계속적으로 누적된 무관심으로 사라지거나 지진으로 묻혀 원래의 형태를 볼 수 없게 되었다. 근간에 들어서서 오래된 항만의 건축형식이 일부 고고학자에 의해 발견되고 그 중 항만공학 분야에서 많은 관심과 대가를 치러 현대 항만설계에서 다시 빛을 보게 되었다. 19세기에 들어서서 증기선, 항해사 및 탐험가의 열의와 대륙 간의 새로운 무역항로의 발견에 힘입어 식민지를 통한 해양국가의 팽창과 기타 요소들이 해상무역의 중요성을 재평가하기에 이르렀고 도약과 반향을 불러일으켰다. 특히 해운의 규모가 커지고 더욱 많은 선박의 수요, 항만시설의 개량이 분명해져 성장에 따른 개혁과 분쟁의 고통을 맛보게 되었다. 즉, 어떠한 방해도 없이 꾸준히 항만이 발전을 해오면서 양 대전을 통해 커다란 손실을 가져왔으며 또한 파괴를 통한 재건 및 혁신에 가속화를 꾀할 수 있었다.

2) 항만발전의 요소

최근까지만 하여도 이와 같은 항만시설은 과거의 예를 답습함으로써 문제없이 설계될 수 있었다. 그러나 세계무역에서 급격한 통신의 발달과 경제적 압력이 과학적 발견과 발명을 재촉하게 되고 기술적인 보완 간의 간격을 좁히게 되었으며 따라서 재래의 모델로는 충분하지 않게 되었다. 컨테이너화, 초대형선, 대양항행의 바지선, 새로운 화물하역 및 저장기술 등은 가장 최근에 개발된 몇 가지의 기술에 불과하나 이들에 반응하여 항만은 불가피하게 새롭게 개발되어야 한다. 한편, 필요에 의하거나 거대한 사회적인 압력에 의해 태동한 또 다른 특기할 사항은 환경적인 균형을 유지하여야 한다는 점이다.

특히 부존자원이 부족한 나라에서는 무역의 대부분을 항만을 경유하여 처리하게 됨으로써 공업생산의 대부분이 항만을 중심으로 이루어지게 된다. 선박에 의해 대량으로 안전하게 물자를 운반하기 때문에 생산과 생활의 비용이 싸게 된다는 것이다. 실제로 선박에 의해 운반되는 화물은 1km·ton당 철도의 1/10, 트럭의 1/100 정도의 수송비가 소요된다. 따라서 항만 주위에 공장을 건설하고 가로를 만들어 살아가는 것은 이치가 있다고 할 것이다. 우리나라가 70년대의 고도성장을 한 것은 다수의 임해공업지대를 조성하여 합리적인 무역항과 공업항을 정비한 결과라고 할 수 있다. 항만은 바다에 접하여 소위 지역 및 국가 간의 교류를 가지게 한다. 예로부터 국제교류의 장으로서 알려진 항만의 가치가 이후에도 새로운 관점에서 크게 기대되고 있는 것이다.

항만의 성장에 영향을 미치는 주요 요소를 정리하면 다음과 같다.

(1) 일반적 요소

초기의 하천무역(river trade)에서 선장(Columbus, Drake, Raleigh, Cook, Magellan 등)들의 항행술 등으로 i) 항로가 개발되어 대륙 간의 무역발전을 꾀하였으며, ii) 하구가 복잡해져 강을 따라 안벽, 잔교의 건설이 이루어졌다. 즉, 인구 및 부존자원의 불균일함을 분산시키는 효과는 자원과 상품의 교환을 통해 꾀할 수 있으며 이의 매체는 iii) 역시 선박을 통한 해상무역이다. 이를 통해 항만의 발전을 야기시켰다고 할 수 있다.

(2) 세계인구의 증가

인구의 증가는 바로 상품수요와 선박수 및 선박크기의 증가를 가져왔으며 이들 선박의 신속하고 안전한 접안을 위한 시설, 서비스의 제공이 필요하게 되었다.

(3) 일반산업의 발전

산업이 발전함에 따라 광대한 자원 및 연구시설을 갖춘 산업조직이 형성되어 다양한 소비상품의 대량생산은 물론 이를 추구하기 위한 제작자·생산자의 경쟁을 피할 수 없게 되었다. 특히 가격은 보통 수준의 소비자 범위 내에서 결정되므로 광고(PR)로 상품을 선전하게 되고 신문, 라디오, 텔레비전, 교육프로그램 등과 해외사무실, 판매력, 기타 UNESCO 등과 같은 매체를 통하여 문화의 교류, 생필품·생활편의품의 수출입 증가로 해운·항만시설에 막대한 영향을 미치게 되었다.

(4) 석유산업의 증가

원유 및 정유 등의 석유산업은 해운 및 항만성장에 영향을 준 중요한 요소로 특히 세계 주요 선진국의 경우 산업·경제·정치적으로 큰 영향을 미쳤다. 1차(1971~1973년) 및 2차(1980년) 오일쇼크로 인해 부족한 기름의 수입시 항만하역 및 분산시설이 필요하게 되었으며 이는 선체의 대형화 추세에 따를 수밖에 없었다.

(5) 전문화된 항만의 개발

선박의 대형화 외에도 탱크로 운반되는 액체, 설탕, 곡물, 비료, 시멘트, 철광석 등의 산화물(bulk cargo)과 특수화물의 처리 및 저장을 위한 설비와 시설이 필요하게 되었으며 경비절감을 위한 유조선의 대형화(super tanker)로 심흘수선 항로 및 정박지와 같은 문제가 발생하였다. 즉, 이에 대응한 항만 및 수로의 개발과 확장을 꾀하기도 하였고, 화물의 일부를 해저 파이프라인을 통하여 소형선(feeder)으로 옮겨 싣는 시설도 나타나게 되었다. 산화물부두는 민자로 부두건설이 진행되면서 설비, 숙련노동, 감독 및 연속적으로 작업에 필요한 시설과 설비나 학교, 병원, 상점 등의 도시건설에 필요한 건물, 전력, 전기,

수력과 같은 기반시설의 투자도 추진되었다.

(6) 항만현대화 및 복구

제2차 세계대전 중 선박과 항만설비의 극심한 파괴・손상이 발생하여 선박의 신조와 현대화에 따른 항만의 현대화와 복원계획을 수립하게 되었고, 육상운송과의 연결을 고려한 개조에 이어 수송혁명이라 부르는 컨테이너 수송시대의 도래에 따라 항만현대화는 가속되었다.

(7) 항만설계를 위한 공학의 발전

항만설계를 위한 연구가 대규모로 실행되었으며, 시뮬레이션 등을 통한 합리적 분석이 이루어지게 되었다. 특히, 해운수요의 신장에 걸맞게 항만의 눈부신 확장이 눈앞에 나타났다. 이의 근거가 되는 기초학문으로 지질학, 바람・조석・조류・파 등 유체력의 연구가 활발해지고, 신형 방파제 디자인, 특수콘크리트 구조물 발명, 강화된 방벽・방충시스템, 새로운 하역 및 분산시스템 등의 도입을 들 수 있다.

(8) 건설산업의 발전

콘크리트 작업・설계 및 조정에 작업의 능률을 꾀하고 내구성・밀도・강도의 변화를 가져왔으며, 강력콘크리트 또는 강재구조물의 도입 및 보다 효율적인 장비의 개발과 사용으로 건설분야에 기술적인 발전을 꾀하게 되었다.

분명히 장래의 항만은 이와 같은 성장의 틀을 가지고 있으면서 변화를 수용할 수 있도록 계획 및 설계되어야 한다. 여기에서 제시한 지침을 이용하여 더욱 합리적이고 유연성을 갖도록 해양과 항만에 관련한 제반시설을 개발함으로써 다양한 기능을 가질 수 있도록 하여야 한다.

제 2 절 항만 및 어항의 개요

1. 항만의 개요

항만은 자연 또는 인공으로 축조하는 시설물로 바람, 파랑, 조류 등 외력을 막아서 정온한 수면을 형성하여 비교적 안전하게 선박이 정박하고 계류하여 하역하는 등 수륙을 연결하는 접속시설을 가리킨다. 경제활동의 근간이 되는 생산단계, 운송단계 및 소비단계는 순차적으로 행해지며 밀접하게 연결되어 있다. 이 연결고리의 각각의 속력이 다른 단계의 속력과 잘 조합되어야 혼잡을 피할 수 있고 비용을 절감할 수 있다. 재료나 상품이 처음 단계에서부터 마지막 단계까지의 흐름에서 지체되거나 정지하게 되면 초과비용이 발생하고 가격이 상승할 수 있다. 현대사회에서 항만은 이 흐름의 가장 중요한 역할을 하는 연결고리이며 교차점이지만, 가끔은 흐름이 일시적으로 정지되기도 하는 취약한 연결고리이다. 항만의 기본적인 역할은 화물의 유입과 유출을 가능한 한 빠르고, 효율적이며 저렴하게 연결해 주는 것이다.

그림 1-1 항만의 일반배치형태

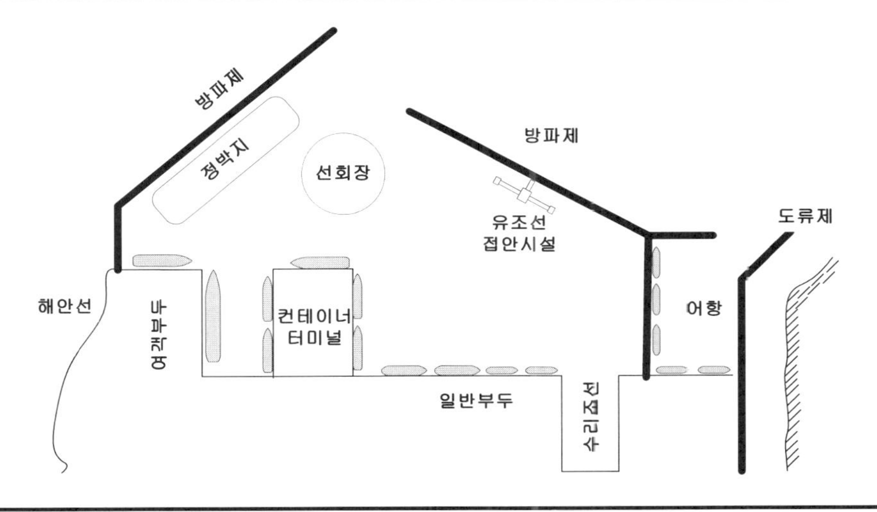

항만은 수역시설, 외곽시설, 계류시설과 접안시설, 선박수선시설, 항해보조시설 등으로 구분되며, 제공하는 서비스는 항만으로 접근하는 선박운항에 관련된 해상서비스, 화물의 적양하 및 육상에서 화물의 취급에 관련된 육상서비스, 화물의 운송, 보관 및 환적 등과 같은 수송서비스가 있다. 이러한 서비스를 원활히 제공하기 위해서는 해상운송량 증가, 선박의 대형화 및 운항

속력의 급증, 특수운송 및 관련기술의 발달에 대처할 수 있도록 늘 변화해야 한다.

2. 어항의 개요

어류는 손상되기 매우 쉽기 때문에 어획된 순간부터 소비자에 도달할 때까지 매우 주의 깊게 다루어야 한다. 이러한 취급과정에서도 가장 중요한 과정이 해상에서 육상으로 하역이 이루어지는 장소(어항)에서 발생한다. 그러므로 어항에서는 어류의 질을 최고로 유지할 수 있도록 하는 모든 필요한 시설을 제공해야 한다.

어항을 이용하는 주체가 되는 어선은 그 종류가 많고 다양하다. 연안에서 승선인원 한 사람에 의해 단지 몇 시간 동안 이루어지는 초소형어업에서부터 대양에서 몇 개월 동안 어획활동을 할 수 있는 전장 수백 미터 이상의 대형어선까지 있다. 또한 선단에는 작업하는 소형어선에 보급을 하면서 또는 어획물의 처리 및 보관기능을 하며 본선 역할을 하는 초대형어선도 있다.

선박과 육지에서 어획물을 처리하는 방법은 어종과 판매이전에 처리되는 방법에 따라 결정되므로, 중간지점인 어항에서는 양측에서 요구되는 모든 서비스가 제공되어야 한다. 그러므로 어항은 상업용 항만과는 여러 가지 중요한 측면에서 다르다. 상업용 항만은 수송될 화물을 적양하하기 위하여 빈번히 기항하는 선박들의 단순항 기항지라면, 어항은 통상 규모는 그보다 작지만 어선 운항과 어획물 관리에 필요한 일체의 서비스를 제공해야 하는 역할이 추가되어 있다. 어항은 어선의 안식처이며, 안식처에 요구되는 모든 시설과 서비스를 제공할 수 있어야 하며, 선원 및 어획물이 지속적으로 필요한 것을 제공받을 수 있는 기지가 되어야 한다.

어항을 구성하는 어항시설에는 기본시설, 기능시설, 편의시설로 구분된다. 기본시설은 외곽시설, 계류시설 및 수역시설로 구성되며, 기능시설은 수송시설, 항행보조시설, 어선 및 어구 지원시설, 급수·급빙·급유 등의 보급시설, 수산물 유통·보관시설, 수산물 가공시설, 오·폐수 처리시설 등으로 구성되고, 어항 편익시설에는 복지시설, 문화시설, 환경정비시설, 레저시설, 관광객지원시설, 휴게시설 및 주민편익시설 등으로 구성된다.

그림 1-2 어항의 일반배치형태

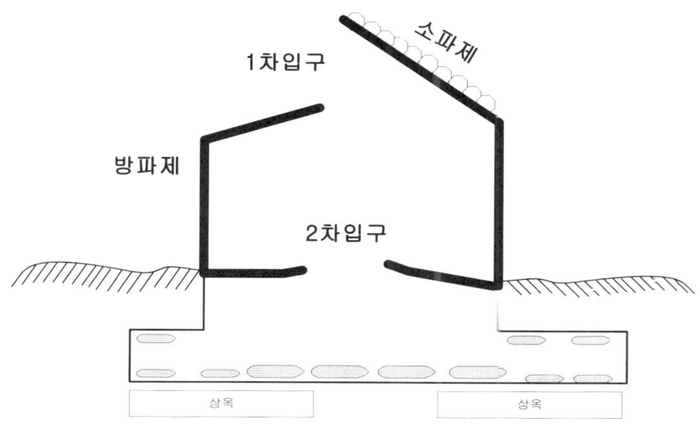

어항의 역할을 수행하기 위해서는 어항건설을 위한 입지선정 이전에 많은 인자들을 고려해야 한다. 따라서 입지선정 이전에 많은 세부적인 사전검토가 필요하다. 사전검토에는 다음과 같은 인자들이 포함된다.

① 어획되는 어장들의 위치

② 어획되는 어종 및 공급되는 시장

③ 어획방법, 어선의 종류 및 규모

④ 어류 처리방법 및 배분방식

⑤ 사용 가능한 인적자원 및 공급위치

⑥ 이용 가능한 수송수단

⑦ 에너지원, 급수 및 통신서비스의 이용 가능성

또한 어항을 효율적으로 운영하기 위해서는 다음과 같은 특성을 가지고 있어야 한다.

① 모든 기상조건에서 바다로부터 개방되어 있고 위험이 없는 접근성

② 침전, 퇴적 및 토사이동이 없으며 충분한 수심을 확보하고 항로시설이 잘 갖추어진 입항항로

③ 외부 항내수역으로 출항이 용이한 입구

④ 항내수역은 충분한 수심을 확보하고 조종이 용이하도록 넓은 수역 확보

⑤ 항내수역은 침전, 오염 또는 기타 위험이 없을 것

3. 항만 및 어항의 시설

항만법과 어촌어항법에서는 기본시설, 기능시설, 지원시설과 항만친수시설로 대별하고 어항법에서는 기본시설, 기능시설, 문화・복지시설, 관광·휴게시설과 기타시설로 대별하고 있으며, 그 내용은 다음과 같다.

표 1-1 항만시설 대상

항만법(제2조 제6호)	어촌어항법(제2조 제3호)
(1) 기본시설 1) 수역시설: 항로·박지·선류장·선회장 등 2) 외곽시설: 방파제·반사제·파제제·방조제·도류제·갑문·호안 등 3) 임항교통시설: 도로·교량·철도·궤도·운하 등 4) 계류시설: 안벽·물양장·잔교·돌핀·선착장·램프 등 (2) 기능시설 1) 항행보조시설: 항로표지·신호·조명·항무통신시설 등 2) 하역시설: 고정식 또는 이동식 하역장비·화물이송시설·배관시설 등 3) 여객이용시설: 대합실·여객승강용시설·소하물취급소 등 4) 화물보관·처리시설: 창고·야적장·컨테이너장치장 및 컨테이너조작장·싸이로·저유시설·화물터미널 등 5) 선박보급시설: 급유·급수시설, 얼음의 생산공급시설 등 6) 보안시설: 항만의 관제, 홍보 (3) 지원시설 1) 배후유통시설: 보관창고·집배송장·복합	(1) 기본시설 1) 외곽시설: 방파제·방사제·파제제·방조제·도류제・수문·갑문·호안·제방·돌제·흉벽 등 2) 계류시설: 안벽·물양장·계선부표·계선말뚝·잔교부잔교·선착장·선양장 등 3) 수역시설: 항로·정박지 등 (2) 기능시설 1) 수송시설: 철도·도로·교량·주차장·헬리포트 등 2) 항행보조시설: 항로표지·신호·조명시설 등 3) 어선·어구보전시설: 어선건조·수리장, 어구건조장, 어구제작·수리장, 야적장, 기자재 창고 등 4) 보급시설: 급수·급빙·급유시설, 전기수용설비·선수품보급장 등 5) 수산물유통·판매시설: 수산물시장·수산물위판장·수산물직매장·수산물집하장·활어일시보관시설 등 6) 수산물처리·가공시설: 하역기계, 제빙·냉동·냉장시설,수산물가공공장 등 7) 어업용통신시설: 육상무선전신·전화시설, 어업기상신호시설 등 8) 해양수산관련공공시설: 어항관리시설·

화물터미널·정비고 등
2) 보관·판매·전시시설: 선박기자재·선용품 등
3) 화물의 조립·가공·포장 등의 시설
4) 항만관련업무용시설: 공공서비스·시설관리 등
5) 후생복지 및 편의제공시설: 사용자·여객의 휴게소·숙박소·진료소·위락시설·연수장·주차장·차량통관장 등
6) 연구시설: 기술개발·벤처지원 등
7) 항만기능의 지원시설: 장관이 정하는 항만기능

(4) 항만친수시설
1) 해양레저용 기반시: 낚시터·유람선·낚시어선·모터보트·요트 및 윈드서핑 등의 수용
2) 해양문화·교육시설: 해양박물관·어촌민속관·해양유적지·공연장·학습장·갯벌체험장 등
3) 해양공원시설: 해양전망대·산책로·해안녹지·조경시설 등
4) 인공시설: 인공해변·인공습지 등 (준설토 재활용)

해양관측시설·선박출입항신고기관 등
9) 어항정화시설: 환경오염방지를 위한 도수시설, 폐유·폐선처리시설 등
10) 육성시설: 종묘생산시설, 종묘배양장 등

(3) 어항편익시설
1) 복지시설: 진료시설 복지회관·체육시설 등
2) 문화시설: 전시장·도서관·학습관·공연장 등
3) 어항의 환경정비를 위한 시설: 광장·조경시설 등
4) 레저용 기반시설: 유람선·낚시어선·모터보트·요트·윈드서핑 등의 수용
5) 관광객이용시설: 지역특산품판매장, 생선횟집 등
6) 휴게시설: 숙박시설·목욕시설·오락시설 등
7) 주민편익시설: 이 의에 대통령령이 지정

(4) 기타 대통령이 정하는 주민편익시설

제 3 절 항만의 종류와 기능

1. 항만의 종류

항만은 선박이 안전하게 출입하고 정박하는 것이 가능한 수역을 가지고 있으며, 사람 및 화물의 해상과 육상수송의 전환이 가능하며, 이를 위한 하역, 보관 및 처리 등을 위한 지원시설 및 편의시설을 가진 것이다. 항만은 행정상, 사용목적, 위치, 구조양식 등 분류목적에 따라 여러 가지의 종류로 나뉜다.

1) 행정상 분류

항만은 국가경제와 밀접한 관계가 있으므로 국가는 법령에 의해 그 명칭과 구역을 지정하고 관리한다. 항만법에는 지정항만과 지방항만으로 구분한다.

(1) 지정항만은 국민경제와 공공의 이해에 밀접한 관계가 있는 항만으로서 대통령령으로 그 명칭·위치 및 구역이 지정된 항만을 말한다. 지정항만은 다음과 같이 구분하여 지정한다.

① 무역항: 주로 원양구역을 항행하는 선박이 입·출항하는 항만

② 연안항: 주로 연해구역을 항행하는 선박이 입·출항하는 항만

(2) 지방항만은 지정항만 외의 항만으로서 특별시장·광역시장·도지사 또는 특별자치도지사가 그 명칭·위치 및 구역을 지정·공고한 항만을 말한다.

표 1-2 우리나라 지정항만의 현황

종 류	내 용
무 역 항	— 동해안(7개항): 울산, 포항, 동해, 속초, 삼척, 묵호, 옥계 — 서해안(8개항): 인천, 목포, 군산, 평택, 대산, 보령, 장항, 태안 — 남해안(13개항): 부산, 광양, 마산, 여수, 진해, 통영, 고현, 옥포, 삼천포, 장승포, 완도, 제주, 서귀포
연 안 항	— 동해안(5개항): 구룡포, 월포, 후포, 울릉, 주문진 — 서해안(6개항): 연평도, 대천, 비인, 대흑산도, 홍도, 용기포 — 남해안(12개항): 부산남, 녹동신, 나로도, 거문도, 한림, 화순, 성산포, 애월, 팽목, 신마, 추자, 화흥포

2) 항만수요 측면에서 분류

(1) 일반항만(General harbor)

① 상항 또는 무역항(Commercial harbor): 외국과의 무역 또는 내국무역을 주로 하며, 정기선 또는 부정기선의 입출항이 많다.

② 공업항(Industrial harbor): 공업용 원자재와 제품의 수송을 주로 하는

항만이다. 임해공업단지의 경우 부두가 생산기능의 일부 역할을 하는 경우가 많다.

③ 어항(Fishery harbor): 수산업과 밀접한 관계에 있는 특수한 생산기능을 가지는 항만이다. 어업의 근거지이며, 어선이 입출항하고, 어획물의 처리, 수송 등을 할 수 있는 시설을 가진 항만이다. 어항은 행정상 국가어항, 지방어항 및 어촌정주어항으로 분류된다.

(2) 특수항만(Special harbor)

① 피난항(Refuge harbor): 항해중인 선박이 악천후시 안전하게 피난하여 정박할 수 있는 항만이다.

② 군항 또는 기지(Military harbour or bases): 군사목적의 선박이 보급, 수리를 행하는 항만이다.

③ 관광・유람항만(Sight seeing harbor): 관광・유람선의 출발과 도착이 주된 항만이다.

④ 검역항(Qurantine harbor): 해외로부터의 전염병 방지를 목적으로 지정한 항만이다.

3) 기타 항만의 분류

① 관세법상 분류: 개항, 불개항, 자유항

② 위치상의 분류: 연안항(Coastal harbor), 하구항(Estuary harbor), 하항(River harbor), 호수항(Lake harbor), 운하항(Canal harbor)

③ 구조상의 분류: 개구항(Open harbor), 폐구항(Closed harbor)

④ 해운상의 분류: 피더항만, 기항항만, 중개항간

⑤ 결빙의 여부에 따른 분류: 동항(Ice harbor), 부동항(Ice free harbor)

⑥ 조석의 영향 여부에 따른 분류: 감조항(Tidal harbor), 부감조항(No tidal harbor)

⑦ 건설방법상의 분류: 천연항(Natural harbor), 인공항(Artificial harbor)

2. 항만의 기능

1) 항만기능의 변화

항만은 나루터라고 부른 시대에서부터 사람이 모이고 상행위가 행해지는 등 생활 및 경제활동이 이루어지는 장으로서 시대와 함께 그 기능을 변화시켜 왔다. 1970년대부터 다가온 고도 성장기에는 급격히 증대한 물류기능과 넓은 공간을 필요로 하는 생산기능에 중심이 위치하였다. 그 결과 화물의 적양하하기 위한 용지의 확보는 교통의 혼잡, 환경의 악화, 지역주민을 바다로부터 격리시키는 문제를 야기하는 것으로 되었다. 이 때문에 최근에는 종래의 물류 및 산업기능에 부가하여 마리나 및 녹지 또는 폐기물처분장, 주택용지의 제공 등 넓은 의미로서의 생활기능을 충실히 하는 데도 힘이 실려지고 있다.

전세계에서 이루어지고 있는 수송체계는 항상 변화하고 있다. 가장 중요한 변화는 전체수송비용을 절감하기 위한 수송체계의 조직화와 연동화이다. 오늘날 화물의 물리적 수송은 종합적인 집적물류시스템에 의해 이루어진다. 따라서 해운회사와 항만당국은 각자의 기능적 책무와 활동을 확장하여 새로운 수송개념에 따라야 한다.

항만의 기능과 구조는 밀접하게 연계되어 있으며, 해운기술의 발전, 경영전략, 자동화시스템, 집적된 수송개념 등의 발달에 따라 결정된다. 항만은 집적된 수송시스템에서 보다 능동적이며 혁신적인 단위가 되어야 하며, 항상 신기술과 새로운 업무에 대처해야 한다. 항만이용자는 새로운 기술을 항상 신속하게 발달시키는 반면 항만은 느리며, 외부의 변화에 느리게 대처하는 시대는 지났다.

2) 항만의 역할

항만의 기본적이며 전통적인 역할은 다양한 수송수단 사이에서 화물을 연계하는 것이며, 특히 해상수송과 육상수송을 연결하는 것이다. 또 다른 중요한 역할은 보관기능이다. 그러나 그 자체가 일시적인 보관기능을 가지는 화물수송의 가장 혁신적인 변화의 하나인 컨테이너수송의 등장으로 항만보관시설의 수요는 급감하였다. 따라서 컨테이너수송의 특성에 따라 보관과 분류기능은 항만으로부터 내륙으로 점차 이동되었으며, 화물집적시설이 항만 이외 지역에 설치됨에 따라 세관, 검수, 포장 등과 같은 기존의 항만기능도 이동되었다.

이들 항만에 있어서는 컨테이너수송으로 대표되는 물류활동, 제조업 및 가공조립업 등의 산업활동, 또는 해양성 레크리에이션 등의 국민생활에 직접 관계되는 활동이 전개되고 있고 일정 공간의 넓이에 이들의 다면적인 기능을 발휘시키기 위해 필요로 하는 여러 가지의 시설이 복합적으로 정비되고 있다. 항만의 공간적인 범위에 관해서 명확하게 정의된 것은 없으나 항만법에 기초하여 정한 수역(항만구역) 및 항만의 관리 운영상 필요한 최소한의 범위로 정해진 육역(임항구역)에 토지이용상 이들과 일체적으로 기능하고 있는 산업용지, 물류관련용지 등을 합한 것을 가리키는 경우가 많다.

3) 항만의 주요 기능

항만에 부여하고 있는 기능은 실제로 다종다양하나 크게 다음과 같이 분류할 수 있다.

① 화물의 적양 및 여객의 승강을 위한 터미널 기능
② 국제교류의 창구 또는 지역에 있어서의 교류의 장으로서의 기능
③ 공업생산, 에너지 공급의 장으로서의 기능
④ 어업활동 및 양식가공산업의 기반으로서의 기능
⑤ 낙도 등에 있어서 생활기지로의 기능
⑥ 공원, 하수처리시설, 폐기물처분장 등 도시기반의 일부를 담당하는 기능
⑦ 해양성 레크리에이션 및 관광거점 등 지역개발을 선도하는 기능

실제의 항만에서는 그 항만 및 주변지역 또는 배후지역의 자연조건과 사회・경제조건에 의해서 부과될 수밖에 없는 기능은 다르나 지역의 다양한 고도의 요청을 반영하여 복수의 기능을 합한 경우가 일반적이다. 항만계획을 검토하는 경우, 배후지역에서의 요청 및 인접지역에 위치하고 있는 다른 항만과의 기능분담을 생각하면서 어떠한 기능을, 어느 수준으로 목표를 두고 충족시키도록 하고, 상호 연계하면서도 충분히 기능을 발휘하도록 배치할 필요가 있다.

제 4 절 항만계획의 개념과 내용

1. 계획의 조건

항만시설물계획(Facilities planning)에서는 장래 예상되는 그 시설물의 특성을 면밀히 파악하여 이루어져야 하며 이때 불확실성에 대하여 장래 어떻게 될 것인가를 깊이 고려해야 한다. 그러나 공학설계(Engineering design)는 어디까지나 확실성에 근거를 두고 이루어져야만 한다. 공학의 어떤 분야, 즉 전기, 전자, 기계분야는 재료의 특성과 제품의 특성이 잘 알려져 있고 높은 정확도를 가지고 다룰 수 있다.

그러나 해안 및 항만공학은 기초공학(Foundation engineering)과 해양학(Oceanography)에 크게 의존하고 있는데 이들은 정확도가 떨어져 경험에 의존하는 경우가 많다. 흙과 돌은 중요한 건설재료의 하나이다. 그러나 이들은 계속하여 변하고 등질의 재료가 아니며 특성이 잘 알려져 있지도 않다.

더욱이, 항만시설물은 물속에서도 공사를 하여야 하며 연약지반을 처리하고 육중한 구조물을 축조하여야 함은 물론 불규칙한 바람, 조석, 흐름, 파랑 등에 노출되어 있어 결과적으로 물에 유실되거나 피해를 입게 된다. 그러므로 우리는 항만에서 계획하거나 설계를 할 때 자연현상과 같은 외력에 대하여 완전히 해석하지 못한 불확실성을 어느 정도 안고 시작해야만 한다.

2. 항만계획의 개념과 성격

1) 항만계획의 개념

항만은 제각기 다른 기능을 가지고 있으며 복잡하고 가혹한 자연조건 하에서 건설된다. 따라서 자연을 극복하고 자연과 조화시키면서 시기를 놓치지 않고 소요시설을 정비하고 각종의 요청에 정확하게 대응하여 적절히 관리·운영하는 것이 중요하다. 이를 위하여 항만에 관한 제반의 계획이 작성되는데 이들을 계획주체, 계획대상, 계획기간 등으로 나누어 분류하면 다음과 같다.

① 계획주체에 의한 분류 – 항만관리자, 국가, 지방공공단체, 개인
② 계획지역에 의한 분류 – 전국항만계획, 광역항만계획, 개별항만계획
③ 계획대상에 의한 분류 – 시설배치계획, 시설정비계획, 시행계획, 재무계획, 관리계획 등
④ 계획요청에 의한 분류 – 유통항만계획, 공업항만계획, 어항계획, 레크리에이션항만계획, 피난항만계획, 기타 특별요청에 의한 계획(컨테이너부두, 페리부두, 철강부두, 석탄부두, 위험물부두계획 등) 등
⑤ 계획기간에 의한 분류 – 장기계획(30년), 중기계획(10~15년), 단기계획(예, 항만정비5개년계획), 단년도사업계획, 공정계획 등

이와 같이 항만에 관련된 계획은 관점에 따라 여러 가지로 분류할 수 있으나 통상 가장 중요한 것은 '장래의 다각적인 항만에 대한 요청에 어떻게 대응할 것인가'라는 항만의 개발, 이용, 보전에 관한 장기적인 계획이다. 이와 같은 관점에서 항만계획을 '항만의 개발, 이용 및 보전과 함께 항만에 인접하는 지역의 보전에 관한 계획'으로 정의함과 동시에 각각의 항단관리자가 자기의 항만에 관한 항만계획을 책정하여야 할 의무가 있다.

따라서 공간이용계획으로서의 항만계획, 즉 항간시설 및 용지의 배치를 중심으로 장기계획을 중점으로 항만계획을 논할 필요가 있다.

2) 항만계획의 성격

항만계획은 전국토의 종합계발계획, 지역개발계획, 공해방지계획, 그 외 지방공공단체가 책정한 종합계획 등과 조정을 도모하여 장기적 전망에 기초하여 책정되는 것이므로 장래에 항만공간의 모습을 실현할 목표로서 항만관리자가 행정을 수행할 때의 지침이 되는 행정계획의 성격을 가지고 있다. 그 내용도 목표연도까지의 기간에서 때때로 사회경제정세의 변화에 탄력적으로 대응할 수 있도록, 말하자면 실시계획 및 사업계획이라 불리는 것과는 다른 구체적인 사업주체, 사업방법, 사업스케줄 등을 실시에 가까운 내용까지는 언급하지 않는 것이 일반적이다. 항만계획에 기술된 목표는 예를 들면 항만시설의 정비에서 공공사업으로 실시시키는 것에 관하서는 항만정비5개년계획에 포함시킨 것으로 사업계획으로 이동시키는 것으르 된다. 또한, 지방공공단

체 또는 민간이 토지조성을 실시하는 경우에는 공유수면매립법에 근거한 처리절차에 따라 계획이 구체화되는 것이다.

3. 항만계획의 목적과 내용

1) 항만계획의 목적과 필요성

항만은 우선 각각의 지역발전을 배려하여 항만관리자에 의해 계획된다. 지역의 발전은 처음에 지역의 제반 요청에 응하여 실현되는 것이며 항만계획은 이 지역에 대한 장래의 제 요청에 응하는 것이 되어야 한다. 이러한 다양한 요청을 제한된 공간에서 유기적으로 종합화하고 미래를 향해 보다 좋은 항만공간을 형성하기 위한 목표상으로 항만계획에 위치를 부여하면 좋을 것이다.

(1) 항만계획의 목적

항만의 역할은 지역적인 것에 머무는 것은 아니다. 부존자원이 부족한 가공무역국가에서는 항만이 국력의 원천이 되며 항만의 목적은 지역의 발전만이 아니라 나라 전체의 경제성장과 종합적인 교통체계의 확립에 기여하는 것이며, 또한 국토의 균형 있는 발전에 기여하는 것이어야 한다. 따라서 이와 같은 국가적인 수준에서의 목적은 자기 지역의 발전을 꾀하기 위해 개개의 항만관리자가 계획한 개별 항만계획을 집대성하는 것으로 원활히 실현될 수 있을 것이다. 이러한 의미에서 지역의 요청을 중시한 항만계획이 우선 작성될 필요가 있는 것이다.

(2) 항만계획의 필요성

항만계획에서는 수제선을 사이에 둔 일정한 수역과 육역을 일체적인 공간으로 하고 있으며 이 공간의 개발, 이용 및 보전 방침을 수립하는 것이지만, 항만은 대부분의 도시공간의 일부를 형성하고 있으므로 지역의 제 요청에 응하여 지역발전의 기반이 되도록 하는 배려가 필요하다. 필연적인 복수의 행정주체가 항만 및 그 주변에 있어서 각각의 정책에 따라 행정을 전개해가고 항만의 질서 있는 정비와 적정한 운영이 이루어지기 위해서는 주변지역에서 다른 토지이용계획 및 관련시설의 계획 등과 조정을 꾀하여 다각적 · 장기적 시점에서 수립한 계획의 책정이 불가결하게 된다. 또한, 이렇게 하여 항만계획을 책정하는 것으로 관련한 제반 시설의 계획을 유도하고 아울러 적극적인 협력을 받을 수 있을 것이다.

한편, 항만시설은 환경보전을 위해 자연조건을 충분히 고려하여 배치 · 건설함과 아울러 장래의 발전방향을 배려한 것이 긴요하다. 항만계획은 무엇보다 공간이용계획이며, 또한 시설의 건설은 긴 기간을 필요로 하고 장기간에 걸쳐 영향을 가지므로 장기적인 관점에서 항만계획을 수립하는 것이 극히 중요하다. 같은 관점에서 항만공간 내에 도시적인 기능을 적극적으로 도입한 종합적인 공간으로서의 목표상을 일반시민 및 민간사업자에게 명확히 하는 것도 의의가 크다고 할 것이다.

그림 1-3 항만계획 대상과 개발형태

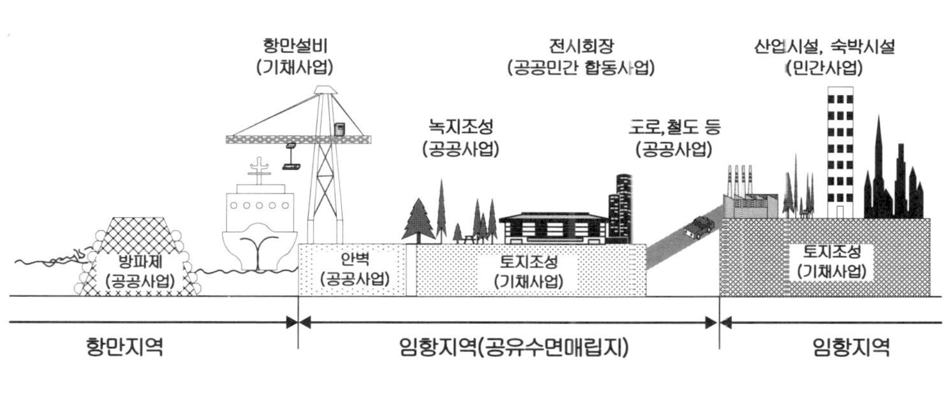

2) 항만계획의 내용

항만계획은 항만공간의 개발, 이용 등의 기본이 되는 계획이며 통상 다음과 같은 사항의 검토를 포함하여야 한다.

① 항만을 에워싼 자연, 지리, 경제, 사회 조건을 고려하여 외국무역항만, 국내유통항만, 공업항만 등 항만의 기본적 성격을 분명하게 함과 동시

에 항만계획의 방침을 설정한다.

② 계획 목표연도에서 항만취급화물량, 선박승강여객수, 입항선박척수 등을 설정한다.

③ 항만도시로서의 건전한 발전에 필요한 제 기능을 설정한다.

④ 항만으로서의 개발, 이용 및 보전하는 육역 및 수역의 이용구분을 정한다.

⑤ 방파제, 항로, 부두 등의 주요한 항만시설, 항만관련용지, 공업용지, 도시기능용지, 업무기능용지, 생산기능용지 등의 규모 및 배치를 정한다.

⑥ 항만 내 또는 항만과 배후도시지역을 연결하는 주요한 각종 임항교통시설의 규모 및 배치를 정한다.

⑦ 각종 교통시설, 스포츠・레크리에이션시설, 문화시설 등의 규모 및 배치를 정한다.

⑧ 항만의 환경정비 및 보전 등 우수한 환경을 가진 항만도시 창조에 필요한 시설 등의 내용, 규모 및 배치를 정한다.

또한 항만계획에서 정하여야 할 항목으로는 다음과 같은 사항이 있다.

① 항만의 개발, 이용 및 보전과 함께 항만에 인접한 지역의 보전방침

② 항만의 취급화물량, 선박승강여객수, 기타 능력에 관한 사항

③ 항만능력에 대응한 수역시설, 계류시설, 기타 항만시설의 규모 및 배치에 관한 사항

④ 항만의 환경정비 및 보전에 관한 사항

⑤ 기타 항만의 개발, 이용 및 보전과 항만에 인접하는 지역의 보전에 관한 중요사항

제 5 절 항만개발계획의 수립

1. 국가항만계획의 수립

최근 몇 해 동안에 과학기술의 눈부신 발달로 인하여 수송체계를 계획하

는 데에도 큰 변화가 있게 되었다. 국가수송체계(National transportation system)를 계획하는 근본적인 이유는 여러 가지 수송분야(예를 들면 도로, 철도, 주문, 연안 해송, 외해운송, 항공 등)가 서로 각각 가지고 있는 수송능력이 있는데 이들 능력 간에 균형을 이루어 발전해 나가도록 하기 위해서다. 해상운송, 특히 산화물과 규격포장화물의 경우에는 선박과 항만 그리고 내륙운송시설 간에 하나의 일괄된 계획을 수립하여 시행할 수 있다.

그림 1-4 항만시설의 배치 예

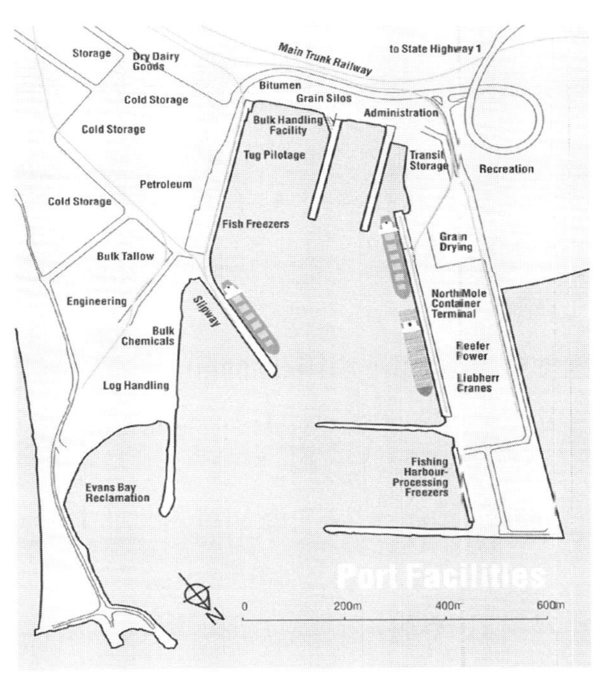

선박이 잘 운항하여 유연하게 물 흐르듯 화물을 실어 나르기 위해서는 계획입안자가 선박을 운항하라고 해서 운항하고 운항하지 말라고 해서 운항하지 않는 강요에 의한 것이 아니고 오로지 내륙수송과 화물의 배분시설, 즉 물류처리시설을 잘 갖춘 항만시설과 하나의 조화에 따라 선박이 움직여지는 것이다. 항만과 연결되는 도로, 철도, 바지 운송시설 등을 고려하지 않은 항만계

획은 국가계획수립에 중대한 과오를 범하게 된다.

항만관련 계획의 성격을 나름대로 정해본다면 다음과 같이 정리될 수 있다.

1) 국가항만계획(National port planning)

이것은 각각 당해 항만의 역할을 정의하고 국가자원이 가장 경제적인 방법으로 이용될 수 있도록 보장하는 정책적 차원의 계획이지 구체적인 투자시기와 자금조달과 같은 실천계획은 아니다. 따라서 장기 또는 중기 지향적인 정책방향이다.

2) 항만개발종합계획(Port master planning)

이것은 당해 항만에 대한 장기 개발방향을 제시하는 것으로 즉 향후 당해 항만의 확충・정비・개발의 기본계획이 된다. 그러나 언제부터 실천에 옮기겠다는 개발시점을 제시하는 것은 아니다. 항만개발계획 중 장기계획이 이에 해당한다.

3) 항만개발사업계획(Port project planning)

이 계획의 목적은 당해 항만에 대한 Master plan을 곧바로 실현시키기 위한 실천계획으로 자금조달계획, 시공계획, 시공 후 운영계획 등이 구체적으로 따르게 된다. 항만개발계획 중 중기계획이 이에 해당한다.

2. 단계별 계획의 수립

각항의 항만개발계획은 전국항만계획의 통제 하에 이루어져야 하며 각 항만의 능력 간에 균형 있는 조화에 따라 개발이 유지되어야 한다. 이를 위하여 전국항만계획 수립시 주로 조사하여야 할 항목을 보면 전국 해상수송 수요의 예측, 기존항만의 시설능력 운영실태 등이 있으며, 전국항만계획에는 해상화물량의 배분계획, 전국항만투자계획, 항만후방의 내륙 육상교통계획 그리고 내륙주운(하천)과 연안 해송계획 등이 포함되어야 한다. 전국항만계획 수립 시 고려되어야 할 사항들을 정리해 보면, 모든 계획은 광범위하게 다루어지게 되며 정책적 차원에서 개발을 위한 기본방향을 설정하기 위한 계획정도에서 그쳐야 한다. 기존 시설을 확충하거나 새로운 신항만을 개발하기 위해서는 이 전국항만계획을 바탕으로 하여 다시 장기·중기계획을 수립하고 특히 기존항만의 경우에는 기존시설 및 운영을 개선하기 위하여 단기계획을 수립하게 된다.

1) 장기개발계획(Master planning) - Long term planning

항만개발기본계획이라고도 불러지고 있는 장기개발계획은 전국항만계획을 바탕으로 하여 그 하부계획으로 이루어져야 하며 앞으로 항만을 개발할 때 이런 방향으로 개발하겠다는 방향을 제시하는 미래상을 비춰주는 계획이다.

즉, 장기개발계획은 현재의 추세에 크게 얽매이지 않고 무엇이 더 바람직한 개발방향인가에 역점을 두어야 한다. 그러므로 장기개발계획은 그 계획이 꼭 성취될지 또 정확하게 언제 이루어질지는 말할 수 없다. 장기개발계획은 일반적으로 10~20년을 계획대상기간으로 잡고 있으며 해상수송체계 및 기술발달 등 여건변화에 대처하기 위하여 2~5년마다 수정·보완되는 것이 바람직하다. 장기개발계획에서 가장 중요하게 다루어져야 하는 것은 배후부지의 토지이용계획·수역이용계획 그리고 항로개발계획이라고 볼 수 있으며 이들 계획은 항만개발의 윤곽을 잡는 주요 내용들로써 미리미리 계획범위를 확정지어 놓아야 타 사업과 저촉되어 항만개발이 위축되는 잘못을 저지르지 않게 된다. 예를 들어서 항만 배후부지에 대한 토지이용계획이 없다면 항만 배후부지가 도시용지 또는 공장용지로 잠식되어 가는 것을 미연에 방지할 수 없을 것이며, 수역이용계획 역시 해안매립이나 양식장허가 등으로 인하여 훗날 항만개발수역으로 활용되는 데 크나 큰 지장을 초래케 될 것이다.

장기개발계획에는 아래와 같은 내용들이 계획수립시 고려되어야 한다.

(1) 당해 항만의 역할 규정

① 수·출입 화물을 주로 취급하는 항인가 국내 연안화물을 주로 처리하는 항인가?

② 환적화물(Transshipment Cargo) 취급은 어느 정도 될 것인가?

③ 당해 항만이 지역경제에 끼치는 정도는 어느 정도 될 것인가?

(2) 항만개발을 위한 개발주체 간의 역할 분담

① 중앙정부와 지방정부 간의 업무범위는 어떻게 할 것인가?

② 시설별 투자주체, 즉 중앙정부, 지방정부, 민간 등과 이들에 의한 투자비 분담과 보존은 어떻게 할 것인가?

③ 투자자들이 향후 항만운영에 어떻게 참여할 것인가?

2) 중기개발계획(Project planning) - Mid term planning

중기개발계획은 장기개발계획과 일관성을 유지하며 이루어지게 되며 타당성조사(Feasibility study)의 형태를 먼저 밟게 된다. 이때 개략적인 기본설계가 이루어지게 되고 다음 단계로 실시설계가 따르게 된다.

중기개발계획이 기본계획을 실천에 옮기기 위한 하부개념의 계획인 만큼 기본계획에서 수립해 놓은 원칙을 준수해야 하지만 불가피한 경우로 이를 따르지 못할 사정이 있을 수 있는데 이럴 경우에는 충분한 이유를 제시하여야 한다. 그리고 타당성조사는 되도록 하나의 사업에 대한 중기개발계획만을 각각 다루어, 되도록 구체적이고 명쾌하게 정량화된 수치로 평가되어야 한다. 여러 개의 다른 사업들에 대한 투자계획들까지 하나의 평가 속에 포함시켜 총론적이고 정성적인 평가에 그치고 구체적인 답을 얻을 수 없는 것은 무의미하므로 피해야 한다.

항만개발계획을 수립할 때의 작업수행과정은 다음과 같다.

(1) 1 단 계

기존 항만시설 및 배후수송망 등 그리고 배후세력권 내 산업입지현황 및 계획 등을 조사하여 향후 개발하려고 하는 항만의 성격을 정하는데 활용하도록 한다. 그리고 그간의 화물처리에 대한 자료 등을 통계 처리하여 계획하고 있는 항만시설이 갖추어졌을 때 과연 어느 정도의 하역능력이 향상될 것인가를 예측하는 자료로 활용케 하고 그동안의 화물량 증·감 자료를 통계분석 하여 향후 화물량 추정에 기본자료로 활용하게 된다.

(2) 2 단 계

2단계 작업에서는 세부적인 수요예측 및 광범위한 기술조사를 실시하고 모든 타당성이 있는 대안들에 대한 개략공사비를 산출해 낸다. 또한 2단계에서는 각 대안에 대하여 어떤 운영계획 및 화물취급방법이 사용될 것인가를 고려하는 작업이 포함되게 된다.

(3) 3 단 계

각 비교대안 중에서 어떤 것이 최적(안)인지를 골라내기 위한 분석을 하는 과정이며 3단계에서는 수요와 시설물의 조합에 의하여 어느 정도의 서비스가 이루어지는 가를 결정하기 위한 계산을 하는 단계이며 그 다음에는 이러한 수치를 기초로 경제적 그리고 재정적인 분석방법을 이용하며 대안들을 선별, 최적안을 찾아내는 것이다.

3) 단기계획(Improvement planning) - Short term planning

장기 또는 중기계획과 관계없이 수시로 실질적인 필요에 의하여 시설을 개선하는 계획으로서 저장시설의 확장, 하역장비의 추가도입 및 조명시절의 개선 등 기술 및 운영 면에서 긴급한 개선상황이 발생했을 때 수행하는 계획을 말한다.

제 2 장

항만개발계획의 기본

제 1 절 항만개발계획의 수립순서

1. 일반적 항만계획의 입안 및 작성순서

항만계획의 입안 및 작성은 대략 다음과 같은 순서로 진행된다.

① 자연, 지리, 경제, 사회 조건의 파악 – 항만환경조사
② 항만계획의 방침 설정
③ 목표량(능력 및 규모)의 설정 – 물동량 및 수요량 예측
④ 항만공간이용계획의 검토
⑤ 항만시설배치계획의 작성
⑥ 환경접근시설

이 순서에 따라 개념적으로 주요 작업항목의 흐름을 도시하면 아래 그림과 같다. 이 그림에서 기본방침으로 적합성에 관해서는 각 항만의 항만계획이

각각의 항만관리자의 자주적인 의사에 의해 정해지는 것을 전제로 하여도 전국의 항만계획과 동떨어짐이 없이 장기적 비전과도 균형을 가진 계획이 만들어지도록 하여야 한다.

그림 2-1 항만계획의 입안 및 작성의 개념적인 흐름도

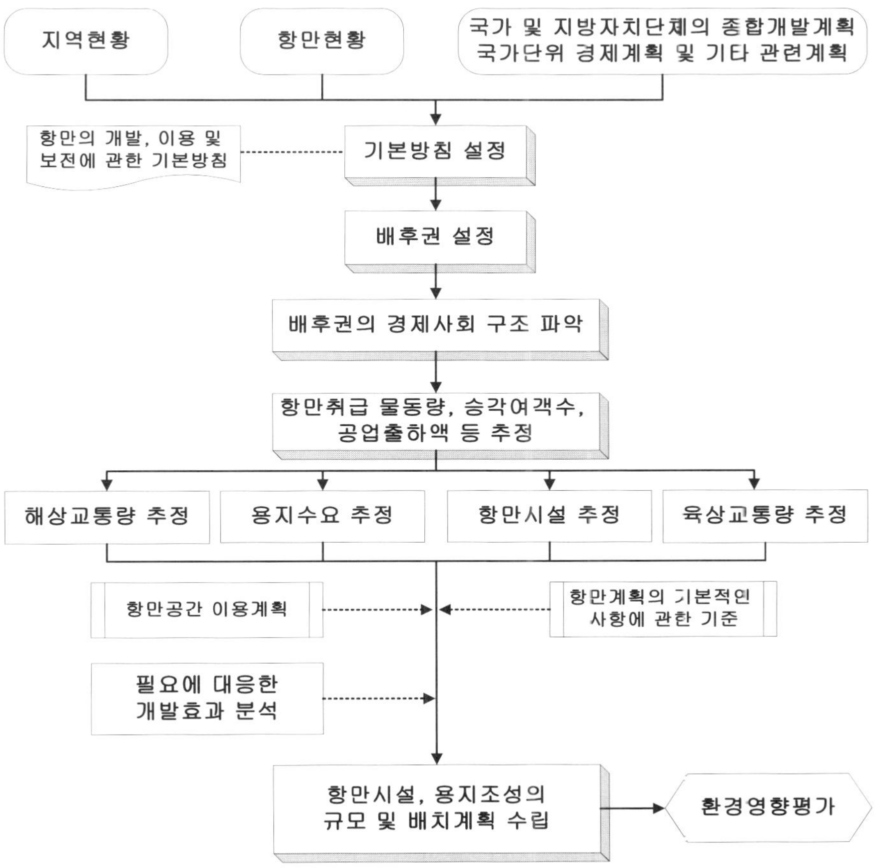

지역현황
항만현황
국가 및 지방자치단체의 종합개발계획
국가단위 경제계획 및 기타 관련계획
항만의 개발, 이용 및 보전에 관한 기본방침
기본방침 설정
배후권 설정
배후권의 경제사회 구조 파악
항만취급 물동량, 승각여객수, 공업출하액 등 추정
해상교통량 추정
용지수요 추정
항만시설 추정
육상교통량 추정
항만공간 이용계획
항만계획의 기본적인 사항에 관한 기준
필요에 대응한 개발효과 분석
항만시설, 용지조성의 규모 및 배치계획 수립
환경영향평가

또한, 항만계획으로 인해 국민에게 쓸모없이 과대한 부담을 부과하거나 경제조건을 무시하여 과대한 투자가 이루어지는 내용을 피하고 동시에 전국의 항만에서 공통의 과제로 환경보전 등도 달성할 수 있도록 계획수립시에 일

정한 기준을 정하도록 한다. 이 계획기준에는 항만계획으로 정해진 사항, 이 사항에 들어가야 할 항목 또는 주가 되는 배려사항 등이 포함된다.

한편, 계획의 작성은 일련의 흐름으로만 진행되는 것이 아니라 대개 동시적・병행적이고 시행착오적인 요소도 있다. 실제 검토작업에서는 경험을 충분히 활용하고 가장 효율적이며 효과적으로 입안하여 작성하게 된다. 또한, 항만계획의 규모나 내용에 의해 작업의 범위와 내용은 차이가 있다. 따라서 넓은 범위의 검토항목을 선정하는 것이 중요하다.

2. 항만개발계획의 주요 항목

그림에서 표시한 작업순서 중 주요 항목에 관하여 계획기준을 따라 항만개발계획을 작성하게 된다.

1) 주변지역 및 항만의 현황파악

(1) 자연조건의 파악

항만주변의 자연조건에 대한 파악은 항만시설의 규모 및 배치의 결정에 대한 가장 기본적인 것으로 그 조건 여하에 따라서는 건설에 소요되는 비용이 크게 차이가 나기 때문에 조사의 내용, 방법 등에 관해서 사전에 충분한 검토를 행한 후에 조사를 실시하는 것이 필요하다. 주요한 조사항목은 바람(풍향, 풍속), 조석(조위, 조류, 고조), 파랑(파향, 파고, 주기 쯔나미, 부진동), 토질(표준관입시험, 전단강도, 압축강도), 표사(표사량, 탁월방향) 등이 있다.

(2) 경제사회조건의 파악

항만의 성격, 규격 등을 검토하기 위하여 배후권의 인구, 산업출하액, 도로・철도 등의 항만 및 주변의 교통상황, 특히 항만에 접근하기 쉬운가의 여부, 배후도시로부터 하수처리장 및 폐기물처분장 등의 입지요청, 주변해역에서 선박항행, 어업 및 레크리에이션 활동 등의 이용상황 등에 관한 현황과 전망을 조사한다.

2) 항만계획의 방침 설정

항만계획의 방침은 대개 10~15년 앞을 목표로 하고 아래의 항목에 관해 종합적인 내용을 정하는 것이지만 이때 전항의 조사에서 얻어진 자연조건, 항만 및 주변지역의 경제사회조건에 부가하여 주변의 항만기능, 항만 및 주변지역에서의 자연환경 및 생활환경에 미치는 영향과 병행하여 어업에 미치는 영향 등에 대해서도 충분한 배려를 하여야 한다.

① 항만의 위치부여 및 기능
② 항만시설의 정비 및 이용
③ 항만에서의 토지이용
④ 항만환경의 정비 및 보전
⑤ 항만의 안전 확보
⑥ 항만에 인접한 지역의 보전

3) 취급화물량 등의 추정

항만능력의 산정에서는 취급화물량이 가장 중요하고 기초적인 것이다. 화물량의 추정에 대해서는 우선 품목별・외내무역별・출입별 등의 현황을 분석하고 장래에 수송 및 하역방식의 변화에 대응하도록 하여 ① 시계열법, ② 경제지표와의 상관법, ③ 앙케이트법, ④ 원단위법 등에서 계획기간, 화물의 종류 등에 의해 적절한 방법을 사용하여 구한다. 화물량의 추정과 동시에 항만시설의 이용이라는 관점에서 출입항 선박의 추정도 필요하나 이 경우 특히 선형의 대형화 경향, 컨테이너선의 도입 등의 움직임에 대해서도 배려하여야 한다. 또한, 항만이용자수에 대해서는 선박승강여객을 포함한 여객시설이용자수에 부가하여 녹지, 해변 및 마리나와 같은 워터프론트 이용자 수에 관하여 추정한다.

4) 항만시설배치계획의 작성

항만시설의 규모 및 배치의 검토는 수역시설, 외곽시설, 계류시설, 임항교통시설, 여객시설, 하역시설 및 보관시설 등에 대하여 장래 필요르 하는 항만능력에 대응하여 적절한 것으로 하는 것이 당연하나 먼저 다음의 사항에 유의

하여 계획할 필요가 있다.

① 항만공간이 유효하고 적절히 이용되고 있을 것
② 기존시설과 신규시설의 재기능이 유기적으로 연계가 확보되고 있을 것
③ 환경보전, 나아가서는 양호한 환경의 창조라고 하는 관점에서 충분한 배려가 되고 있을 것
④ 장래의 발전성이 고려되고 있을 것
⑤ 시설의 유지, 관리 등에 지장이 없을 것

5) 환경평가의 실시

우리나라의 환경영향평가제도는 1977년 12월 환경보전법 제정시 최초로 도입되어 도시개발, 산업입지 조성, 에너지개발 등 3개 분야에 대한 환경영향평가 실시의 근거가 마련되었으며 1979년 12월에 환경보전법 개정시 대상을 공업항, 도로건설, 수자원개발의 분야를 합쳐서 6개 분야로 확대하였으나 구체적 시행지침이 마련되지 않아 실시되지 못하다가 1981년 8월 환경보전법 개정시 공공단체 및 정부투자 기관의 사업(철도, 공항, 매립 및 개간사업, 아파트지구 개발사업)을 포함하여 대상사업을 10개 분야로 확대하였고 1981년 12월에 '환경영향평가서 작성 등에 관한 규정'을 제정, 고시하여 1982년부터 본격적으로 시행하게 되었다.

1986년의 환경보전법 개정시 민간부문 개발사업(관광단지개발사업)을 추가하여 11개 분야로 확대하였으며 1991년 2월에 환경정책기본법 제정으로 환경영향평가를 강화하였다. 이때 대상사업도 11개 분야 33단위사업에서 하천의 이용 및 개발, 체육시설, 산지개발, 특정지역개발, 폐기물처리시설 등 5개 분야를 추가하여 15분야 47단위사업으로 확장하였다(단, 종전의 아파트지구개발사업은 도시개발에 포함시킴).

1992년 8월 환경정책기본법 개정시 평가업무를 일부 지방청에 위임하였고 1993년 6월 환경영향평가법의 제정으로 영향평가제도가 개선 및 보완되었다. 이때 환경영향이 큰 국방·군사시설 및 청소년 수련시설 등을 추가하여 평가대상사업을 15개 분야 47단위사업에서 16개 분야 59단위사업으로 확대하여 평가서초안 공람, 설명회개최 의무화, 필요시 공청회개최 등의 주민의견수렴절차를 도입하고 사업승인기관이 환경부와 환경영향평가를 협의토록 하였다.

1995년 4월에 환경영향평가법 시행령 개정으로 대상사업을 토석, 모래, 자갈, 광물 등의 채취사업분야를 포함한 17개 분야 62단위사업으로 확대하였다.

따라서 환경영향평가법에 기초하여 항만계획 책정시에는 환경영향평가를 실시하고 환경에 대한 영향에 관하여 충분한 배려를 하도록 하고 있다.

6) 항만개발계획 수립시 세부작업단계

항만개발계획 수립시의 주요 작업을 20단계로 간추려 요약하면 다음과 같다.

(1) 개발정책 결정

항만의 역할, 개발범위 및 재원염출방안

(2) 항만수요 측정

개발대상항만의 화물 및 여객 등의 장래 수요 추정

(3) 기술정책 결정

예측된 각 항만수요를 처리하기 위한 하역방법 및 하역능력 향상방안 검토

(4) 화물량 배분

화물별 처리방법에 따른 배분

(5) 소요시설 개략 산정

각 부두별 소요규모 개략 산정

(6) 위치선정

각 부두별로 적정한 육해역면적의 확보가 가능하며 인접시설에 지장이 없는 위치선정

(7) 기술적 타당성 검토

각 시설의 필요한 기술조사 검토

(8) 개발 공사비 산정

시설물의 공사비 산정

(9) 각 대안 중 적합한 몇 개 안을 선정

앞의 (4)~(8)단계를 반복 작업하여 부적합 안을 제외

(10) 결정부서와 협의 및 가능성 있는 몇 개 대안에 대한 합의

(11) 운영계획 수립

시설의 운영방식 결정 및 소요장비계획 작성

(12) 시설규모 확장

제5단계 작업의 확정

(13) 예비설계

각 안의 시설배치 확정 및 계략설계

(14) 공사비 산정

경제 · 재정적 분석을 위한 공사비 산정

(15) 비용-이익 계산

동사업에 소요되는 총비용과 이의 시행으로 인한 이익분석

(16) 재정분석

재정적 타당성 검토

(17) 최종안 선정

제반분석 실시 및 장·단점 비교분석

(18) 연계당국과 최종협의 및 최종안 확정

(19) 보고서 작성

(20) 사업시행 및 자금조달 조치

3. 항만계획의 수립순서

항만계획은 이미 기술한 바와 같이 지역의 발전에 공헌하는 것을 목적으

로 하고 항만을 둘러싼 다양한 요청을 받아서 책정한다. 또한, 항만법에 정해진 항만계획의 책정수순에서 특히 중요한 점은 항만공간이 여러 가지의 민간활동이 전개되는 장이며 각종의 행정이 폭주하는 장이기 때문에 항만관리자에 있어서는 각 지방에서는 특별시장・광역시장・도지사 등의 자문기관으로서 지방항만심의회를, 국가적으로는 국토해양부장관의 자문기관으로서 중앙항만심의회를 두어 항만계획의 책정시 이들의 심의회에 자문하여 관계 각 방면의 의견을 청취하는 것으로 한다. 이들 심의회는 그 목적에서 학식적 경험자, 항만관계자, 관계행정기관의 대표 등의 위원으로 구성되는 것이 보통이다.

또한 국토해양부장관은 제출된 항만계획이 '항만의 개발, 이용 및 보전에 관한 기본방침'과 '항만계획의 기본적 사항에 관한 국토해양부령'과 같은 기준을 정하고, 이에 적합한가의 여부를 심사하여 적합하지 않다고 확인될 경우에는 항만관리자에게 해당 항만계획의 변경을 요구하는 것으로 허당 항만계획이 적절히 수립되도록 지도하여야 한다.

항만법에서는 항만시설의 건설에서 국토해양부령에서 정한 기술상의 기준에 적합하여야 한다고 정하게 되므로 항만계획의 작성에서는 이 '항만시설의 기술상의 기준'을 충분히 참고할 필요가 있는 것이다.

중요 항만의 계획수순은 다음과 같이 이루어져야 한다.

① 항만계획은 항만의 개발, 이용 및 보전에 관한 기본방침에 적합하게 항만법에서 정하는 항만계획의 기본적 사항에 적합하도록 하여야 한다.

② 항만계획을 정하거나 변경하는 경우에는 항간심의회(중앙 및 지방)의 의견 등을 들어야 한다.

③ 항만계획을 정하거나 변경하는 경우에는 지체하지 않고 해당 항만계획을 장관에게 제출하여야 한다.

④ 국토해양부장관은 제출된 항만계획에 대하여 항만심의회의 의견을 들어야 한다.

⑤ 국토해양부장관은 제출된 항만계획이 상기 기본방침 또는 상기 기준에 적합한가를 확인할 때 기타 해당 항만의 개발, 이용 또는 보전상 현저하게 부당한 것을 인지한 때에는 해당 항만관리자에 대해 이것을 변경할 것을 요구할 수 있다.

⑥ 국토해양부장관은 제출된 항만계획에 변경을 구할 필요가 없다고 인정할 때에는 그 취지를 해당 항만관리자에게 통지하여야 한다.
⑦ 항만계획에서 국토해양부령이 정한 경미한 변경을 한 때에는 지체 없이 해당 항만계획을 국토해양부장관에게 송부하여야 한다.
⑧ ⑥의 규정에 의한 통지를 접수한 때 또는 국토해양부가 정한 경미한 변경을 행한 때에는 지체 없이 해당 항만계획의 개요를 공시하여야 한다.

이상의 순서를 경유하여 적절하다고 판단된 항만계획에 대해서는 그 개요를 항만관리자에게 공시하는 것으로 확정됨과 동시에 그 내용을 주지시키게 된다.

4. 우리나라 현행 항만계획의 수립순서

1) 항만기본계획의 수립(항만법 제5조)

(1) 지정항만: 국토해양부장관
(2) 지방항만: 시 · 도지사
⇒ 항만기본계획을 10년 단위로 각각 수립 · 시행한다.

○ 국토해양부장관은 지정항만에 대한 기본계획을 수립하고자 할 때에는 관계중앙행정기관의 장 및 관계 시 · 도지사와 협의한다.
○ 시 · 도지사는 지방항만에 대한 기본계획을 수립하고자 할 때에는 국토해양부장관의 승인을 얻어야 하며, 국토해양부장관은 승인을 함에 있어 관계 중앙행정기관의장과 협의를 하여야 한다.
○ 지정항만의 수: 51개항(무역항 28개, 연안항 23개)
○ 항만의 건설 및 운영주체
— 무역항: 국토해양부장관이 건설 및 운영
— 연안항: 국토해양부장관이 건설하고 운영은 시 · 도지사가 담당
⇒ 관리청(국토해양부, 시 · 도)은 항만기본계획이 수립된 날로부터 5년 단위로 그 타당성 여부를 검토하여야 한다.

2) 항만기본계획수립 및 항만공사의 시행에 관련한 사항

① 항만계획은 항만의 개발, 이용 및 보전에 관한 기본방침에 적합하게 항만법에서 정하는 항만계획의 기본적 사항에 적합하도록 하여야 한다.

② 항만계획의 수립 및 변경, 항만의 지정 및 폐지, 항만구역의 지정 및 조정에 관한 사항은 항만정책심의회(중앙 및 지방) 심의를 거쳐야 한다.

③ 관리청은 항만기본계획을 수립하거나 변경한 경우에는 항만법에 의거 그 사항을 고시하여야 한다.

④ 항만공사의 시행은 저정항만은 국토해양부장관이, 지방항만은 시・도지사가 시행한다.

⑤ 비관리청이 항만공사를 시행하고자 할 경우는 항만공사의 계획을 작성하여 관리청의 허가를 받아야 하며 단, 국가 또는 지방자치단체의 귀속대상이 되지 않는 항만시설의 유지・보수공사는 신고하여야 한다.

⑥ 관리청은 항만공사를 직접 하거나 비관리청의 항만공사를 허가한 때에는 이를 고시하여야 한다.

⑦ 항만공사의 시행자는 항만공사를 착수하기 전에 항만공사 실시계획을 수립하고 이를 공고하여야 하며, 비관리청은 실시계획을 수립하거나 변경하고자 할 때에는 관리청의 승인을 얻어야 한다.

3) 신항만건설에 관한 사항(기본계획수립 및 건설)

신항만건설사업을 효율적으로 추진하여 급증하는 항만수요에 대비하기 위하여 신항만건설촉진법을 제정하게 되었으며, 항만법에는 12개의 법률을 의제하고 있으나 신항만건설촉진법은 25개의 법률을 의제하고 있고, 각종 인・허가를 간소화하여 신항만을 보다 신속하게 건설할 수 있도록 되었다.

신항만건설촉진법은 항만건설을 촉진하는 법으로 항만건설이 완료되는 항만은 항만법에 의하여 유지, 관리 및 운영되고 있다.

① '신항만'이라 함은 수출입화물의 원활한 수송을 위하여 건설되는 항만으로서 국토해양부장관이 지정・고시하는 항만을 말한다.

② 국토해양부장관은 신항만건설이 필요할 때에는 신항만건설기본계획을 수립하고 관련지방자치단체 및 중앙행정기관의 장과 협의한 후 신항

만건설에 관한 추진위원회(사회간접자본건설추진위원회)의 심의를 거쳐 이를 고시하여야 한다(기본계획 변경시도 같은 절차에 의함).

③ 국토해양부장관은 신항만건설사업을 추진하거나 지정된 예정지역을 변경할 수 있다(관계 시 도지사 및 중앙행정기관의 장과 협의한 후 추진위원회의 심의를 거쳐 고시하게 됨).

④ 신항만건설사업을 시행하고자 하는 자는 고시된 기본계획에 따라 신항만건설에 관한 사업계획을 작성하여 국토해양부장관의 승인을 얻어야 한다(사업시행자: 국가 또는 국토해양부장관이 지정하는 자).

⑤ 사업시행자는 사업계획의 범위 안에서 실시계획을 작성하여 국토해양부장관의 승인을 얻어야 하며, 국토해양부장관은 승인한 사항을 고시하여야 한다.

제 2 절 항만계획의 방침

1. 항만의 입지와 배치

1) 항만의 성격분류와 입지조건

항만은 극히 다양한 기능을 가지고 있으나 개별 항만이 가진 기능은 그 항만의 형성발전과 함께 변화하여 보통 다양화하게 된다. 예를 들면 교통계획상의 필요에서 항만이 어느 지점에 들어선 경우 그 항만이 경제적인 유기체로서 받아들여지게 되는 것이다. 말하자면 형성발전의 초기단계에는 그 항만이 상항(商港, commercial port)이라고 하는 개괄적인 개념에서 성격을 부여하는 것으로 충분할 것이다.

그러나 어느 정도 조건의 혜택을 받은 항만에서는 항만의 발전, 성장에 따라 배후도시도 발전하고 상호 영향을 미쳐 그 기능은 광범하고 복잡하게 되는 것이 보통이다. 따라서 항만의 현상과 발전의 방향을 파악하기 위해서는 먼저 개괄적인 개념에는 너무 집착하지 않아도 된다. 즉, 하나의 개괄적인 개념에서는 항만을 설명할 수 없다는 것이다.

이 때문에 항만계획에서 항만의 장래발전의 방향을 검토하는 때에는 그 항만이 어떠한 기능과 성격을 가진 것인가 또는 가지게 할 것인가를 파악하고 그 기능과 성격을 분석해 가는 것이 필요하다. 이와 같은 분석적인 수법을 확립하기 위해서 제창된 것이 '항만성격요소'라고 하는 개념이다. 여기에서는 항만취급화물의 특징 등을 분석하는 것으로 다음 [표 2-1]과 같은 항만성격요소가 있다.

표 2-1 항만성격요소

항만성격요소	특 징
(1) 상항적 요소	정기선을 주로 하는 일반 상선에 의한 화물 또는 여객을 대상으로 하는 것
갑종	대 구미주권 연락항적 요소
을종	동아시아권 내 각 지역 연락항적 요소
병종	국내 각 지역 연락항적 요소
정종	지방 상항적 요소
(2) 특수화물적출항적 요소	석탄, 철광석, 유류 등의 특수화물의 적출항적 요소
(3) 공업항적 요소	주로 공장에 부속하여 공업원료 또는 제품을 대상으로
(4) 철도연락항적 요소	하는 것
(5) 어항적 요소	철도와 특수한 관계에 있는 선박-차량 연락항적 요소
(6) 피난항적 요소	어업용에 제공되거나 어획물을 대상으로 하는 것
(7) 유람관광적 요소	폭풍우시 선박이 피난하기 의해 정박하는 것을 주목적
(8) 급유항적 요소	주로 유람 또는 관광용으로 제공되는 것
(9) 기타 항적 요소	선박에 대한 급탄, 급유에 제공되는 것
	이외의 항만성격요소

항만의 입지는 그 지역의 각종 조건과 관련해 가면서 결합되고 있다. 즉, 어느 지역에 어떠한 항만이 어떠한 규모로 들어설 것인가는 그 지역의 자연조건, 지리조건, 경제조건, 사회조건(정치 · 문화) 및 기타 환경조건의 영향을 받는다. 따라서 항만계획을 입안하여 작성할 때에는 그 항만 및 지역이 어떠한 조건을 가지고 있는가를 분석하는 것으로 그 항만이 어떠한 성격요소를 가질 수밖에 없는가를 연구하여 항만의 개발, 발전의 방향을 검토하는 것이 필요하다.

이와 같은 관점에서 입지에 영향을 미치는 제반 조건 등을 입지인자로 부르고 지리적 인자, 자연적 인자, 경제적 인자, 사회적 인자 등으로 나누어 그 내용을 분석하고 항만성격요소와 관련시켜 항만의 위치를 살펴보기로 한다.

(1) 상항적 요소

주요항:

① 광대한 배후권을 가지는 것. 충분한 수심을 가진 차폐된 수면 및 부두용지의 확보가 기술적으로 가능할 것.

② 항으로서의 성장에 시간이 걸린다. 일정규모 이상의 도시기능, 특히 상기능의 집적은 필연적임.

③ 대규모인 것은 경제 · 사회조건이 지배적임. 나라, 지역의 정책, 역사적인 배경도 중요함.

국내항:

① 상당규모의 배후권을 가지는 것. 어느 정도의 수심과 정온한 수면 및 부두용지를 확보하기 쉬울 것.

② 어느 정도의 도시기능과 배후권이 필요함. 지역정책과 잘 맞추어져 있을 것.

③ 소규모인 것은 자연, 지리조건 중 자연조건이 지배적임.

(2) 공업항적 요소

① 소재형에는 광대한 토지, 대량의 물이 필요하고, 비교적 강한 자연조건에서도 개발이 가능하여야 하며 장래 공업도시로 되는 조건이 있을 것.

② 소비지 및 관련 공업과의 관련이 중요하며 신규로 같은 규모의 항만에서는 국가 및 지역의 개발계획과 잘 일치되어야 함. 모도시와의 관련은 약하고 지역개발의 기동력이 큼. 비교적 단기간에 항만으로 성장함.

그림 2-2 상항-미국 롱비치항

③ 우리나라의 경우 정부가 추진하는 임해공업단지와 관계가 밀접해짐.

(3) 특수화물 취급(비축을 포함)항적 요소

① 화물의 발생원 및 소비지에 가능한 한 가까울 것과 공비가 쌀 것.

② 총 수송비용이 저렴하도록 고려하는 것만으로 그다지 문제시하지 않아도 좋음.

③ 그 장소의 특수조건을 잘 살리는 것이 중요함.

(4) 연락항적 요소

① 거의 지리적 조건으로 결정됨. 장거리 카페리는 상항의 특수형태로 고려하는 것이 좋음.

② 어느 정도의 도시에 근접하는 곳에 위치함.

③ 철도 연락항과 카페리와의 차이점이 존재함.

(5) 어항적 요소

① 어장에 가까울 것. 대규모인 것으로는 대소비지에서 멀리 떨어지지 않을 것. 정온한 박지를 얻기 쉬울 것.

② 대규모인 것은 어느 정도의 상기능의 집적과 수리, 보급의 기능을 가져야 함.

③ 대규모인 것은 어업기지로 역사적인 점이 큰 비중을 가짐.

(6) 피난항적 요소

① 항로에 가까운 위치로 하고 저렴한 공비로 황천시에도 안전한 박지가 확보될 수 있을 것.

② 자연적인 요소가 주가 됨(수역시설의 확보 면 강조).

(7) 관광, 레크리에이션항적 요소

① 보기에 좋은 바다의 경관, 정온한 수면 및 아름다운 자연을 확보할 것.

② 주말형으로는 대도시권에서의 시간, 거리가 짧을 것.

③ 요트, 모터보트 등의 항로와 어업과 일반 선박의 항로 등이 중복되지 않을 것.

(8) 도시, 항만적 요소

① 용지조성이 용이할 것.

② 충분한 도시기능이 있을 것. 풍토적으로 임해부에 도시가 가능할 것.

③ 상항적 요소 등 타요소와 일체로 되는 경우가 많음.

2) 국가 및 지역의 개발계획 등에서 본 항만의 입지

항만의 개발, 발전의 방향을 검토하는 방법을 기술함과 동시에 개별항만의 성격요소에 필요로 하는 주요 입지조건을 기술하였으나 국가 및 지역의 개발계획에서 본 항만의 입지에 대한 기술이 필요할 것이다.

(1) 수송체계의 검토

수송체계는 국제수송체계와 국내수송체계로 나눈다. 먼저 국내수송은 간선수송체계와 지역수송체계로 나누어 생각할 수 있다. '바람직한 수송체계라고 하는 것은 어떠한 것인가', 또는 '그 실현방안은 어떠한가' 등, 수송체계의 분류가 커다란 과제이며 명확하게 되어 있지 않으나 특히 화물수송의 분야에서는 해상수송이 담당하는 역할이 매우 크다고 하겠다. ton−km로 보면 국제수송의 거의 98%가, 국내수송에서도 50% 이상이 해운으로 이루어지며 특히 국내수송에서는 해상수송이 에너지 절약, 저공해수송이고 또 산화물수송과 장거리 수송에서는 수송경비가 싸기 때문에 그 역할은 금후에도 증가할 것으로 보인다.

수송기관별 화물수송에너지 소비율을 대비해 보면 해운을 1로 한 경우 철도가 0.6, 트럭이 5.7(영업용 3.0, 자가용 9.1)로 철도가 낮은 율을 점유하고 있지만 대량수송 면은 떨어진다. 이들 해상수송의 기지가 되고 또한 철도수송의 상당한 부분이 항만에 연계되므로 항만의 적정한 배치는 효율적인 수송체계상 중요하다. 따라서 주요 물자에 대한 수송기관별 수송경비를 비교・검토하고 해상수송체계의 기지로 되는 항만(유통항만)이 적절하게 배치되어 있는가의 여부를 검토하는 것이 중요하다 하겠다.

(2) 산업입지정책상의 검토

자원의 대부분을 해외에 의존하고 있는 우리나라는 풍부한 해안선을 가지고 있으므로 1960년 이래 울산과 같은 항만을 중심으로 하는 임해공업단지를 발전시켜 왔다. 이것은 해상수송경비가 싼 것을 충분히 활용한 것이나 연안수송의 경우는 80년대에 와서야 검토되기 시작했다. 산업입지의 결정요인은 원재료, 제품의 수송, 항만 및 용지 등 인프라(infrastructure, 하부구조)의 건설, 전력, 물의 확보 등이 고려되지만 산업입지의 관점에서 보면 금후의 산업입지 정책은 지방분산이 기조로 되기 때문에 산업입지 동향을 충분히 파악하고 국가 및 지역의 개발정책에 부합시켜 지역개발의 기반으로 되는 항만의 배치를 검토하여야 할 것이다.

(3) 생활기반으로서의 검토

낙도에서와 같이 주민의 생활의 기반이 되는 항만은 최소의 규모로 항만의 배치를 고려할 필요가 있는데, 원칙적으로는 각각의 촌락에 최저 1항을 확보하고 생활의 다리의 역할을 하는 것이 기본이다. 또한 해상, 기상 등의 자연조건이 격심한 낙도에서는 복수의 항만을 배치하고 계절 또는 자연조건에 따라 이용하는 항만을 선택하는 수단을 강구할 필요가 있다.

(4) 국토이용 및 해양이용에서의 검토

풍부한 해안선과 광대한 해양을 유효하게 이용해가기 위해서는 활동의 거점으로서 항만의 역할은 불가결한 요소이다. 이후에도 해면을 매립하여 육지화 하는 것으로 국토면적을 확대해갈 수밖에 없으나 수산 및 에너지 등의 해양자원, 해양성 레크리에이션, 경관 및 공간개발 등 해양 그 자체의 가치에 중점을 둔 이용이 활발히 검토되고 있으므로 다양한 요청에 대응하기 위한 항만의 배치가 필요할 것이다.

(5) 국가 및 지역의 개발계획에서의 검토

이상의 항목은 국가와 지역의 개발계획의 한 단면이고 그런 의미에서 이들 항목의 검토는 국가와 지역개발계획 그 자체에서 검토되는 것이나 각종개발계획이 가진 다른 요청, 예를 들면 에너지 공급기지, 비축기지 등의 요청에 대응하여 항만이 배치될 필요가 있다.

2. 항만계획의 방침

앞에서 기술한 바와 같이 항만계획의 입안 및 작성작업의 첫 단계는 항만계획의 방침설정이다. 항만계획의 방침으로는 항만의 개발, 이용 및 보전과 함께 항만에 인접하는 지역의 보전이 있다. 또한 후술하게 될 항만계획의 기본적인 사항에 관한 것으로는 ① 항만의 위치와 기능, ② 항만시설의 정비 및 이용, ③ 항만에서의 토지이용, ④ 항만의 환경정비 및 보전, ⑤ 항만의 안전확보, ⑥ 항만에 인접한 지역의 보전 등 각 사항에 관한 방침을 마련하는 것으로 되어 있다.

항만은 그 지역의 유통 및 생산 등의 경제활동, 도시활동의 기반이며 지역발전을 지탱하고 있다. 동시에 항만은 소재도시의 물리적인 골격을 형성하는 것이다. 따라서 항만계획을 어떠한 방침으로 작성하는가는 소재지역의 장래발전 방향을 규정하는 것으로 되어 항만계획의 입안, 작성작업의 첫 단계인 방침의 설정이 어느 것보다 큰 의미를 가진다고 보는 것이다.

1) 항만계획 방침의 설정

항만은 기본적으로 지역의 발전을 기원하여 지역주민에 의해 만들어지는 것이고 그 의미에서는 방침의 설정시에 지역의 장래계획의 방침과 같은 궤도로 하여야 한다. 항만은 물류활동의 장, 생산활동의 장, 도시활동의 장 등을 제공하는 것이고 우선 이 장을 통하여 그 지역을 어떻게 발전시켜 나간다고 하는 지역의 의지를 확인하는 것이 항만계획의 방침설정에서 제일 먼저 고려하여야 하는 사항이다.

이를 위해서는 지역의 현황, 항만의 현황을 충분히 파악・분석할 필요가 있다. 이 경우 현황의 파악, 분석은 항만의 성격・규모에 의하며, 그 범위가 같지 않고 지형・기상・해상을 포함한 자연조건・지리조건・경제조건・사회조건 등 광범한 영역에 걸쳐있다. 또한, 단순한 현황파악에 그치지 말고 그 항만의 역사적 경위 및 과거에 입안된 계획과 그 배경에 관해서도 파악하는 것이 중요하다.

2) 기존 개발계획과 항만계획

항만은 하나의 소재지역과의 관련만으로 독립하여 존재하는 것이 아니다. 국가 또는 광역적인 주변지역의 제반 계획에서의 요청에 응하는 것이 바람직하며 상호관련을 가지고 있다. 따라서 방침의 설정시에는 이들 광역적인 지역의 제반 계획과 상호 조화를 가질 필요가 있다. 또한, 항만관리자가 항만서비스의 향상 및 광고에 의해 새로운 수요의 개척을 도모하는 등 적극적인 항만경영을 행하여 각 항 간에 경쟁관계로 발전해 나가는 경우를 쉽게 찾아볼 수 있다.

3) 항만정비와 항만계획

이와 함께 우리나라에서는 해운에 크게 의존하고 있고 각 항의 항만정비는 나라 전체에 대해 조화를 이루는 것이 필수적이다. 더구나 현실의 항만정비는 막대한 자금을 필요로 하고 민자사업으로 방향을 전환하고 있는 현시점에서도 기반사업의 대부분을 국가재정에 의존하고 있으므로 각 항의 항만계획 방침은 국가 전체의 항만정비의 방침과 상호 조화를 이룩하는 것이 중요하다.

이와 같은 관점에서 앞에서 기술한 바와 같이 항만의 개발, 이용 및 보전에 관한 기본방침과 항만계획의 기본적인 사항에 관한 기준을 정하여 이에 따라 항만계획을 수립하도록 함이 당연하다 하겠다.

표 2-2 항만계획의 기본적인 사항으로 기준이 되고 있는 주요 내용(1)

항만계획으로 정하는 사항	계획사항에 포함될 항목	시설 등 계획시의 기준	주요 배려사항
1. 항만계획의 방침	* 다음에 관한 방침을 일체화하여 종합적으로 정함. ① 항만의 위치 및 기능 ② 항만시설의 정비 및 이용		① 자연조건 ② 항만 및 그 주변지역의 경제적 및 사회적 조건 ③ 주변의 항만기능 ④ 항만 및 그 주변의 교통상황 ⑤ 항만 및 그 주변의 자연환

항만계획으로 정하는 사항	계획사항에 포함될 항목	시설 등 계획시의 기준	주요 배려사항
	③ 항만 내 토지이용 ④ 항만환경의 정비 및 보전 ⑤ 항만 내 안전의 확보 ⑥ 항만에 인접하는 지역의 보전		경 및 생활환경에 미치는 영향 ⑥ 어업에 미치는 영향 등
2. 항만의 능력	* 항만계획의 목표연차에서 취급화물량, 선박승강여객수, 기타 능력.		① 자연조건 ② 항만 및 그 주변지역의 경제적 및 사회적 조건 ③ 항만기능 ④ 항만에서 수송 및 하역방식의 변화에 대응 ⑤ 항만 및 그 주변의 교통상황 ⑥ 항만 및 그 주변의 안전확보 및 환경보전 등
3. 능력에 대응한 항만시설의 규모 및 배치	* 항만시설규모 및 배치를 일체화하여 종합적으로 정함.	항만능력에 대응하여 적절한 것	① 자연조건 ② 항만 및 그 주변지역의 경제적 및 사회적 조건 ③ 기존 항만시설의 이용상황 ④ 항만 및 항만에 인접한 지역의 보전 등
1) 수역시설	① 규모 ② 배치	① 항만시설의 기능을 충분히 확보 ② 선박이 안전하고 원할하게 이용	① 수역시설을 이용하는 선박의 종류, 선형 및 척수 ② 계류시설의 이용상황
2) 외곽시설	① 규모 ② 배치	* 충분히 기능을 발휘하도록 함	* 외곽시설에 의해 방호되는 수역시설 및 계류시설의 이용상황 기타 상황 등
3) 계류시설	① 규모 ② 배치	* 항만의 기능 및 계류시설의 안전, 효율적인 운용, 기타 적정	① 계류시설을 이용하는 선박의 종류, 선형 및 척수 ② 취급화물의 종류 및 취급량 ③ 하역방식

항만계획으로 정하는 사항	계획사항에 포함될 항목	시설 등 계획시의 기준	주요 배려사항
		한 운용이 충분히 확보	④ 수역시설의 하역상황 등
4) 임항교통시설	① 규모 ② 배치	* 수송수요의 질 및 양에 적합	① 항만 및 주변에서의 교통상황 ② 항만시설의 이용상황 및 기타 상황 등
5) 여객시설	① 부지의 규모 ② 부지의 배치	* 여객이 안전하고 원활하게 이용	* 선박승강여객수 등
6) 화물처리시설 및 보관시설	① 부지의 규모 ② 부지의 배치	* 충분히 기능을 발휘하도록 함	* 취급화물의 종류 및 화물량 등

표 2-3 항만계획의 기본적인 사항으로 기준이 되고 있는 주요 내용(2)

항만계획으로 정하는 사항	계획사항에 포함될 항목	시설 등 계획시의 기준	주요 배려사항
4. 항만의 환경정비 및 보전		* 항만의 환경유지 및 개선	① 자연조건 ② 항만 및 그 주변지역의 사업활동 상황
1) 폐기물의 처리	① 항만에서 처리하는 폐기물의 종류 및 양 ② 주요 폐기물 처리시설의 규모 및 배치	* 항만환경을 양호하게 유지시킴	① 항만에서 노동환경 등 ② 항만 및 그 주변의 폐기물 발생상황 ③ 공해방지계획 ④ 폐기물의 처리 및 청소에 관한 법률에 기초한 계획 등
2) 항만공해방지시설	* 주요 항만공해방지시설의 규모 및 배치	* 항만 및 그 주변에서 공해방지를 꾀함	① 자연조건 ② 항만 및 그 주변지역의 토지이용 및 사업활동의 상황 등 ③ 공해방지대책
3) 항만환경	* 주요 항만환경	* 항만의 환경유지	① 자연조건

항만계획으로 정하는 사항	계획사항에 포함될 항목	시설 등 계획시의 기준	주요 배려사항
정비시설	정비시설의 규모 및 배치	및 개선을 꾀함	② 항만 및 그 주변지역의 토지이용 및 사업활동의 상황 등
5. 기타 중요 사항			
1) 항만 및 항만인접 지역의 보전	* 재해방지를 위한 규모 및 배치	* 항만 및 항만에 인접하는 지역의 재해방지를 꾀함	① 자연조건 ② 항만의 이용상황 ③ 항만 및 그 주변의 자연환경 및 생활환경에 미치는 영향 등
2) 토지조성	* 조성하는 토지의 규모 및 배치	* 수제선을 유효하고 적절하게 이용함	① 자연조건 ② 항만의 이용상황 ③ 항만 및 그 주변의 자연환경 및 생활환경에 미치는 영향 등
3) 토지이용	* 구분	* 항만을 유효하고 적절하게 이용함	① 항만 및 그 주변지역의 기존 토지상황 ② 항만의 안전확보 ③ 항만 및 그 주변의 자연환경 및 생활환경에 미치는 영향 등
4) 항만시설 이용	* 공공용, 전용, 기타 항만시설의 이용형태	* 항만의 적정한 운영 및 항만시설의 안전하고 효율적인 이용을 꾀함	① 항만시설을 이용하는 선박 ② 취급화물의 종류 및 화물량 ③ 항만의 이용상황 등

제 3 절 개발계획규모의 설정

항만계획의 방침설정에서 행해지는 항만계획의 입안, 작성작업은 장래 항만의 규모의 설정하는 것이다. 항만계획은 어떤 의미에서는 항만의 장래계획도를 정하는 것으로 집약되나 이를 위해서는 우선 항만에 요청되는 수요를 파악하고 그 수요에 대응하는 소요 시설 및 용지의 규모를 추정할 필요가 있다. 즉, 목표연도에 해당 항만의 활동과 관련한 지역의 생산 및 유통의 경제활동, 사회활동 등의 규모를 추정하거나 계상하고 그것에 따라 발생하는 항만취급화물량, 선박승강여객수 및 이들에 필요한 각종시설 및 용지의 규모를 추정하는 것이 필요하게 된다.

여기서는 우선 해당 항만활동과 관련된 지역(배후권, hinterland)의 설정방법 및 그 지역의 경제활동 · 사회활동의 규모를 추정하는 방법의 개요를 설명하고, 항만취급화물량의 추정법 및 주요 항만시설과 용지수요에 관한 거시적인 규모의 추정법, 이와 함께 규모추정에 관계 깊은 이용선박의 선형추정법에 관해서 기술하기로 한다.

1. 배후권의 설정

1) 배후권의 개념

배후권은 그 항만의 배후지에서 그 항만에서 취급하는 화물의 대부분이 발생, 도착하는 지역을 말하며, 항만취급화물량 등의 추정을 행할 때의 기본적인 개념으로 세력권이라고도 한다. 배후권은 다음과 같은 요소에 의해 형성되어 간다고 해도 좋다.

① 많은 하주가 수송경비 및 시간을 최소로 하도록 항만을 선택하는 결과에 의한 것
② 과거부터 상업적 관습에 의한 것
③ 특별한 설비 또는 상업 유인기능의 결집에 대응한 것

2) 배후권의 설정

배후권은 항만화물의 유통범위를 기초로 설정한 것이다. 항만화물의 유통은 개개의 품목이나 항만에의 반출, 반입에 따라 다르다. 또한, 유동의 과정에 저장시설, 가공시설을 경유하는 등 일반에게는 복잡하고 유동을 파악하는 자료면에서의 제약도 무시할 수 없는 상황이다. 이와 같은 항만화물유동의 해석에 관한 최근의 연구로 육상출입화물조사, 전국간선화물 순유동조사 등을 이용하는 방법 등이 있다. 자료의 제약이 적은 경우에는 이들의 연구성과를 활

용하여 상세한 배후권의 현상분석을 행하는 것은 유효할 것이다. 한편, 자료면에서의 제약과 장래에 상황변화가 예정되는 등의 경우에는 주요 수출입화물, 기타 해외무역화물, 내국화물의 정도로 나누어 배후권을 설정하는 것으로 충분할 것이다.

배후권의 설정은 다음의 제 요소를 고려하여야 한다.

① 화물의 반출입 및 보관 실적과 예상

② 육상교통조건(거리, 시간, 경비)의 예상

③ 화물의 대량발생 도착지의 분포와 예상

④ 경쟁항만과의 관계

⑤ 행정구역(이는 기존 통계자료를 활용할 수 있어서 편리함)

또한, 항만계획의 성격에 따라서도 배후권의 설정방법은 달라진다. 기존 항만의 계획에서 항만의 기본적인 성격을 변화시키지 않는 정도로 되면 현상의 배후권을 그대로 장래계획에서의 배후권으로 설정하여도 충분할 것이다. 신규로 항만을 개발하는 경우나 기존항만에서 대규모의 계획인 경우에는 새로운 항만계획의 배후권을 기존항만의 배후권에서 분명히 분리하여 설정할 수 있는 경우, 배후권을 명확하게 분리할 수 없어서 공통의 배후권이 되어 기존 항만과 일체의 항만을 고려하여 계획을 검토하는 경우, 또한 항만 간의 기능분담을 행하기 위해 정책적으로 배후권을 설정하는 경우 등 여러 가지 경우가 있다.

3) 경제사회지표의 추정

배후권의 경제사회활동의 상황과 항만취급화물량 등 사이에는 밀접한 관계가 있고 배후권의 경제사회활동의 상황을 나타내는 지표를 이용하여 항만취급화물량 등의 추정을 행하는 것이 일반적이다. 이를 위해서는 우선 계획의 목표연도에 배후권의 경제사회활동의 상황을 나타내는 적절한 제 지표를 설정하는 것이 필요하다. 이들 지표는 배후권의 거시적인 경제사회구조를 나타내는 것이며, 항만취급화물량 등을 추정토록 하는 목표치와 충분한 관련을 갖는 것이 바람직하고 통상 인구, 국민총생산, 공업출하액, 수출입금액, 행정투자액 등이 이용되고 있다.

다음은 선정한 지표의 목표연도에서 목표치를 설정하는 것으로, 이와 같은 배후권의 경제사회 골격의 설정은 지역 경제사회상황의 예측, 바로 그것이라고 부른다. 따라서 그 목표치는 합리적이고 상호 정합성이 있다고 하는 것이 바람직하다.

목표연도에 있어서 지표의 목표치를 설정하는 주요 방법들과 그 특징은 대략 다음과 같다.

(1) 기존의 제반계획의 목표치를 사용하는 방법

이것은 나라와 관련지역의 계획 등에 나타나고 있는 목표치를 사용하는 것인데, 이 방법에 의해 설정된 목표치는 나라와 관련지역의 제반 정책 및 기타 기본적인 목표치와의 정합성이 얻어지고 이 때문에 정합성이 얻어진 항만계획을 작성하기 쉽다.

(2) 시계열분석, 회귀분석을 사용하는 방법

이것은 별도로 추정하는 다른 지표의 목표치에서 필요한 지표의 목표치를 상호 지표관련식을 추정하여 구한다고 하는 것이다. 이 방법은 비교적 간단하나 추정에 사용된 목표이외의 제 지표와의 정합성은 꼭 되돌릴 수 없는 결점이다.

(3) 계량경제모델, 시스템다이나믹스모델(system dynamics model) 등을 사용하는 방법

지역의 경제사회구조를 수리모델화하고 전자계산기 등을 사용하여 소요지표의 목표치를 구하는 방법이다. 이 방법은 모델의 작성 등 모델 전체에 상응한 가정, 전제가 포함되어 있으나, 추정되는 제 지표의 골격상호 간에는 정합성이 얻어진다. 또한 모델의 계산에 상당하는 시간과 경비를 필요로 한다.

2. 항만취급 화물량의 추정

항만화물량은 경제·사회적인 여건에 따라 변화를 가져오게 된다. 인구가 늘고 국민소득이 높아지면 소비가 커지게 되므로 당연히 수출입 물동량이 증가하게 되며, 산업구조가 변화하게 되면 여기에 맞추어 물동량이 변화하게 된다. 예를 들면 종전에는 저개발 경제상태라 철광석, 석탄, 농산물 등을 수출하던 것이 산업화되어감에 따라 자동차, 전자제품, 의류 등을 수출하게 되면서 당연히 항만물동량에 변화가 오게 된다.

뿐만 아니라 교통망체계의 변화로 인한 운송수단의 변화에 따라, 즉 해송과 육송의 분담률 변화에 따라 그리고 국제경제의 추이와 무역동향에 따라 항만물동량에 변화가 일어나게 된다. 그러므로 항만계획을 하기 위해서는 항상 최근 경제 동향을 반영하여 수정된 자료를 바탕으로 이루어져야 한다.

1) 화물량 추정을 위한 접근법

항만물동량 추정을 위해서는 먼저 위에서 언급한 항만물동량 변화에 영향을 미치는 요소들(인구증가, 국민소득증대, 산업구조의 변화, 수송수단의 변화, 국제경제의 추이와 경제동향 등)의 변동이 화물량 변화에 어떤 영향을 주었는지 과거 수년간의 실적치를 면밀히 통계처리·분석하여 추세를 찾아낸다.

다음은 항만개발계획을 수립하는 데 있어서의 계획목표연도의 경제·사회적인 지수가 계획치를 먼저 정한 후, 과거의 국내외 예를 보아 지수와 계획치에서는 화물량이 얼마 정도 되었는가를 보아 이들 지표에 맞는 화물량을 추정하게 된다.

추정할 때는 많은 품목에 대하여 일일이 화물량을 추정하는 것은 시간과 비용이 많이 들고 또 그럴 이유도 없으므로 경제활동에 많은 영향을 주게 되는 주요 품목 몇 가지를 먼저 선정하고 이 품목들에 대한 목표연도의 전국적 총량을 추정한다. 이들 주요 품목들의 전국적인 총화물량을 이번에는 다시 각 항만별로 지역특성, 배후지대의 산업, 시설투자와 수송비를 고려한 경제성 및 선박의 기항선호도 등을 감안, 각 항만별 화물량으로 배분하여 이를 각 항만의 항 시설수요 판단시 활용하게 된다.

(1) 거시적 방법(Macro-estimation method)

현재의 추세가 목표연도까지 이 정도로 계속 지속된다고 보고 목표연도에는 총화물량이 이 정도는 될 것이라고 어림잡아 보는 방법으로 전국 총화물량의 개략적인 범위와 한계를 정하는 것이라고 할 수 있다. 이 방법의 특징은 과거로부터 현재까지 변동되어온 물동량 변화추세가 앞으로도 계속될 것으로 보고 그 경향을 연장하여 추정하는 것으로 국가가 경제 · 사회적으로 상당히 안정되어 있는 경우에는 어느 정도 신뢰도 있는 추정치를 얻을 수 있으나, 개발도상국과 같이 경제구조와 경제정책의 변화가 심한 경우에는 신뢰성이 떨어지는 추정방법이다.

표 2-4 화물량 추정방법

거시적 방법 (Macro-estimation method)	미시적 방법 (Micro-estimation method)
○ 목표연도의 경제사회적 총량, 지표가 설정되어 있는 경우에 화물을 목표에 관계없이 전국 총량, 규모를 추정하는 것으로서 총화물량의 개략적인 범위와 한계를 정하는 것이라고 할 수 있는데 과거의 물동량 추세가 앞으로도 계속될 것으로 보고 그 경향을 연장 추정하는 방법이다. ○ 이 방법의 특징은 경제 및 사회 발전이 안정되어 있는 경우에는 상당한 정확도를 얻을 수 있으나 개발도상국과 같이 경제 구조와 경제 정책 변화의 기복이 많은 경우에는 적당치 않은 방법이다.	○ 각주요 품목에 대한 생산, 소비, 수입, 수출에 대한 정부 및 기업체의 계획을 참조하여 각 화물 품목과 관계가 깊은 경제 · 사회적인 제반 요소와 상관시켜 화물량을 추정하는 방법이다.
○ 자연증가에 의한 방법(경사식에 의한 방법) 년도를 독립변수로 보고 통계학적 방법으로 계산하므로 가장 구하기 쉽다.[예: 1차식, 2차식, 지수식, 등비식(Compertz model)] ○ 경제지표에 의한 추정방법 인구, GNP 등 각종 산업지표, 수출입 전망 등의 경제지표와 화물량과를 상관시켜 구하는 방법으로 위의 경향식보다는 좀 더 미래의 경제적 예측도를 감안한 방법이다.	○ 자연증감에 의한 추정방법 ○ 경제지표에 의한 추정방법 ○ 실사에 의한 방법 ○ 원단위에 의한 방법

거시적 방법으로 실지로 화물량을 추정할 때는 경제여건이 장래에도 큰 변화가 없이 이대로 진행된다고 생각하여 자발증가를 전제로 한 경향에 의존하는 방법(경향식에 의한 방법)과 계획목표연도의 인구, GNP 등 각종 산업지표, 수출입전망 등의 경제지표에 따라 이들 지표와 화물량 변화와의 상관관계

를 찾아, 즉 경제지표에 맞추어 장래 화물량을 추정하는 방법(경제지표에 의한 방법)이 있다. 거시적 방법에 의한 화물량 추정은 전국총화물량의 개략적인 범위한계를 알아보자는 데 목적이 있다.

(2) 미시적 방법(Micro-estimation method)

거시적 방법이 하향식(Top-down) 방법이라면 미시적 방법은 이와는 반대로 상향식(Down-up) 방법으로, 이번에는 내부적인 경향을 파악하며 이를 바탕으로 전체적인 추세를 파악해 보는 방법으로 각종 화물품목에 대한 생산, 소비, 수입, 수출에 대한 정부와 각 기업체의 계획을 참고로 하여 각 화물 품목들의 항만물동량을 추정해 내고 아울러 이러한 계획들과 항만물동량과의 상관관계를 찾아내어 이를 바탕으로 목표연도의 계획이 수반하는 경제・사회적인 요소와 상관시켜 화물량을 추정해 낸다.

공업항과 같이 항만이용자가 분명히 구분되는 경우에는 직접 실사에 의한 방법을 동원하며 조사하는 등 거시적 추정방법이 그간의 추세로 보아 전국 화물량의 개략적인 범위를 알아보는 접근이라면 미시적 추정방법은 구체적으로 가지고 있는 각 기업체의 계획과 정부계획들을 입수하여 일일이 실사함은 물론 원단위(공장종류별로 면적당/종업원 수, 1인당/생산량 등)를 적용하여 해상물동량을 하나하나 추정한 후 이들을 총집산하여 총량을 추정하는 방법이다.

2) 공공화물의 추정

항만취급화물은 다종다양하므로 그 추정방법도 화물의 종류에 따라 차이가 있다. 일반적으로는 공공화물, 전용화물(특정기업이 소유하는 계류시설에서 취급되는 그 기업의 화물)별로 나누고 여기에다 수출입별, 이적별 또는 품목별로 분류하여 추정한다. 또한 항만통계(항만통계연보 참조)에 의한 품목분류에서 품목별화물량 추정은 대・중・소 분류 중 중분류를 기초로 행한다.

항만취급화물량의 추정순서는 대체로 [그림 2-3]에 표시한 바와 같다. 여기서는 항만의 배후권이 기초가 되나 항만취급화물의 종류에 의해서는 대상으로 하는 배후권이 달라지는 것은 앞에서 기술한 바와 같다.

(1) 시계열 추정

화물량의 과거 증감경향이 배후권의 경제사회활동 상황과 관계없이 시간적으로 거의 일정한 경우 또는 화물의 특성에서 보아 시간에 따라 일정한 경향으로 변하는 경우에는 시간과 화물량 사이의 관계를 회귀분석으로 추정하는 것이 가능하다.

그림 2-3 항만취급화물량의 추정순서

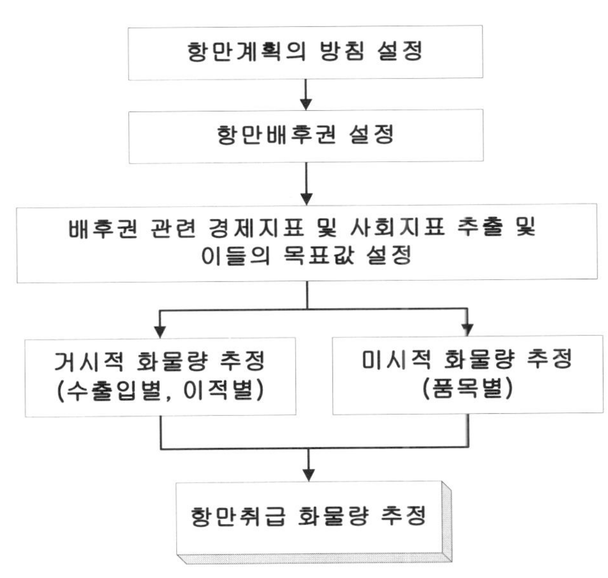

이 방법은 화물량의 증감경향에 관해서는 의미가 없고 경제사회의 구조변화가 별로 없는 경우나 목표연도가 단기의 경우에 주로 사용되므로 적용시에는 이에 충분한 주의를 요한다.

가장 간단한 추정식은 다음과 같다.

$$y_t = at + b$$

여기서 y_t : t년에서의 화물량

t : 시간(통상 년을 사용함)

a, b : 파라메타

(2) 배후권의 경제사회지표와의 상관에 의한 추정

화물량의 추이는 일반적으로 배후권의 경제사회활동의 상황과 밀접한 관계가 있으므로 배후권의 관련 경제사회지표치와 화물량과의 회귀분석을 행하여 상관식을 구하고 관련지표의 장래 목표치에서 화물량을 추정한다.

가장 간단한 상관식은 다음과 같다.

$$y_t = ax_t + b$$

여기서 x_t : 해당화물과 상관이 깊다고 생각하는 경제사회지표의 t 년의 값
y_t : t년에서의 화물량
a, b : 파라메타

이외의 상관식으로는 고차함수, 지수함수 등이 있다. 또한 설명변수로 복수의 경제사회지표를 사용하는 경우가 있으나 정도(精度)가 높게 화물량을 추정하는 것이 중요하며 간결하고 적절한 함수의 선정이 필요하다. 역시, 경제사회지표는 화물의 종류와의 관계가 깊은 것을 선정할 수밖에 없으나 통상 사용되는 지표에는 인구, 국민총생산, 공업출하금액, 수출입금액, 행정투자액, 개인소비지출, 집 또는 자동차보유수가 있다.

이들의 경제사회지표와 항만화물과의 관계로는 전국항만취급화물량의 품목별추정으로 사용되는 지표를 보면 알 수 있다.

참고) 전국항만취급화물량의 품목별 추정법

- ◇ 수출(금속, 기계류, 화학공업품) — GNP, 수출금액 각각과의 상관에 의한 추정의 평균
- ◇ 수입(쌀, 곡류, 통, 임산품, 석탄, 철광석, 원유, 기타광산품, 석유류 등) — GNP, 수입금액 각각과의 상관에 의한 추정의 평균(장기에너지 수급, 조강, 공업생산량)
- ◇ 내국무역(페리제외) — GNP, 공업출하액 각각과의 상관에 의한 추정의 평균(총고정자본형성, 원유수입량, 출하액, 장기에너지 수급 등)

(3) 화물원단위에 의한 추정

공업품출하금액당 원재료사용량, 제품출하량, 일인당 소비량으로 통하는

화물원단위를 구하고 배후권의 경제사회구조 및 화물원단위에서 총화물량을 추정하여 자급분, 육상수송분을 제외시킨 화물량을 추정하는 방법이 사용되고 있다. 이 경우 화물원단위에 적절한 값을 결정할 필요가 있으며, 참고가 될 사례가 없는 경우에는 화물원단위의 결정에 상응하는 조사를 하여야 할 것이다.

참고) 업종별 발생화물원단위에서는 각 품목에 대한 입하량/출하액, 출하량/출하액, 입하량/부지면적, 출하량/부지면적, 입하량/종업원수, 출하량/종업원수 등으로 나타내거나 업종별·수송기관별 의존도 등으로 정리한다.

(4) 기 타

특정의 기업활동과 직접 관계되는 화물이나 행정기관 등에 의해 먼저 취급목표치가 정해지는 화물에 대해서는 개별조사로 추정치를 정하는 것이 좋다. 또한, 현재 취급되지 않아서 앞에서 설명한 (1), (2)의 방법을 사용하지 않는 화물에서 장래 취급이 예상되는 경우에는 다른 유사 항만의 경우를 분석하고 그 결과를 활용하여 추정하는 것이 좋다.

(5) 유의사항

항만취급화물량의 추정방법에는 이상과 같은 몇 가지의 방법이 있으나 어느 쪽의 방법도 그 기초가 되는 추정식, 화물원단의 등은 과거 실적에 근거를 둔다. 따라서, 이상의 추정방법에서는 육상수송에서 해상수송으로 전환 등의 유통합리화라고 하는 정책적인 요소가 개입될 수 없다. 항만계획의 목적 중 하나는 유통의 합리화를 추진하는 것이므로 유통의 합리화라는 정책내용을 충분히 음미하고 별도로 항만화물의 추정을 행하여 이와 같은 추정치를 수정하는 것이 필요하다. 이를 위해서는 해당 항만의 배후권 및 그 주변지역의 유통활동 전반에 관한 현상과 문제점을 파악하는 것이 중요하다 하겠다. 항만시설이 빈약하기 때문에 육상교통기관의 이용이 쉽지 않게 되기도 하고 해운을 이용하더라도 비효율적인 유통형태로 되는 경우도 있다. 따라서, 유통활동의 현상을 철저히 추적하고 분석하는 것이 중요하다.

이들의 현상분석을 근거로 정책적으로 유도함으로써 보다 효율적인 유통활동이 행해지도록 항만계획을 책정하는 것이 긴요하다.

또한, (1)～(4)의 추정방법에서는 지나간 연도의 경제사회구조, 수송구조로 인한 영향은 그것에 포함되는 것으로 간주하고 있으나 장래에 새롭게 발생

하는 구조변화가 반영된다고 하기가 어렵다. 예를 들면

① 항만취급화물의 특성 변화
(예를 들어 반제품, 또는 제품에서 반제품으로 변화 가능성)

② 무역구조의 변화

③ 수송형태의 변화에 수반되는 해운분담율의 변화(컨테이너화, 페리화의 진전 등)

등은 완전히 포함되지 않게 된다. 이 때문에 이들의 변화가 예상되는 경우에는 무언가의 전제(예를 들면 컨테이너화율의 설정)를 두고 별도로 추정하여 상기의 방법에 의한 추정치를 수정하는 것으로 한다. 이 경우 다른 예를 이용하기도 하고 항만정비 5개년계획에서 항만취급화물량의 추정치와 실적치와의 차이로 나타낼 수 있을 것이다. 이와 같은 추정치의 차이는 기본적으로 우리나라의 경제성장이 고도경제성장기, 오일쇼크 또는 IMF사태 이후에 나타난 바와 같은 커다란 차이에 의한 것이지만 상관계수의 변화경향이 나타나는 등 수송구조면에서의 변화도 고려할 수 있는 것이다.

3) 전용화물의 추정

기업의 전용부두를 경유하는 화물을 전용화물이라고 하고 다음의 경우에 그 예가 많다.

① 임해형 공업(석유정제업, 제철업 등 각종 임해부 입지공장)

② 석유 및 LPG, LNG 등 비축기지 또는 배분기지

③ 이적터미널, 유통 터미널(자동차, 시멘트, 석회석, 강재, 칩, 비료 등)

전용화물의 추정은 기업의 생산계획, 수송계획 등을 개별로 조사하여 행하는 것이 일반적이다.

4) 컨테이너화물의 추정

해상컨테이너수송은 여러 가지 잡다한 형태를 취하는 잡화물을 규격화시킨 컨테이너를 이용하는 것으로 단위화(unit화)하고, 터미널에의 반출입, 보관, 하역을 기계화함과 동시에 고속전용선으로 수송하도록 하는 방식이다. 이 수송방식은 단위적재시스템(unit load system)으로 잡화의 형태를 동일한 것으로 하여 기계화하역에 적합한 대량정형화물로 취급할 수 있게 되었고 하역을 신

속, 정확, 저렴하게 하는 것 외에 출발지에서 도착지까지의 수송시스템 전체에 효율화를 가져다온 획기적인 것이 되었다.

북대서양항로에서는 1966년에, 북태평양항로에서는 1967년에 이와 같은 방식에 의한 수송이 본격적으로 개시된 이래 급격히 발전하여 지금에 와서는 국가간 주요 항만간의 수송의 주류가 되고 있고 국내연안운송에서도 국제무역 컨테이너화물의 피더수송으로 이용되고 있어서 오늘날의 항만 규모 및 서비스 수준을 컨테이너로 평가하기에 이르렀다.

컨테이너수송의 특색을 발휘하기 위해서는 컨테이너수송시스템을 완비하는 것이 필요하고 컨테이너전용선, 컨테이너, 부두시설, 하역기계 등의 설비를 요한다. 또한 이를 위한 많은 설비투자가 이루어지기 때문에 화물의 안정적인 확보가 필요하다. 따라서 컨테이너화물의 추정은 일반화물의 추정과는 달리 정기 잡화물 중 컨테이너화가 가능한 화물을 추정하고 잠재적인 수송수요를 파악하여 그 잠재적인 수송수요가 컨테이너 화물로 드러나는가를 검토하는 것이 중요하다.

컨테이너화물의 추정은 통상 다음과 같은 순서로 행한다.

① 계획목표연도에 공공수출입 화물량을 품목별로 기술하는 것으로 추정한다.

② 현재 공공수출입 화물의 항로별, 품목별 할당의 추이를 구하고 목표연도에 항로별, 수출입별, 품목별 할당을 추정한다.

③ ①과 ②에 의해 목표연도의 공공수출입화물량을 항로별, 품목별로 추정한다.

④ 수출입별, 품목별로 과거의 동향을 감안하여 컨테이너화 가능율을 추정한다.

⑤ 항로별 컨테이너화율(수출입품목별)의 추이, 컨테이너선의 취항상황, 건조계획, 컨테이너부두건설계획 등을 고려하여 목표연도에 컨테이너화의 진척상황을 추정한다.

⑥ ④와 ⑤에 의해 목표연도의 항로별, 수출입별, 품목별 컨테이너화율을 추정한다.

⑦ ③과 ⑥에 의해 목표연도의 항로별, 수출입별, 품목별 컨테이너화물량을 추정한다.

컨테이너화물의 추정은 이와 같은 수순으로 행하나 컨테이너선의 기항지는 특정의 큰 항만에 한정되는 경향이 있기 때문에 신규로 컨테이너부두를 계획하는 경우에는 항로의 개발가능성에 주의할 필요가 있다. 또한, 컨테이너화물의 경우 배후권은 일반화물의 경우와 비교하여 매우 넓으므로 근접한 항만에서는 항만의 공통 배후권을 설정하여 컨테이너화물의 추정을 행하고 이것을 각 항에 배분하는 방법을 사용하는 것이 적절한 경우가 많다. 역시 컨테이너수송과 경합하는 것이 예상되는 수송방식으로 RO/RO선, LASH선에 의한 수송방식이 고려되므로 이들의 동향에 관해서도 주의할 필요가 있다.

그림 2-4 컨테이너화물의 추정순서

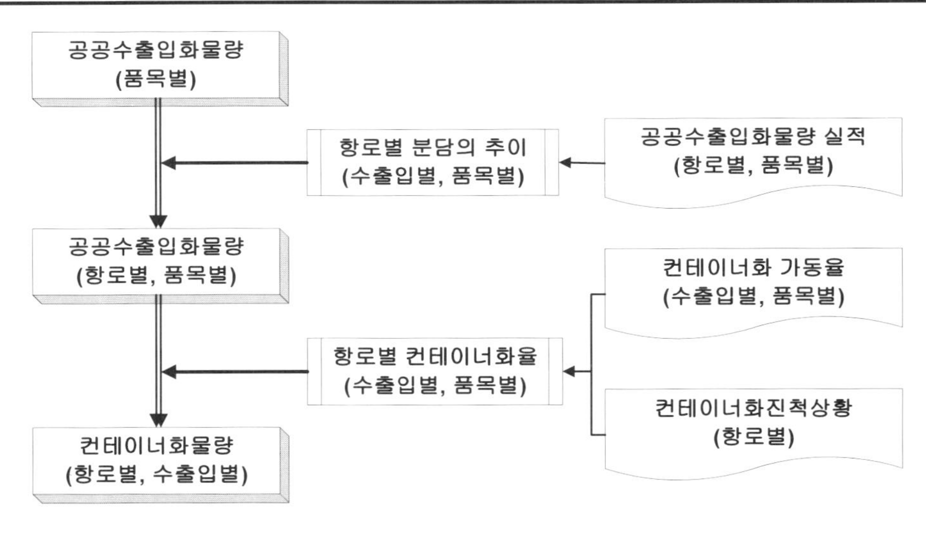

3. 시설규모의 거시적 추정

항만의 제반 시설은 수요에 대응한 충분한 규모를 갖도록 하고, 항만에서의 제활동이 안전하고 효율이 좋으며 쾌적하도록 정비하는 것이 중요하다. 또한, 항만은 그 자체 및 주변지역과 일체가 되어 환경상 일정수준을 만족하는 것은 물론 보다 원활한 지역사회의 형성에 기여하는 것이 중요하다.

항만시설의 규모는 개별시설에 요청되는 기능에 응하여 주로 항만의 자연조건, 지리조건에서 그 배치계획을 함께 검토하고, 앞에서 지적한 바와 같이 항만전체에서 안전하고 효율적으로 수요에 대응함과 동시에 보다 우수한 환경의 창조에 기여하도록 결정한다.

이 작업은 우선 방파제, 항로, 안벽 등 개별시설에서 상세히 검토되어 그것을 여러 가지로 조합시켜 항만의 전체계획으로 하고 전항만에서 자연조건, 지리조건, 경제조건, 사회조건에 부합되는 것인지 또한 장래의 발전방향에서 보아 부자연스럽지 않은가 등 종합적으로 판단한다. 이와 같이 항만시설의 계획은 두드러지게 공간이용계획으로의 측면을 가지고 개별항만의 지역특성을 반영하는 것이다.

주요 항만시설의 규모에 관한 거시적 추정에서는 검토의 관점을 ① 시설의 충족성, ② 기능발휘의 효율성, ③ 기능발휘의 안전성, ④ 환경으로써의 적합성 등에 두고 규모결정시 각각, ① '계류시설이 취급화물량에 대해 충분한가'(단위취급화물량당 계류시설연장, 1.0m/kton), ② '화물의 원활한 처리, 보관을 위해 부두면적이 충분한가'(단위취급화물량당 부두면적, 0.1㎡/ton), '항만공간에서 원활한 화물유동을 위해 임항도로면적이 충분한가'(공업용지를 제외한 임항지구면적에 점유하는 임항도로면적의 비율, 15%), ③ '선박의 입출항, 정박 등을 안전하게 하도록 수역면적이 충분한가'(단의취급화물량당 수역면적, 0.2㎡/ton), '연간 및 황천시에 항만이 안전하게 가등하도록 외곽시설이 충분한가'(연간항만가동률, 95%, 최악파랑조건시 3개월간 항만가동률 90%), ④ '쾌적한 항만환경이라는 의미에서 충분한 녹지를 가지고 있는가'(공업용지를 제외한 임항지구면적에 점유하는 녹지면적비율, 10～20%) 등의 검토를 하여야 한다.

4. 용지수요량의 추정

항만이 충분히 그 기능을 발휘하기 위해서는 항만이 가진 여러 가지 기능에 대응한 소요 용지가 필요하다. 통상 항만에 필요한 용지는 항만시설용지, 항만관련용지, 공업용지, 도시기능용지 등이 있으나 항만계획에서 이들을 분류하면 부두용지(여객시설－에이프런, 수화물취급소용지, 대합소용지, 주차장; 화물처리시설－에이프런, 화물처리지, 상옥부지; 보관시설용－창고용지, 야적장, 저목장), 항만관련용지(보관시설-육지간을 연결하는 유통센타적인 창고용지; 유통시설-터미널용지, 석유 및 가스를 제외한 배분기지용지; 업무용지-관공청용지, 항만관련사업소용지; 후생시설용지), 도시재개발용지(공업, 상업, 주택용 등 재개발에 투자하기 위한 것), 공업용지, 위험물취급시설용지(위험물취급시설, 석유 및 가스 배분기지용), 도시기능용지(신도시와 같은 규모의 상업 및 주택 용지; 공급처리시설용지;-하수처리용지, 청소공장용지 등), 레크리에이션시설용지(에이프런, 보트야드 등), 녹지(녹지, 공원, 광장, 해변용), 교통기능용지(도로, 철도, 공항용의 인터체인지, 조차장 등의 대규모), 폐기물처리시설용지(폐유처리시설용지), 공공용지(장래 공공부두용지 등 유보용지), 폐기물처리용지(일반폐기물, 산업폐기물 등을 매립처리하기 위한 것), 토사처리용지(항로, 박지 등의 준설토사를 매립처분하기 위한 것)로 나눌 수 있는데 각 용지에는 해당용지에 부수되는 녹지 및 임항교통시설용지를 포함한다.

여기에서 용지수요량의 추정은 항만전체에 필요로 하는 총 용지면적을 파악하기 위한 경우와 항만시설배치계획, 토지조성계획, 토지이용계획 등을 정하기 위하여 행하는 경우가 있다. 대표적인 용도에 관한 추정방법은 다음과 같다.

1) 항만시설용지(부두용지, 항만관련용지 등)

항만시설용지는 전술한 바와 같이 항만취급화물의 종류, 양, 기존시설의 이용 상황 등을 고려하여 추정하는 것이 보통이다. 역시, 부두용지의 개략적 규모를 추정하기 위해서는 일반 공공부두용지에서 수제선의 배후에 100m에서 200m의 폭을, 또한 컨테이너부두용지에서는 300m 이상의 폭을 확보하는 것을 대체적인 기준으로 보아도 좋다.

2) 공업용지

공업용지의 규모를 거시적으로 추정하기 위해서는 공장 등의 생산계획과 용지원단위를 사용하는 방법이 일반적이다. 이 경우 용지원단위는 기존의 유사 공업의 실례를 참고로 하여 정하는 것이 보통이다. 한 예로 각종 업종에 대한 부지면적, 출하액/부지, 종업원/부지 등의 원단위를 기준으로 하기도 한다. 전 용지소요량은 용지원단위를 사용하여 구한 면적에 도로, 녹지 등의 공공용지를 고려하여 정하는 것으로 된다.

역시, 공장의 진출계획이 구체적으로 있는 경우에는 공장시설의 배치 등을 검토하여 용지의 규모, 형상을 정하는 것이 바람직하다.

3) 도시기능용지

상업업무용지, 주택용지, 하수처리장용지 등 여러 가지 도시기능용지를 항만에서 확보하는 것이 이후에는 필요할 것이나 이들의 용지수요량은 항만공간의 전체적인 이용방향을 고려하여 항만기능과 도시기능이 잘 조화되어 전체적으로 우수한 항만도시를 창조할 수 있도록 정하는 것이 중요하다.

4) 친수공원용지

점차 바다를 끼고 있는 항만에서는 바다가 항만의 것만이 아니라 이와 연결된 도시시민과 나누어야 한다는 인식이 강해지고 이것이 항만개발 또는 재개발의 걸림돌이 되고 있다. 따라서 일정비율을 공원화하고 일반인이 쉽게 접근할 수 있도록 개방하여야 한다.

5. 선박의 종류와 선형 추정

근래 각종 전용선이 취항하고 선박의 종류는 종래와 비교하여 훨씬 다양해지고 있어서 항만계획의 입안, 작성에서 항만을 이용하는 선박의 종류 및 선형을 적절히 예측하는 것이 중요하게 되었다. 항만계획에서는 표준선형을 정하여 해당하는 선박의 치수 중 전장(全長), 형폭(型幅), 형깊이(型深), 만재흘수(滿載吃水)를 사용하며, 여객선, 카페리선 및 군함은 총 톤수를, 일반화물선, 석유탱크, 광석전용선 등은 중량톤으로 크기를 나타내고 있다.

선박의 표준선형은 공공안벽과 같이 불특정다수의 선박이 이용하는 시설의 계획을 합리적으로 행하여 바람직한 시설을 정비하여 갈 필요에서 정해진 것이다. 역시, 컨테이너선 등의 전용선, 거대선 등에 관해서는 모집단으로서의 선박 척수는 적으므로 통계처리는 적절하지 않으며 표준선형은 정해져 있지 않다. 따라서 계획시에 취항선박이 정해진 경우에는 그 수치를 사용하고 명확하지 않은 경우에는 다른 예를 참고할 필요가 있다(설계기준 참조).

선박은 소형선에서 거대선까지 다양하게 나타나지만 그 분포는 선박의 종류나 건조 년에 따라 다르다. 항만계획, 특히 시설계획을 정하는 경우, 이용 선박의 선형을 적절히 추정하는 것은 중요한 검토과제이다. 선형의 추정은 일반적으로 현재 취항하고 있는 선박을 참조하여 장래의 대형화 등의 변화를 충분히 고려하여 행한다. 이 경우 선형의 추이 또는 신조선의 건설계획 등을 참고로 함과 동시에 다른 항만에서의 시설계획의 동향 등에도 충분히 배려하는 것이 중요하다.

표 2-5 선박의 톤수 구분

톤 수 별	약호	해 설	비 고
총톤수 (Gross Tonnage)	G.T G/T	선체 내 안전율 100ft³(2.83㎥)로 나눈 값 $G/T = \frac{V}{2.83}$ (V: 갑판 이하의 선체 용적, ㎥)	① 상선의 크기, 각국의 해운력 비교 ② 관세, 등록세, 선박검사료, 입거료 등 각종 요금산정에 사용
순톤수 (Net Tonnage or Net Resister Tonnage)	N.T N/T	선체 내 전용적에서 공제항목을 뺀 용적을 100ft³(=2.83㎥)로 나눈 값 $N/T = \frac{V-S}{2.83}$ (S: 선원실, 해도실, 발라스트, 수조기관실, 갑판부, 식당 등)	① 화물이나 여객의 적재용적 표시 ② 척수, 안벽사용료, 야간입항료 등 각종 세금, 요금의 계산기초에 사용
배수톤수 (Displacement Tonnage)	D.T D/T	물에 떠 있는 선체가 배제하는 물의 중량을 톤수로 표시한 것	① 적재물을 포함한 선박의 전중량 표시 ② 주로 군항의 크기를 나타낼 때 사용
재하중량톤수 (Dead Weight Tonnage)	D.W.T D/W	만재흘수선까지 실었을 때의 배수량에서 기관을 포함한 선박자체의 중량(경하중량)을 제한 값 D/W = F−L(F: 만재배수량, L: 경하중량) 1 long ton = 2.240lb	① 선박의 화물적재능력 산출에 사용 ② 적개중량 중 화물 이외의 중량비율 근해항로: 10% 이하 원양항로: 10~15%
재화용적톤수 (Measurement Tonnage or Capacity)		선박의 화물적재능력을 용적으로 표시한 값 40ft³(1.133㎥) = 1ton	

※ 각 톤수와의 관계 : 각 톤수 상호관계는 선형, 선종, 크기에 따라 다르나 총톤수 1.0에 대한 중량톤수는 거의 화물선에서 1.5, 유조선에서 1.7, 광석선에서는 1.6배라고 생각하면 좋다. 단, 여객선, 페리, 어선에 대하여는 차가 커서 환산하기가 곤란하다.

제 3 장

항만계획과 조사

제 1 절 조사범위

항만계획에 국한되지 않고 일반적인 계획의 입안, 작성에 있어서는 사전에 필요에 따라 충분한 조사를 행하는 것이 중요하다. 즉, 소요되는 조사를 진행하는 것으로 계획의 목표가 명확하게 되며, 각종의 제약조건을 취하여 그 목표를 달성하기 위한 효과적인 방책을 검토하는 것이 가능하게 됨으로 보다 우수한 계획을 입안할 수 있게 되는 것이다.

항만계획에서는 항만의 성격분석에서 개별시설의 배치계획까지 항만계획 작성의 각 단계에서 필요한 검토 및 결정을 행하기 위해서 여러 가지 조사, 분석을 행함과 동시에 필요에 대응한 항만의 건설, 관리, 운영에 걸쳐 있는 조사, 분석을 병행하도록 한다.

이들의 조사, 분석의 범위는 자연조건, 지리조건, 경제조건, 사회조건 등 광범하지만 중요한 것은 계획작성에 관련된 의사결정에 따르도록 하는 것이다. 불충분한 것이 되지 않도록 하는 것이 당연하나 조사를 위한 조사로 전락하는 경우에는 불필요한 과다한 조사를 피할 수 없게 된다. 항만계획의 작성이 목적이고 종합적인 의사결정에 적절한 조사의 범위와 정도를 간파하는 것이 긴요하다. 이 판단은 상당한 경험과 통찰력을 필요로 하므로 기존계획의 입안, 작성시에 실시한 조사를 살펴봄과 동시에 조사 및 계획 담당자, 경험자 등의 의견을 참고하는 것이 좋다.

아래에서는 종합적인 항만계획의 입안, 작성에 필요한 것으로 알려진 주요 조사항목을 기술한다. 이 외에 환경에 미치는 영향을 사전에 평가하고 환경보전대책을 수립하기 위한 조사가 필요하나 이는 추후 다루기로 하고 여기서는 생략한다.

제 2 절 조사내용

1. 자연조건, 지리조건에 관한 조사

항만계획의 입안, 작성에는 자연조건에 관한 정보가 우선 필요하다. 이들은 외곽시설 등 항만시설의 배치계획에 결정적인 영향을 갖는 것이다. 항만건설기술이 현저히 진보한 요즘에는 자연조건이 거칠고 항만의 입지로는 불가능하다고 생각되는 외양에서도 항만건설이 가능하며, 자연조건 여하에 따라 건설비용은 현저히 높아지나, 계획전체를 통하여 필요하면 건설되고 있다. 올바른 판단에는 필요한 정보수집을 많이 하면 할수록 좋으며 소요조사를 실시하는 것이 필요하다. 역시, 항만에 관계되는 자연조건은 해역과 육역 양자에 관한 사항이 대상이 되나 특히 해안부분은 해역과 육역의 접점이기 때문에 일반적으로 자연현상이 복잡하다.

또한, 항만은 해륙수송의 결절점(node)으로서 타 수송기관과 함께 화물 및 여객의 지역 간 수송에 공헌하고 있다. 이 때문에 항만은 도로, 철도 등 다른 종류의 수송로와 항로 또는 직 배후 및 주변도시, 인접항만 등과의 지리적인 관계에 따라 상당한 영향을 받는다. 따라서 지리조건에 관해서도 필요한 조사, 분석을 행하여야 한다. [표 3-1]은 자연조건, 지리조건에 관계된 주요 조사항목을 정리한 것으로 이들의 기본적 특성, 조사방법 등에 관해서는 별도로 다루기로 한다.

표 3-1 자연조건 및 지리조건에 관계되는 주요 조사항목

분 류		조사항목
지 세	육상지형 해저지형 하 천	육상지형, 지형변화, 해안지형의 안정성 해저지형, 수심, 지형변동 유향, 유속, 유량, 유출토사량
지 질	지반의 종류 지반의 두께 토 질	사질토, 점성토, 암반 지층의 두께, 암반의 깊이 N치, 전단강도, 압축강도, 점착력, 압밀계수
기 상	바 람 천 기 태 풍	풍향, 풍속 강우, 강설, 농무, 결빙, 유빙 통과빈도, 경로, 크기
해 상	조 석 파 랑 흐 름 표 사	조위, 조류, 고조 파향, 파고, 주기, 진파, 부진동 연안류, 이안류, 향안류 탁월방향, 표사량, 표사원, 입경
지 진		진도, 발생확률
지 리		도시, 항만, 주요 교통시설과의 위치관계

2. 경제조건, 사회조건에 관한 조사

항만에 관계되는 경제조건, 사회조건은 항만의 개발구상을 구체화하고, 항만의 성격, 규모, 토지이용 등의 검토를 행하는 전제로 필요하다. 필요로 하는 정보는 목적에 따라 항만 및 그 주변지역에 관한 사항에 국한되지 않고 항만 배후권에 관한 것, 또는 전국적인 것도 포함한다. 경제조건, 사회조건에 관한 일반적인 정보는 각종의 통계자료를 참조하거나 분석하는 것으로 많은 것을 얻을 수 있지만, 항만활동과 밀접한 관계를 가진 정보에는 종종 지역적인 산업구조, 항만에의 요청 등과 같이 배후권에서의 상세한 조사를 필요로 하는 경우도 있다.

항만의 장래계획을 입안하는 작업에는 장기적인 통찰력과 직관력을 필요로 하는 것이고 이와 같은 판단을 하기 위해서는 광범한 정보와 함께 지역의

요청 관계자의 의향, 평가 등과 같이 통계자료화 할 수 없는 정보에 관해서도 충분히 파악하고 검토를 행하는 것이 중요하다.

이와 같이 경제조건, 사회조건에 관련되어 수집하고 조사하여야 할 항목은 필요로 하는 정보의 범위, 최후 입안 및 작성토록 하는 항만계획의 규모, 성격에 따라 또한 이때의 경제, 사회정세에 따라 차이가 있으므로 꼭 기계적인 분류가 되지 않는 것도 많다. [표 3-2]는 한 예로 참고하기 위하여 나타내어 본 것으로 적절히 선택하여야 한다는 것은 말할 것도 없다. 또한 앞의 표와 같이 개개의 항목에 대한 상세는 별도의 문헌을 참고하도록 한다.

표 3-2 경제조건, 사회조건에 관계되는 주요 조사항목

분 류		조사항목
항만·도시활동	여객, 화물유동	수송기관별 여객, 화물수송(국제, 국내), 지역 간, 지역 내 여객, 화물 수송
	기업의 입지	기업입지상황, 공업용지정비상황, 공장입지원단위, 원료료, 제품발생원단위, 수송기관별 의존도
	항만이용상황	항만시설현황, 이용상황, 항만취급화물량, 선박승강여객수, 입항선박수
	현재의 문제점	시설정비량, 이용효율, 안전성, 환경
	주민 의식	항만에의 요청, 평가
관련도시시설	토지이용	토지이용계획, 도시계획
	주요시설정비상황	도로, 철도, 공항, 유통터미날, 상하수도, 공원녹지 등
	주요시설정비계획	도시계획, 정비계획 등
항만발전의 경위 및 역사	항만계획의 경위	과거의 항만계획 경위(동기, 목적, 내용, 실현과정)
	항만발전의 경위	항만정비, 항만이용의 추이와 원인
	도시발전의 경위	도시의 규모, 기능, 산업구조 등의 추이 및 원인, 토지이용의 변화, 도시계획 등의 추이
	역사, 풍토	역사적 유산 등
해면 이용	어 업	어업권 설정상황, 어획량, 성어기
	레크리에이션	해빈이용 및 시설현황, 마리나 계획 및 시설현황, 유람선, 플래저보트 보유상황, 공원지정상황
	항 로	선박항행상황, 해난발생상황
이해관계자의 동향		항만이용자, 해운업자, 해사관계자, 항만노동자, 어민, 주민, 관계행정기관

제 3 절 항만계획 시행절차

1. 항만건설사업 흐름도

그림 3-1 항만건설사업의 흐름도

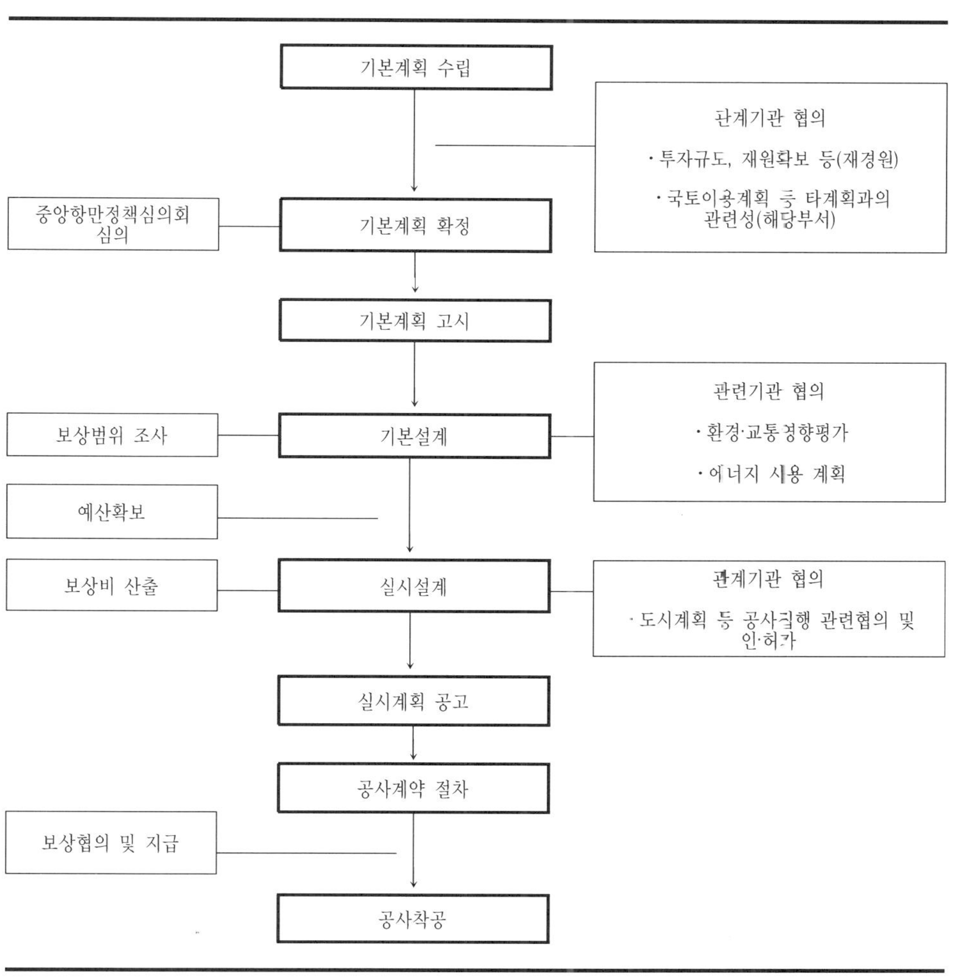

2. 항만 기본계획 수립

1) 목　　적

항만건설의 촉진 및 관리운영의 효율을 도모하기 위해 항만법 제5조 및 제8조에서 항만기본계획을 수립하도록 되어 있다. 즉, 항만개발의 근거확립을 위하여 기본계획 수립 및 고시(본부) → 항별건설사업시행공고(지방청) → 항만공사 신청 및 운영참여(민간) 등 일련의 과정이 이어진다. 또한, 항만기본계획을 수립·시행하고자 할 때는 30일 이내로 관계 중앙행정기관의 장 및 관계 시·도지사와 협의를 하여야 한다.

2) 내　　용

① 10년 단위로 수립
　— 지정항만: 국토해양부 장관
　— 지방항만: 시·도지사(국토해양부장관 승인)
② 항만의 중장기 개발계획: 국토종합개발계획 반영내용 등
③ 항만의 연차별 개발 및 운영·관리에 관한 사항
④ 항만의 지정·변경 및 폐지에 관한사항
⑤ 항만개발 예정지구 지정: 대산, 목포, 아산항 등

3. 기본설계

1) 정　　의

기본계획의 제반 조건을 바탕으로 하여 주요한 설계기준, 구조형식 선정, 단면결정과 개략적인 시공방법, 공정계획, 공사비 등 기본적인 내용을 표기한 설계도서이다.

2) 내　　용

① 기본계획의 검토
② 주요 시공계획, 주요 자재 사용계획, 개략공정계획

③ 주요 구조 및 수리계산
④ 개략 토질조사 및 토질시험
⑤ 개략 수량산출 및 개략 설계내역서
⑥ 설계도면(주요 시설물 종횡단도, 주요 구조물 표준도 등)

이 과정 중에서 환경영향평가, 교통영향평가, 에너지사용계획, 문화재현상변경 허가, 군사보호구역 내의 행위, 배후수송계획, 재정계획을 관련기관과 협의하게 된다.

4. 실시설계

1) 정 의

기본설계를 구체화하여 실제시공에 필요한 내용이 표기된 설계도서이다.

2) 내 용

① 기본설계의 검토
② 설계요강의 결정 및 설계지침의 작성
③ 세부시공계획, 자재사용계획, 세부공정계획
④ 세부구조 및 수리계산서, 수리모형실험 결과
⑤ 세부토질조사 및 토질시험
⑥ 공사시방서(일반 및 특별시방서)
⑦ 공정별 세부설계내역서 및 세부수량산출 근거
⑧ 세부 실시설계도면

이 과정 중에서 도시계획수립 및 시설결정, 국토이용계획수립, 도시계획재정비 및 지적고시, 도시계획사업 시행자 지정, 도시계획사업 실시계획인가 및 고시, 토지수용가능, 농지전용의 협의·동의 또는 승인, 보안림 안에서의 벌채 등의 허가, 수도사업의 인가, 공용하수도공사의 허가, 공유수면 점용 및 사용의 허가, 공유수면 매립면허 및 협의, 하천공사 시행허가 및 하천의 점용허가, 도로공사 시행의 허가 및 도로점용의 허가, 사방지 안에서의 입목·죽의 벌채 등의 허가, 소방법에 의한 제조소 등의 설치허가, 공원점용 및 사용의 허가를 관련기관과 협의하게 된다.

5. 공사시행고시 및 실시계획 수립 공고

1) 정　　의

항만공사 시행사항을 관계행정기관 및 단체, 주민 등 이해관계인에게 알림으로써 항만공사의 법적 효력이 발생되며 이것이 보상기준일이 된다.

2) 항만공사의 고시 내용

① 항만명
② 공사의 명칭 및 장소
③ 공사의 개요
④ 공사기간
⑤ 공사에 소요되는 총사업비
⑥ 공사 시행자의 성명, 주소
(법인인 경우에는 법인의 명칭, 주소와 대표자의 성명, 주소)

6. 토지보상

토지보상의 근거는 공공용지의 취득 및 손실보상에 관한 특별법 및 토지수용법에 따른다.

1) 보상절차

보상절차는 다음과 같다.
① 보상물건 범위조사 및 결정(국토해양부)
② 보상업무 위탁협약 체결(국토해양부 – 관할 시・도)
③ 보상물건 조서작성(국토해양부)
④ 지적측량 실시(지적공사)

⑤ 보상내용 심의(보상심의 위원회)
⑥ 보상계획 공고 및 통보(관할 시·도 → 이해관계인)
⑦ 감정평가 실시(공인감정평가사)
⑧ 손실보상협의(관할 시·도 → 이해관계인)

2) 공사시행

(1) 협의성립시

① 손실보상 계약체결(관할 시·도 → 이해관계인)
② 보상금 지급(관할 시·도 → 이해관계인)
③ 소유권 이전등기
④ 공사시행

(2) 협의 불성립시

① 수용재결 신청(관할 시·도 주민 → 중앙토지수용위원회)
② 수용재결(중앙토지수용위원회)
③ 재결인정시 보상금 지급(관할 시·도→이해관계인)−소유권 이전 등기
④ 재결 불응시
- 행정소송
- 판결
- 보상금 지급(관할 시·도 → 이해관계인)
- 소유권 이전등기

⑤ 공사시행

7. 공사집행절차

그림 3-2 공사집행절차

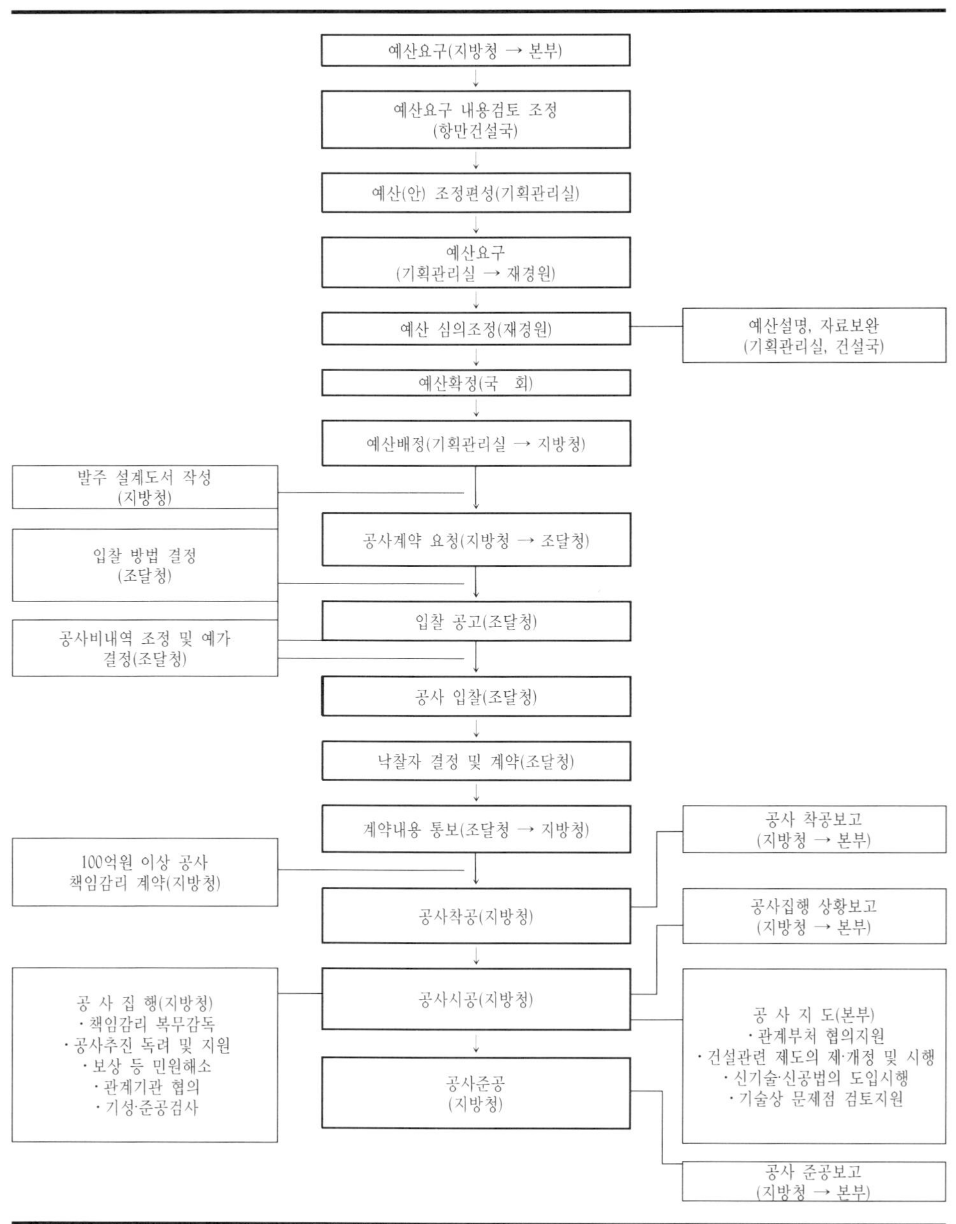

제 4 장 항만계획의 여건분석

제 1 절 항만의 개발형태

1. 지리적 특성에 따른 개발

항만개발의 형태를 자연지형 및 지리적 특성에 따라 분류하면 아래 [그림 4-1]과 같이 연안항과 내륙항으로 구분할 수 있다.

1) 연 안 항

연안항은 조차의 영향을 받으며 쉽게 개방수역에 접근 가능한 항만으로 다음과 같은 장점이 있다(예: New Zealand의 Wellington항만).

① 대형선을 위해 수심이 깊다.

② 수역 및 육역의 양면으로 확장이 가능하다.

③ 연안무역 및 외해무역에 최대로 접근가능하다.

④ 산업개발에 적절한 위치적 여건을 가지고 있다.

그림 4-1 지리적 특성에 따른 항만 분류

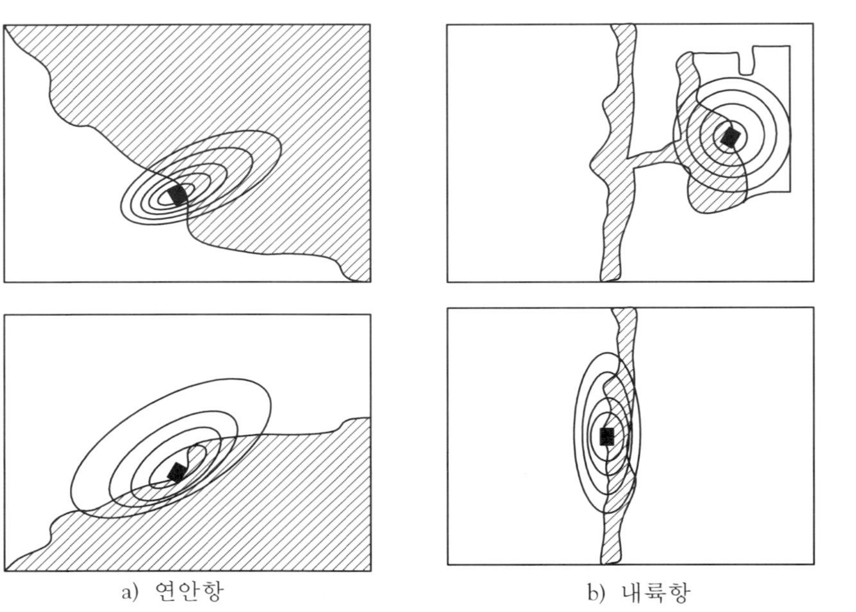

연안항의 단점은 다음과 같다.

① 조석의 영향을 받는다.

② 점토질의 퇴적작용이 일어난다.

③ 외부 자연력에 보호받지 못한다(노출되어 있다.)

연안항의 개발은 다음의 두 가지 기본형을 따른다.

① 바다측으로 확장

② 내륙측으로 확장

그림 4-2 New Zealand의 Wellington항만

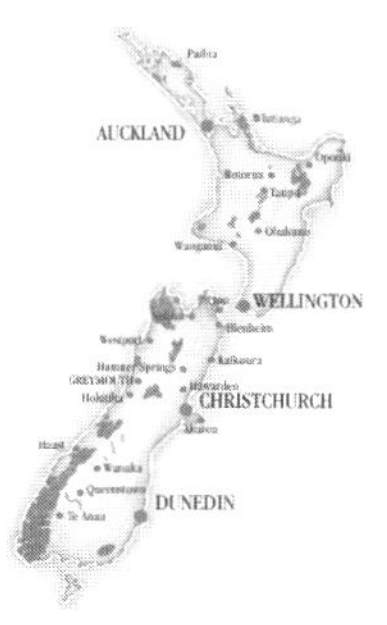

2) 내 륙 항

내륙항은 조석의 영향이 거의 없거나 전혀 없는 항만을 가리킨다. 이 항은 강 또는 수로의 상부에 위치하면서 다음과 같은 장점을 지니고 있다(독일의 Hamburg항).

1) 외력으로부터 보호받는다.
2) 내륙과는 수상으로 연결된다.
3) 수송비용을 절감할 수 있다.
4) 조석의 영향은 극히 제한되어 나타난다.

그림 4-3 독일의 Hamburg항만

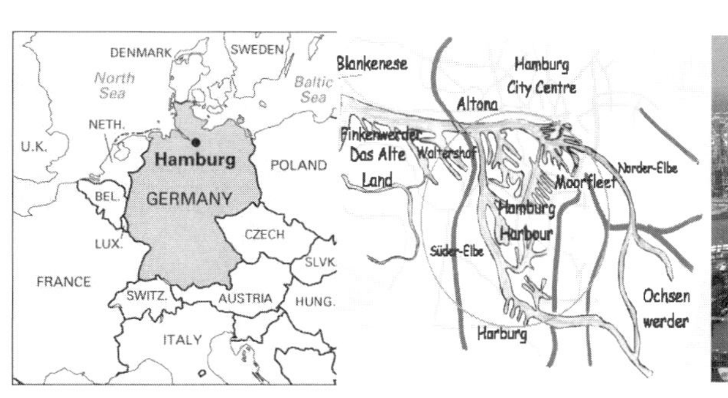

내륙항의 단점은 다음과 같다.

① 계절과 관계없는 강 또는 수로의 수위 상승 및 하강
② 퇴적물질의 집적
③ 선박크기의 제한

내륙항의 개발은 다음의 두 가지 기본형을 따른다.

① 제약적이다.
② 비제약적이다.

2. 화물특성에 따른 개발

1) 컨테이너항

컨테이너는 화물을 적절히 보호하기 위한 덮개로 사용되며 한 수송모드에서 다른 모드로 화물을 이적하는데 경제적인 시스템이 된다. 컨테이너는 주로 냉동형, 건형, 절연형, 환기형 및 특수형의 다섯 가지의 기본형으로 나눌 수 있다. 컨테이너의 길이는 10ft에서 40ft 까지 10ft의 단위로 증가하였으나 현재는 20ft와 40ft가 주종이며 높이와 폭은 8ft로 되어 있다.

컨테이너화의 장점은 다음과 같다.

① 선박의 회항시간을 단축한다.
② 화물의 손상을 감소할 수 있다.
③ 도난이 줄어든다.
④ 화물을 단기간 저장하기 위한 상옥이 불필요하다.
⑤ 컨테이너를 다단으로 적재할 수 있다.

그림 4-4 컨테이너부두(부산 자성대)

컨테이너화의 단점은 다음과 같다.

① 컨테이너를 조작하기위한 대규모의 조작 장치장의 부지가 필요하다.
② 재래선박은 이와 같은 대형단위화물을 처리할 수 있도록 설계되어 있지 못하다.
③ 값비싼 하역장비가 소요된다.
④ 서류처리업무가 현대화되어 있지 않은 경우에는 오히려 지체가 발생한다.

컨테이너화에 적절한 외해경유 일반화물의 분류는 일반적으로 3가지로 정리된다.

(1) 우량화물

비교적 운송비가 많이 드는 일반적으로 고가의 화물이다. 우량화물은 컨테이너에 효율적으로 포장 가능한 외형적인 속성을 가지고 있다. 이들 상품의 대부분은 쉽게 손상되거나 도난을 당하기 쉽다. 우량화물의 예로는 리커, 와인, 제약 및 소규격 화물 등이 있다.

(2) 적정화물

우량화물보다 운송비는 낮은 가격이 중간수준인 화물이다. 손상 및 도난도 보통 일어나고 있으며 이러한 화물의 예로는 널판자, 전선제품, 포장커피 등을 들 수 있다. 이러한 범주에 드는 다른 화물은 밀가루포대나 초록가죽, 카본블랙(고무, 인쇄잉크의 원료) 등 작업에 부과금이 소요되고 컨테이너로 처리될 수 있는 것이어야 한다.

(3) 한계화물

컨테이너에 적재될 수 있는 비교적 저가의 화물이다. 이러한 화물로는 금속덩어리, 강철괴 및 비 가공 목재가 있다.

2) 벌 크 항

포장할 수 있는 형태가 아니고 슬링으로 하역 처리할 수 없는 균질성 화물로 크게 2가지로 분류할 수 있다.

(1) **드라이 벌크(dry bulk)**

액체 및 기체상태가 아닌 모든 종류의 화물로 광석, 가성칼리, 인광염, 석고, 석회석, 시멘트, 석탄, 곡물 등이 있다. 건 벌크의 적하시설로는 엘리베이터, 저장빈 및 컨베이어시스템을 해변을 따라 장치한 전통적인 직선상이동 설비에 따라 다르다.

(2) **웨트 벌크(wet bulk)**

액체 또는 반액체 상태로 존재하는 모든 종류의 화물로 보통 펌프를 이용해서 하역된다. 이러한 화물에는 황, 석유화학, 크루드오일, 가스, 슬러리형 광물(무연탄, 보오크사이트, 철광석 등)이 있다. 젖은 벌크의 적하시설로는 보통 여러 가지 밸브와 호스가 관련된 하역설비가 놓인 적하도크가 있다. 이들 화물을 양하하기 위해서는 적절한 펌프시설을 갖춘 탱카 및 탱크형 바지를 이용한다.

○ 벌크로 처리할 때의 장점:

① 최소의 노동력이 소요된다.

② 포장이 필요없다.

③ 한 장의 선하증권(B/L)으로 처리된다.

④ 보통 단일 경유항이 된다.

⑤ 장거리 대규모 부피의 화물을 처리할 수 있다.

○ 벌크로 처리할 때의 단점:

① 모든 항만이 벌크선을 서비스할 수 있는 것은 아니다.

② 화물의 다양성을 추구할 수 없다.

③ 대규모 저장설비가 필요하다.

④ 양하하기 어려운 벌크화물이 많다.

⑤ 같은 종류의 하역장비를 여러 화물에 사용할 경우 하역장비의 세척에 비용이 많이 든다.

(3) **브랙 벌크(break bulk)**

대규모로 생산한 제품이나 운송을 함께하여야 하는 여러 형태의 부품과 같은 일반잡화물로 상당한 양의 식품이나 가공하지 않은 원재료가 이 범주에

속한다. 특히 이들 화물은 상옥과 같은 저장이나 보호시설을 필요로 한다.

○ 브랙 벌크화물의 장점

① 고가 화물이므로 트럭이나 기차와 같은 내륙수송수단을 통해서 수송된다.

② 규칙적인 계획에 따라 운송된다.

③ 부두에서 멀리 떨어진 경제적인 곳에 저장할 수 있다.

○ 브랙 벌크화물의 단점

① 대규모 야적장이 필요하다.

② 도난의 위험이 높다.

③ 화물을 분류하고 일시적으로 유치하기 위한 상옥설비가 필요하다.

3) 여 객 항

여객이동과 이들이 선박에 접근하기 위한 부대시설이 마련된 항만으로 다음과 같은 특성을 가지고 있다.

① 여객을 지원하기 위한 시설, 즉 화장실, 휴게실, 수하물 검사대, 주차장 등을 제공한다.

② 대양항로가 개통된 곳에 개발된다(예, 영국 Dover항).

③ 보통 인구가 밀집된 지역에 위치하고 있다.

○ 여객서비스시 직면하는 문제점

① 항공노선으로 인해 여객이 감소한다.

② 여객선의 항로는 거의 변하지 않는다.

③ 속도와 비용상 경쟁이 되지 않는다.

4) 특 수 항

한 가지 화물을 취급하는 항만으로 모든 하역장비는 특정화굴에 대해 최고수준의 하역수준을 유지하도록 설치되어 있는데 예로는 석탄항, 펄프항, LPG/LNG항을 들 수 있다.

한편, 어항은 기본적으로 다음의 두 가지로 나는다.

① 상업기능항 – 수산상품을 적양하하기 위해 이용되는 항으로 생선처

리, 포장, 냉동 및 비료나 생선식품가공을 위한 설비가 필요하다.
② 소형어선운영항 – 도크에서 매일 어획한 수산물의 판매가 이루어진다.

제 2 절 항만의 위치

1. 물리적 요소에 따른 분류

1) 육 역

고려하여야 할 인자는 다음과 같다.
① 개설무역항로와 내륙수송네트워크와의 관계
② 기존의 인접항만 시설
③ 배후지 및 생산지역에의 접근성
(예, New Orleans항의 당일 및 익일 철도, 트럭서비스)

2) 수 역

항만(harbor)은 일차적으로 선박을 정박시키기 위한 자연적이거나 인위적인 피박수역이 확보된 곳을 지칭한다. 항만은 선박을 조종하고 정박 및 묘박하기에 정온한 수역을 제공한다.

항만은 일반적으로 세 가지로 구분한다.

(1) 자 연 항

육지의 자연적인 형상에 따라 폭풍과 파랑으로부터 보호된 내수역을 가진 항이다. 입구는 안전항해와 보호가 될 수 있도록 형성되어 있거나 위치하여 있다.

(2) 반 자연항

갑이나 곶으로 양측이 차단되었으며 입구만 인위적인 구조물로 보호될 필요가 있는 내수역 또는 강역에 형성된다.

(3) 인 공 항

방파제나 준설과 같은 방법으로 파랑의 영향으로부터 보호할 수 있는 곳에 만들어진다.

참고) 자연항의 형태

① 리아스식 항만 – 하구역이 내려앉아 재형성되어 육역이 외력을 차단하여 피항조건으로 양호하고 선박에 적절한 수심을 제공하는 해역이다.

② 피요르드식 항만 – 폭에 비해 길이가 매우 길고 양측의 경사가 급격하며 내수역을 흐르는 강의 영향을 크게 받지 않으면서 외해측으로 개방되어 있고 충분한 수심을 갖는 해역이다.

③ 포르든 항만 – 연약암측으로 된 지반이 낮은 나라에서의 하구역으로 한때 이곳에 하천이 있었으나 소멸된 역이다.

④ 화산작용으로 만입된 항만 – 섬이나 해안역의 화산활동으로 분화구가 만들어져서 침강이 일어난 해역이다. 분화구와 분출물로 에워싸인 수역으로 깊고 잘 보호된 항만을 형성하게 된다.

⑤ 산호항만 – 산호초가 환초형태나 수중장벽의 형태로 발달하여 잠제의 형태를 취하게 된 해역이다.

적절한 항만부지를 선정하는 때에는 다음 사항을 고려할 필요가 있다.

① 소요 준설량

② 해저상태

③ 터미널 개발을 위해 가능한 해안역 확보

④ 항만의 규모와 형상

⑤ 지리적, 기상학적 및 지질학적인 정보

어떤 항만도 이상적인 항만에 필요한 바람직한 모든 특성을 갖출 수는 없지만 이상적인 항만에 필요한 특징은 다음과 같다.

3) 해역측의 특징

① 외해의 파도로부터 피난처가 되는 곳(외해에서 접근하는 큰 파도에 잘 견딜 수 있는 곳)
② 최소의 조차이고 조류가 적당한 곳(조차는 적고 해수의 흐름은 완만한 곳)
③ Seiche와 같은 장파의 교란으로부터 안전한 곳(부진동이 심하지 않은 곳)
④ 안개나 빙하 등으로부터 안전한 곳(기상조건이 좋은 곳)
⑤ 어떠한 기상조건 하에서도 하나 혹은 그 이상의 안전한 항해수로를 통해 접근이 용이한 곳
⑥ 피난처 내에서 선박을 안전하게 조종할 수 있는 공간과 수심이 적당한 곳
⑦ 적당한 수의 묘박지를 설치할 수 있을 만큼의 충분한 공간이 확보된 곳
⑧ 어떤 방향에서 강풍이 불어올지라도 안전한 곳
⑨ 준설 등의 유지보수가 최소로 필요한 곳(유지보수를 위한 경비가 최소로 드는 곳)
⑩ 미래의 확장을 위한 여유수역이 충분한 곳

4) 육지측의 특징

① 다양한 길이와 흘수를 가진 선박을 정박시키기 위한 quay, pier, wharf 등의 배열이 잘 된 곳
② 도로와 철도를 포함한 화물하역장비와 화물을 운반하는 수송수단 등을 충분히 수용할 수 있는 용적과 강도를 가진 부두 구조물이 설치된 곳
③ 정박시 편리함을 주는 계선시설이 갖추어진 곳
④ 선박이 정박하고 있는 지역의 인접지역에 창고나 야적장이 있고, 먼 거리에 위치한 곳에 추가로 장기간의 저장에 필요한 저장소가 있는 곳
⑤ 광물과 화물을 적당히 분류해 놓을 수 있는 충분한 공간이 있는 곳
⑥ 수역시설과 내륙시설의 분포 사이를 연계하는 적당한 도로와 철로수송의 연계성이 확보된 곳
⑦ 승객의 수송과 숙박을 위한 설비가 있는 곳
⑧ 소형선박, 보트, 거룻배, 예인선 등을 위한 설비가 있는 곳

⑨ 일반 유지보수의 경비가 최소인 곳
⑩ 노동력과 차량, 휴식시설, 식당 등의 시설을 쉽게 확보할 수 있는 곳
⑪ 항공 수송설비와 가까이에 위치한 곳
⑫ 대체사용이 필요할 때 해안설치의 적합성이 있는 곳(다용도 목적으로 사용할 때 쉽게 변화시킬 수 있는 곳)
⑬ 미래의 확장을 위한 여유공간이 충분한 곳

표 4-1 항만입지 유형의 특징

유 형	특 징
인공 내륙만	요 건 - 낮은 표고; 굴착시 최소의 경비 이 점 - 방파제 설치비용이 저렴; 확장의 가능성 관심사 - 저지대는 약한 토양일 수 있다; 고지대로부터 홍수와 퇴적원의 잠재 가능성; 외해의 항해저와의 거리; 연안 표류; 퇴적 및 매몰화
인공 외해만	요 건 - 다양한 방파제 건설재료에 필요한 적당한 재료 이 점 - 보통 최소한의 준설로 좋은 기초 조건을 만들 수 있다 관심사 - 항만크기에 비해 비교적 고가의 건설비용이 든다; 최소한의 확장 능력; 연안 표류물
방호 항만	요 건 - 해안선의 기복 형상이 해일 등을 막아준다 이 점 - 저가의 방파제 설치비용 관심사 - 다른 지역과 같음
자연 항만	요 건 - storm-waves를 막아주는 만입지역에 이르는 적당한 크기의 자연 해양 접근로 이 점 - 방호수역 건설에 필요한 최소의 노력 관심사 - 역사적으로 선박 피난처로 이용되지 않았으면 그 이유를 조사(예로서 Alaska의 Lituga Bay는 산사태와 많은 파도가 생기기 쉬운 지역); 만약 원래 수심보다 더 깊어질 것이 예상되면 자연퇴적상태를 철저히 조사해야 한다
강어귀 항만	요 건 - 예상되는 선박 크기를 수용할 수 있는 적당한 천견 수심과 폭을 가진 역사적으로 안정한 강 이 점 - 방호수역 건설에 필요한 최소의 노력 관심사 - river stages의 변화에 기인하는 current와 수위 변등; 염분 변화 효과를 포함한 원래 강에 파도가 범람하는 곳에 대한 새로운 작업표과의 완전한 분석이 필요하다; 광범위한 만내준설과 수심이 깊어질 가능성이 있는 수로는 피해야 함

표 4-2 항만 입지의 주요소

요 소	고려사항
외측에서의 접근	1. 선박이 항만에 접근할 때 안전하게 항해하기 위한 적당한 수심과 clearance 2. 육지측에서 항만으로의 접근은 육상수송과의 연결이 잘 되도록 개발되어야 한다.
크기 및 수심	1. 다음지역이 의도하는 선박교통을 적당하게 수용할 수 있는 보호수심과 공간. (a) 출입구와 turning basins (b) 계류지, 그리고 (c) 정박지. 2. 홍수와 침수에 안전하도록 하는 지원사항을 수용할 수 있는 충분한 공간과 표고. 3. 미래의 확장과 변화에 대한 잠재력.
물리, 지형적 요소	1. 바람과 해양파로부터의 피난처. headland, 외해암초, 섬과 같은 자연적인 대피지형은 방파제와 같은 인공 대피물 건설과 경비 등을 절감한다. 2. 제한된 취송거리. 보호수역은 항만에서 문제를 유발하는 파도를 발생시키지 않을 정도이어야 한다. 3. 바닥. 무겁고, 단단하고, 매우 고화된 점토가 선박의 정박에 가장 좋다. 모래는 지반유지에 적당하다. 바닥이 극단적으로 단단한 점토, 암반, 또는 매우 부드러운 점토로 이루어진 곳은 피해야 한다. 만약 이것이 불가능하다면 계류지와 같은 값비싼 설비를 해야 한다. 마찬가지로 방파제, 부두, 해안 구조물 등의 비용은 바닥의 깔린 토질의 상태에 의해 좌우된다. 깊고 부드러운 점토질인 지역에 큰 구조물은 설치하지 않아야 한다. 4. 준설. 암반 혹은 다른 단단한 바닥을 준설해야 하는 지역은 피해야 한다. 5. 해안선의 기복. 해안선과 인접한 지역은 해안으로부터 점진적으로 경사져야 한다. 절벽과 같은 해안선에 인접한 현저한 지형은 피해야 한다. 6. 고지대의 배수. 고지대는 원래부터 배수가 잘 되어야 한다. 지역조건에서 기인하는 위생상의 위험 발생을 조사해야 한다.
수로학 및 수질학적 요소	1. 수위 변화. 강의 영향을 받는 항구에서 조수의 흐름뿐만 아니라 천문조와 storm tides의 누적된 영향 때문에 기인하는 수위의 양단 사이의 범위는 실용적인 한 최소가 되어야 한다. 2. currents. currents의 속도가 최소이어야 하고 국소지, 그리고 혹은 특별한 고려대상을 제외하고 4 Knots를 초과해서는 안된다.

요　　소	고려사항
	3. fouling rate. 바람직한 요소는 낮은 fouling율과 해충과 hydro 충, 선박의 냉각기관에 붙는 생물학적 오염수기물질로부터 비교적 자유로워야 한다. 4. water 순환. 만내 수괴의 순환은 잘 되어야 한다. 5. 퇴적작용. 연안의 자연상태와 강변의 퇴적수송 및 공급에 대한 항만의 영향은 철저하게 조사해야 한다. 퇴적물 이동의 자연상태를 방해하지 않는 것이 바람직하다. 퇴적작용에 의한 항만 발달의 영향은 준설 등의 유지보수, 혹은 모든 발달 효과로 생각되는 해안 안정화 요구를 필요로 할 수 있다.
기상학적 요소	1. 폭풍. 현저하고, 혹독하고, 자주 발생하는 폭풍에 직접적으로 영향을 받는 지역은 피해야 한다. 2. 안개. 안개의 강도를 고려하고 실제로 심각한 지역은 피해야 한다. 3. 얼음. 1년에 몇 달 동안 얼음 때문에 폐쇄되는 지역은 피해야 한다.
기　　타	1. 건설자재의 이용도. 특히 방파제나 jetty 건설을 위한 암석의 이용도를 고려해야 한다. 2. 담수 이용도. 특히 운반가능한 상수도 이용도 고려

2. 사회-경제적 요소에 의한 분류

미개척자원과 산업이 개발 초기에 있는 위치적인 여건에서는 배후지에 최적으로 서비스할 수 있는 기본적으로 양호한 항만의 위치를 필요로 한다. 이와 같은 결정에 영향을 미치는 요소는 다음과 같다.

① 원자원과 가공상품의 저렴한 수상수송수단을 이용하는 가공공장의 유무

② 연료의 종류와 공급

③ 수출입 잠재력

개발도상국가에서는 항만이 개발되는 이유는 다음 네 가지 중의 하나로 볼 수 있다.

① 새로운 국경의 설정으로 경계 외측으로 항만이 위치하거나 기능을 상실한 때 그 나라가 무역과 거래를 지속하기 위하여 새로운 항만을 개발할 필요가 있는 경우

② 국가발전의 변화로 이전에 원격무역센터로 서비스하던 배후지에 새로운 시설을 설치할 필요가 있는 경우
③ 연안수역에 새롭거나 주된 산업단지를 계획할 경우
④ 기존항만을 더 이상 확장할 수 없고 경제적인 한계에 이르렀을 때 무역을 효과적으로 처리하기 위하여 새로운 인접역에 시설을 설치할 필요가 있는 경우

제 3 절 항만관리

1. 관리기구의 소유형태

모든 항만은 소유형태에 따라 다음과 같이 분류할 수가 있다.

1) 자기소유

자기소유나 신탁항만은 사용자, 즉 항만청이나 다른 이해관계기구의 방향에 따라 운영이 좌우되는 형태를 가리킨다. 이에는 모두 중앙정부기구에 나타나 있는 지방공공기관이나 주정부의 부서를 포함하는데 보통 이를 '국'이라 부른다. 국은 의장이 주재하며 예정된 거의 불변인 임원으로 구성된다. 정상적으로는 실제 항만을 이용하는 선박과 상품에 부과하는 제반 이용률 및 세금 부담자의 대표자들이 주가 되어 있다. 신탁항만은 공정이율로 공공기부금에 의해 재원이 조달되어 평상재정을 유지하는 비영리기관이다. 그러나 임대는 정부의 승인이 있어야만 이루어지며, 신탁항만의 개발을 위한 재원은 보통 성공적인 경영의 결과 얻어진 수익에 국한된다. 독립적이고 비영리의 신탁항만의 관리청은 항만이 의존할 수 있는 경영전문가의 재정경험으로 단일 관리형태를 갖는다. 항만이용자로 임원이 되려면 장기간의 경험과 사업일선 및 대리인으로의 '노-하우'를 겸비한 쪽이어야 한다. 요약해서 말하면, 자기소유항만의 형태는 전 세계의 많은 항만에서 다음과 같은 관점에서 점차 그 선호도가 높아져 가고 있는 추세에 있다고 할 것이다. 즉,

① 항만 및 도크의 서비스제공 및 유지를 위한 높은 재정적인 부담을 담

당함.

② 항만을 이용하고자 하는 이들이 사업하는 과정에서 자신의 이해가 항만 관리 기구의 능률 및 성공여부에 영향을 받는 이에게 대표성을 부여함.

③ 정치적인 개입으로부터 자유를 가짐.

④ 항만을 이용하기를 바라는 모든 수송모드에 편견 없는 정책을 취함.

2) 사 유

사유항은 다른 사기업체와 같은 방법으로 수익을 목적으로 소유 및 운영되는 항만이다. 사유항은 회사나 개별사기업이 소유하여 정부에서 이관된 법적권한 하에서 운영된다. 이 범주에 속하는 것으로는 사적으로 소유되고 있으면서 일개 회사나 무역 그룹사의 특수화물을 처리하도록 특정독적에 운영되는 경우를 들 수 있다.

원래 많은 항만이 사기업체에 의해 운영되었으나 이들 위한 자본이 거대하게 들고, 선박의 크기 면에서 커다란 발전을 이룩하여 값비싼 설비가 빨리 쓸모없어져 버리므로, 개발에 따른 자본동결이 예상됨에 따라 이와 같은 소유형태는 부적합한 것이 되어버렸다. 점차 재정적으로 강력한 형태의 한 가지 또는 그 이상의 관리기구의 관할을 받는 것으로 변해온 것이다 사유항만의 주된 특성은 다음과 같다.

① 제약으로부터 비교적 자유로운 형태

② 정치적인 개입으로부터 자유

③ 모든 수송형태에 대해 편견이 없는 정책

3) 공유/주정부소유 - 항만자치공사제(Port Authority)

공유 및 주정부소유항은 비록 중앙정부의 부서에 직속하는 것과는 다소 차이가 있을 지라도 양쪽 모두가 정부 및 어떠한 형태든 정부가 관계된 공사가 소유한 항만을 나타낸다(한국, 인사 재정권을 부여, 항만건설 및 보수, 부두운영회사지정 등 항만관리업무 담당, 독립채산제 - 중앙으로부터 일체의 보조금이 없도록 하는 안을 추진 중).

주정부가 운영하는 항에서는 국가정책을 뚜렷하게 명시할 수 있을 것이다. 이와 같은 항만에서는 철도, 도로 및 수로 서비스도 국유화되므로 이들과 잘 결합되어진다. 특히 주된 개발이 이루어지는 곳에서는 주정부로부터의 보조금을 확신할 수 있는 반면, 엉뚱한 방향으로 가거나 기구조직에 따른 방해 및 지역여건에 맞추다 보면 실패하는 등의 두려움도 뚜렷하다. 현재와 같이 주정부가 소유하는 형태는 항만 내에서 운영하는 조직의 수를 줄이도록 하는 것이 아니다. 사유항의 그것 이상으로 할 것을 찾도록 하는 것이 아니라 항만 이용자들이 스스로 운영하도록 내버려둔다.

주정부가 소유한 항만의 주된 특성을 나열하면 다음과 같다.

① 재원이 탁월

② 국가적 차원에서 계획을 수립할 수 있는 기회

③ 항만을 이용하고자 하는 모든 형태의 수송수단에 편견 없는 태도

4) 자치단체소유

자치단체의 소유항은 보통 지방자치단체의 위원회가 관리한다. 이 위원회는 전부 시의회의 의원으로 구성되는데 따라서 위원회의 위원자격을 계속 유지하려면 지방자치단체의 선거에서 재선되어야 한다. 이 시스템은 피선된 자가 항만의 원활한 운영에 일조한다는 자부심을 갖도록 하는 것이다. 그러나 새로 선출된 위원이 항만이 가지고 있는 문제를 잘 인식하고 있는가에 대해서는 보장할 수 없다. 잉여수익을 항만개발에 재투자하여야 함에도 불구하고 시의 의회에서 보아 지방자치를 향상시키기 위한 달콤한 계획에 투자하려는 유혹에 빠지기 쉽다.

자치단체소유 항만의 주된 특성은 다음과 같다.

① 재원이 양호

② 시민의 고용과 같이 보이지 않는 자산에의 손실을 상쇄할 수 있는 기능

③ 모든 형태의 수송수단에 편견 없는 정책

5) 기　　타

철도회사소유는 철도회사가 자체 철도시스템에 서비스를 연결할 목적이나 터미널로 이용하기 위하여 도크를 확보하거나 건설함으로써 실제로 제기되어 왔던 형태이다. 이와 같은 도크는 독립적인 수익단위체로 본다. 이 경우는 무역이나 관광업에 대한 철도서비스의 한 부분으로 본다. 철도회사는 양호

한 재원 중 상당한 부분을 도크의 개발과 개량에 트입할 수 있다. 철도회사가 소유한 도크의 주요 특성은 다음과 같다.

① 재원이 양호
② 전체 철도시스템에서 얻은 수익과 도크로 인한 손실을 상쇄가능
③ 정치적인 개입으로부터 자유

표 4-3 항만관리제도의 일반 형태

구분	국유제	지방자치제	공영자치제	사유제
관리체제	·국가 (중앙정부)	·지방자치단체	·독립위원회(또는 이사회)	·민간회사
특징	·국가가 직접 소유·관리 및 운영	·시 또는 지자체의 산하조직 또는 선임한 특별기구가 관리 운영	·특별법에 의해 설립된 독립적 자치기관에 의해 항만을 관리운영	·영리추구를 최우선 ·민간이 직접 소유
장점	·국가주도의 종합적 항만계획	·지역의 특성을 고려한 원활한 항만계획 가능	·인사권·재정권의 독립 ·대고객지향적 서비스 ·독립채산 제도식 운영	·이용자 지향적인 항만의 관리 운영
단점	·고객지향적 서비스의 부족	·지방자치단체의 간섭 ·투자재원 부족 및 전문인력 확보의 곤란	·국가전체의 종합적 항만계획에 차질 우려	·항간요율의 인상우려 ·공공이익보다는 개인기업우선의 정책 우려
사례	·우리나라, 인도, 민영화 이전의 영국, 싱가포르 등	·서구 및 일본지역의 항만	·뉴욕·뉴저지항, 런던항 등	·홍콩, 펠릭스토우 ·영국 ABP 산하의 22개 항만

자료: 전국경제인연합회, 항만의 경쟁력 제고 과제, p. 94.

지금도 세계의 여러 항에서 여전히 남아 있는 항만관티의 옛 형태는 당해국의 세관이 관할하는 형태이다. 과거의 해양국가들은 항만을 주 소득창구로 간주하고 매일의 항만운영은 이차적인 목적으로 다루었던 때를 이해할 수 있다.

자유항은 상품에 부과되는 수입관세를 지불하지 않고 저장할 수 있는 항만으로 이웃나라의 목적지로 통과하는 도크의 관문에서만 관세를 지불하도록 하고 있다. 이 시스템의 분명한 이점은 외국상품이 선박에서 양하되어 창고에 보관되어 한 국가의 재무부에 관세를 지불함이 없이 다시 처리되어 수출된다

는 점이다. 주요 항만의 관리주체 현황은 [표 4-3]과 같으며 각국에서는 여러 형태의 행정적 제도와 관리 형태를 채택하고 있다.

표 4-4 세계 주요 항만의 관리현황

항 만	관리주체	설립주체	관리주체단위	부두 운영방식	특 징
뉴욕 뉴저지항	뉴욕주 · 뉴저지주항만청	뉴욕주 · 뉴저지주	공기업	임대운영	공유민영
시애틀항	Port of Seattle	특별법에 의해 설립	공기업	임대운영	공유민영
LA항/LB항	LA시/LB시	LA시/LB시	지방자치 단체	임대운영	시유민영
뉴올리언즈항	뉴올리안주 항만청	뉴올리안주	지방자치 단체	일부직접운영 /일부임대운영	일부공유공영 /일부공유민영
도쿄항/ 고베항/ /요코하마항 /오사카항	도쿄도 /고베시 /요코하마시 /오사카시	도쿄도 /고베시 /요코하마시 /오사카시	지방자치 단체	일부직접운영 /일부임대운영	일부시유시영 /일부시유민영
나고야항	나고야항 관리조합	나고야시 · 아이치현	지방공공 단체	일부직접운영 /일부임대운영	일부공유공영 /일부공유민영
펠릭스토우항/사우스햄프턴항/ 틸버리항	민간기업	민간기업	민간기업	일부직접운영 /일부임대운영	민유민영
안트워프항	안트워프시	안트워프시	지방자치 단체	임대운영	시유민영
함부르크항 /브레멘항	함부르크시 /브레멘시	함부르크시 /브레멘시	지방자치 단체	임대운영	시유민영
르아브르항 /마르세이유항	르아브르항만청 마르세이유항만청	중앙정부	공사	일부직접운영 /일부임대운영	국유공영
카오슝항	카오슝 항무국 (국가기관)	중앙정부	국가기관	일부직접운영 /일부임대운영	일부국유국영 /일부국유민영
싱가포르항	PSA	중앙정부	공단	직접운영	민유민영
부산항	부산항만공사	중앙정부	국가기관	임대운영	공유민영

자료: 문성혁, 주요국 항만관리체제의 변화와 컨테이너터미널 관리형태에 관한 연구, 연구용역보고서, 2001.

2. 운 영

항만의 운영은 복잡한 업무이다. 항만의 소유 및 관리의 형태가 중복되는 부분이 있으므로 운영과 같은 형태로 구성할 필요가 있다. 이와 같이 하여 항만청과 같은 형태가 성공적으로 만들어졌다. 항만청의 기능은 다양하지만 보통 다음과 같은 항목을 포함한다.

① 계획의 개발
② 교통진흥
③ 자본의 확대
④ 독립터미널의 개발
⑤ 임대시설
⑥ 수송수단의 운영
⑦ 항만장비의 운영

1) 세관업무

집행기구로써 세관은 밀수 및 사기행위를 퇴치하고 다른 여러 연방기구의 규약을 집행한다. 이의 주된 임무는

① 모든 수입상품에 대한 관세를 부과하고 거두어들이는 업무
② 관세 및 관계법의 집행
③ 소정의 항행법 및 협정을 관리

세관사무소를 설치하는 기준은 주로 항만에서 사업규모를 근거로 한다. 임원진의 규모도 사업규모에 따른다. 시설요건 또한 임원진의 규모를 따른다.

2) 물리적 업무

항만에서 수행되는 물리적 기능은 선박을 기준으로 하여 이동되는 출입기능으로 나눈다.

① 수입 - 화물의 인수 및 적하, 급유, 급수, 선식, 수리, 양하, 하선, 승선
② 수출 - 도선, 준설, 등대, 부표, 건선거, 입출항 선박의 갑문처리, 양륙, 화물의 인수 및 적하, 급유, 급수, 크레인의 제공 및 유지, 안벽장비, 경찰, 급전, 예인, 세관

선박과 관련한 문제나 화물에 대한 책임에 관한 것은 화물관리부의 관할이다. 보통 기업의 임원이나 계약자 중 한 사람은 다음과 같은 임무를 담당하게 된다.

① 예약되거나 품목명세서상의 모든 화물이 적양하가 이루어졌는지 확인
② 영수증상에 화물의 상태기록
③ 저장과 관련하여 선장의 요구 준수
④ 하역인부의 책임 하에 만족하도록 양하되었는가를 확인

항만의 기능을 수행하는 데 관계한 독립적 운영기구의 수는 거의 변하지 않는 것에서부터 크게 변하는 것까지 다양하다. 주요 유형을 살펴보면 다음과 같다.

① 수송수단 – 선박, 바지, 철도, 트럭, 항공, 파이프라인
② 저장기관 – 임해일반창고, 보세창고, 곡물인양기, 자유무역지대
③ 송하주 및 송하주대리점 – 송하주, 수하주, 세관브로크, 수출대리점
④ 하역업체 – 하역인부, 차량 및 트럭화물 적양, 통포장, 터미널, 곡물인양기, 광석, 석탄 및 기타 벌크화물하역
⑤ 선박대리점 – 선박회사, 선박브로커
⑥ 선박서비스대리점 – 예선, 선용품, 급유, 수리야드, 건선거, 급수·급전
⑦ 재정기관 – 은행, 보험회사
⑧ 산업체 – 임해사업체, 자유무역지대, 보세창고회사의 수출보조

제4절 수　송

1. 육상운송

여러 수송모드의 주된 기능은 화물의 신속하고 효율적인 이동이다.

1) 도　로

임항도로의 계획은 장래확장계획을 고려하여 결정되어야 하며 계획교통

량은 다음 식으로 구할 수 있다.

$$\text{계획교통량(대/시)} : V \times \frac{\alpha}{w} \times \frac{\beta}{12} \times \frac{\gamma}{30} \times \frac{1+\delta}{\epsilon} \times \theta$$

여기서,

V : 연간 화물처리량(t)

α : 차량수송 분담률(1.0 이상)

β : 월간변동률 = 피크월의 화물량 / 월평균 화물량(약 1.2)

γ : 일간변동률 = 피크일의 화물량 / 일평균 화물량(약 1.5)

w : 트럭대당 평균적재량(t) = 실제조사에 의하여 결정되어야 하나 일반 화물은 약 4t, 산화물은 8t이 보통임.

ϵ : 적재 차량률 = 화물 적재 트럭수 / 총 트럭수(약 0.4~0.5)

δ : 관련 차량률 = 관련차량수 / 총 트럭수(약 0.5)

θ : 시간 변동률 = 피크시간 중 화물량 / 일평균 화물량(약 0.12)

상기 식에서 구한 시간당 교통량이 기준계획 교통량보다 적으면 2차선으로 계획하며(고갯길, 커브, 변속, 여유차선 제외), 이를 초과 시에는 4차선 이상으로 계획하되 차선당 기준 계획교통량에 따라 차선수를 결정한다. 항만을 이용하고 계획함에 있어서 트럭의 특성으로 중량, 크기 및 회전반경을 둘 수 있다.

표 4-5 기준 계획교통량

도로 분류	(대/h)
항만과 중요간선도로를 연결하는 도로	650
기타 도로	500

차선당 기준 계획교통량

도로 분류	(대/h)
항만과 중요간선도로를 연결하는 도로	600
기타 도로	350

그림 4-5 총 트럭 및 트레일러의 형식비교

2) 철　　도

항만 내에서의 철도는 주선로에서 부터 부두뜰, 상옥, 창고 및 야적장으로 연결되어 화차가 작업할 수 있도록 내선되어야 한다. 부두뜰에 철도가 직접 부설되는 경우에는 부두에서 처리되는 화물이 직송될 수 있는 점에서 매우 편리하지만 일반적으로 철도는 상옥 바로 뒤에 배치되는 것이 좋다. 이러한 배치 이외에도 각 부두의 철도수송량이 비교적 적을 때에는 부두 내의 한 지역에 철도터미널을 만들어 터미널과 각 부두 사이의 화물수송은 트럭에 의한다. 상옥과 연결되는 철도는 2~3개선이 배치되는 것이 좋으며 한 선은 작업선으로, 나머지 선은 교차 및 대기선으로 이용된다. 또한 각 선로 간에는 연결선이 배치되어야 한다.

화물의 철도운송은 상당한 부피에 해당하고 차량의 형태, 크기 및 수는 다양하다.

① 일반 목적의 상자형 차량
② 격벽을 가진 평평한(저상, 低床) 차량
③ 일반 및 특수목적의 평평한 차량
④ 특수장비가 된 상자형 차량

⑤ 자동차운반용 또는 기타 목적의 안장을 장착한 평평한 차량
⑥ 곤돌라(무개, 無蓋, 뚜껑 없음) 차량
⑦ 유개 호퍼형(깔때기형) 차량
⑧ 무개 호퍼형 차량
⑨ 냉동차량

각 철도는 위에서 나열한 것과 같이 많은 전통적이고 특수한 형태를 가질 뿐만 아니라 나름대로의 크기와 변화를 해오고 있다. 변하지 않는 것은 바퀴 간격으로 이는 기존의 철도에 맞도록 제작된다.

곡선구간 내에서의 곡률반경은 속도 및 차량수에 따라서 다르나 일반적으로 최소 200m 이상으로 계획되어야 하며 지선이나 부득이한 경우 150m까지 축소할 수 있다. 일반적으로 항만 내 주선로에서의 구배는 1.5% 이상을 넘어서는 곤란하며 지선이나 측선의 경우라도 4%를 넘어서는 안 된다. 철도의 폭은 측구를 포함하여 최소 5~6m가 필요하며 포장 위에 있는 경우에는 3m 정도면 된다. 1개 철도가 병설되는 경우 철도 간의 궤도간격은 4m 이상이 되어야 하며 3개 선일 경우에는 4.3m, 또한 곡선부에서는 그 이상이 확보되어야 한다.

점차 화물열차의 점유 및 차량이 길어지는 추세에 있으며 도든 차량의 적재형식 중 약 5% 정도가 piggyback(화물을 컨테이너와 같이 트레일러에 실어 운반하는 형태의 저상열차)의 개념으로 바뀌고 있다. 또한 화물열차를 통한 세입도 점차 늘어가는 추세이다.

이와 같은 증가추세에 대한 문제점은 주로 폭주이다. 많은 송하주는 오후 늦게 화물을 수집하여 아침 일찍 송달하기를 바라는데, 이를 위해서는 항만역에 좀더 많은 트레일러의 주차공간이 필요할 것이다.

철도산업에서 이용되는 또 다른 개념은 단위열차이다. 산업분야에서는 이러한 생각이 새롭지 않으며 그 사용이 점차 증가하고 있다. 기본적으로 이 개념은 벌크화물, 즉 석탄, 분말화한 광석, 가성칼리, 인광염, 납, 곡물 등 목적항만에서 하역에 제약을 받지 않고 한 지점에서 하역될 수 있는 화물을 위한 것이었다. 하주는 이 화물을 위해 전 열차를 임대한다.

또 다른 개념은 해상운송에 경쟁하기 위해 내륙교량의 역할을 하는 것이다. 내륙교량은 정상적으로는 해상운송이 되어야 할 부분을 내륙운송을 이용

하도록 하는 것이다. 이의 의도는 최소의 거리를, 최소의 시간과 경비로 이송하도록 하는 것이다. 컨테이너화는 내륙운송의 시간과 비용 면에 해상운송과 경쟁적인 위치에 오도록 하는 열쇠가 되고 있다. 그러나 많은 수송전문가들은 내륙교량이 현재 서비스를 하고 있는 새롭고 빠른 컨테이너선박과는 경쟁하기 어려울 것으로 보고 있다.

2. 항공운송

1) 항공운송

톤수로 보아 현재의 항공운송은 비교적 작은 편이다. 항공운송은 고가의 가벼운 화물이 주종을 이루고 있다. 새롭게 빠르고 대규모 화물을 수송할 수 있는 747 및 C-5A와 같은 기종이 도입되고, 이에 부응하는 육상의 하역시스템이 개발되면서 항공화물량 및 생산성이 향상되었으며 앞으로 톤당 마일 비용을 감소시켜서 전반적으로 운임률을 내리는 데 기여할 수 있을 것으로 전망된다. 2000년대에 가서는 항공운송의 담당률이 해상운송의 일반화물의 25~35% 정도가 될 전망이다.

2) 장　　래

수직/단거리이착륙(V/STOL, Vertical/Short Take Off and Landing) 항공기가 완전히 현실화되지는 않았지만 장래 이와 같은 항공기의 도래로 인한 편익은 운송할 수 있는 화물의 중량이 대규모화되는 등 헤아릴 수 없을 것이다. 항만에서의 사용자에서부터 내륙지역까지 더욱 빠르고 직접적인 운송이 가능하게 된다. 항공기의 소음 및 항공폭주에 대한 문제를 해결하기 위해 외해역에서 자연적인 섬을 이용하거나 또는 인공섬을 개발하여 공항을 건설하는 방법이 제안되고 있으며 실현되고 있는 실정에 있다.

우리나라의 경우 인천지역 영종도 신공항이 개장되었으며, 부산의 경우도 가덕도지역이 검토되고 있으나 그 실행 여부는 불확실하다. 포항의 경우 영일만지역으로 옮길 계획을 가지고 있는 것도 기존 공항이 이와 같은 시스템을 도입하기에 협소하다는 점 외에도, 최근 심각하게 대두되고 있는 소음 및 배후지의 환경오염에 대한 민원이 급증하기 때문으로 볼 수 있다. 외해역에 개발되는 공항은 심해항만과 결합되어 장래 상호 수송모드의 유기적인 조화가 이루어 질 수 있을 것으로 본다. 또한 헬기의 경우 수직이착륙이 가능하기 때문에 화물의 운송에 효과적인 수단으로 될 수 있다. 현재와 같이 내륙 교통수단의 폭주로 인한 지체는 이와 같은 방법으로 해결이 가능할 것이다.

그림 4-6 수직/단거리 이착륙 항공기

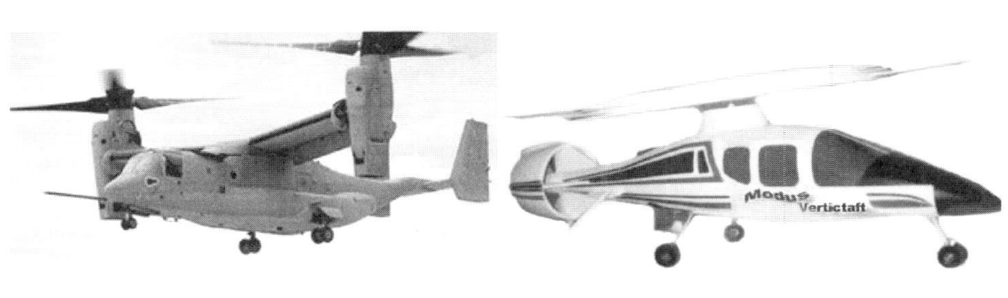

3. 해상운송

수송수단에 대한 세계적인 추세를 따른다면 해상운송을 손꼽을 수 있다. 선형별로 그 규모가 커지게 되고 이를 수용할 수 없는 재래의 항만은 무용지물이 되어 합리화에 따라 새로운 하역, 저장 및 분류기술을 채택할 수밖에 없도록 만들었다. 이미 대형선박이 새로운 항만 및 대부분 떨어진 수심이 깊은 심해역의 특수항만을 이용하는 경향으로 나타나 대규모의 화물이 이를 경유하여 운송되고 있다.

그림 4-7 선박화물의 이동경로도

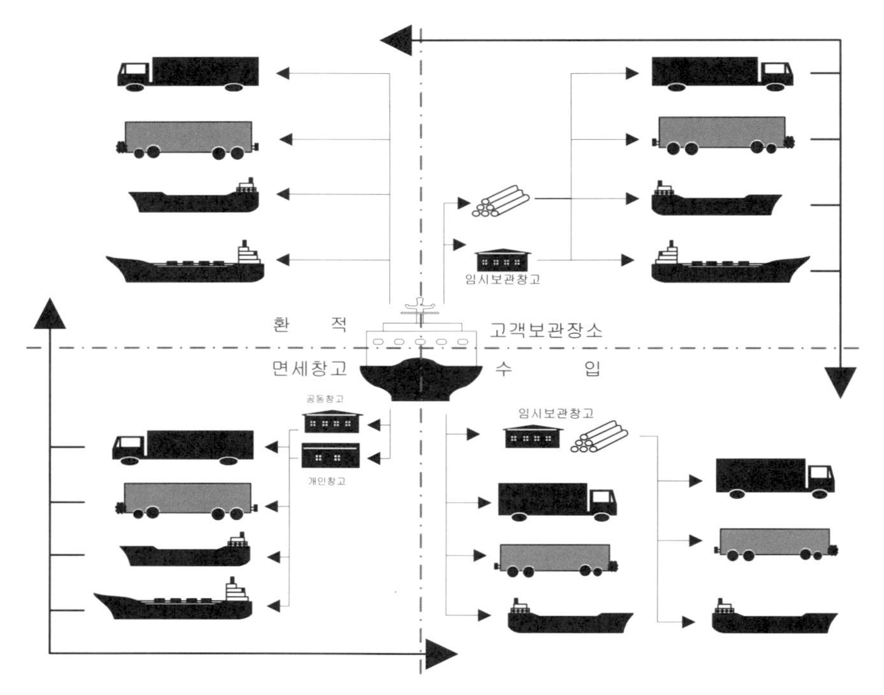

1) 컨테이너선

RO/RO선은 자력으로 움직이는 화물을 대상으로 하고 있다. 대부분의 중량화물 및 농기계류, 바퀴달린 차량 등 컨테이너화할 수 없는 대형물은 RO/RO의 개념으로 다루게 된다. RO/RO를 통할 경우의 장점은 다음과 같다.

① 슬링으로 적하하는 것을 피할 수 있다.

② 상갑판 이하에 적재될 것을 보장할 수 있다.

③ 포장이 필요하지 않으므로 시간과 비용을 절약할 수 있다.

그러나 RO/RO의 경우 적양화하는 데 필요한 램프의 공간이 소요되는 단점이 있다.

점차 전세계적인 일반화물무역이 계속 증가하고 이에 따른 선박의 크기도 증가하는 추세에 따라 풀컨테이너선이 더욱 많이 이용되고 있다. 컨테이너

그림 4-8 컨테이너 수송시스템 개념도

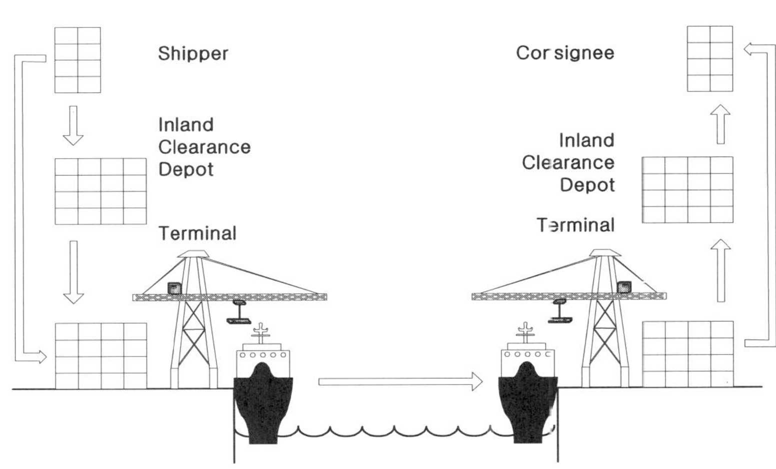

선은 하역능력이 신속하므로 재래의 단위벌크선박을 대체하게 되었다. 컨테이너선의 크기를 제약하는 요소는 다음과 같다.

① 항만의 평면배치
② 내륙의 여유공간
③ 기존의 화물분류시스템

그림 4-9 풀컨테이너과 LASH(Lighter Aboard Ship)

그림 4-10 SEA BEE(갑판구간을 여러 개로 나누어 군사장비 이송)

표 4-6 1970-2000까지의 전세계의 선박특성 변화추이

선 형	선박 특성	1970	1980	1990	2000
컨테이너/잡화 선	최대 DWT	25,500	33,500	43,500	50,000
	평균 DWT	8,168	8,583	9,043	9,350
	길이 (m)	259	284	308	320
	폭 (m)	33	36	39	40
	깊이 (m)	23	24	26	27
	흘수 (m)	11	12	12	12
탱카	최대 DWT	300,000	760,000	1,000,000	1,000,000
	평균 DWT	39,825	76,225	90,000	94,325
	길이 (m)	346	445	479	479
	폭 (m)	57	77	84	84
	깊이 (m)	29	39	43	43
	흘수 (m)	22	30	32	32
벌크선	최대 DWT	195,000	185,000	317,000	400,000
	평균 DWT	14,750	18,750	23,575	27,350
	길이 (m)	265	317	375	404
	폭 (m)	38	46	56	60
	깊이 (m)	22	26	30	32
	흘수 (m)	15	17	20	22

LASH과 SEA BEE는 컨테이너선을 변형한 형태이다. 이들 선박은 컨테이너 대신에 바지를 운반한다. 바지는 분배지역에서 적하되어 모선의 갑판에 있

는 본선 크레인으로 들어서 정온한 수역에 내려 부양시켜 내륙수역으로 배송될 수 있는 실제로 부유컨테이너라 할 수 있다. 이의 장점은

① 내륙역에서 바지무역이 양호한 경우
② 제반 시설이 부족하거나 거의 없는 개발 중의 항만에서 이용할 수 있는 수단이 됨

반면에 이의 단점은

① 바지가 점유하는 공간으로 본선의 화물공간이 줄어듦
② 바지와 선박이 고가임
③ 바지가 내륙수송수단에 전적으로 연결되지 않음
④ 본선에 적재된 바지를 양하하기 위해서는 정온한 해면상태가 되어야 함

건벌크화물선은 크기면으로 점차 증가할 것이 예상되지만 컨테이너선처럼 빠르게 증가하지는 않을 것이다. 석유/광석겸용선(OBO, Oil-Bulk-Ore)은 탱카의 경향을 따르게 되는데 이 또한 흘수가 기존항만의 수심한계에 이를 때까지 계속 증가할 것으로 보인다. 이때가 되면 벌크선에 대한 새로운 적하방법의 검토가 필요할 것이다.

2) 탱 카

탱카선의 성장 저력은 주로 크루드 오일탱카로 인한 것이다. 재래항만의 위치에서 떨어진 곳에 외해 터미널의 건설이 증가되고 새로운 수심이 깊은 항만의 개발로 인해 이러한 경향이 가속화되었다.

탱카의 크기에 영향을 미치는 요인은

① 세계 석유수요의 계속적인 급증
② 공급원으로부터 정유 및 소비중심지까지의 운송경로의 증가
③ 탱카수송의 상태적인 경제성
④ 대형선 건조기술의 향상

그림 4-11 탱카(유류운반선)

그림 4-12 잠수함식 탱카(유류저장)

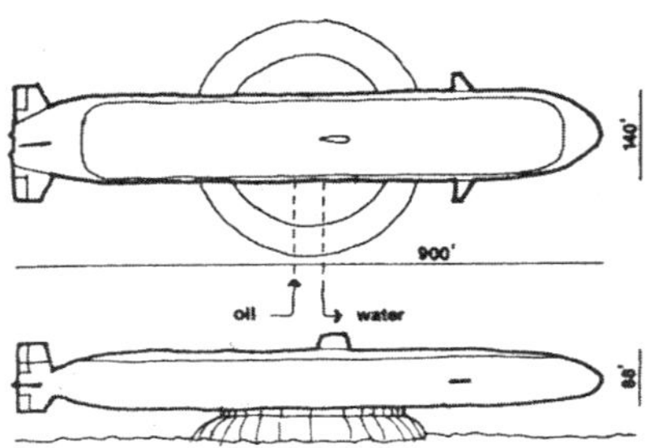

탱카의 운영에 제약을 가져오는 요인은

① 제한된 연안 및 항만수역에서의 하역문제의 심각성

② 선박사고로 인한 유류오염에 대한 위협

미래의 해상수송수단 중 잠수함식 탱카는 유빙하군 아래의 극지방에서부터 부동항으로 석유를 운송하도록 계획한 이들 잠수함식 탱카는 잠수하여 있는 동안에 해저 터미널로부터 유류화물을 적하하고 전통적인 방법으로 부동항에서 양하하는 방법을 취한다.

3) 바 지

바지는 다른 선박에 의해 조종되는 무인선박이며 일반적으로 본선의 하역장비는 없다. 바지의 이동은 보통 예선을 이용한다. 바지이동의 형태는 pushing, pulling, attached 등으로 나뉜다. 외양항행의 탱카바지의 적재능력은 25,000배럴에서 165,000배럴의 범위에 해당한다. 적재용량 240,000배럴의 탱카바지는 액화가성소다, 벤졸, 톨루엔, 액화암모니아, 에틸렌글리콜 및 석유제품을 수송하도록 계획, 운항 중에 있다.

알래스카 수륙열차는 1963년에 소개되어 시애틀과 알래스카 간을 바로 철로로 연결하고 있는데 이러한 수송모드는 RO/RO형 선박으르 초대형 외양바지를 사용하여 여러 가지 품목을 64량의 화차로 처리할 수 있는 정도의 규모로 되어 있다.

표 4-7 표준바지의 규격

<Deck barge>

내륙			외해		
길이 a(m)	폭 b(m)	깊이 c(m)	길이 a(m)	폭 b(m)	깊이 c(m)
28.04	7.92	1.83	42.67	9.14	2.74
30.48	7.92	1.89	45.72	11.89	2.77
30.48	8.53	1.89	48.77	12.19	3.05
30.48	9.14	2.01	60.96	18.29	4.45
33.53	9.14	2.13	73.15	21.95	4.45
33.53	9.14	2.23			
36.58	9.14	2.13			
36.58	9.14	2.23			
36.58	9.75	2.23			
36.58	10.36	2.32			
38.10	10.36	2.32			

Pushing Pulling Attachec

<Oil barge>

길이 a(m)	폭 b(m)	깊이 c(m)	capacity(barrels)
21.95	7.32	1.52	1,200
30.48	8.53	1.98	2,600
33.53	9.14	2.13	3,000
36.58	9.14	2.23	3,250
42.37	9.75	2.29	5,000
45.72	10.36	3.05	6,000
51.82	12.19	3.05	8,700
54.87	15.24	3.05	10,000
62.48	12.19	3.05	11,400
116.74	20.73	12.01	120,000

참고) 1) 1 gallon = 3.7853 l, 1 barrel = 31.5 gallon
2) 대양경유 바지

이와 같은 바지는 자력추진선박과 같이 추진시스템을 분리할 수 없는 수송수단과 경쟁하기 위하여 예선과 바지로 추진을 분리할 수 있는 대양경유 수송시스템을 개발하기 위한 것이다. 외양 바지는 대규모 해상 수송모드 중 비교적 새로운 것으로 미국과 캐나다 및 유럽지역에서 출발된 것이다.

자기추진선박에 비교하여 대양경유 예선-바지 시스템의 장점은 다음과 같다.

① 인력수급
② 이용도
③ 하역장비
④ 운영의 유연성

그림 4-13 예선과 바지선

표 4-8 대양경유 바지의 규모

	컨테이너	벌　크	단위 벌크
화물량(DWT)	10,000.00	30,000.00	3,500.00
길이　(m)	137.16	147.83	76.81
폭　(m)	25.91	32.00	16.76
깊이　(m)	9.75	10.67	5.49
흘수　(m)	4.88	7.92	4.27

* 제안된 대양경유 컨테이너 바지 중에는 1,000TEU 이상의 컨테이너를 수송할 수 있는 능력을 가진 것도 있다.

4) 기 타

일반화물선, 광탄전용선, 벌크선, 자동차전용선, LNG선, LPG선, 유람선, 쾌속여객선, 연구선, 어선, 범선, 항공모함 등이 있다.

준설선은 항만과 수로의 수심을 깊게 하거나 유지하는 수단으로 사용된다. 준설선의 종류는 다음과 같다.

(1) 그래브 준설선(grab dredger)

2~4개의 이빨을 가진 그래브를 수중에 낙하시켜 토사를 퍼올리는 형태의 준설선이다. 점질토에 유리하며 능력이 작고 선체가 낮아 좁은 지역에 이용한다. 보통 비항식이며 자항식에서는 본선의 호퍼(hopper, 깔때기형 선창)를 이용하여 운반한다.

(2) 디퍼 준설선(dipper dredger)

3개의 스퍼드(spud)로 선체를 고정하여 디퍼라는 버킷으로 흙을 퍼올리는 준설선으로 강력한 굴착력을 가지며 붐을 선회시키면서 선형으로 준설하므로 그래브선보다 능률이 높다. 굳은 지질, 자갈, 호박돌이 섞인 토질 또는 연암에 사용할 수 있다. 비항식이며 자항식은 없다. 준설토사는 토운선으로 운반한다.

(3) 버킷 준설선(bucket dredger)

계단식 벨트에 핀으로 연결된 버킷이 회전하여 연속적으로 준설할 수 있는 형태로 그래브나 디퍼선에 비해 능률이 높다. 디퍼선보다 굳은 지반의 준설이 가능하고 점토, 모래, 자갈에 유효하나 이토에는 부적합하다. 전후좌우에 앵커를 내려 선체를 가로방향으로 이동하면서 준설하는데, 준설한 토사는 슈트에 받아 토운선으로 운반한다. 자항식이 많다.

(4) 펌프 준설선(pump dredger, hydraulic or cutter suction dredger)

펌프로 물과 토사의 혼합물을 빨아들이는 방법으로 준설하며, 토사흡입구에는 커터가 달려있고 1개의 스퍼드를 중심으로 선체를 선회하면서 준설한다.

소방선은 본선이나 안벽, 부두 및 수변시설에서 발생한 화재를 육상의 소방장비의 지원을 받아 진화하기 위해서 사용된다.

그림 4-14 기타 선박

— 배수관식 펌프선(discharging or pipe—line dredger, mooring suction)
  긴 배사관을 부설하여 빨아들인 토사를 직접 매립지까지 보내서 준설과 동시에 매립
— 호퍼식 펌프선(hopper dredger), 예항식 펌프선(drag suction, trailing suction dredger)
  배사관 없이 자선 내에 호퍼를 비치하여 준설토사를 저장한 후 만재 시에는 자항으로 운반하여 투기함, 넓은 수역, 항로, 파랑이 큰 수역에 적합하고 매립에는 이용이 불가능하다.
— 기타: 배사관식이나 커터대신 사출수(water jet)를 이용한다.

그림 4-15 준설선의 형식

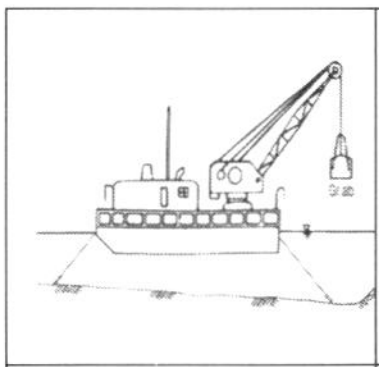 그라브 준설선	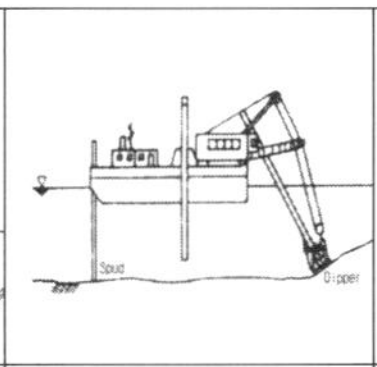 디퍼 준설선	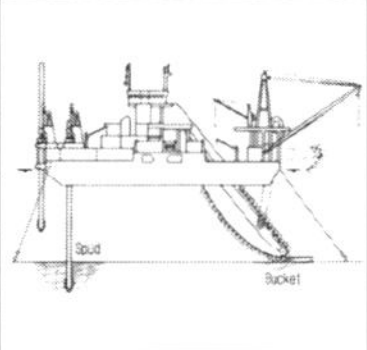 버킷 준설선	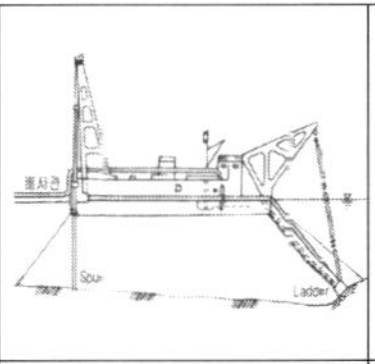 펌프준설선 (배사관식)	 펌프준설선 (호퍼식)

제 5 절 하역 및 안전

1. 하역방법

하역은 화물을 이동이나 저장하기 위한 시설에 맞도록 준비하고 옮기고 위치시키는 것을 가리킨다. 이의 기본적인 목적은 선박이 신속하게 회항할 수 있도록 하는 것이다. 목적을 달성하기 위하여 다음의 여러 가지 인자들이 중요한 역할을 담당한다.

① 실제로 선박이 도착하기 전에 항만과 선박이 협조하여 하역계획을 수립
② 선박과 내륙 간의 긴밀한 협조체제 유지

③ 양하과정에 수정이 필요한 경우를 위해 신속한 보완조치의 강구
④ 선박의 장비이용률을 극대화
⑤ 양하시 필요한 도크장비의 확보
⑥ 도크의 소요 인부 확보
⑦ 세관의 제반 절차를 준수
⑧ 화물이 적절히 상옥에 적재된 것을 확인

또한 화물을 다룰 때 효율을 높일 수 있는 요소는 다음과 같다.
① 공간을 최대한 활용하여 도크영역의 증대
② 하역될 화물단위크기의 증대
③ 장비의 효율성을 최대화
④ 선박, 화물 및 인력에 대한 안전훈련
⑤ 장비의 활용유연성
⑥ 장비 및 하역방법의 표준화

상옥에서의 적재계획을 주의 깊게 함으로써 노력의 중복을 없애고 운영효율을 향상시킬 수 있다.
① 선박과 상옥 간 화물이동거리의 최소화
② 교통폭주 및 장애 제거

항만화물품목의 분류와 이의 정확한 규모는 개발계획에 매우 큰 영향을 준다. 항만개발계획수립의 편의에 따른 화물품목의 분류의 예시는 아래와 같다.

· 양곡(Grain)
· 설탕(Sugar)
· 유류(Petroleum & oil product)
· 당밀(Molasses)
· 원목(Logs)
· 제재목(Sawn lumber)
· 합판(Plywood)
· 비료(Fertilzer)
· 석탄(Coal)
· 소금(Salt)
· 양회(Cement)
· 철광석(Iron ore)
· 고철(Scrap)
· 철재 및 철강(Iron & Steel)
· 기타 광석(Minerals & ores)
· 일반화물(General Cargo)
· 컨테이너(Container)
· 차량(Vehicles)
· 잡화(Break bulk)

그림 4-16 부두에서의 하역 효율화

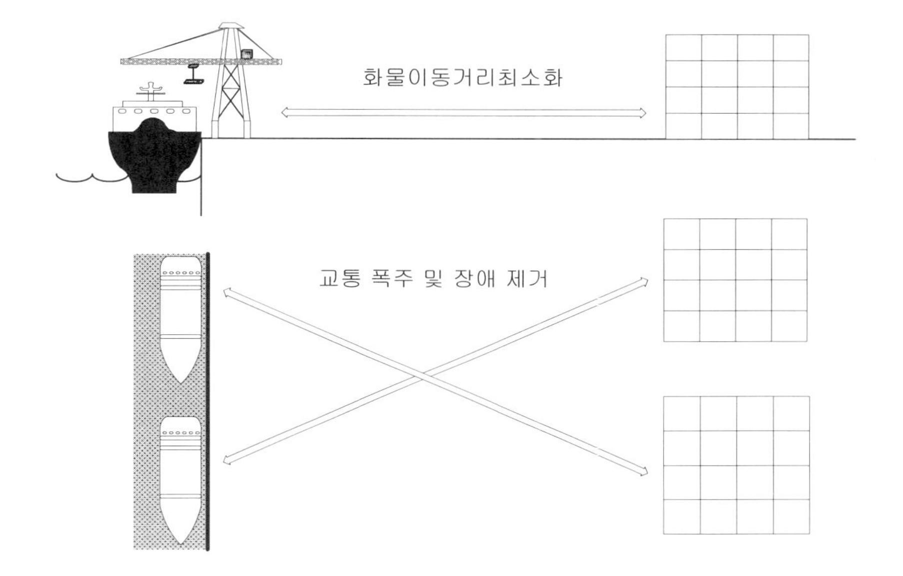

1) 하역방법의 분류

한편, 화물종류 및 포장형태에 따른 하역방법의 분류는 아래와 같다.

(1) 중량 및 묶음이 큰 화물

① 포크리프트나 특수제작물을 장착한 장비로 부두에서 조작

② 여러 가지 슬링으로 선박에 쉽게 적양하

③ 최적효율을 위해 기계의 하역능력에 따라 적재에 제약을 둠

(2) 단위화 및 사전 팔레트화된 화물

① 보통 포크리프트, 종이 롤 그래버, 수력집게장치나 기타 들어올리는 트럭에 필요한 부대설비로 처리

② 던니지 없이 안정성을 확보하면서 쉽게 2.5m까지 적재할 수 있는 기계식 적재방식을 통해 최적하역속도를 유지

그림 4-17 팔레트의 종류

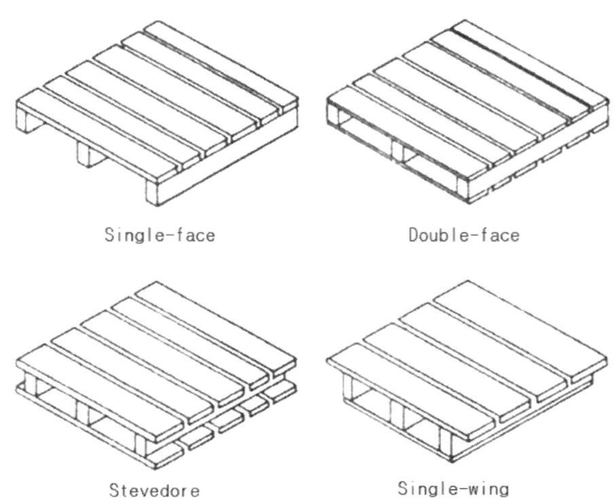

(3) 비규격 포장화물

① 내륙수송수단에서 상옥으로 단위화되지 않은 상태로 화물의 인도

② 수작업으로 팔레트 상에 적재하여 저장을 위해 상옥 주위나 또는 같은 팔레트로 선박에 화물을 이동

③ 선박의 화물장에서 수작업에 의한 양하

(4) 컨테이너 화물

① 작은 품목 또는 벌크화물로 다시 사용할 수 있는 용기에 포장

② 선박에서 선적된 대로 같은 컨테이너를 통해 내륙까지 수송

③ 대규모 컨테이너 운영은 본선이나 부두의 특수장비가 필요(갠트리크레인, 스트래들트럭)

④ 화물을 경제적으로 수송할 수 있도록 수송향상

⑤ 도난, 손상 및 하역노임을 감소

(5) RO/RO

이와 같은 기술은 선측 또는 선미의 문을 통해 차량이 통할 수 있도록 특

수선박이 필요하다. 최대효율을 위해서는 항내에 조석 및 선박의 크기에 따라 조정할 수 있는 이동식 접근램프를 설치할 필요가 있다.

그림 4-18 선박에 설치된 회전램프 그림 4-19 전형적인 Ro/Ro 부두 배치

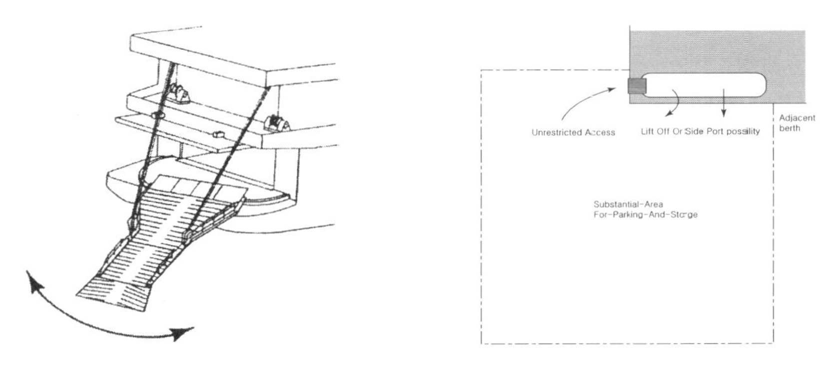

그림 4-20 하역방법 및 포장형태에 따른 화물의 분류

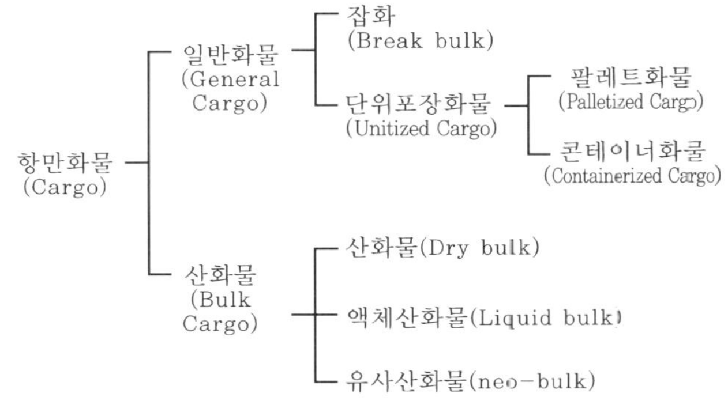

2) 부두의 하역능력 산정

항만의 하역능력은 크게 고유능력(Intrinsic Capacity)과 표준(유효, 실제)능력(Efficiency Capacity)으로 구분하여 산정한다.

(1) 고유능력

고유능력은 항만의 시스템이 아무런 휴지 없이 작동된다고 가정하고 산출된 능력

① 항만능력 = 하역장비의 시간당 능력(또는 모선당 시간당 능력) × 24시간 × 365일

② 문제점: 현실 항만에서는 365일 24시간 작업하기 어려우며, 하역장비도 장비의 효율성을 감안하여야 하므로 현실성이 없음.

(2) 표준하역능력

표준하역능력이란 고유의 하역능력에 대하여 최적의 효율, 즉 용인가능한 대기율 하에서 사회경제력 비용을 유발하지 않는 최적접안율, 가용 작업일수・시간・장비의 효율 등을 감안하여 산정한 능력이다.

① 현실성 있는 항만능력을 산정하기 위하여 하역장비의 이용률, 용인 가능한 대기시간비율을 감안한 접안율, 실제 가능한 하역작업시간, 가능한 안벽작업일수 등을 고려하여 결정

② 접안율: 선박대기비율을 10~20% 용인한 수준의 접안율로서 선석 수에 따라 상이하게 적용하며, 대기행렬 모형에 의해 계산되어 있음.

③ 일일작업시간: 24시간 가동체제에서도 16시간 적용

④ 연간하역일수: 당해 항만의 기상여건, 유지보수여건, 해상여건 등을 감안, 250~300일 적용

⑤ 실작업효율: 총 접안시간 동안 처리한 실적에 대한 실제 작업시간 동안의 처리실적 비율

⑥ 하역장비 효율: 하역장비의 시간당 능력에 비하여 실제 화물의 평균 인양실적, 고장률을 감안하여 적용

하역에서 적정하역능력이란 '항만이 경쟁력을 갖출 수 있는 적정 서비스를 제공할 경우의 하역능력'을 의미한다. 항만대기비용과 항만건설에 투입되는 비용을 비교한 총비용이 최소화될 경우의 서비스가 적정 서비스 수준– 공공적 측면에서 적정하역능력이 낮으면 항만개발 투자비가 증가하나, 적정하역능력이 높으면 국내 수출입기업에 대한 물류부담으로 작용한다.

그림 4-21 항만의 적정서비스 수준과 총비용과의 관계

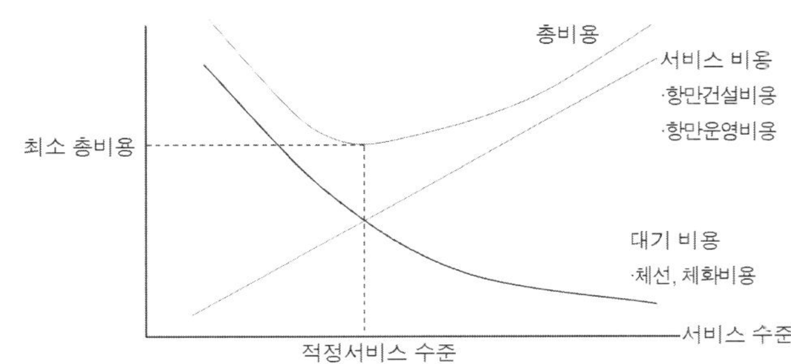

일반적으로 많이 사용하고 있는 잡화부두, 산화물부두(Bulk), Container 부두의 하역능력 산정방법은 간편히 다음과 같은 식으로 구할 수 있다.

① 잡화부두(일반화물부두 – General cargo)

일반화물의 하역능력은 대상선박의 선창(Hatch)수, 1일 작업가능시간, 작업반 편성수(Gang수) 등에 따라 크게 달라지나, 위에 제시한 수치는 일반적인 경험치를 한 예로 제시한 것이다. 요즈음은 잡화부두도 하역효율을 높이기 위하여 고성능 하역장비(Harbour crane, Mobil crane 등)를 사용하고 있으므로 이들 장비를 사용할 경우에는 아래 산화물부두나 Container부두 능력 산정시와 같은 유형의 산식이 동원될 것이다.

표 4-9 하역능력

구 분	선박규모	시설 1m당 하역능력(1일)
안 벽	2,000DWT급 이상 1,000~2,000DWT	1,500R/T 1,400R/T
물 양 장	수심(−)3.5m 이상 수심(−)3.5m 미만	800R/T 600R/T

② 산화물부두(Bulk cargo)

Bulk 화물은 주로 하역장비를 이용하게 되므로 아래와 같은 산식을 이용

하여 부두하역능력을 산정하게 된다.

$$V = N \times C \times E \times H \times D \times O \times U$$

V : 연간 하역능력(ton/년)

N : 하역기계의 대수

C : 하역기계의 시간당 작업능력(ton/hr)

E : 하역기계의 작업효율(보통 50~70%)

H : 1일 중 작업시간(1일 2교대인지 3교대인지 또 몇 시간마다 교대하는지로 결정되나 보통 2교대 16시간을 적용)

D : 연간 작업가능일수(공·휴일 등은 제외 약 300일)

O : 선석점유율(보통 50~70%)

U : 기계가동률(90% 기준)

③ 컨테이너 부두

컨테이너 부두는 고성능 하역기계(Gantry crane 또는 Edge crane, Quay crane 이라고도 한다)를 이용하여 반복하여 신속하게 하역을 하게 되며 능률을 높이기 위하여 하역기계의 대수를 늘리고 고효율성의 장비를 계속 고안해내며 연중 쉬는 날 없이 무휴로 24시간 3~4교대 조를 운영하면서 신속하게 하역하고 배가 떠날 수 있도록 항만 간에 치열한 경쟁을 벌이기도 한다. 하역능력의 산정산식은 아래와 같다.

$$V = N \times C \times E \times H \times D \times O \times Y$$

V : 연간 하역능력(개(Van))

N : Container crane 대수

C : Crane 1기의 시간당 처리능력
(기계의 성능과 작업원의 숙련정도에 따라 결정된다.)

E : Crane 작업효율(50~70%)

H : 1일 중 작업시간(보통 2교대작업 16시간)

D : 연간 작업가능일수
(공·휴일, 악천후 등을 제외한 연간 실작업 가능일수)

O : 선박 접안율(보통 50~70%)

Y : 야적장 및 배후수송망의 처리능력을 감안한 처리율

2. 하역장비

1) 본선하역장비

본선적하방법의 대부분은 본선의 하역 기어를 이용하는데, 그 이유는 다음과 같다.

① 정박지의 도크에 여유가 없을 때 선박에서 하역을 할 수 있다.

② 특히 개발도상국가에서는 본선 하역능력이 항만으 하역능력을 상회한다.

③ 육상측의 전력이 중단될 경우에 지체됨이 없이 본선하역으로 해결한다.

그림 4-22 재래선에서 본선하역장비와 하역시 작업형태

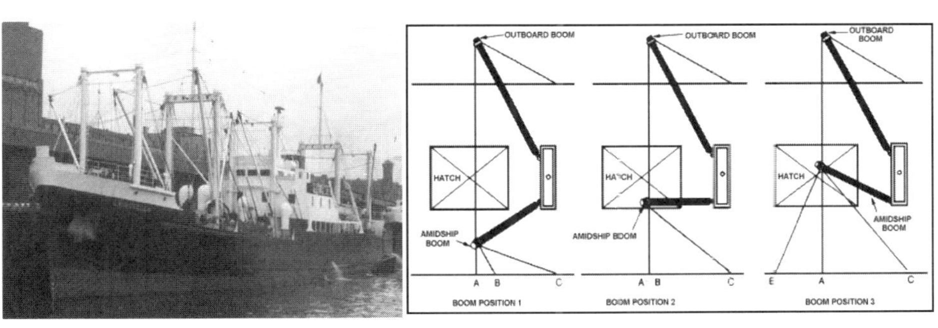

과거로부터 전형적인 화물선은 각 화물창당 한 쌍의 카고쿡이 설치되어 있다. 이를 작동할 때에는 하나가 화물창의 외해측 가장자리에 위치하고 다른 하나는 부두로 걸쳐지게 된다. 카고후크는 양쪽 붐에 연결한 들어 올리는 선에 연결되어 있으며 두 개의 윈치를 결합하여 장비를 조작하여 화물창의 한쪽에서 수직 또는 수평방향에 고속으로 움직일 수 있게 된다. 재캐선의 하역기어 대신 새로운 선박에는 본선 크레인이 설치되어 있다. 그 이유로는

① 더욱 효과적이다.

② 훨씬 넓은 영역에 걸쳐서 하중을 담당할 스 있다.

③ 각종 하역장비를 고박하지 않으므로 갑판이 정리되어 있다.
④ 작동이 용이하다.
⑤ 두 쌍의 하역기어의 붐을 하나의 크레인으로 대체할 수 있다.

그림 4-23 현대선에서 본선하역장비와 하역시 작업형태

2) 육상하역장비

부두의 크레인은 하역한 화물을 널리 내려놓을 수 있기 때문에 광범위하게 사용된다. 이 크레인은 세 가지 일반적인 범주로 나눌 수 있다.

① 캔티레버형 – 위치조정 집과 함께 토크 내 상옥의 지붕에 설치되어 있다.
② 반갠트리형 – 부두의 상옥 전면을 따라 레일 위에 설치된 한쌍의 다리가 이를 지지하고 궤도 위를 회전할 수 있다.
③ 갠트리형 – 에이프런에 설치된 궤도상을 모든 다리가 바퀴로 접촉하여 이동하고 갠트리 상에서 다시 직각으로 하역장비가 이동하도록 되어 있다.

그림 4-24 캔티레버형 하역장치

그림 4-25 반갠트리형 하역장치

그림 4-26 갠트리형 하역장치

표준의 양바퀴 수동트럭(손수레) 및 네바퀴 플렛폼 트럭은 화물을 하역하는 데 특히 노동력이 값싸고 기계부품의 구매를 노장할 수 없을 때, 기초적인 수단으로 남아 있다. 이 두 가지 방법 모두 단거리 이동에만 경제적이며 때때로 화물창 내에서 사용되기도 한다.

부두에서 포크리프트처럼 다른 어느 단일 하역장비보다 화물의 흐름을 원활하게 해준 것은 없다. 이것은 에이프런에서 단위하중 또는 팔레트화한 하중을 들어올릴 수 있으며 이적 상옥으로 이동시키고 5~6m까지 높게 쌓을 수 있다. 포크리프트는 50m 정도의 수평방향 이동에도 매우 효과적인 것으로 알려져 있어서 특수화물을 여러 가지 형태로 다룰 수 있는 장치를 부착하고 있다. 양바퀴 수동트럭의 2가지 예는 다음과 같다.

① 서양식

② 동양식

이동크레인은 포크리프트와 유사한 기능을 수행하지만 붐과 슬링을 지니고 있어서 전청구조물의 아래쪽 가까이에 화물을 쌓거나 장비를 작동하는 것을 허용하지 않는 하중으로 내밀 수 있다. 이동크레인의 주된 이점은 다음과 같다.

① 길고 다루기 곤란한 화물을 처리하기가 용이하다.

② 폐쇄된 공간에서 작동하도록 설계되어 있다.

③ 비교적 작아 조종하기가 쉽다.

트랙터형 열차(tractor trains)는 선박과 창고 간의 거리가 너무 멀어 포크리프트를 효과적으로 사용할 수 없는 경우로, 시스템의 구성은 열차를 끌고 가는 트랙터와 저상 소규모의 바퀴로 되어서 보통 선박에서는 본선의 하역기어로 적하하고 양하는 육상 포크리프트로 행하는 형태로 이루어져 있다.

스트래들 운반차량(straddle carriers)은 원래 원목의 하역을 효과적으로 하기 위해 개발되었다. 요즘은 관의 길이, 강철철도, 강판, 복수 팔레트 하중 및 컨테이너 등으로 나누어진다. 하중은 받침대 위에 놓이게 되고 차량이 이 위를 달리게 된다. 하중은 들어서 놓는 데 30초 동안 걸린다. 35mph로 이동할 때에도 흔들림이 없도록 단단히 쥘 수 있다.

이동적재(travel loader) 또는 측방향 운반차량(side carrier)은 포크리프트와 스트래들 캐리어를 조합한 형태로 장척화물 및 대형하중을 다룰 수 있는 능력을 보유하고 있다. 고유의 포크세트를 이용한다.

고가식 모노레일 시스템(overhead monorail system)을 사용하면 갑판위에 이동하는 차량이 없도록 만든다. 수년간 이 시스템을 성공적으로 사용해왔으나 단일 상품을 계속적으로 단거리의 고정된 경로에 투입하게 되는 특수한 경우에 응용할 수 있을 것이다.

그림 4-27 트랜스퍼크레인(부산감만부두)

그림4-28 트랜스퍼크레인(부산신선대부두)

그림 4-29 언로다(양곡하역용)

그림4-30 페이로다

그림 4-31 스트래들캐리어

그림4-32 리치스택커

그림 4-33 야드트랙터

그림4-34 야스샤시

컨베이어는 선박 및 항만의 측면에서 트럭, 기차 및 선교의 윙내로 화물을 이동하는 데 사용된다. 컨베이어의 일반적인 분류는 다음과 같다.

① 중력식 컨베이어 - 나무나 강철판으로 구성되어 강판 롤러나 바퀴를 설치하고 있는데 보통 가벼운 하중에 사용된다.

② 파워 컨베이어 - 여러 가지 종류의 화물에 사용되는데 화물의 종류가 끝없이 많은 벨트, 포켓이나 양동이, 스크루 및 공기압 승강기, 공기 컨베이어를 포함한다.

그림 4-35 스태거리크레이머

그림4-36 벨트컨베이어(석탄)

그림 4-37 언로다(고철하역용)

그림4-38 다목적하역크레인

팔레트는 포크리프트의 포크를 아래에 넣을 수 있도록 몇 인치의 간격으로 이중판을 만든 것이다. 상단은 하중을 지지하며 하단은 저장시 평평한 표면을 제공하게 된다. 일반적으로 팔레트는 목재형이다.

공기압 또는 진공펌프는 벌크상태의 화물, 즉 유류 및 곡물 등을 하역하기 위한 것이다. 곡물인양기, 유조선 및 부유 곡물인양기 등으로 나눌 수 있는데 화물은 화물창에 연결된 본선에서 유연성이 있는 관을 통하여 양하된다.

3) 수상하역장비(부유식)

부유식 공기압 인양기는 바지나 벌크선에 화물을 적양하하기 위한 것이다.

예선의 일차적인 업무는 항만의 입구에서 본선을 접촉하여 안벽까지 안전하게 인도하는 데 있다. 예선은 본선을 밀거나 당겨서 침로를 수정하여 접안과정을 단축시키도록 보조한다. 바지와 다른 많은 부유장비의 이동은 예선 자체의 동력으로 이루어진다. 일반적인 예선은 사유의 형태를 취하며 서비스 때마다 계약이 이루어진다.

부유식 선거는 건선거로 이용된다. 선체의 일부에 해당하는 탱크를 물로 채워서 선박이 부양하여 이 도크 내로 들어올 수 있도록 충분한 깊이까지 잠수시킬 수 있다. 선박이 부유식 선거 내에서 자리를 잡으면 선저에 블록으로 제대로 앉도록 한 뒤에 펌프작업으로 물을 퍼낸다. 이와 같은 부유식 건선거의 장점은 다음과 같다.

그림 4-39 부유식 건선거(Floating Drydock)

① 내륙에 공간이 필요하지 않다.
② 위치를 이동시킬 수 있다.
③ 선박의 크기에 맞도록 변경이 가능하다.
④ 해상 주교통류에 영향을 미치지 않는다.

3. 화재형태

1) A급 화재(일반화재)

매트리스, 던니지, 목재더미 및 톱밥, 캔바스 등과 같은 통상의 가연성물질로 인한 화재. 이 화재의 진화방법은 물이나 물의 분사로 불을 끄면서 식히는 것이 가장 적절하다.

2) B급 화재(유류화재)

가솔린, 기름, 디젤유, 윤활유, 타르, 그리스 등과 같은 물질로 인항 화재. 이 화재는 소방설비에 포함된 담요 및 차단제의 역할을 하여 덮어서 진화한다.

3) C급 화재(전기화재)

전기배전반, 변압기 단자 등과 같은 전기장비의 누전으로 인항 화재. 소방설비는 소방관이 전기적 쇼크에 의한 위험에서 벗어날 수 있도록 절연이 되어야 한다.

4) D급 화재(금속화재)

마그네슘, 나트륨, 티타늄, 리듐 등 가연성 금속으로 인한 화재로 자연발화 및 금속분에 의한 분진폭발 등의 화재에 해당한다.

4. 소방설비

1) 주 소방설비

선박에서의 주 소방시스템은 바다에서 해수를 펌프로 끌어들여 선내 전 구역에 체계적으로 위치시킨 소화전으로 인도하기 위해 영구적으로 설치한 관시스템을 말한다.

2) 물

물과 같이 식히는 작용은 소방에서 가장 보편적인 방법이다. 일반적으로 물은 다른 어떤 수단보다 탁월한 기능을 가지며 보통 저비용으로 충분한 양을 구할 수 있다. 분무형으로 된 물은 현재 사용되고 있는 수단중에서 열의 흡수력이 가장 크다. 물의 분무는 불로 인한 열에 대해서는 수증기로 변화하기 때문에 가연성 가스를 희석시키는 역할도 한다. 또한 불에서 공기를 멀리 떨어지도록 하므로 계속 타는 데 필요한 산소의 공급을 차단해 준다.

3) 거　　품

거품은 B급 화재 및 일부 A급 화재에 적합한 수단이 된다. 거품은 몇 가지 단점이 있는데 즉, 전기가 통하며 흐르는 액체에 대해서는 늘 효과를 발하는 것은 아니다. 또한 지극히 낮은 온도(10°F)에서는 효과가 없다(극저온 초전도 효과).

탱카선에서 소방목적의 거품에는 화학식 및 기계식이 있다. 특성상 차이는 거품을 만들어 내는 장치에서 찾을 수 있다. 기계식 거품장치에는 노즐이 있어서 이속에 화학품을 녹여 넣어둔 것으로 사용시 화학분사베어링에 공기를 주입하게 되며, 화학식 거품장치의 노즐은 공기를 주입하지 않는다.

4) 이산화탄소(CO2)

이것은 넓게 퍼지지 않았거나 불이 초기단계를 넘긴 경우에도 초기 발생장소에서 멀리 이동하지 않은 B급 및 C급 화재를 진압하기에 우수한 차단효과를 가지고 있다. 이산화탄소는 점화점 이하로 산소의 수준을 떨어뜨리도록 충분히 사용한 지역에 남아 있으므로 가장 효과적인 수단이 된다. 주의할 점은 CO_2로 소화한 불의 경우 산소가 흘러 들어가면 다시 불이 붙게 될 위험이 있다.

5) 수 증 기

수증기 진압시스템은 탱카선에서 사용된 가장 오래된 소방방법의 하나이다. 일차적인 목적은 폐쇄되거나 제한된 공간에서 불을 진압하는 데 있다. 또한 수증기는 불을 식혀서 공기와 가스의 혼합을 희석하여 연소점 이하로 내린다. 이 시스템은 요즘 건설하는 선박에는 장치하지 않고 있다.

6) 건조화학물

건조화학물 소화기는 모든 B급 및 C급 화재에 효과적이다. C급 화재에 대해서는 남은 파우더는 전기적 단자 및 릴레이를 쓸 수 없도록 만드는 약간의 단점이 있으나 CO_2에 비해 여러 가지 장점이 있다.

① 사용범위가 넓다.

② 소방수에게 분사하면 탁월한 차단효과를 가져다준다.

해양설비에 대한 소화의 어려움에 관계되는 주요 분야는 다음과 같다.

① 상옥 및 창고가 대규모이나 구획이 되어 있지 않다.
② 소방팀이 안벽에 접근하기가 용이하지 않다.
③ 저장된 화물의 양과 규모가 다양하다.

다음 항목은 현재 화재방지를 위해 사용되는 방법이다.

① 부두 터미널을 비가연성물질로 건설함(화재에 견딜 수 있는 재질로 건설하는 것이 바람직함)
② 부두 및 안벽의 부속구조물을 비가연성 물질로 건설함
③ 부속구조물에 소화전이나 스프링클러를 위한 개구부를 둠
④ 소화 및 차단벽을 설치함
⑤ 스프링클러 시스템 및 소화배관 시스템을 창고구조물에 설치함
⑥ 표준화재보험협회에서 정한 최저한의 내부 화재경보장치를 설치함
⑦ 부두 종사자들을 위한 공간을 확보함
⑧ 지역소방서도 현장에 출동할 수 있도록 준비함

표 4-10 화재의 종류와 소화

구 분	종류	소화기 표시	소화 방법	적응 소화기	비 고
일반화재	A급	백색	냉각소화	산·알카리, 포(泡) 물(주수) 소화기	목재, 섬유, 종이류 화재
유류 및 가스화재	B급	황색	질식소화	CO2, 증발성 액체, 분말, 포 소화기	가연성 액체 및 가스 화재
전기화재	C급	청색	질식소화	CO2, 증발성 액체	전기 동전 중 전기기구 화재
금속화재	D급	–	피복에 의한 질식	마른모래, 팽창질식	가연선 금속(Mg, Na, K 등)

5. 의　　료

다음과 같이 부두 종사자들의 안전운영을 위해 일반적 훈련이 필요하다.

① 하역장비의 유지 및 관리
② 작동키의 적절한 조작
③ 섬광을 발하지 않도록 빛의 밝기를 최고의 상태로 유지
④ 이해하기 쉬우며 명확한 작업할당
⑤ 안전수칙에 대해 지속적인 인식

1) 의료센터

몇몇 주요 항만에서는 해사분야의 종사자를 위한 의료센터를 제공하고 있다. 일반적으로 이와 같은 의료센터는 국제해운에 종사하는 사람들이 이용한다. 이곳에서 제공되는 서비스는

① 신체검사의 예고
② 진료소에서 진단 및 처방
③ 앰뷸런스 서비스
④ 예방접종
⑤ 처방을 내리기 위한 선박의 호출
⑥ 선박에 비치하는 의료품목의 목록작성
⑦ 외해에서 발생한 인명사고를 담당할 인력확보

2) 검역규정

검역규정은 항만이 위치한 국가에 입항하는 선박으로부터 전염병의 확산을 막기 위해 필요하다. 대부분의 국가에서 규정은 다음과 같은 전염병에 대한 국제위생협약을 근거로 하고 있다. 즉 페스트, 황열병, 콜레라, 천연두, 마마, 발진티푸스, 회귀열(열대성) 등이다. 선박에 감염된 전염병으로부터 고통을 받는 환자가 있거나, 승조원 또는 승객이 전염병으로 고통을 받거나 사망하는 경우에 선장은 기항중인 항만의 항만마스터에게 이를 통지할 의무가 있다. 선박은 보건당국으로부터 필요한 수단을 취해질 때까지 육상 및 다른 선박과는 격리된다.

6. 항로표지

항로표지는 숨은 위험물에 대해 선박에 경고하고 안전한 수역을 유도하기 위한 기능을 가지고 있다. 항로표지의 형태는 수로 및 제공하는 기능에 따라 다양하다. 항로표지로 부유식 및 고정식으로 두 가지 기본적인 형태를 가지는데 그 종류는 다음과 같다.

① 부표
② 고정식 수로표지
③ 부두, 안벽 및 돌핀의 항행등
④ 육상 및 방파제의 고정등화비콘
⑤ 등대
⑥ 등부선
⑦ 해안에 프레임구조로 설치된 거리확인등

그림 4-40 두표의 종류

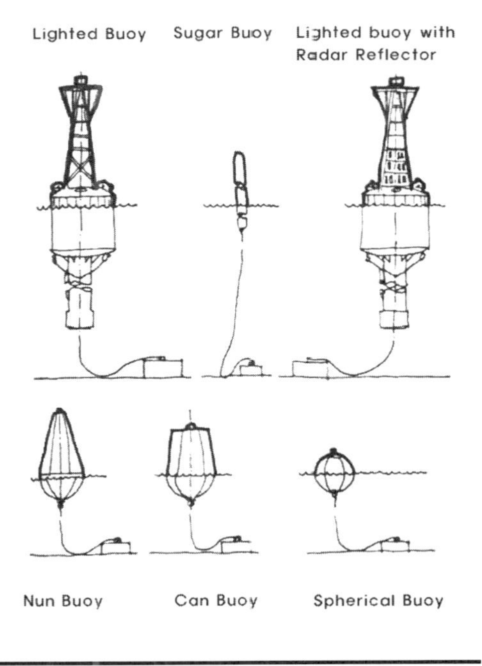

고정구조 수로표지에는 등, 해저고정용 닻 및 레이다파 반사기가 부착되어 있다. 고정구조등화비콘은 방파제의 돌출부 및 항구의 항행수역에 노출된 육지의 돌출지점에 설치한다. 등대는 해양비콘등, 무중신호, 음향신호 및 무선설비 등을 갖춘 탑 모양의 고정구조물이다. 등대는 해안을 따라 선박을 안전하게 항만으로 유도하기 위한 곳에 설치되며 강력한 파력에 견딜 수 있는 구조로 되어 있다. 등대는 가시거리가 멀어야 한다.

등부선은 등대와 같은 기능을 가지며 유인 또는 무인선으로 되어 있다.

레이다등은 위험하고 좁거나 항만 입구 및 수로가 휘어져 있는 경우에 선박을 유도하기 위해 설치한다. 이의 전력은 해안에서 공급한다. 중요한 인자는 등대간의 거리, 등의 높이 및 등의 촉광을 들 수 있다.

레이다파 반사기는 선박에서 레이다파를 발사할 때 그 선박에게 반사기의 위치를 알리거나 특정지점을 표시해 주기 위한 목적으로 반사파를 보낸다. 해상비콘, 즉 조광등은 등, 렌즈의 종류, 태양조절 스위치, 섬광장치, 자동램프교환 등의 특성을 가지고 있다.

그림 4-41 국제항로표지협회(IALA)의 항로표지 형식

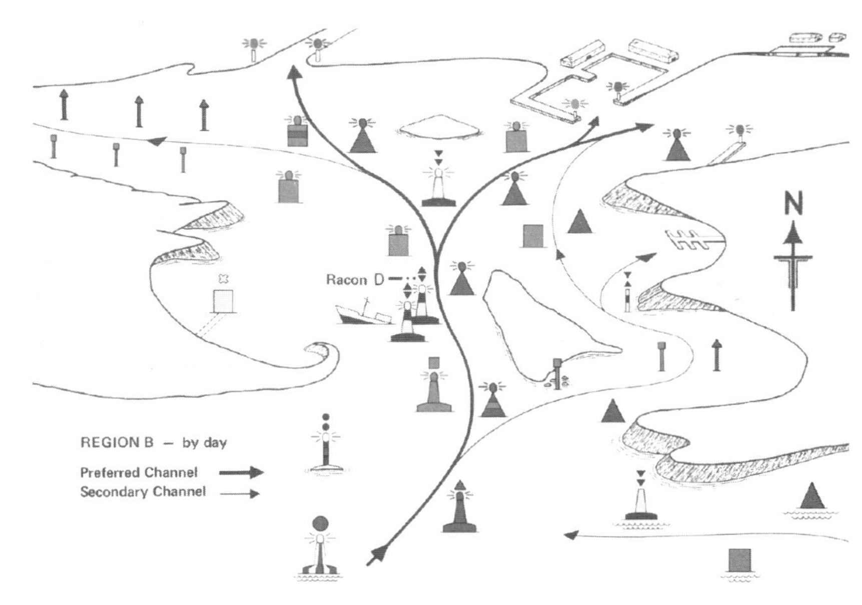

7. 해상안전

최악의 선박사고 중 몇몇은 내항이나 내륙수토에서 발생하였다. 이의 원인은 선박설계상의 결함, 부적합한 유지, 과적, 운항과실, 기상 및 선박운항자의 판단착오 등 다양하다. 주의 깊은 분석을 통해 이들 대부분을 막을 수 있다는 사실을 발견하였다.

미국의 해안경비대는 상선대의 안전, 항행보조 및 탐색과 구조의 업무를 관장한다. 우리나라는 이 중 일부의 업무를 해양경찰대에서 담당하고 있는 실정이다. 상선해사검사관은 도면작업에서 선박의 실제 진수에 이르는 동안 선박의 건조 및 구조변경을 검사하는 임무를 담당한다. 또한 하역장비, 구명정 및 선박의 다른 안전장구까지 검사한다.

항내에서 선장은 선박과 위험화물을 적절히 저장하기 위한 임해시설을 검사할 의무가 있다. 이의 보조인력은 폭발성 및 방사능 물질의 하역을 감독하며 항만에서 적절히 선박을 안내하는 업무까지 담당한다.

제 6 절 지원산업

지원산업은 항만에서 자연적으로 발생된 산업분야이다. 이 산업은 항만에서 활용할 수 있는 원재료를 사용하며 이렇게 하여 생산한 제품을 분배하기 위하여 수송수단을 이용하게 된다. 많은 산업들이 수변역에 위치하게 되는데 그 이유는 다음과 같다.

① 바지 서비스의 이용 가능성
② 상당한 양의 용수
④ 원재료의 수입
⑤ 외국시장에 보낼 일차적인 경제적 수송 수단을 가까이에 확보할 수 있는 점

산업은 다음과 같이 바람직한 판단기준을 근거로 선별적으로 항만에 위치하게 된다.

① 환경적인 적합성
② 고용밀집도
③ 지방 및 국가적인 성장실적
④ 항만화물을 유인하는 잠재력

항만에 위치하게 될 산업의 기준은
① 지역 및 수출 시장의 근접 정도
② 노동력의 확보 정도
③ 선박, 철도, 바지 및 트럭 수송 수단의 확보 정도
④ 생산재의 근접 정도
⑤ 저비용의 부대설비의 확보 정도(물, 전력 및 연료)
⑥ 특수항만서비스의 확보 정도

다음 표는 전형적인 항만에서 지원 산업으로 널리 알려져 있는 분야이다.

표 4-11 항만지원산업의 분류

지원산업 분류	세부산업 분야
일반산업	제당, 펄프 및 제지공장, 운송 컨테이너 제조공장, 메탄올 공장, 부틸 합성고무 공장, 혼합비료 공장, 플라스틱 상품 제조공장, 평판유리 제조공장, 포틀랜드시멘트 공장, 점토파이프 공장, 연마재 공장(금강사 등) - 광물성울 절연공장, 기본산소강 공장 및 열압연공장, 강관 공장, 알루미늄 변형공장, 알루미늄 압연 및 주형공장, 금속깡통공장 및 하드웨어 공장, 밸브 및 파이프장치공장, 금속 각인공장, 선박 및 철도 디젤엔진 공장, 트랙터 및 농업용 기계제작 공장, 불도저 및 크레인 공장, 펌프, 콤프레서 공장, 냉동 및 에어컨 공장, 전기 모터 및 발전기 공장, 전기제어 공장, 트럭 및 버스, 기차 차체 공장, 트럭 트레일러, 트레일러 코치 공장, 선거, 조선 및 수리 공장
해양산업	선박 및 수륙양용 차량, 해양 및 육지 지구물리측량, 해양관측장비 제조, 예선 및 바지 수송, 시추탑 및 관련 장비제조, 선박 브로커 및 용선, 전자장비 조립 및 제조, 낚시, 관광 및 여가활동, 중장비 유지도료, 해수로 부터 화학물 정제, 제관, 조선, 잠수 및 구난, 선박수리, 굴조개양식, 콘크리트 제조, 각종 선박의 판매 및 서비스, 각종 기계, 제작, 기기 및 장비

제 7 절 재 정

1. 목 적

항만은 재정달성 및 이를 위한 재정적인 목표를 수립하여야 하는 것 이외에 보통 다른 어떤 직접적인 활동은 하지 않는다. 이에는 개별 항만에 적합한 법적 의무 및 다른 특별상황을 고려하여야 한다. 영국에서는 각 항만이 달성하도록 노력해야하는 몇 가지 재정목표를 다음과 같이 설정하고 있다.

① 교환비용에서 감가상각

② 작업비용

④ 과세

⑤ 재정분야에 작은 개선을 돕기 위한 임시비의 확보

재정목표가 달성되지 않으면 다음과 같은 문제점이 발생된다.

① 필요에 따라 현대화 및 개발시 필요한 재원이 불충분해짐

② 무역형태변동에 대처할 수 없음

③ 기계화의 경제적 이익과 고노동비를 상쇄시킬 수 없음

④ 교체비용이 원가보다 높고 차이에 대해 적절히 준비하지 못함

⑥ 선박 및 수송기술의 향상으로 나타난 항만시설이 조기에 쓸모없게 됨

2. 수입(세입)

비용부과는 항만의 재정목표를 맞추기 위해 충분한 수입을 보장하도록 계획한다. 비용부과는 항만이 제공할 특정 서비스와 관련하여 항만이 필요로 하는 정도에 근거하도록 한다.

비용에 근거한 표준부과구조를 결정할 때 항만이용자에게 동일한 시설을 제공하면서 다른 부과기관에서 단위비용에 차이가 발생하는 어려운 문제점이 발생한다. 국가별 · 선박별 · 화물별 톤당 부과비용이 달리 적용되는 것이 그것이다. 새로운 시설을 건설하여 아직 새로운 비용부과를 결정지을 때 실제비용에 근거하여 제반 비용을 계산하는 것은 금하여야 한다. 이 경우 부과비용은

보통 예상평균비용으로 한다. 비용부과가 지나치게 낮게 책정되지 않도록 지속적으로 검토하는 것이 바람직하다.

일반적으로 항만운영수입은 다음과 같이 이루어진다.

① 선박기준
② 화물기준
③ 항계 내에서 임대공간기준
④ 적용할 수 있는 경우 승객기준
⑤ 하역작업기준
⑥ 다른 서비스 및 시설기준

선박에 부과되는 세에는 주권이 행사되는 곳에 항계 내에서 머무를 때 내는 항세, 부두, 부표 및 정박지를 이용시 내는 도크세, 도선료, 예선료, 정박료, 강취료(줄잡기) 등이 있다. 이들 비용은 항해의 특성 및 묘박의 이유(폭풍, 수리 등) 등 인자에 따라 선박의 등록톤수당 기준으로 선주에게 부과된다.

화물에 부과되는 세는 보통 항세, 도크세, 부두세, 안벽세 등으로 분류된다. 이는 항만에서 운반되거나 수령하는 모든 상품에 대해 징수하며 단위중당, 체적 및 수 등을 근거로 부과된다. 이와 같은 세는 항만관리청에 지불한다.

선박과 화물 간의 비용분담은 어려운 업무이다. 관례적으로 보통 선박 또는 화물 각각에 근거하여 부담한다.

1) 선 박 비

항내에서는 선박이 선석에서 하역하는 데 소비하는 시간비용과 선박이 선석을 대기하는 데 소비되는 시간 등에 대한 재항선박비용이 발생한다. 화물량이 증가하면 선박이 선석에 접안하기 위하여 대기하는 데 소비하는 시간이 증가한다. 선석점유율이 높아지면 선박대기 시간비용은 급상승한다. 선박비에 관련되는 항목은 아래와 같다.

① 수로 및 정박지
② 부두 개방공간의 50% 및 포함된 땅
③ 에이프런

④ 에이프런과 관련된 모든 땅 및 철도를 포함한 에이프런 관련 땅의 50%
⑤ 선박, 화물을 수령하거나 저장지점까지 인드하기 위한 대리점에 의해 사용되고 있는 상옥 내의 통로공간과 관련된 땅의 적정배분
⑥ 서비스 비용으로 지정된 서비스
⑦ 선박 사무업무로 사용되는 사무실 및 다른 공간

2) 화 물 비

① 앞에서 부과되지 않은 모든 땅
② 모든 경로 및 이와 관련된 구조물
③ 부두 개방공간의 50%
④ 선박비로 부과되지 않는 통로공간
⑤ 상옥 내 화물이 점유하고 있는 모든 공간
⑥ 기타 모든 경로 및 차로 등
⑦ 화물을 위해 지원된 모든 서비스

다른 서비스 및 시설에 부과되는 비용은 크레인, 그랩, 저울, 건선거, 청수, 보세창고, 전기, 연료의 제공 등 광범위한 항목들이다. 항세의 표준화에 대해 많은 토론이 이루어져 왔으나 세계의 각 항만에는 내부적으로 가진 문제점 때문에 이를 결정하기가 어렵다.

3. 투자계획

각 항의 기본계획에서는 장기개발방향을 설정하고 그 범위 내에서 재원의 투자계획이 세워져야 한다. 기본계획에서는 어떤 사업계획을 결정하기 전에 투자당국은 몇 개의 투자계획대안에 대하여 경제성 비교분석을 실시하여야 한다. 조사·분석되어야 할 각 대안을 보면

① 하역능률을 개선하기 위한 시설장비 및 훈련계획에 대한 투자로 개발사업 착수시기 연기
② 새로운 시설 대신 기존시설의 개량이용

③ 수요에 따라 하나하나 투자해 나가는 단계별 계획
④ 두 개 단계로 구분 시행할 계획을 한 단계의 큰 사업으로 묶어 시행하므로 사업비 절감을 도모함과 동시 두 단계로 나누어 사업을 시행하므로 인한 운영상 장해를 없애는 방법

가장 타당한 방법은 상기 4가지 방법의 혼합형이다. 이러한 각 개발순서에 대하여 경제적 및 재정적 분석 밖에는 달리 만족할 만한 대안은 없다. 그러나 단지 주어진 예측 화물량을 처리하기 위한 최선의 방법을 강구하는 것도 중요하지만 그 항만이 성장목표를 향하여 취해야 할 개발의 순서를 찾는 작업이 차라리 계획수립에 더욱 적합할 수도 있으므로 계획입안자는 계획대상 항만이 취하여야 할 개발목표에 대한 확고한 철학이 있어야 할 것이다.

제 5 장

항만용지의 이용 및 친수계획

제 1 절 항만공간 이용계획

어느 항만의 계획 방침에 기초한 항만의 규모의 추정이 이루어지면 다음에 필요한 작업은 항만공간 이용계획의 수립이다. 이미 기술한 바와 같이 항만계획은 우수한 공간계획이며 공간이용계획의 입안과 작성은 중요한 작업이다. 오히려 해당 항만의 공간이용계획을 염두에 두고 항만계획의 방침과 항만의 장래 규모를 설정하는 것이 현실적인 작업수순인 경우조차도 있다. 여기서는 항만공간 이용계획에 관해 기술함과 동시에 계획책정시 커다란 의미를 가지게 되는 경관상의 배려에 관하여 기술해 보기로 한다. 다만 이 분야는 그 수법이 아직 개발단계에 있는 점과 반드시 정형화 및 정량화하는 것으로 되지 않으며 적절한 것이 없으므로, 이에 대한 설명은 정성적으로 이루어질 수밖에 없다. 그러나 요즘의 항만계획에서는 중요한 요소이고, 또한 주요 항만계획에서 현재 행해지고 있기 때문에 사례를 들면서 기술해가는 것으로 한다.

1. 항만공간의 개념

1) 임해부 공간

우리나라의 국토공간에서 임해부는 부산, 마산, 인천 등을 보아도 확실히 인구밀도가 높고, 산업이 집중하여 문화, 정보의 집적지로 되고 있다. 이것은 삼면이 바다로 이루어진 반도국가로 산지가 많고 평야부는 해안선 부근에 제한되어 있다고 하는 국토지형에 의한 영향이기도 하며 이와 같은 국토공간에서 임해부를 어떻게 유효하게 적절히 이용하여 갈 것인가는 현재부터 장래에 걸친 중요한 과제이다. 이 과제를 해결해 가기 위한 주요 방안으로서 임해부 공간이용계획이라고 하는 것을 개념적으로 고려해 둘 필요가 있는 것이다.

임해부 공간은 연안부의 평지와 전면의 해역으로 구성하는 일체적인 공간으로 정의할 수 있을 것이다. 이 임해부 공간에 대한 현재의 주요 이용형태는 항만, 공항, 공업단지, 어장, 레크리에이션, 리조트 등이 있으나 장래에는 그 이용이 보다 다양하게 될 것으로 생각된다. 이들은 제각기 경쟁하는 이용형태를 조정하여 그 임해부 공간에 관한 적정한 공간이용계획을 설정하게 되면 임해부 공간의 개발, 이용 및 보전을 도모할 수 있을 것이다. 되돌아보면 항만을 핵으로 하는 임해부 공간은 고도의 이용이 요구되기 때문에 공간이용계획을 설정하는 것은 의의가 크다고 하겠다.

2) 항만공간

항만 · 도시를 포함한 임해부 공간의 범위는 하나로 요약하여 육역에서의 도시 전체와 그 전면수역을 포함한 것으로 이해할 수 있으나 실제로 구체적인 내용을 가진 항만을 핵으로 하는 공간이용계획을 책정하기 위해서는 그 대상 범위를 한정하여 명확하게 할 필요가 있다. 이 한정된 수역 및 육역에서 구성되는 공간이 항만공간이며 수역은 선박의 이용에 제공되는 항로, 박지 등을 포함하고, 육역은 부두용지, 공장용지 등을 포함하는 것이다. 항만공간으로서의 수역과 일반 수역과의 경계 또는 항만공간으로서의 육역과 배후도시지역과의 경계는 명확하게 설정되어 있지 않으나 항만공간의 범위는 다음에 기술하는 수순을 따라서 정할 수가 있을 것이다. 이와 같이 정해진 항만공간은 해륙교통의 결절점(node), 생산·유통의 거점 등의 기능을 가지며 수역, 육역에 걸쳐 일체적인 공간으로 정의할 수 있을 것이다.

2. 항만공간 구성 지구(zone)

항만공간의 이용계획에 관하여 고찰하기 전에 우선 항만공간이 어떻게 이용되고 있는 가를 알아두어야 한다. 항만공간에는 여러 가지 항만시설 및 도시시설이 존재하고 있고 그들을 분류해 보면 항만공간을 구성하는 주요 요소로 다음과 같은 것을 고려할 수 있다.

① 물류·보관 지구 – 항만의 본래 기능인 물류터미널로 이용되는 공간으로 부두용지, 창고용지, 수면정리장 등을 포함한다.

② 인류 지구 – 여객선부두, 연락선부두, 사람의 승강이 행해지는 공간

③ 항행·정박 지구 – 선박의 항행에 제공되는 항로, 대기, 검역 등을 위한 정박지로서 이용되는 수면

④ 생산 지구 – 항만과 밀접하게 관련된 생산, 가공공장 등의 부지 및 이를 위한 전용부두를 포함한 공간

⑤ 위험물취급 지구 – 위험물적재선이 입출항하고 위험물이 하역, 보관되는 공간

⑥ 도시 지구 – 배후도시에서의 요청에 의해 들어서는 주택 및 중소공장 이전용지, 하수도처리시설 및 폐기물처리용지 등의 공간

⑦ 레크리에이션 지구 – 해양성 레크리에이션장인 해변, 마리나, 세일링 수역 및 항만관계자, 지역주민을 위한 녹지, 공원 등을 포함한 공간

⑧ 완충 지구 – 인접하는 것이 바람직하지 못한 존 사이에, 또는 같은 존 내에서도 위험물 취급시설 등의 분리를 꾀하기 위해 설정하는 녹지, 유휴지, 수로 등의 공간

⑨ 관리·운영 지구 – 항만관계 관공청, 항만서비스업 등이 위치하는 공간

⑩ 유보 지구 – 항만의 장래 발전에 대처하기 위하여 유보한 미이용공간

⑪ 지구 간 연락시설 – 지구 간의 연락 및 배후도시와의 연락에 제공되는 도로, 철도, 신교통시스템 등의 시설공간

제 2 절 이용계획의 수립순서

계획책정의 수순으로 일반적인 것을 나타내면 [그림 5-1]과 같으나 각 단계의 내용은 다음과 같다.

그림 5-1 공간이용계획의 책정수순

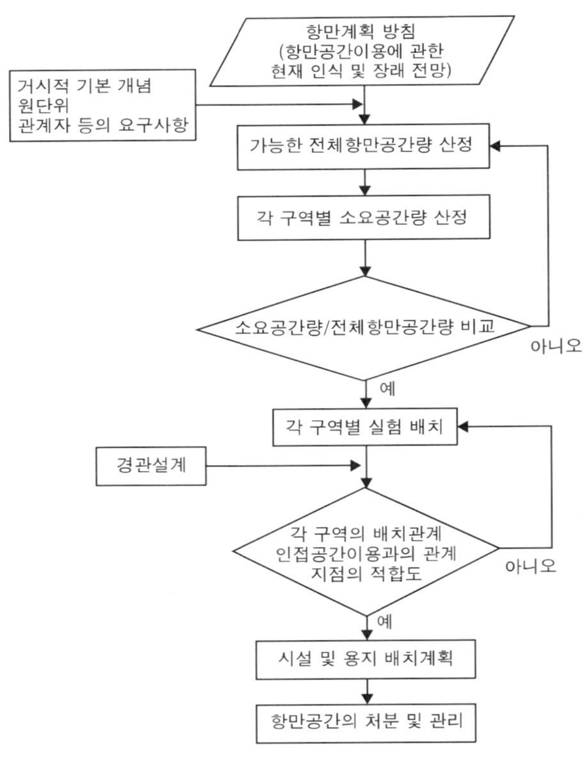

1. 항만계획의 방침에 기초한 규모의 산정

항만계획의 방침에 기초하여 목표연도에서 필요한 지구를 선택하여 개개 구역들의 소요규모를 산출한다. 이 경우 현재의 공간이용 상황을 충분히 파악하여 개선할 점을 추출하고 필요에 따라 항만의 재개발을 검토하는 것이 중요하다. 각 지구의 규모산출에 있어서는 주로 다음의 지표를 사용하여 행하는 것이 일반적이다. 주요 지구의 거시적인 규모추산의 방법은 전술한 바와 같으나 항목별로 후술하는 수식에서 공간규모를 결정하는 것이 바람직하다.

① 물류・보관 지구 – 화물량
② 인류 지구 – 승강여객수
③ 항행・정박 지구 – 입항선박척수, 외해항행선박척수
④ 생산 지구 – 입지업종, 생산액
⑤ 위험물취급 지구 – 위험화물량, 위험물적재선박
⑥ 도시 지구 – 주택인구, 하수처리인구, 상업규모
⑦ 레크리에이션 지구 – 이용자 수
⑧ 완충 지구 – 보안거리, 경관설계
⑨ 관리・운영 지구 – 항만관계관공청, 항만서비스업
⑩ 보관 지구 – 목표연도 이후의 장래 구상
⑪ 지구 간 연락시설 – 발생・통과 교통량

2. 전체 항만공간량

이상과 같이하여 산출된 각 지구의 소요공간량(구체적으로는 토지 및 수면적)을 합한 것이 전체 항만공간량이며, 이 소요항만공간량을 어떻게 확보하여 배치할 것인가가 다음의 과제로 된다.

항만공간량의 확보 방법에 따른 매립항만과 굴착항만(준설을 포함)에서 약간의 차이가 있다. 매립항만의 경우 배후지가 비교적 고도로 개발되고 있는 도시이나 또는 경사가 급한 산지가 해안선까지 나와 있는 등 지리적・지형적 조건의 제약에 의해 기존의 토지를 이용할 수 없으므로 새로운 항만공간으로서의 토지, 수역을 함께 전면해역에서 구하도록 하는 것이고, 소요항만공간량을 하나로 뭉쳐서 전면해역에 어떻게 확보하는가가 과제이다. 이때에 설정하고자 하는 항만공간의 위치 및 양이 현재 그 해역의 이용에 대해 미치는 영향의 크기, 이와 함께 주변해역의 이용상황과의 경합문제에 관하여 대범한 평가를 행함과 동시에 그 항만공간 전체의 시설정비에 필요한 총비용에 관해서도 고려할 필요가 있다(예, 부산가덕신항만, 오오히다항).

굴착항만의 경우는 배후지가 미개발된 지역에 적합하나 이와 같은 지역은 외항성 해역에 면하는 경우가 많고 격한 파랑조건에의 대응이 요구되기 때문에 정온한 수역의 확보가 어려우며, 종래에는 종종 필요최소한의 계획도 추구하기 어렵게 되었었다. 그러나 현재에는 지역의 개발붐도 다시 일어나고 있고, 보다 큰 항만을 필요로 하는 경우가 나타나고 있으며, 거기다가 선박의 대형화가 진행되는 등의 이유에서 결과적으로 정온한 수역의 부족을 초래하는 경우가 많다.

따라서 이후는 굴착항만에서도 충분히 넓은 수역을 확보하는 것에 유의하여 굴착수로에 국한되지 않고 외해에서도 방파제 등의 정비로 정온한 수역을 적극적으로 확보하는 것이 바람직하다. 역시, 굴착항만의 경우도 매립항만과 같은 평가, 고려를 행할 필요가 있는 것은 당연하다(예, 하와이 Barber's Point Harbor, 가고시마항).

3. 항만공간의 배치

전체 항만공간의 범위가 결정되면 그 항만공간 중에 다음의 각 항목을 감안하면서 각 존의 배치를 결정해 간다.

1) 각 지구 간의 배치관계

1) 동종의 지구 또는 관련 깊은 지구는 가능한 한 합치도록 하나 연락이 밀접하도록 배치한다

같은 종류의 지구가 항만공간 중에 분산시켜 배치되면 그 기능이 적지 않게 저하되기 때문에 효율적인 관리, 운영을 위해서는 동종의 지구는 가능하면 묶어주는 것이 바람직하다. 예를 들면, 물류·보관 지구 사이에 생산지구 등이 개입되면 그 물류 지구 간의 연락이 원활하지 않아 늦어지게 된다. 또한, 관련 깊은 지구, 예를 들면 물류·보관 지구와 관리·운영 지구는 가능하면 근접시키는 것이 좋다.

(2) 서로 인접시키는 것이 바람직하지 않는 지구는 분리하거나 완충 지구를 설정한다

이것은 특히 위험물 취급 지구에 관련하여 필요한 배려사항이다. 또한, 도시 지구에 주택 등이 입지하는 경우, 생산 지구에 인접시키거나, 레크리에이션 지구로 하는 수역과 항행·정박 지구가 인접하는 것을 피하는 방향이 좋다. 역시, 같은 지구 중에서도 예를 들면 물류 지구 내에서 대형선석과 소형선석의 분리, 어선선석과의 분리 등의 배려가 필요하다.

(3) 수제선을 필요로 하지 않는 지구는 항만공간의 주변부에 배치한다

예를 들면 주택, 하수처리장 등을 항만의 중심부에 배치하는 것은 그 지점이 원래 가지고 있는 높은 잠재력을 유효하게 이용하지 못하는 것이므로 가능한 한 피하는 것이 좋다.

(4) 지구 간의 기능적 연락을 고려한다

특히 물류 지구끼리, 물류 지구와 생산 지구와의 사이에 연락은 긴밀한 것으로 할 필요가 있으며, 다른 지구의 기능에 지장이 되지 않도록 교량, 수저터널 등을 적절히 위치시켜 설계하여야 한다.

(5) 경관에 관해서도 배려한다.

배후지역에서 항만을 전망한 경우의 경관과 바다에서 선박이 입항하고 있는 경우의 경관 두 가지 경우에 관해 배려한다.

2) 인접공간 이용과의 관계

(1) 인접하는 수역, 해안선의 이용과의 조정을 도모한다

항만공간에 인접하는 수역(하천을 포함함), 해안에서는 각각의 이용형태, 관리가 이루어지고 있기 때문에 이들과의 경합은 가능한 한 피하거나 적극적으로 이용의 조정을 도모할 필요가 있다. 예를 들면, 근접수역에 어장이 있는 경우 또는 하천이 유입되고 있는 경우는 그것에 대한 영향을 최소한으로 하도록 항만공간이용을 고려하여야 하며 또한 인접하는 해안에 대한 영향(침식 등)도 고려한다. 그 외에 공항이 가깝게 위치하고 있는 경우에는 제한표면에 저촉되지 않도록 하는 배려가 필요하다.

(2) 배후도시의 토지이용과 일치되도록 한다

인접하는 배후지역이 도시로 개발되어 고도로 이용되고 있는 경우와 도시계획으로의 용도지역 등 토지이용계획이 정해져 있는 경우에는 이들의 토지이용계획과 상호 조정하여 부합되는 항만공간이용을 고려한다. 예를 들면, 직배후지역이 거주지역 등이면 그 전면에 위험물취급 지구나 생산 지구를 배려하는 것은 상호 공간이용에 대해 지장을 미치는 것이 되지만 상업지역의 전면에 인류 지구를 배치하면 상호 기능에 대해 플러스되는 효과를 기대할 수 있게 된다.

(3) 배후지역과의 편리한 접근

항만에서 발생·통과하는 교통을 원활하게 배후지역과 연락시키기 위한 도로를 확보하는 것은 항만공간이용계획 중에서 가장 중요한 배려사항의 하나이며 이것이 없으면 항만의 건전한 발전이 저해될 우려가 있다.

3) 지점에의 적합도

(1) 자연조건의 평가

어느 지점에 어느 지구를 배치할 때에는 다음과 같은 조건을 고려하고, 이를 만족하는지 확인할 필요가 있다.

① 토질: 구조물의 설치, 매립 또는 굴착, 준설 등이 토질역학적으로 보아 충분히 가능할 것

② 수심: 항로, 박지 등으로 이용 가능한 수심을 확보할 수 있을 것

③ 파랑, 조류: 항로, 박지 등으로 이용가능한 정온도를 확보할 수 있을 것

(2) 환경조건의 평가

지구 내에서 대기, 수질 등에 관한 오염물질을 배출하는 경우에는 그 지구의 배치시에 환경에 미치는 영향을 고려한다.

(3) 해당 공간의 현재 이용과 경합에 대한 평가

새로운 항만공간을 설정하기 위해서는 육역, 수역의 현재 이용상황 및 소

유, 관리 형태면에서 다음과 같은 문제를 고려해야 한다.

① 육 역

이용상황 – 해변, 초지, 농지, 삼림, 시가지 등

소유형태 – 국유지, 공유지, 사유지

관리형태 – 도시계획구역, 농용지구역, 해안보전구역, 자연공원지역, 문화재보호구역 등

② 수 역

이용상황 – 선박항행·정박수역, 레크리에이션수역, 어장 등

관리형태 – 어업권, 해안보전구역, 자연공원지역, 특별관리구역 등

예정하고 있는 항만공간의 설정에 의해 이상의 이용, 소유, 관리의 형태가 없어지거나 위축을 피할 수 없는 경우에는 관계자와 충분히 협의하여 조정을 꾀하여야 하나, 가능한 한 경합이 발생하지 않도록 하는 공간이용을 고려해 둘 필요가 있다.

4. 항만공간의 처분 및 관리

이상과 같이 각 지구의 배치가 정해지면 다음에 각 지구 내의 세부 공간 이용계획으로서의 시설배치, 토지이용, 수역이용을 정하게 되나 이 과정은 항만시설계획에서 다룰 것이며 다음 단계로 항만공간의 처분 및 관리에 대해 개괄하기로 한다.

항만공간의 질서 있는 개발, 이용 및 보전을 행하기 위해서는 항만공간을 일체적으로 관리시켜야 한다. 그 때문에 항만법에서 수역에 관해서는 항만구역, 육역에 관해서는 임항지구 등을 설정하는 것이고 항만관리자가 일원화하여 관리하는 것으로 되어있다. 따라서 다음에는 수역과 육역 각각에 관해 바람직한 처분방법 및 관리형태를 간단히 기술하기로 한다.

1) 수역의 처분 및 관리

이미 기술한 바와 같이 수역은 항행, 정박 등의 이용에 제공됨과 동시에 완충지대, 장래에 확장 여지 등의 기능을 가지고 있으므로 항만공간을 지장 없이 이용할 수 있도록 하기 위해서는 해당수역에 항만구역을 설정한다. 이

항만구역은 '해당수역을 경제적으로 일체화한 항만으로서 관리, 운영하기 위하여 필요한 최소한도의 구역'으로 이의 관리운영에는 항만의 개발도 포함되어 있기 때문에 항만공간이용계획이 정해진 전체 지구를 포함한 최소한도의 구역으로 이해할 수 있다.

항만구역을 설정하는 것으로 발생하는 법률적인 효과나 규제로는 다음을 들 수 있다.

① 항만구역 내의 공유수면매립은 항만관리자의 장의 면허를 필요로 한다.

② 항만구역 내의 수역점용, 시설의 건설, 토사의 채취, 기타 항만의 개발, 이용 및 보전에 현저히 지장을 초래하는 행위 등은 항만관리자의 장의 허가를 필요로 한다.

③ 항만구역에서 수역시설, 외곽시설, 계류시설 등은 자동적으로 항만시설로 인정되고 이들의 건설, 개량 등의 항만공사를 국가나 항만관리자 등이 행하는 것은 가능하다.

④ 항만구역에서 공공적인 항만시설의 이용에 관해서 필요한 규제를 항만관리자가 행할 수 있다.

이와 같이 항만구역 내에서는 항만공간의 적정한 개발, 이용 및 보전을 꾀하기 위한 기본적인 권한을 항만관리자가 갖는 것이므로 필요한 범위를 적극적으로 설정하는 것이 바람직하다.

2) 육역의 처분 및 관리

항만공간으로서 육역은 부두용지, 공장용지 등의 용도로 제공되며 수역과 일체적으로 이용되기 때문에 그 관리운영은 항만관리자에 위임되는 것이 바람직하다. 항만공간이용계획에 기초하여 조성된 육역의 처분, 관리 형태로는 크게 다음의 4종류로 나눌 수 있다.

① 항만관리자가 소유하고 관리하는 공공용지

② 국가나 지방공공단체 등이 소유하고, 항만관리자가 관리하는 공공용지

③ 항만관리자가 소유하고 사기업 등에게 임대해 주는 용지

④ 사기업 등이 소유하는 용지

일반적으로 말하면, 항만공간의 육역 처분 및 관리 형태로는 가능한 한 공공용지로 항만관리자가 소유하고 관리하는 것이 바람직하나 그 이용형태에

따라서는 사기업 등에 임대해 주거나 소유시키는 것이 항만의 관리운영상 효율적인 경우도 많다. 예를 들면, 공공부두로서의 화물처리, 보관시설 용지는 당연히 공공용지로 소유, 관리시켜야 하지만 특정기업의 창고용지 및 공업용지 등은 기업의 사유지로서 소유되는 것이 있다. 구미제국의 항만에서도 항만관리자가 소유하고 사기업에 임대하고 있는 것이 보통이다.

하여튼 공공용지, 사유지의 구별 없이 이들의 항만공간으로서 육역을 일원적으로 항만관리자의 감독권한 하에 두는 것이 항만관리운영상 필요하며 이를 위한 법률제도로 임항지구를 적극적으로 설정하여 충분히 활용하는 것이 바람직할 것이다.

임항지구는 도시계획지구 내에서 도시계획법상의 토지이용구제의 수단인 지역지구제 내에 하나의 지구로 위치를 부여하고 있으나 그 설정은 항만관리자의 안에 기초를 두어 행하는 것이며 항만지구 내의 도시계획도 항만관리자의 안에 기초하여 행한다. 역시 도시계획지구 외에서는 항만관리자는 국토해양부의 인가를 받아 임항지구를 설정하는 것이 가능하다.

임항지구를 설정하는 것으로 항만관리자는 임항지구 내에서 수역시설 및 운하의 건설, 일정 규모 이상의 공장, 사업장의 신설 등의 행위를 감독, 지도할 수 있다.

게다가 임항지구 내에서 분구(分區)(그 이용형태에 따라 상항구, 특수물자항구, 공업항구, 철도연락항구, 어항구, 급유항구, 보안항구, 마리나항구, 조경후생항구 중에 선택할 수 있다)를 설정하는 것으로 각 분구의 이용목적을 저해하는 건축물 등의 건설, 개축을 금지할 수 있다. 결국 분구는 도시계획에서 용도지역과 같은 토지이용규제효과를 갖고 있다고 할 수 있다.

제 3 절 경관계획

항만은 거기에 거주하는 사람과 밀접하게 위치하게 되는데 오늘날에도 많은 항만, 특히 지방항만에서 더욱 그러하다. 항단을 건설할 때에는 항에서 일하고 있는 사람들이 쾌적하고 안전함을 느낌과 동시에 그곳에 거주하고 있는 사람들에 의해 친숙한 항만으로 되는 것이 중요하다. 이것은 항만이 원활한 기능을 다하기 위해서 빠뜨릴 수 없는 요건이기도 하다. 항만공간이용계획의 설정시에는 항만을 매체로 하여 시민과 바다(또는 선박과 항만의 활동)와의 접촉을 깊게 하여 시민과 거기서 일하는 사람들이 친숙하게 되도록 하는 것을 위한 연구가 필요하다. 항만건설은 대규모 사업이 많으며, 또한 일단 항만이 만들어지면 이의 좋고 좋지 않음에 상관없이 거기에 살고 일하는 사람들은 일상적으로, 또한 자자손손 대대로 이어져 교류하는 경관이 된다.

거기서 살고 또 일하는 사람에 대해서는 긍지를 가질 수 있는 항만, 방문한 사람들에게는 다시 방문하고픈 항만을 건설하는 것이 항만공간이용계획의 전제가 된다. 이를 위해서는 자연조건, 지리조건, 사회조건 등, 결국 그 지역의 문화, 풍토를 고려할 필요가 있다. 이 분야에 관한 연구도 진행 중이며 아직 확립되어 있지 않은 때에는 몇 가지의 계획수법만을 제시한다. 여기서는 그 수법이 개발단계이지만 항만공간 이용계획의 입안, 작성에 관계가 깊은 경관설계에 관해서 설명하기로 한다.

1. 경관계획의 조건

경관계획의 제일보는 그 항만의 '아름다운, 매력 있는 항만경관이라고 하는 것은 어느 정도의 경관인가?' 또는 간단하게 '항만의 건설에서 배려하여야할 사항은 무엇인가?'에 관하여 분석하는 것이다. 그 일반적인 수법의 하나는 시민 및 관계자의 의식조사에 의한 방법이며, 또 다른 하나는 최근 개발되어온 사진 등을 이용하여 경관 등에 대한 의식을 깊게 하고 이것을 SD법(semantic differential method, 의미분할법)에 의해 언어표시화하는 방법이 있다.

조사를 통해 아름다운 항만의 경관을 위한 조건으로 지정할 수 있는 것은 다음과 같이 종래의 경험적인 생각과 거의 같은 양상을 나타낸 상식적인 것이다.

① 대도시 항만의 야경은 육역부의 조명과 바다의 어두움을 쾌히 조화를 유지하여 보기 좋은 경관을 출연시키고 있다.

② 항만경관에는 선박이 가장 중요한 경관구성요소이다.

③ 항만경관에는 바다를 보이는 것이 가장 기본적인 것이다.

④ 수목에 의한 녹색, 불쾌한 사물을 덮어버림 등은 극히 효과적이다. 녹음이 많은 수목이 효과적이다.

⑤ 수제선은 손으로 물을 만진다고 하는 근접각이 효과적이다.

⑥ 상옥 및 창고 등의 거대한 것은 압박감을 주기 쉬울 뿐만 아니라 특히 오염된 경우는 불쾌한 인상을 강조하므로 경관상 좋은 것은 아니다.

⑦ 심볼적인 구조물은 광대하면서도 단조로움이 강한 항만경관 중에서 극히 효과적이다.

이들로부터 경관계획시에 고려하여야 할 사항을 추출하면 개략 다음과 같다.

① 높은 위치에서의 경관, 파노라마 경관 및 아름다운 야경
② 보는 주체와 보이는 사물간의 거리
③ 조화 있는 색채
④ 친숙한 형태 및 구조
⑤ 바다와 선박의 배치
⑥ 수제선에의 접근
⑦ 조경녹지

2. 경관의 계획요소

위에서 추출한 경관계획시에 고려하여야 할 사항을 중심으로 다음과 같은 몇 가지 예를 포함하여 설명하기로 한다.

1) 파노라마 경관

아름답다고 말하는 항만의 경관은 거의 파노라마 경관이다. 이것은 항만의 넓이가 인간의 스케일을 넘고 있기 때문으로, 따라서 아름다운 항만의 출연은 파노라마 경관의 설계에 달려 있다.

일반적으로 인간에게 보기 쉽고 시점이 자연히 떨어지는 부각은 10°부근이며 시야의 하한은 부각 30°로 알려져 있다. 또한, 대표적인 항만 파노라마 경관을 분석하면 항만이 가까이에 있다고 의식하는 경우는 부각 10° 전후이

다. 따라서 10° 이내에 항만을 느끼도록 하는 경관대상을 배려하는 것이 중요하며 여기에는 해면을 보이는 것이 필요하다. 또한, 역으로 높이 내려다보는 경치가 우수한 곳의 해면에 항만을 계획하는 경우에는 부각 10° 부근의 해면에서는 녹지를 배려하는 등이 필요하다.

파노라마경관의 설계시에 중요한 것은 항만을 보는 점의 위치와 거기서의 경관을 어떻게 전개시킬 것인가라는 점이다. 전자는 자연의 지형 또는 인공적 구조물인 항만을 보는 점 및 녹음이 진 도로 등 일체로 배치시켜 접근이 쉽도록 할 것, 항만을 보는 점이 여러 개인 경우에는 주위를 돌아볼 수 있도록 하는 것이 중요하다. 후자의 파노라마 경관설계에는 앞에서 설명한 바와 같이 바다와 선박을 배치하는 것이 중요하다. 특히 높은 위치에서의 항만경관은 해면 및 수평선, 선박이 보인다고 하는 기대감을 떨쳐버려서는 안된다. 게다가 대상경관을 끌어 세우기 위한 녹음효과를 생각하여 자연을 도입하는 것 및 항만시설이 잡다하다는 인상을 주지 않도록 하는 배려가 필요하다. 또한, 야경에서는 육지의 밝음과 해면의 어두움이 크게 대조되는 것이 의미를 가지고 있기 때문에 조명효과를 고려한 시설배치가 이루어지는 것이 바람직하다.

2) 거리와 경관

거리와 대상물의 보이는 방향과의 관계는 가까운 거리에서는 대상물의 개개요소가 문제되고 멀어짐에 따라 대상물의 전체모습이 문제가 된다.

400～500m 전후의 거리는 거리에 수반되는 수목(樹木)의 보이는 양상에 변화를 가져오는 영역이다. 즉, 수목을 한 그루씩 미세하게 보아 나눌 수 있는 거리역이며 여러 그루의 나무가 숲을 이루는 거리역과의 한계로 된다. 전자를 근경역(近景域), 후자를 중경역(中景域)으로 구별하는 것이 제안되고 있다. 이것은 천연의 양항과 같이 수목이 들어선 지형적으로 우수한 곳에 특히 의미가 있는 것이다. 대안거리가 400～500m 이내의 수면인 경우 대안의 수제선 주변은 거의 근경역 내에 속하게 된다.

그림 5-2 거리에 따른 수목의 시각적 변화

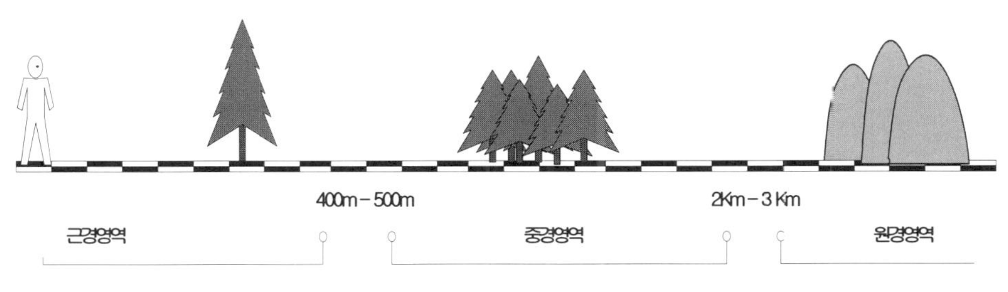

그림 5-3 거리에 따른 선박의 가시한계

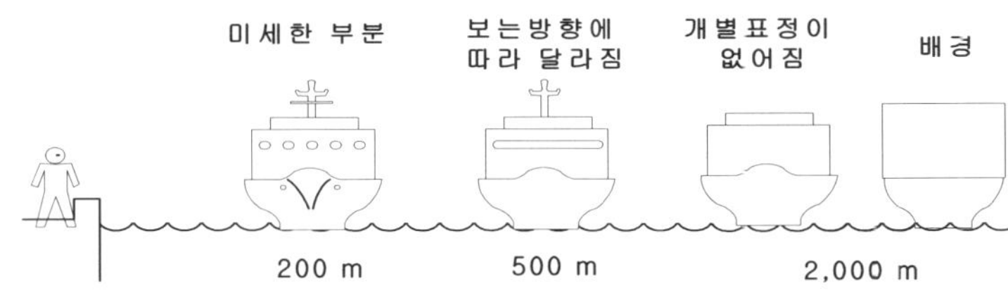

그림 5-4 거리와 차단효과

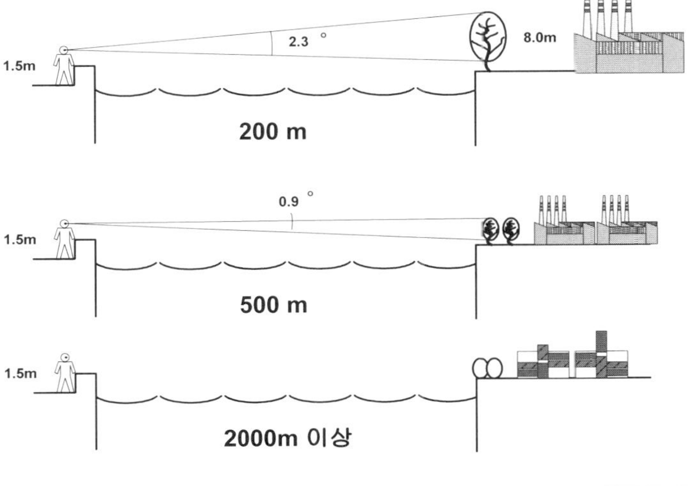

신규로 매립을 계획하는 때에 우수한 경관이 있는 등의 이유에 의해 바다의 느낌을 남기는 한편, 매립지에서의 심리적인 압박감이 없도록 하는 요청이 강한 경우, 사이에 수로를 남겨 섬의 형태로 하는 방법이 있는데, 수로의 폭은 앞의 분석에 의하면 500m 정도로 충분하다. 따라서 거리를 두면 수심도 깊게 되고 연락로의 건설도 추가되어 비용상승을 초과하기 때문에 현실적으로는 매립지의 토지이용계획을 연구하여 조경녹지 등을 분할하는 방식으로 이 거리를 작게 하는 것도 있다.

3) 색채효과와 항만경관

색채가 인간에게 주는 시각효과 및 정서적인 영향은 강하여 경관설계상 중요한 위치를 점하고 있다. 특히, 파노라마 경관을 출연하는 경우, 항만에서 각각의 기능 및 지구로 나누어 색채적인 공부를 해보는 것은 중요하다. 이의 사례로는 야간의 조명효과를 고려한 것이나 전체 항만을 대상으로 기본색체를 정하고 지구별로 몇 개의 액센트 색을 정하여 전체의 통일과 지구별 개성을 확보하도록 하는 방법이 있다. 기본 색체로는 상옥, 창고 등의 벽면, 지붕 등으로 된 매우 넓은 면적을 점유하는 것에 적용하고 액센트 색은 개성을 가지도록 하는 미세한 배려로 결정된다.

이 외에도 저유탱크 벽면에 수목, 고기, 하늘과 구름 등의 그림을 그려 쉽게 친해질 수 있는 것, 크레인과 임해교량 등에 색채를 가미한 것 등 많은 경우가 있다.

거리에 의해 같은 색으로도 보이는 방향에 차이가 있다. 그 관계는 천기상태와 함께 밀접히 관련하지만 전술한 거리에 의해 경관구분과 비교하면 다음의 관계가 있다.

① 근・중경역(500m 이내)에서는 경관체의 색이 거의 그대로 지각된다.

② 원경역(500～2000m)에서는 빨강은 약간 황색으로, 청색은 약간 자색으로, 흰색은 위로 뜨는 느낌으로, 어두운 색은 검은 색으로 보인다. 대상간의 구별은 어렵다.

③ 초원경역(2000m 이상)에서는 대부분의 물건이 청자색으로 보이고 발광체가 눈에 들어온다.

그림 5-5 항만 내 거리와 색채효과

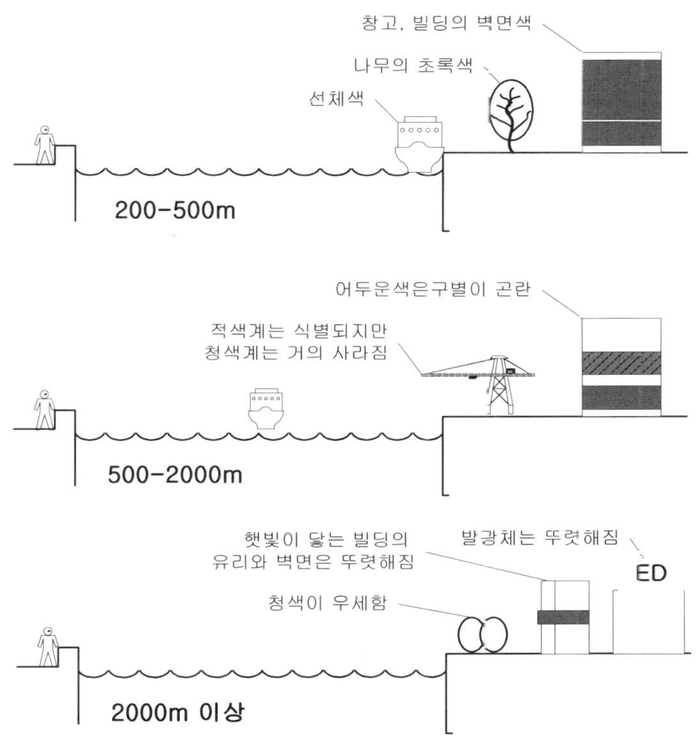

4) 형태효과

항만경관에서 불안정, 부조화, 위험감, 압박감 등을 느끼게 하는 것은 가능하면 피하여야 한다. 특히, 항만이 양호한 자연경관 중에 계획되는 경우에는 주변경관과 비교하여 고려하고 충분한 대응을 취할 필요가 있다. 이 경우 일반적인 수법, 배워야 할 점은 '친해지기 쉽도록 한다', '주변과 조화시킨다', '차폐한다'고 하는 방법이다.

예를 들면, '주변과 조화시킨다'라고 하는 방법으로 주변경관에 용해되어 구별하지 않도록 하는 방법이다. 방파제 계획지구에서는 공원 내의 특별규제

지구를 지정하고 방파제에는 인위적인 섬의 형태를 두어 특수한 환경을 만들어 내어 적극적으로 섬과 방파제와의 조화를 꾀하는 것도 한 방법이다. 특히, 수목을 식생하는 것과 같은 계획을 수립하는 것도 좋은 본보기이다.

5) 항만경관과 랜드마크(landmark)

항만은 일반적으로 광대한 육역 및 해역에 전개되기 때문에 무언가 랜드마크가 있는 것이 바람직하다. 랜드마크에는 자연적인 것과 인공적인 것이 있어서, 전자는 항만의 주요 섬, 언덕, 산 등을 들 수 있고, 후자는 무역센타, 타워, 선박과학관, 해양공원, 수족관, 전망대, 국제회의장 등을 들 수 있으며 잘 알려진 예로는 자유의 여신(뉴욕항), 오페라하우스(시드니항), 금문교(샌프란시스코)가 유명하다. 이들은 어떠하든 돌출체로 하여 주위의 경관체에서 두드러지도록 하는 특색이 있지만 그 외에도 역사적 건물 및 산업전시관이나 색채적으로 눈에 인상적인 것 등을 랜드마크로 된다. 이와 같은 랜드마크는 일상생활의 장에서 자칫하면 별개의 것으로 되기 쉬운 항만지역에서 공간설계 외에 강조점으로 되고 감각을 명확하게 하는 것이므로, 경관설계상으로도 랜드마크를 충분히 살리는 방향으로 생각하는 것이 중요하다. 지역의 특성을 근거로 하여 그 항만의 개성이 자연스럽게 배어 나오도록 랜드마크를 설정하는 것이 필요하다.

6) 임항역의 높낮이 처리

임항역의 산책공간 및 녹지의 레벨에서 수면을 향하여 계단으로 테라스를 계획하기도 한다. 이 부분은 항만에서는 잔교 및 물양장 등 선박에의 승강장, 산책로에서는 친수공간 및 수면을 조망하는 공간으로 이루어진다. 약 수십cm 정도의 레벨차이를 계획한 것만으로도 수면에의 조망이 크게 열리게 되며 통행공간과 체류공간의 영역을 나눌 수가 있다. 단지 높이 차이의 처리방식으로서는 크게 나누어 법면, 옹벽, 계단의 세 가지 형식이 있으나 수변의 테라스에서는 벤치의 기능을 가진 계단으로 처리하는 경우가 많다.

그림 5-6 항만 및 해안녹지의 높낮이 변화

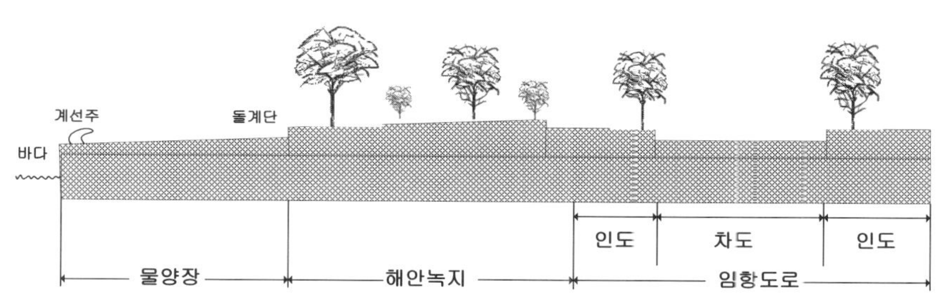

일반적으로 옥외계단의 치수는 높이 15cm, 폭 30cm 정도가 사람이 가장 오르내리기 쉬운 것으로 알려져 있으나 수변에서는 벤치의 높이로 35~40cm를 기본으로 한 모듈, 폭을 40~60cm의 넓게 처리하는 등으로 앉을 수 있는 기능을 중시하는 경향이 있다. 계단의 소재로 자연석재, 콘크리트가 일반적이나 목재형 계단이 사용되는 경우도 있다. 계단부는 영역의 전환점 및 결절점(node)으로서 중요한 부위이기 때문에 그 재질의 선정, 디자인에는 주의를 기울일 필요가 있다.

7) 항만에서 건축군의 경관계획

건축군에 대한 기본적인 사고는 항만을 방문하는 일반사람들이 그 항의 인상을 결정하는 요소는 개개의 항만구조물 및 건축디자인을 포함한 질과 그들이 무리로 나타나는 경관일 것이다. 항의 개방성에 수반하여 사람들은 가까이에 친숙하면서도 비일상적인 공간으로서 항만의 경관을 바라고 있다. 여기서는 항만에 대한 사람들의 요망과 그것을 구현하는 배치계획을 처음으로 다음과 같은 경관설계의 기본적 사고가 있어야 한다.

① 수역에의 조망 - 내륙에서 수제선 부근을 볼 수 있도록 공간 확보
② 풍성함을 창조 - 집객력을 배려
③ 기능의 분리 - 항만활동의 안전성, 보수 관리면을 고려한 구분
④ 역사적 건축물의 활용 - 새로운 건축물 시간적·경제적 제약(창고, 공장, 해운 관련)

⑤ 다양한 공간의 구성 – 음영이 있고 조형성이 깊은 표정 강조
⑥ 연계성 확보 – 명승지, 유명건축 등으로 연속성 강조

건축군에 대한 경관설계에서는 보다 많은 육지 쪽 장소에서 수역을 포함한 항만의 양호한 경관을 볼 수 있도록 하는 것이 중요하며 또한 대안거리 및 선박에서 육지 측을 볼 때의 경관을 우수하게 하는 것이 문제이다. 경관설계의 기본적인 사고를 만족시키기 위한 건축군의 설계에 중요한 계획수법으로 다음 사항을 나열할 수 있다.

① 시가지와 도로: 시가지의 크기, 시가지의 형상, 도로의 부설방향, 도로의 폭
② 건축의 배치: 집객력을 배려
③ 건축군과 산책광장
④ 건축의 높이와 스카이라인
⑤ 배후지 토지·건물이용과의 정합

8) 항만경관을 형성하는 항만구조물

종래의 항만구조물 설계에서는 기능성 및 안전면이 중시되어 경관설계에 관한 의논은 다른 토목구조물에 비하여 적었다. 때로는 맹위를 떨치는 바다와 대적하면서 항만을 보호하는 구조물은 그 기능성에서 형태도 독특한 것이 많으며 디자인의 제약조건도 엄격한 것이 많다. 그러나 방파제와 호안 등의 항만구조물은 본래 항만경관의 기본적인 골격을 형성하고 항만의 고유성을 표현하는 경관자원인 것으로 생각해야 한다.

근래에 와서 커다란 기대를 두고 있는 수변공간의 복원을 위해서도 이들의 기능적인 시설의 경관설계를 적극적으로 추진하여 새로운 디자인과 친수공간이 살아나도록 할 필요가 있는 것이다.

항만의 전체 상(像)을 해양역, 항만시설역, 배경역(도시 및 산)의 거시적인 공간 구역(zone)으로 분할하여 생각할 수가 있다. 항만구조물은 주로 항만시설역에 있고 바다와 배경의 도시와 나란하게 에워싸인 항만의 경관을 만들어 간다. 이들은 바다에 대하여 열린 도시의 바깥 현관을 형성하고 있다. 구체적으로 보면 항만의 영역을 나타내는 심볼게이트(symbol gate)로써 방파제가

있고 바다와 육지와의 경계를 나타내는 가장자리에 호안이 있다. 그리고 항만 활동・터미널역에 부두・잔교・창고 등이 있으며, 수직적인 랜드마크로서 교량・크레인 등이 존재한다.

이들의 항만시설 중 공공사업으로 정비되어 항만경관을 형성하는 기본적 요소인 외곽시설, 계류시설, 임항교통시설의 세 가지를 대상으로 경관설계의 요건을 생각하여야 한다.

표 5-1 항만경관의 대상과 설계의 요건

항만시설의 군	대상시설	설계의 요건 및 목표
외곽시설	외곽시설	항만의 영역을 표시하는 선, 바다의 심볼게이트, 항만을 수비하는 벽, 항만을 체험하는 전망장
	방파제	평면형상을 고려, 압박감을 감소, 선간부・기부의 디자인, 재료・소재의 고려, 녹지정비, 디자인의 세련화
	호안	환경과의 조화, 표정(색채), 구조・안정감을 위한 유연한 연출, 경관저해요인 제거, 석축완경사, 계단, 녹음의 연출, 사석을 통한 친수성의 연출, 호안의 프로디나드에 도보확보, 도로포장, 공원공간과의 일체화 Board walk, 인공해빈 조성
계류시설	부두	에이프런・벽면・계단 디자인, 수직적인 랜드마크의 디자인, 안전난간・차방지턱・계선주 등 안전시설・부대시설의 디자인, 벤취・가로등・화단 등 친수광장을 도입한 디자인, 건축물과의 일체화, 디자인의 세련화
	잔교	바다와 육지와의 경계 디자인, 전망점의 디자인, 디자인의 세련화
임항교통시설	교량	넓은 수면과 하늘 등 경관적 잠재력의 활용, 다양한 전망점이 존재, 커다란 발아래 공간이 필요, 항만의 관문(랜드마크, 심볼)에서 경관체험을 의한 역할 부담. 평탄한 지형에서 방향감각의 지표, 임항도로 및 지역 내의 이미지 형성에 일조, 친수공간의 무대로 활용

표 5-2 항만경관을 형성하는 항만구조물

항만시설	요 소	정 의
수역시설	항로, 박지, 선류장	선박이 안전하고 원활하게 이용되도록 하는 항로, 박지 등의 수역시설
외곽시설	방파제, 방사제, 방조제, 도류제, 수문, 호안 등(부대시설로 계선주, 계단, 사닥다리 등)	항내의 정온 확보, 수심유지, 해안의 결괴방지, 특히 항만시설 및 배후지를 파랑, 고조, 쓰나미로부터 방호하기 위한 시설
계류시설	안벽, 물양장, 잔교, 부잔교 등(부대시설로 계선주, 차막이턱, 사닥다리, 급수·조명시설 등)	적양하 및 승강을 위한 시설
임항교통시설	도로, 교량, 고가교, 보도교, 해저터널(부대시설로 도로, 표지, 전신주, 식재, 조명 등)	항만부 주변에서 항만활동에 밀접한 교통시설
기타시설	항만환경정비시설 하역시설 여객시설 보관시설 항행보조시설 항만관련시설	해빈, 녹지, 광장, 식재, 휴게소 등 하역기계, 하역부지, 상옥 등 여객승강용 고정시설 등 창고, 야적장 등 항로표지, 신호시설 등 국제회의장, 견본전시장, 마린타워 등

9) 기 타

기타 항만경관에 중요한 것으로는 녹지의 배치, 개별 시설의 구조 등이 있으나 녹지의 배치는 별도로 논하기로 하고 개별시설의 구조는 평면계획에서는 직접계획 대상으로 하는 것은 없기 때문에 기술을 피한다. 다만 경관연출을 필요로 하는 지구의 시설에 관해서는 평면계획의 입안 작성시에 명확하게 그것에 어울리는 구조를 검토해 두는 것이 중요하다.

즉, 주변과 조화된 구조로 하고, 친밀감을 느끼는 구조 또는 개성이 스며나오는 구조로 한다는 배려가 필요하다. 주변과 조화된 구조로 하는 것에는 주변의 자연에 합쳐진 형태 및 색채로 하고 또한 재료도 고려할 필요가 있다. 친밀감을 갖도록 하는 구조로는 친근감을 부여하도록 하는 것으로 호안 등에 관해서 예를 들면 '해수에 접한다', '모래톱에 들어간다', '모래사장에서 관찰할 수 있다' 등을 들 수 있지만 자연에 가능한 한 가까워지는 것이 포인트이다. 또한, 개성이 스며 나오는 쪽은 그 지역의 역사, 풍토에 맞는 재료, 형태, 색채 등을 다루는 것이 될 것이다.

이들에 대해서는 이미 몇 가지가 항만에서 행해져 실시되고 있는 것, 우수하여 주관적인 것, 또한 개별적인 것이며 고정된 패턴으로 정리되어 있지 않다. 그러나 이렇게 말한 사람들도 우아한 품격이라고 말하는 다분히 심리적인 것은 정형화될 수 있는 것은 아니다. 물론, 정량화・정형화하여야 하는 것은 없으며 개개의 계획자의 사상, 이념에 따르는 것일지도 모른다.

이러한 의미에서 경관설계 또는 그것을 받는 항만공간이용계획은 입안, 작성에서 계획자의 전인격이 나타난다고 해도 좋을 것이다. 따라서 보다 우수한 계획의 작성을 위해서는 계획입안, 작성의 과정에서 또는 일상생활에서 열심히 연구하고 사색하는 것이 중요하다. 한편, [표 5-3]은 유의사항을 개략적으로 정리한 것이다.

한편, 새로운 리조트 지역에서의 마리나 계획, 역사적으로 보존의 가치가 있는 항만지역에서의 문화재계획, 광장 및 공원을 포함한 개방 공간의 계획이 경관과 조화를 이루어지도록 하여야 한다.

아울러 도시와 항만의 경관은 사람이 집결하게 되는 장의 경관이므로 사람의 활동이 보이도록 하는 것이 중요하다. 사람의 활동모습이 보이도록 하여 풍경의 요소 사이의 관계가 뚜렷하게 되고 결과적으로는 풍경의 의미가 전달되게 된다. 이렇게 되어 활기를 느끼기도 하고 활동이 집적되는 것은 사람들이 그 풍경에 감동을 받게 된다. 이의 예로는 성시의 어시장에서 사람들의 움직임과 고함소리, 여객선의 출항시 사람들이 던지는 종이테이프나 기적소리, 선창가에서 살아나는 멜로디와 깃발 등이 대표적인 것이다.

이와 같이 사람들이 모이는 요소가 항만에서 적어지면 거리감이 생기게 되므로 활성화를 꾀하기 위하여 사람의 관심을 집중시키는, 매력적인 요소를 심지 않으면 안 된다. 사람들의 이목을 집중시켜 모이게 하는 방법의 하나가 바로 이벤트이다. 종합테마, 영상・사진・비디오전, 조각・그림・공예・각종 생산물 전시, 기술콘테스트, 종교・민족행사, 수예・원예・다도회, 스포츠・학술・문예대회, 연극・무용・음악발표회, 식물・생물・우주・과학전시회, 문화

엑스포 등 다양한 행사를 추진할 수 있다. 다만 이것들은 항만의 규모와 도시 형성 및 인구와 밀접한 관계를 가지므로 항만공간 창출을 위한 노력이 종합적으로 이루어져야 한다는 점에는 이견이 없을 것이다.

표 5-3 항만경관설계상의 유의사항

경관의 설계요소	유의사항
파노라마 경관	◇ 높은 위치에서의 조망에는 주 경관구성요소가 부각 10° 부근으로 되어야 함 ◇ 높은 위치에서 파노라마 경관은 대상경관역내에 가까운 측과 먼거리 측이 존재함 ◇ 항만경관에서는 해면이 보이는 것은 가장 기본적 사항임 ◇ 높은 위치에서의 항만경관은 해면 및 수평선이 보이며 바다를 본다고 하는 기대감을 충족시켜야 함 ◇ 높은 위치에서의 항만경관은 자연경관을 끌어들인 대상경관으로 하여야 함 ◇ 파노라마 경관에서 야경은 잡다한 항만시설을 감추고 조명에 의해 나타나는 수제선과 암흑의 해상부분과의 대비가 아름다움
거리와 경관	◇ 경관역은 시거리에 따라 근경역, 중경역, 원경역, 초원경역으로 나누고 주경관구성요소는 단체, 집한, 군으로 나눔 ◇ 주경관구성요소의 질은 시거리에 대한 경관역과의 관계로 취급하여야 함 ◇ 대상경관에 콘비나트가 있는 경우 망항점과의 거리는 500m 이상 떨어져야 함
색채효과	◇ 항만경관에서 전지구를 대상으로 한 색채계획이 이루어져야 함
항만시설의 형태효과	◇ 항만경관에서 불안정감 · 위험감 · 위해감 · 압박감을 나타내는 형태를 피함
항만경관에서 랜드마크	◇ 가시영역이 넓은 항만경관에서 랜드마크는 중요함 ◇ 인공경관에 의한 랜드마크는 압박감을 주거나 배경에 대해 대립적으로 놓여서는 안 됨 ◇ 자연경관에 의한 랜드마크는 적극적으로 도입하는 것이 좋음 ◇ 랜드마크로 발광체, 반사체, 색체적으로 드러나는 것은 효과적인 사용을 요함
기 타	(연속경관) 경관의 연속적 변화는 경관구성상 중요한 기법이 됨 (인간스케일) 거대하여 획일적인 형태의 연속은 좋지 않음 (선박의 효과) 선박은 항만을 느끼는 가장 중요한 경관구성요소이며 특히 운항하는 선박은 그 효과가 큼. 항만경관체로 선체의 색은 흰색이 아름다움 (태양의 위치) 천기상태에 따라 경관체의 보이는 방향은 다름. 태양의 위치에 따라 경관체는 각각 변하므로 망항점에서는 이를 고려할 필요가 있음

제 6 장

항만계획 및 부두시설

제1절 설계와 건설

1. 개 요

항만에 대한 일반적 필요조건을 확립한 후에 설계를 위한 최종분석에서 소요비용을 만족시키기 위한 사전의 입지에 대한 연구가 필요하다.

1) 사전 입지정보

몇 개의 제안된 입지에 대해서는 다음과 같은 정보를 비교한다.

① 해양자료(수심, 저면의 일반적 특성, 파랑, 조석 및 조루의 범위)
② 기상자료(바람, 기온, 강우량, 안개일수)
③ 지형자료(모래톱, 암초, 하구, 해안선)
④ 지질자료(암반의 형상과 깊이, 지층의 상타, 토질)

2) 선택기준

다음 요소는 입지의 최종 선택에 있어서 중요한 역할을 담당한다.

① 준설량(최소화)
② 최적의 저면 상태
③ 터미널 개발을 위한 최적 해안지역
④ 장래 그 지역의 개발 여지
⑤ 수송면에서의 접근성
⑥ 수심
⑦ 해변의 노출상태
⑧ 부두의 평면배치

조차가 1m 전후의 해역에서 인접 육지의 표고는 대략 5~6m 정도 높아야 한다.

만약 조석이 높아지거나 그 지역에 해일이 일어난다면 보다 더 높은 표고가 필요하다. 홍수가 일어나는 강에서는 물론 더 높은 표고가 필요하다.

그림 6-1 항만시설의 평면배치도

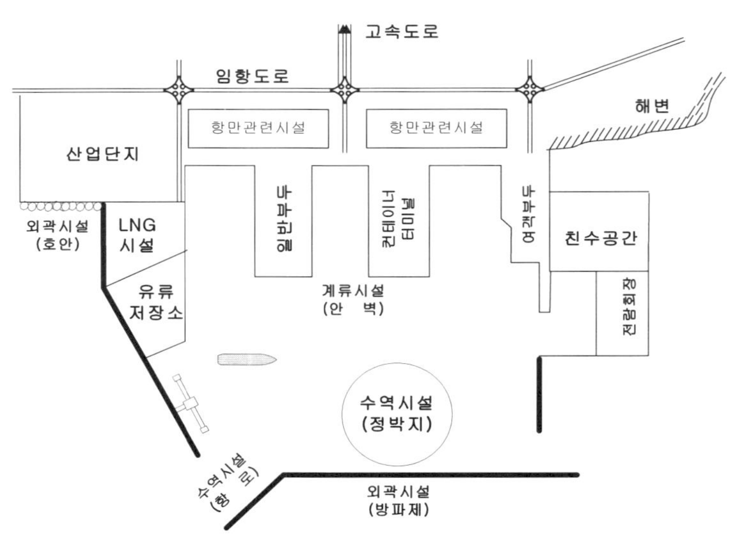

한편, 항만건설을 결정하는 데 영향을 미치는 요소는 다음과 같다.

(1) 필요조건과 경제적 타당성

① 내륙 거대도시를 성장시키기 위한 항만

② 개별 사업의 해상 터미널을 제공하기 위한 항만

③ 군사적 목적이나 해군 기지로서의 항만

지방자치항이나 군사항은 필요성에 의해 성장하는 반면 민영항은 경제적인 타당성이 있어야 한다.

(2) 교 통 량

지방자치항을 위해서는 미래의 예상되는 흐름량(형태와 양)의 조사가 필수적이다. 민영항은 물동량이 확보되어야 한다.

(3) 내륙연계수송

항만으로 서비스하기 위해서는 철도, 도로, 항공, 수로 등 내륙연계수송로의 적절한 입지를 결정하기 위한 연구가 필요하다.

2. 항만의 시설 배치시 고려사항

항만시설은 수역과 육역이 연결된 구간의 시설로 수역시설, 외곽시설, 임항교통시설과 같이 항만의 기본시설과 계류시설, 항행보조시설, 하역시설, 여객이용시설, 화물 보관 및 처리시설, 선박보급시설, 항만후생·교육 연수시설, 항만관제·보안시설 및 기타 항만역무용시설 및 시설용 부지를 가리킨다. 이 중 주요시설로 검토하여야 할 사항으로 다음을 고려하여야 한다.

1) 수역시설

선박이 항행, 조선, 정박, 하역을 위해 이용하는 수면으로 항로, 하역을 위한 정박, 계류하는 박지 및 소형선박이용 선류장 등을 가리킨다. 수역시설의 계획에서는 선박이 안전하게 입출항 할 수 있고 신속히 하역을 할 수 있는 동시에 그 유지관리가 용이하도록 배치하여야 한다.

① 지형, 지질, 기상 및 입항선박 등의 특성을 충분히 고려하여 배치

② 항구, 외곽시설에 관련된 시설은 선박의 항로 조선 및 정박에 필요한 수면적을 확보하는 동시에 항내의 정온을 확보할 수 있도록 배치

③ 항내의 매몰이 적고 필요한 수심을 유지 할 수 있도록 계획

수역시설의 배치조건으로는 항내의 파고 0.5-1.0m 정도로 유지하며, 항내 부진동의 여부에 대한 검토가 필요하다. 특히, 컨테이너선은 파고가 작더라도 장주기파 침입에 대하여 검토를 수행하여야 한다. 한편, 위험물을 취급하는 선박은 일반부두와 분리하여 전용부두를 사용하도록 한다.

만약 대상항만이 자연항이 아니면 항만의 규모는 안전과 합리적인 항만 운영차원에서 최소화 될 것이다. 최소의 항만구역은 선회장을 포함한 안벽에 필요한 공간이다. 항만이 크면 클수록 바람에 의해 파도의 발생은 더 커진다.

(1) 선석과 묘박지

일반적으로 풍력과 조류력은 항만의 입구에서 화물을 적재한 상태보다 공선상태로 접안할 때 더 심각한 영향을 끼친다. 안정된 정박을 위해서는 파고가 0.5m를 초월하거나 풍속이 15kts를 초과해서는 안 된다. 벌크화물을 하역할 때 섬 등에 의해 바람은 차단된다는 조건하에서 파고가 1m까지는 허용된다.

묘박지의 조건으로는 기상 및 해상조건으로부터 보호되어야 하며, 적절한 선박 대기 및 선박 선회 공간을 확보하여야 한다.

① 선박의 입출항 조선을 원활히 할 수 있는 충분한 수면과 수심

② 선박의 정박 및 하역에 지장이 없도록 수면의 정온이 유지

③ 선박이 닻을 내리는 데 적합한 해저지질을 가져야 함

묘박지로는 ① 정온한 수면, ② 충분한 수심과 수면적을 확보, ③ 해저저질은 선박의 닻이 걸리는 데 적합하여야 하며, ④ 선박에 영향을 미칠 정도의 조류가 없는 곳이 양호한 조건이 된다. 1척당 정박소요면적은 선박의 길이(m)를 L이라고 할 때 다음 지침을 따른다.

① 단묘박: (L+60)m~(L+90)m를 반경으로 하는 원의 면적

② 쌍묘박: (L+45)m를 반경으로 하는 원의 면적

③ 단부표박: (L+25)m를 반경으로 하는 원의 면적

④ 쌍부표박: (L+50)m 및 L/2를 변으로 하는 직사각형의 면적

그림 6-2 묘박 방법 그림 6-3 부표박 방법

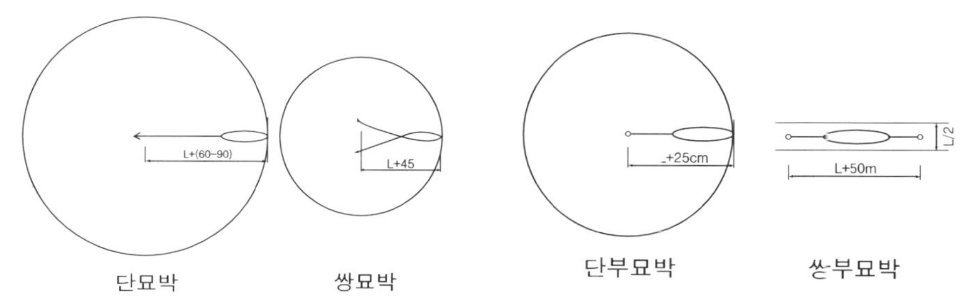

(2) **선회장, 회선장**(Turning basin or place)

바람, 조류의 영향, 예인선의 유무 등을 고려하여 안전한 조선에 필요한 충분한 넓이의 수역을 가리킨다. 선회장의 면적계획은 다음을 따른다.

① 자력에 의한 회두(방향전환)인 경우: 3L을 직경으로 하는 원

② 예인선에 의한 회두의 경우: 2L을 직경으로 하는 원

③ 어선의 경우

  i) 평상시: 1.5L을 직경으로 하는 원

  ii) 대피시: 2.0L을 직경으로 하는 원

④ 지형 등에 의해서 부득이할 경우: 앵커, 바람 또는 조류를 이용

그림 6-4 선회장

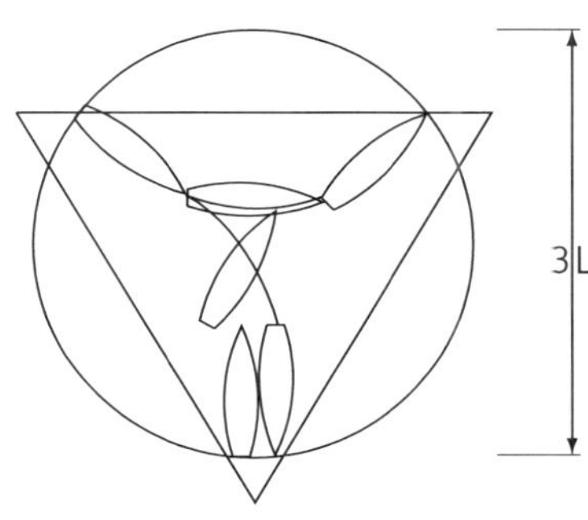

iii) 자력에 의한 회선의 경우: 약 2L을 직경으로 하는 원

iv) 예인선에 의한 회두인 경우: 약 1.5L을 직경으로 하는 원

(3) 계류 및 해람수면

조선수면적에서 항로와 안벽과의 간격은 예인선의 유무, 바람, 조류의 영향을 고려하여 계류, 해람(解纜)의 조선에 무리가 없도록 신중히 결정한다. 항만시설의 효율적인 배치 및 이용 면에서 계류 및 해람수면과 항로를 보통 동일수면에 계획하지만 선박의 통항이 빈번한 곳에서는 이를 분리하여 계획한다.

(4) 슬립(Slip, B)

폭은 선형, 선석(Berth)수, 예인선의 유무 등을 고려하여 신중히 결정한다. 많은 돌출제가 병열로 설치되어 있을 경우의 표준은 아래와 같다.

① slip의 양쪽에 1 berth의 경우는 slip의 폭 B: B=2b+(10−40m)

② slip의 양쪽에 각각 2 berth씩 정박하는 경우: B=4b+(10−40m)

③ slip의 양쪽에 각각 3 berth씩 정박하는 경우: B=6b+(10−40m)

여기서 b는 대상선박의 최대 폭이며, 선박이 부두에 접안하여 접안하역과 부선하역을 하는 경우에는 b/2를 더한다.

그림 6-5 표준 슬립

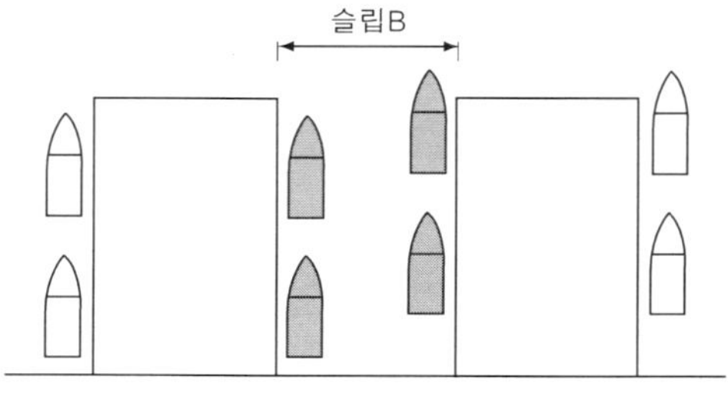

(5) 항 로

항내에 있어서 선박이 항구로부터 목적하는 브두까지 운항하는 통로를 가리키며, 일반묘박지보다 수심이 깊고 항로표시와 신호등의 시설이 설치되어 있는 경우에는 바람, 파랑, 조류 등의 영향과 선박의 운항특성을 고려하여 계획한다. 또한, 바람과 조류의 방향이 항로와 직각에 가까운 방향일 때에는 선박 조선에 악영향을 끼치게 되므로 바람과 조류가 강한 곳에서 이들의 영향을 충분히 고려하여야 한다. 항로의 평면계획에서 폭은 아래의 조건을 만족하도록 한다.

① 비교적 거리가 긴 항로: 출입선박의 빈도가 큰 경우 2L
상기 이외의 경우 1.5L

② 상기 이외의 항로: 출입 선박의 빈도가 큰 경우 1.5L
상기 이외의 경우 1L

단, 항로의 굴곡부는 그 최대교각이 30°를 넘지 않도록 하는데, 굴곡부의 교각이 30°이상인 경우에는 항로 중심선의 곡률반경이 대상선탁 길이의 4배 이상이 되어야 하고, 항로의 폭원을 소요항로의 폭원보다 크게 한다. 항로의 수심은 대상선박이 만선상태이고 저조일 때 항해 가능한 깊이를 유지할 수 있어야 한다. 선박의 상하방향의 운동은 최대파고의 반으로 계산한다.

그림 6-6 항로의 방향　　　그림 6-7 항로의 굴곡부

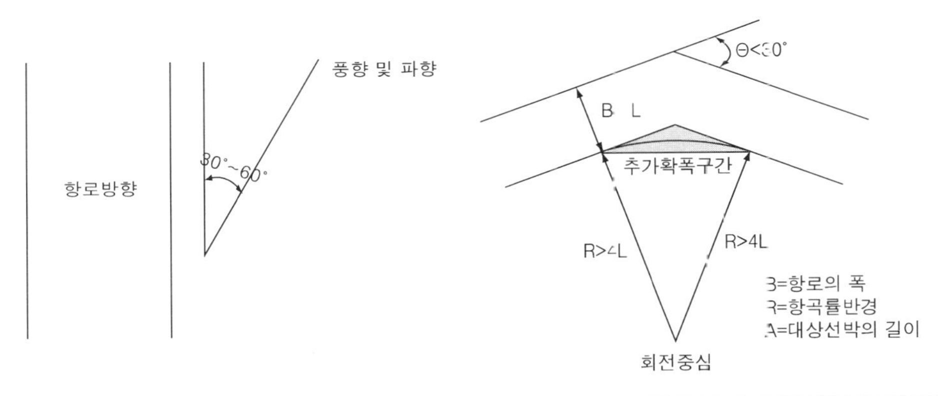

그림 6-8 직선항로의 예

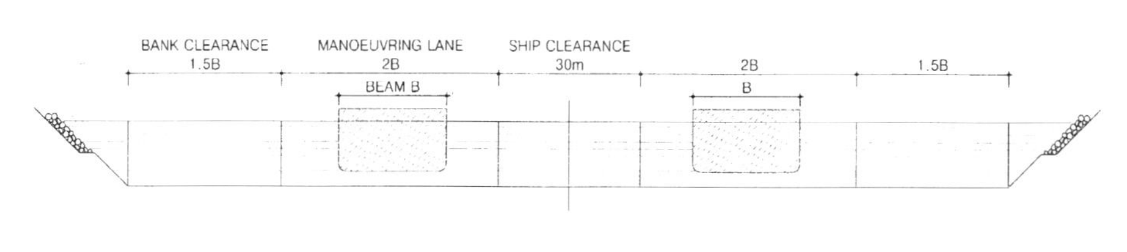

그림 6-9 굴곡항로의 예

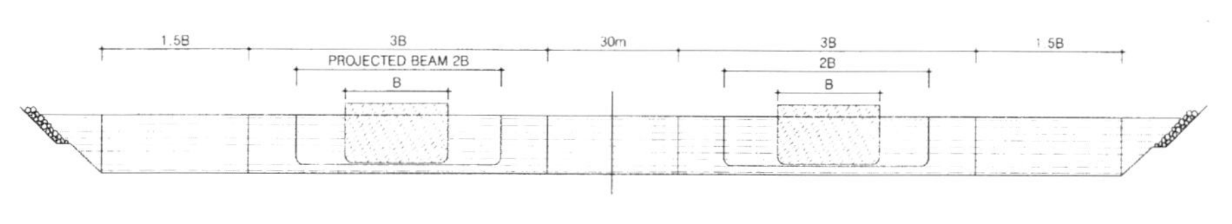

항로의 수심은 일반적으로 선석의 수심과 동일하게 계획한다. 선박은 평상속도로 항해하는 항외의 항로, 파랑과 조류영향이 큰 경우 또는 조석차가 매우 큰 항로는 파랑에 의한 선박의 진동, 해저지질, 조선의 난이 등을 고려하여 여유수심을 가산한다.

① 파랑에 의한 선체의 침하량은 소형 및 중형과 대형선박:
각각 파고의 2/3와 1/2를 여유수심으로 더함

② 세부적인 항로수심 = 설계 정수면 + 바닥여유 + 추산된 최대흘수

수심의 결정요소로 중요한 인자로는 저면의 상태와 그 항만에서 최대파고이다. 항만에서 파도가 0.5m를 초과하지 않을 때 수심은 부드러운 바닥(모래)에는 파의 진폭에 1.1m 정도를 더한 깊이가 요구된다. 딱딱한 바닥에서는 파의 진폭 +1.8m가 요구된다. 선박이 공선으로 도착한 후 화물을 적재하여 출항하는 지역에서는 수로 깊이의 두 배를 적용할 수 있어야 한다. 심흘수(深吃水) 선박의 하역에 관한 최근 동향으로부터 다음을 고려해야 한다.

① 수심이 깊은 외해 묘박지에서 해저 파이프라인의 사용

② 심해의 부선에서 부분 하역에 의한 하역의 완료

③ 특수 심해 터미널의 건설

선박이 항구를 통과할 때는 비교적 빠른 속도로 항해하므로 항구로부터 정지하는 지점까지는 1,200−1,300m의 거리가 필요하며 따라서, 항구로부터 정지지점까지의 항로의 연장은 약 1,600m의 거리가 필요하다.

항로의 정온도는 선박의 안전한 통항 여부를 고려하여 결정한다. 또한, 항구에서 박지까지 항로의 정온도는 항구로부터의 침입파와 방파제, 안벽 등에서 반사파의 영향을 고려하여 결정한다.

(6) 선 류 장

소형선박을 계류하기 위한 수역으로서 방파제 등으로 둘러싸인 곳을 가리킨다. 소형선박의 계류에 안전하도록 정온하고 충분한 수면적과 수심을 가지며, 선박 또는 도선의 선류장은 본선에 가깝고, 육상교통이 편리한 곳에 계획하되 대형선은 횡접안, 소형선은 종접안으로 처리한다. 선류장에서 여유면적은 아래와 같다.

① 횡접안 1.2Lm 및 (B+1)m를 변장으로 하는 직사각형의 면적
② 종접안 2.5Lm 및 (B+3)m를 변장으로 하는 직사각형의 면적
③ 복종접안 (L+5)m 및 (B+3)m를 변장으로 하는 직사각형의 면적
④ 어선의 평상시
　횡접안: 1.2Lm 및 0.25m를 변장으로 하는 직사각형의 면적
　종접안: 1.15Bm 및 1.5Lm를 변장으로 하는 직사각형의 면적
⑤ 어선의 대피시
　종접안: 1.35Bm 및 2.0Lm를 변장으로 하는 직사각형의 면적

2) 항만의 입구(港口)

항구의 목적은 항만에 항행상 안전한 접근과 조석과 조류를 차단하는 것이다. 입항로를 설계할 때 항내의 파고의 변화를 신중히 고려해야 한다. 항만의 풍하측에 입항로를 설치하는 것은 두말할 필요도 없다. 입항로를 반드시 풍상측에 설치하여야 하는 경우는 방파제를 겹쳐서 배치해야 한다.

각 항만에서는 출항로를 가지는 것이 바람직하다. 아래의 스티븐슨(Stevenson)

그림 6-10 방파제의 배치형태도

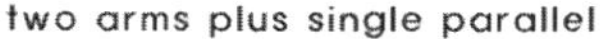

single arm where wave is mainly unidirectional

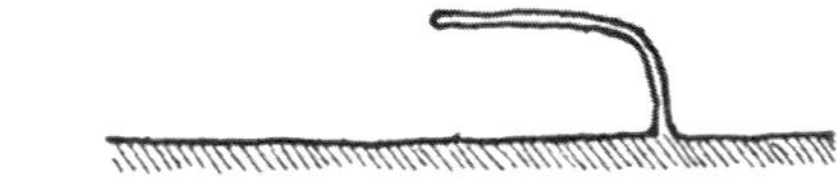

converging two arms

overlapping two arms

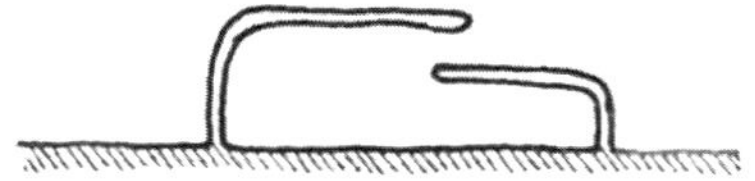

방정식은 입출항로를 설치한 결과로서 항내의 어느 지점에서의 감소한 파고를 계산하기 위한 약산식이다. 그러나 세부계획에서는 파랑의 천수, 굴절, 회절, 쇄파, 반사, 마찰 등을 고려한 컴퓨터 모델을 활용하여 보다 정확한 파랑의 예측이 이루어져야 한다.

$$hp = H\left[\frac{b}{B} - 0.02\ \sqrt[4]{D}\left(1+\sqrt{\frac{b}{B}}\right)\right]$$

hp : 항내 어느(p)지점에서 감소된 파도

H : 항구의 파고

b : 항구의 폭

B : p 지점에서의 항만의 폭

D : 입항로로부터 관측지점까지의 거리

항구의 형태는 수심, 항만의 규모 및 선박의 특성에 관계되는데 기본적인

항구의 규모는 작은 항구가 100m, 중간 항구로 100~200m, 큰 항구는 200~300m 정도로 구분한다.

3) 육상 시설물과 서비스

고려하는 해상 터미널을 위한 육상시설과 예상 선박수, 관련된 하역시간과 화물의 형태에 따라 안벽의 수가 달라진다. 부두가 다 건설된 후에도 준설이 이루어지지 않을 수 있다. 부두는 항만 내 가장 보호된 지역과 방파제의 풍하측(내측)을 따라 위치시켜야 한다.

안벽 형태를 결정하는 요소는 다음과 같다.

① 특수 요건 또는 지역관습
② 입지조건
③ 터미널 건설에 대한 원자재의 이용 가능성
④ 구조물의 영구성
⑤ 건설의 경제성
⑥ 항만을 이용하는 선박의 크기와 중량
⑦ 건설방법(시간 요소)

3. 항만건설의 규모

1) 소형 인공항

하나의 부두와 선회장과 외해로부터의 긴 접근수로를 가진 작은 항은 최소한의 공간이 요구되고 두 대의 선박을 수용할 수 있다. 이 항은 천연장벽(외해 암초, 모래톱, 섬 등)으로 보호된 천해를 준설함으로써 그리고 내륙을 확장함으로써 건설된다. 작은 항이므로 출항시에는 후진했다가 다시 우현으로 전진해서 빠져나가야 한다.

그림 6-11 소형인공항

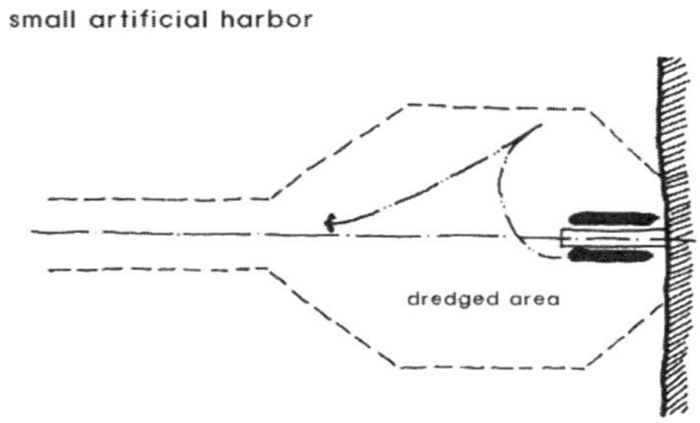

small artificial harbor

그림 6-12 지형상 제한된 항

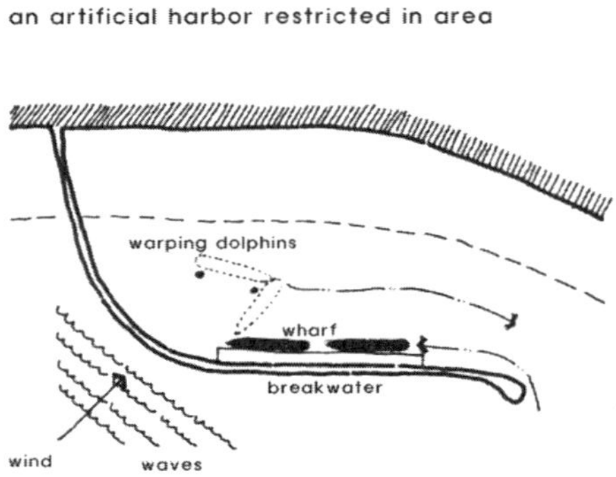

an artificial harbor restricted in area

2) 지형상 제한된 항

이 항은 수심이 깊어서 건설에 제약이 따른다. 강한 바람과 파는 한 방향으로 일어나고 잔잔한 수역은 해안선에 평행하고 한 쪽은 육지와 연결된 휘어진 방파제를 사용함으로써 만들 수 있다. 외해로 갈수록 급격히 깊어지는 수심으로 인해 항만의 폭을 제한해야 하고 방파제형 부두를 건설해야 한다. 두 개의 돌핀은 출항하기 위한 선박을 돌리는 데 사용된다.

3) 중간 규모 항

입·출항로가 따로 열려 있는 중간 규모의 항은 제약이 덜 따르고 일반적으로 한 방향으로 선박이 운항하도록 하기 위해 제공되는 각 끝의 열려진 부분은 일반적으로 길고 좁다. 또한 방파제 주변은 묘박을 위해 대기하는 선박을 위한 장소를 계획한다.

그림 6-13 중간 규모 항

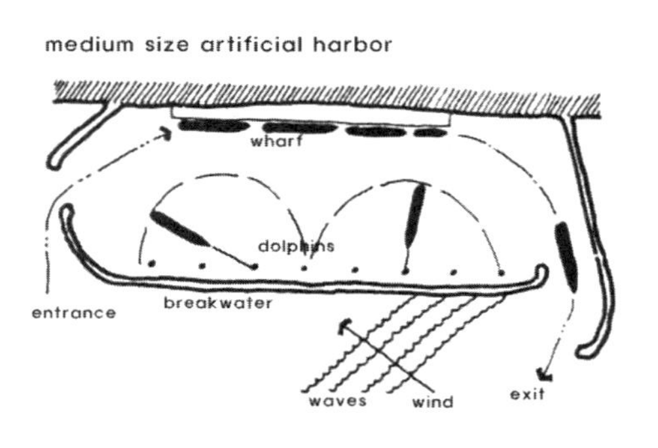

4) 선회장을 가진 중간 규모 항

충분한 선회장을 가진 중간 규모 항은 두 개의 방파제 팔로 에워쌌다. 선회장의 반경은 예상선박 중 가장 큰 선박의 길이의 두 배로 계획한다. (이것은 선박이 예선의 보조 없이 계속하여 선박이 들어오는 상황에서 안전하게 선회할 수 있는 최소 반경이다)

5) 큰 규모 항

묘박지, 몇 개의 선석, 선회장과 서비스시설을 가진 큰 항.

그림 6-14 중간규모 항(선회장 포함) 그림 6-15 큰 규고 항

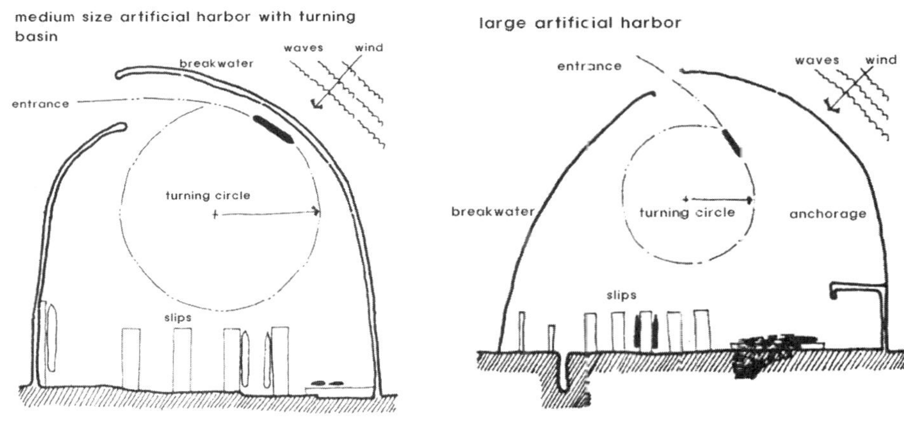

제 2 절 부두시설 계획

1. 입지조사

최종디자인 단계를 시작하기에 앞서 다음과 같이 구성된 세부 입지요건을 확보하는 것이 필요하다.

① 항만과 수로지역의 수로조사
② 해상 터미널 지역의 지형조사
③ 토양 조사 및 분석
④ 조류·조석 관측
⑤ 해양환경조사(퇴적, 세굴 등)
⑥ 기타 (기상 자료, 지리적 조사 등)

1) 수로조사

① 수면의 상승
② 고·저조시의 해안선 변화
③ 해저 장애물 위치 및 크기

2) 지형조사

계획된 구조물이 위치할 모든 장소에서 지형조사가 필요하다.

3) 토양분석과 조사

파일이나 케이슨 구조물을 충분히 지지할 수 있는 지층이나 암반지역에서 해수면 아래의 깊이로 구성된다. 해수면 아래에서부터 암반지역까지 혹은 파일 혹은 케이슨 기초부분을 지지할 수 있도록 확인하기 위하여 충분한 시추가 이루어져야 한다. 일반적으로 단단한 물질로 형성된 경우 약 10~15m의 시추를 통해서 해저 구조에 대한 충분한 지지를 보장해야 한다. 토양분석의 항목은 다음과 같다.

① 토양 분류

② 함수량
③ 비중 결정
④ 공극률
⑤ 무제한 압축상태 테스트
⑥ 강화 테스트

4) 조석과 조류 관측

① 조차
② 일반적 유향 및 유속
③ 연이은 최고조의 평균 간격
조차는 부진동, 수심, 해안의 형태에 따라 달라진다.

5) 기타 정보

바람, 파랑, 지진 및 건설자재의 비용이나 가용노동력, 지역 규칙이나 건축법규 등을 고려해야 한다. 파랑은 심해파나 천해파로서 구분될 수 있다. 심해파는 파장의 반보다 큰 수심을 가진 해역에서 발생한다. 즉, 해저면이 물입자의 운동에 중요한 영향을 미치지 않는다(표면파가 해저를 느끼지 않는다). 심해에서 해수의 진폭은 수심과 함께 급히 감소하나 파장은 같다. 천해파는 해저면의 상승으로 물입자의 궤도가 원형에서 타원형으로 변화되는 파이다.

① 파랑과 관계되는 문제
- 파고, 파장을 예측
- 방파제 마루에서의 파의 작용
- 실린더형 구조 pile과 케이슨에 작용하는 파
- 사면에서 쳐올림(특히 방파제에서의 파의 작용)
- 파일, 실린더형 구조물, 케이슨에 작용하는 파의 작용

② 특정해역에서 파랑의 크기
- 풍속(wind speed)
- 바람의 지속시간(duration)

- 바람의 취송거리(풍역, 대안거리, fetch length)
- 풍향
- 수심

부두 그리고 수로의 마지막 설계에서는 다음과 같은 정보가 확보되어 있어야 한다.

① 부두와 수로의 항해 가능성
(장래 예상된 선박기술의 발달에 부합할 수 있는 수심)
② 필요한 선회장의 규모
③ 장단기의 선박의 특성
④ 항만의 기능을 최적화하기 위해 필요한 임해지역
⑤ 정박지 또는 피박지의 제공
⑥ 내수역 확보에 필요한 것

폐쇄형 항만은 시설물들을 호수 또는 강, 외해에서 인공적으로 분리하는 항만이다. 항만을 둘러싸는 것은 조차가 심한 경우 조석이 변화하는 동안 일정한 해면을 유지하기 위함이다. 다음과 같은 요소들을 결정해야 한다.

① 모든 조석상태에서 항만 내 수심
② 모든 조석상태에서 수로 수심
③ 선박의 크기
④ 조석의 범위
⑤ 해수순환여건
⑥ 기타 조건(조류, 바다의 형태)

개방항만에 대하여 폐쇄항만의 구성인자는 케이슨, 수문, 갑문, 펌프장비 그리고 기계설비 등으로 여기서 출입 갑문의 크기는 모든 상태에서의 조위에 대한 수심뿐만 아니라, 현재 및 미래의 이용선박의 크기에 좌우된다.

상세한 설계단계를 시작하기 전에 예비단계를 검토 그리고 재평가하는 것이 바람직하다. 고려될 지역은 다음과 같다.

① 접근성

- 사용자에게 접근
- 모든 수송수단

② 환경
- 생태계에 대한 영향
- 인간에 대한 영향

③ 입지
- 토지 이용성
- 지가
- 주위지역의 부동산 가격
- 선정된 지역의 대체 사용
  선정된 지역이 실현성이 없다면 새로운 입지를 찾아내도록 그 과정을 되풀이한다.

2. 부두설비

항만설비 중에서 가장 기본적인 부분은 선박을 위한 브두설비이다. 특히 정박설비로 대표적인 것이 잔교(pier), 안벽(marginal wharf) 기타 특수선석을 들 수 있는데 이들 부두의 선택에 관계되는 요소는 아래와 같다.

① 화물의 형태
② 선박의 형태와 크기
③ 설비의 예상 수명
④ 파향과 풍향
⑤ 바닥의 조건
⑥ 건설비
⑦ 소유권

1) 정박설비

(1) 잔 교

양쪽에 선박의 접안을 허용한 항구의 해안에서부터 가항수역 쪽으로 각도를 가진 돌출된 구조물이다. 잔교는 안벽보다 수로의 각 선박 길이당 선석을 더욱 많이 제공하기 때문에 건설된다. T형과 L형 잔교는 준설이 필요없는 깊은 수역에서 부두 설비를 제공할 수 있는 경제적인 방법이다.

그림 6-16 잔교의 형식

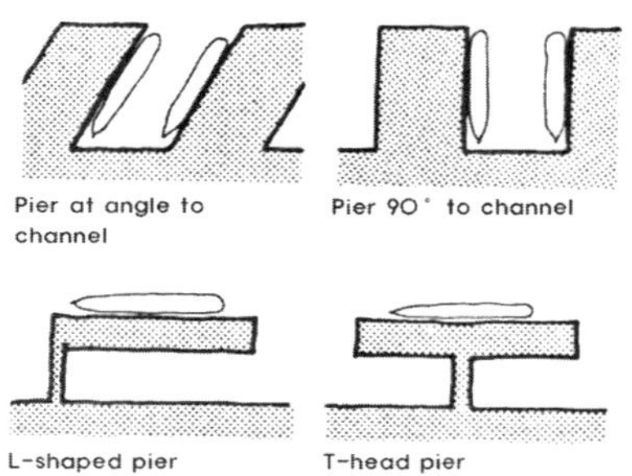

(2) 안 벽

해안선과 평행으로 확장되어 있으며 한쪽으로만 해안선과 접해 있어서 이 수면에 정박이 이루어진다. 안벽의 선택에 관계되는 요소는 다음과 같다.

① 호안 쪽의 터미널 설비의 건설
② 설계 유연성의 높은 정도
③ 철도와 고속도로의 연계 제공
④ 육상 운송기기의 창고 통행의 거리 감소
⑤ 보다 쉬운 선박의 접안
⑥ 유지비의 감소
⑦ 수송기술, 하역시스템, 선박기술의 새로운 발전에 따른 변화에 적응

한편, 잔교와 안벽 시설의 크기와 형태를 지배하는 요인으로는

① 항만의 수명과 발전
② 이용할 부지의 크기와 형태와 가치
③ 선박의 특성
④ 무역의 요구

⑤ 보수를 위해 필요한 준설의 양
⑥ 수심
⑦ 화물의 형태
⑧ 하역의 방법
⑨ 관례와 조례
⑩ 화물을 다루는 장비의 형태

그림 6-17 안벽의 형식

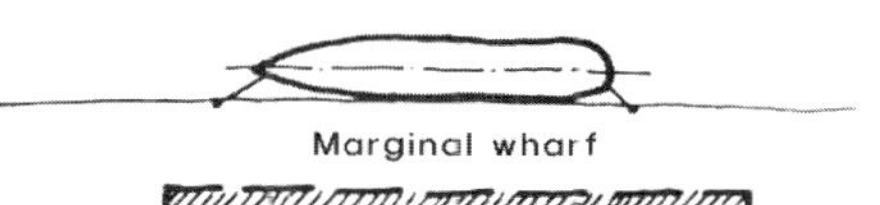

또한, 부두시설에서 운송수단의 선택에 관계되는 요소는
① 구조의 강도
② 사용장비
③ 하역방법
④ 이용가능한 공간
⑤ 선박의 부피
⑥ 선석의 수

육상운송수단의 도입을 위한 일반적 고려사항은
① 철도와 도로는 선석에 평행하게 제공되어야 한다.
② 노선의 수는 2～5개 정도가 되어야 한다.
③ 선석 내 철도는 근처의 창고로부터 독립적으로 분기되어야 한다.
④ 한 개의 철도는 에이프런의 가장자리 근처에 위치해야 한다.

잔교와 안벽이 갖추어야 할 사항은 잔교표면의 높이가 만조시 고수위 보다 최소한 1.5m의 높이가 되어야 하고, 안전하게 선박이 접안할 수 있도록 충분한 슬립(slip)을 가져야 한다. 또한, 선회 방향은 즈된 파의 방향으로 되어야 한다. 주풍향에 평행하게 선박이 정박할 수 있어야 한다. 그렇지 못한 경우에는 주풍향에서 선박이 밀려나는 쪽으로 선석을 배치해야 한다.

※ 잔교의 슬립 간격에 영향을 주는 요소
　① 잔교의 길이
　② 잔교를 사용하는 선박의 폭

③ 예선과 바지를 위한 필요조건(선박의 조종, 정박, 접이안을 포함)

※ 잔교와 안벽의 구조 형태 결정 조건

① 계획된 터미널의 특별한 운영 조건

② 구조재료의 유용성, 비용 그리고 예상되는 수명

③ 구조적인 요소

④ 기초의 상태

(3) 특수선석

특수선석으로는 바지선 선석과 램프선석을 들 수 있는데 바지선석은 깊은 수심을 갖는 선석을 건설하기에 경제적으로 적당하지 않거나 큰 선박을 위한 수심에 충분하지 않을 경우, 육상과 해상 사이의 중간 매개 수송을 위한 것이다. 한편, 랜프선석은 조정 가능한 램프와 같이 완만한 경사가 있는 안벽으로 RO-RO 화물에 넓게 이용된다.

2) 터 미 널

터미널은 철도, 고속도로, 파이프라인, 내륙수로 운송수단 그리고 원양항해 선박에서 제공되는 양하 그리고 인도하는 화물을 위해서 위치되는 항만의 특정지역이다.

※ 터미널 설계를 좌우하는 요소

① 하역되는 화물의 특성

② 사용되는 하역장비

③ 화물의 처리를 위한 출구 수

④ 선박형태

⑤ 화물하역 효율성

보유 화물의 형태에 따른 터미널의 분류 는 아래와 같다.

(1) 일반화물 터미널

재래화물을 위한 시설을 많은 다양한 화물의 형태를 하역하기 위해서 설치되어야 한다. 재래화물 터미널을 설계할 때에는 다음 사항이 고려되어야 한다.

① 소요장비의 형태

② 화물 하역방법
③ 사용되는 수송차량의 형태
④ 야적장 및 창고
⑤ 선박의 특징

그림 6-18 현대식 일반화물 부두의 배치형태

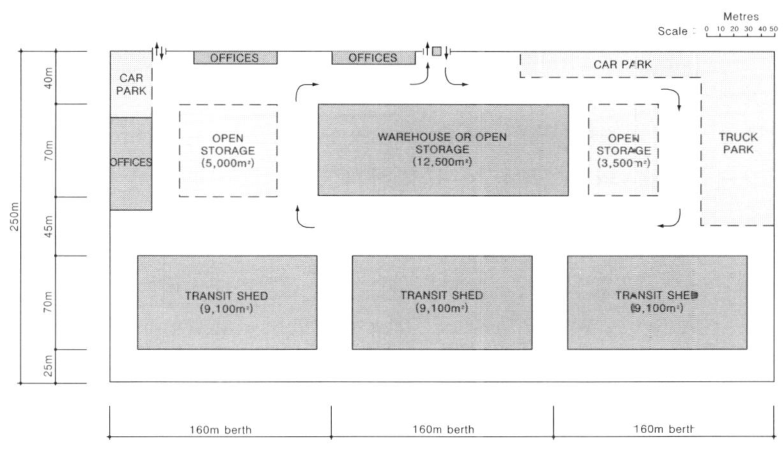

(2) 컨테이너 터미널

컨테이너화 기술은 설계자에게 선박의 회항시간은 빠르게 하면서 개별화물 하역은 최소화한 터미널 시설을 설계하기 위해서 기회를 제공한다.

※ 설계 제약요인
① 광대한 육상지역의 필요
② 차량의 선회와 주차지역
③ 해상측의 장비
④ 선박의 특성, LASH, RO/RO

컨테이너 터미널의 중요한 시설로는 CFS(Container Freight Station)는 일반으로 각각 도착된 화물을 컨테이너 화물로, 컨테이너 화물을 일반잡화로, 분류 및 재포장을 하는 곳으로서 풀컨테이너가 아닌 LTCL(less than container load)

그림 6-19 컨테이너 터미널(부산항)

을 위한 시설이다. CFS는 일반화물 부두에 있어서의 상옥과 같은 위치에 있어서는 안 되며 야드와 인접해 있을 필요도 없다. CFS는 트럭이 건물의 한쪽 면에서 대기상하차작업을 완료하고 건물의 맞은편에서는 컨테이너 속으로 화물을 집어넣거나 컨테이너 속에서 화물을 끄집어 내어 일시에 보관할 수 있는 기능을 갖춘 건물로 설계되어야 하며, 많은 트럭과 컨테이너를 위한 문이 있어야 한다.

(3) 벌크화물 터미널

이 시설들은 대개 석탄, 시멘트, 설탕, 광석, 곡물, 비료, 석유, 화공약품, LPG, LNG 등과 같은 비포장화물의 하역 단일 기능에 대해 설계된다. 벌크화물 터미널에서는 승강기 형태 또는 개방할 수도 있는 저장시설과 일반적으로 입력 파이프, 컨베이어, 버켓, 계량기기 등을 포함하는 적·양하를 위한 하역 장비 등이 필요한 기본적인 시설에 해당한다.

벌크화물 터미널은 다음에 따라 다양하다.

① 부지(타 터미널에 비하여 정수면이 덜 필요)
② 하역되는 화물의 특징(건화물, 액체화물, 분말화물, 알갱이로 된 화물 등)
③ 화물량(필요시설)
④ 이송수단의 형태와 이용 가능성
⑤ 접안의 형태
⑥ 도시지역의 근접 정도

벌크화물 작업의 필수적인 부분은 제분소, 제재소, 정제소, 제강소 등과 같은 적절한 산업적인 이용자의 존재 여부이다. 이들은 그들의 제품을 수출하기 위한 수역시설에의 접근이 요구된다. 그러므로 해상에서 공장 위치까지의 거리는 다음을 포함하는 하역기술에 좌우된다.

그림 6-20 벌크화물 부두(동해항)

그림 6-21 곡물 터미널(인천항)

① 액체를 파이프로 운반하는 상품들은 수역시설로부터 10~12km 이내
② 컨베이어 또는 비슷한 장치에 의해서 하역된 벌크 화물은 부두에서부터 10m 이내

일반적으로 벌크화물 터미널은 다른 형태의 터미널보다 더 깊은 수로와 더 큰 선회장이 필요하다.

① 액체화물 터미널

수심, 해저조건 그리고 양하율에 따라 부두의 잔교나 육지에서 떨어진 계류지를 이용한다. 단지 부두와 잔교에 대한 필요한 시설은 선박의 압력에 견디는 그리고 파이프와 밸브의 무게에 견딜 수 있는 간단한 개방 구조물이다. 보편화된 방안은 상업적인 부두시설에서부터 바다 쪽으로 멀리 떨어져서 유류 터미널을 건설하는 것이다.

육지에서 떨어진 계류지는 일반적으로 호스하역 플랫폼이거나 또는 부표가 있다. 이러한 시설은 파랑에 대해 심각한 보호가 필요하지는 않으나, 심흘수선이 쉽게 접안할 수 있도록 수심이 깊은 곳에 건설된다. 배치계획에서 해저 호스, 호스 인양기 및 기타 부수적으로 고려하여야 할 사항으로 파이프라인과 펌핑장비, 액체 저장시설, 화재와 폭발위험에 대한 대비 등이다.

② 곡물 터미널

창고에서부터 선박까지 곡물을 바로 하역하는 부두를 이용한다. 필수적인 시설은 다음을 포함한다.

· 저장빈(storage bin)

그림 6-22 액체화물(탱카) 터미널(인천)

그림 6-23 철광석|석탄 터미널(광양제철부두)

· 압축된 공기로 조작되는 흡입장치
· 차량 및 화차 양하 시설
· 계량 시설
· 승강기

③ 철광석과 석탄 터미널

다음 사항을 주의 깊게 고려하여야 한다.

· 야적장과 비축지역
· 적 · 양하 장비(탑 양하기, 그랩 장비, 해상 크레인 등)
· 차량순환

(4) 다목적 터미널

다목적 터미널은 잡화컨테이너, 팔래트, 프리스링화물, 철재 및 목재, 자동차, 중기계 등 여러 종류의 화물들이 취급되어야 하나 어느 화물도 그 수량이 많지 않다. 전용부두건설의 경제성 없는 경우, 이와 같은 여러 종류의 화물을 한 장소에서 처리할 수 있도록 시설을 갖춘 터미널이다. 이러한 모든 종류의 화물을 효율적으로 처리하기 위하여 다목적 터미널은 일반화물보다 다양한 많은 장비가 설치되어야 하며 독특한 시설배치와 현대적 운영방식이 사용되어야 한다. 다목적 터미널의 건설에는 일반화물 부두에 비하여 초기 투자비가 크게 소요되지만 화물 처리능력이 매우 높으므로 결과적으로는 일반화물 터미널의 확장보다 경제성이 훨씬 높다.

그림 6-24 2선식의 다목적 터미널의 표준배치도

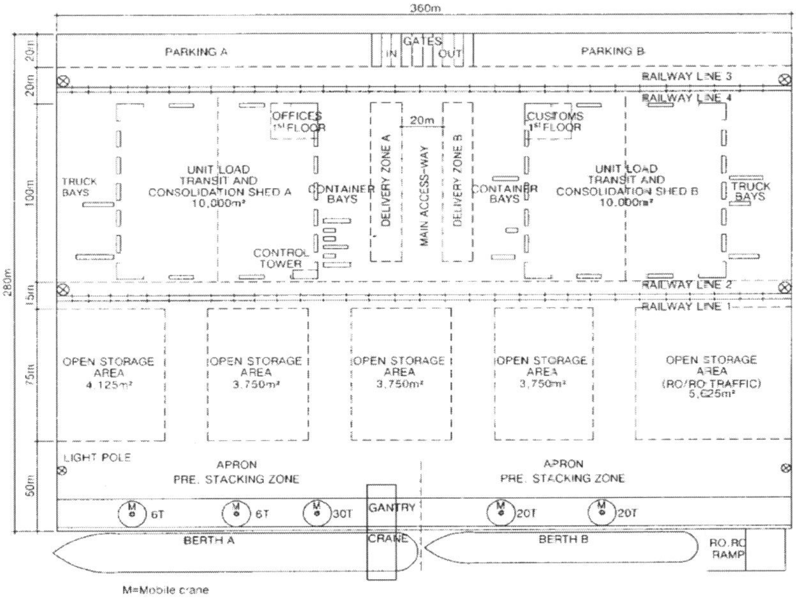

(5) 여객 터미널

일반적으로 교통체증을 줄이기 위해 여객 교통과 화물교통을 구분한다. 이것을 달성하는 관례적인 방법은 화물지역 위의 2층에 여객시설을 위치시켰다. 일반적으로 선박의 여객 위치는 상갑판이기 때문에 이와 같은 구분은 운영에 매우 유리하다. 일반 배치계획에서 고려하여야 할 사항은 아래와 같다.

· 성수기의 여객 흐름
· 차량의 주차장 및 차고
· 수화물을 위한 필요시설
· 항만 행정관계자를 위한 사무실 공간과 서비스시설
· 세관과 안전과 관련된 필요시설

그림 6-25 부산국제여객 터미널

그림 6-26 어항 터미널(부산 남항)

· 대기와 휴게시설
· 차량 통로

(6) 군항 터미널

군함에게 접안, 유지(보수), 저장 그리고 공급시설을 제공한다. 개발도상국가에서는 군항과 공유하는 항만을 찾기란 특별한 것이 아니다.

(7) 자유항 터미널

화물(상품)이 무관세로 환적되고, 제조되고 그리고 포장되는 자유지역으로서 항만의 일부 또는 항만의 명칭으로 묘사한다.

(8) 어항 터미널

잡은 생선을 거래하고 처리(냉동, 가공시설 포함)하기 위한 장소, 그리고 폭풍계절에 피항하거나 보호지를 제공하기 위해서 설계된다.

3) 건　　물

(1) 상옥(Transit shed)

상옥은 선박으로부터 양하한 상품 또는 싣기 위해 기다리는 상품을 일시적으로 저장하는 기능을 제공한다. 상옥시설은 취급하는 화물의 종류, 기후, 지역의 노동 숙련도, 이용가능 한 건축자재, 육상 운송서비스 시설의 종류와 같은 각 항구의 특성에 맞추어 계획한다. 상옥계획에는 싣기, 쌓기, 내리기, 정렬, 검사, 이동(운반)과정을 반영하여야 한다. 상옥의 기능면을 고려하여 상옥 안에서 효율적인 화물취급(기계의 조작)과 경제적 건축 및 유지보수부담의 경감을 고려한다.

① 기능지역의 할당

또한, 상옥 내 세부구간을 구획하여 다음의 기능지역을 할당하여야 한다.

· 저장공간
· 선회공간
· 귀중품을 보관하기 위한 장소
· 'dirty' 화물을 보관하기 위한 장소
· 노동자들의 편의 시설(샤워기, 화장실)
· 노동자들의 물품보관장소(탈의실, 락커)
· 사무실공간

② 상옥 디자인의 요구조건

· 저장을 위한 충분한 바닥공간
· 접근의 최대화(통로의 폭과 높이)
· 기둥수의 최소화
· 매끄럽고, 딱딱한 바닥표면
· 자연·인공조명
· 차량통행이 가능한 철로를 가진 적재플랫폼
· 기계화된 하역과 적재를 위해 상옥 내에 충분한 높이를 확보
· 충분한 배수로
· 안벽과 에이프런 폭에 비례한 상옥의 길이
· 층의 수
· 건축자재의 이용성

③ 규모의 기준

상옥의 면적은 다음과 같은 것에 의해 좌우된다.

· 설비가 위치한 항만의 크기
· 시설을 사용하는 선박과 관련된 무역의 형태
· 통로 공간(전체 바닥면적의 40~50%)
· 시설의 길이(최소길이가 초대형 선박의 최외곽 hatch 사이의 거리 이상)

· 바닥으로부터 천장까지의 높이(6～7m)
· 내부구조물 간의 공간(내부 기둥간격이 12～20m)
· 외부 구조물 사이의 공간 (최소한 6m)
· 출입구(상옥의 양쪽 측면에 폭 6m, 높이 5m 규모)
· 상옥의 용량(양하한 화물을 적어도 3일 동안 저장하고 화물의 1/3을 이송할 수 있는 공간 확보)

그림 6-27 상옥에의 접근

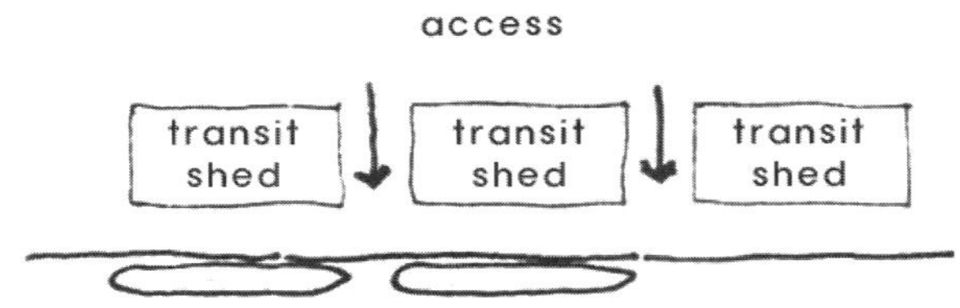

서비스 촉진, 기계조작 감소, 교통체증을 완화하기 위해서 다음과 같은 사항이 요구된다.

· 열차와 선박 사이에 직접적 이송을 위한 설계
· 철도와 트럭을 분리하여 서비스 제공
· 일방통행로 건설
· 트럭 적하를 위한 길이를 조절할 수 있는 램프 제공
· 화재로부터 보호 및 교통문제를 경감시키기 위해 상옥을 분리시켜 건설

운송차량과 화물하역 설비의 자유로운 이동을 위해 상옥의 가장자리 사이공간에 충분한 여유를 두어야 한다. 최근에는 다층식 상옥(6층 이상)을 건설하는 경향이 다분하다. 다층식으로 계획시의 장단점은 아래와 같다.

① 장점

· 장기간 동안 저장공간을 제공
· 최소한의 토지만 요구
· 수입・수출 분리하여 취급

· 지붕공간의 감소
· 작업지역을 여러 층으로 분배
· 세관수속의 촉진

② 단점

· 수직이송 시설요구
· 강하고, 무거운 기초요구
· 공사비 증가
· 많은 기둥을 요구
· 회전공간의 추가적인 공간 필요

그림 6-28 다층식 상옥

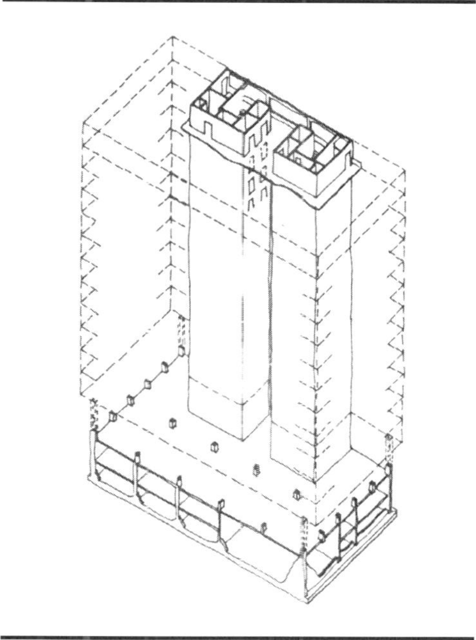

(2) 창 고

창고의 주 기능은 장기간의 저장이다. 또한, 창고 배치에는 온도, 습도, 통풍, 설비의 규격과 간격, 선석 또는 상옥과의 거리, 최적의 기둥 수, 적재 플랫폼, 철도수송능력, 지붕이 있는 적재장소, 크레인의 위치 등을 고려하여야 한다.

그림 6-29 상옥(transitshed)

그림 6-30 창고(storage)

항만계획에서 상옥 및 창고의 크기는 다음 식에 의해서 결정하는 것이 바람직하다.

$$W = \frac{N}{nR} = awlb$$

여기서 W: 1동당의 화물수용능력(t)

N: 연간화물취급화물량(t)

R: 상옥창고의 회전율(회/년)

w: 단위면적당의 수용화물량(t/m2)

b: 폭(m)

l: 길이(m)

n: 동수

a: 화물수용율(통상 0.5 사용)

(3) 냉동저장소

상하기 쉬운 상품의 냉동으로 보관하는 기능을 가지고 있다. 기본적으로 갖추어야 할 사항으로는 세밀한 온도와 습도 조절 기능이 있어야 하고, 상옥 근처 또는 안에 위치시킨다.

(4) 관리 운영사무소

화물 운송을 위한 사무실을 제공하고 관리 운영에 관한 사무를 다룬다. 세관과 출입국관리 시설은 항만의 위치와 규모에 관계된다. 기본적으로 갖추어야 할 사항으로는 사무공간, 화장실, 대기실, 세관업무에 포함될 수 있는 여객과 짐의 공간의 확보가 중요하다.

건물계획에서 검토하여야 할 일반적 기준으로

① 강철, 목재, 벽돌, 철근콘크리트 등 구조물의 구조

② 벽, 문 및 지붕의 축조형태

③ 지반력 및 기초보강을 고려한 바닥설계

④ 사무실과 화장실, 환기 및 소방시스템

⑤ 안전울타리, 연석, 난간, 램프 등 건물손상 및 도난방지 구조물

⑥ 조명과 도색, 물과 전기 공급

그림 6-31 부두 관리 운영사무소(인천 연안항)

4) 해상구조물

육지에서 떨어진 곳의 구조물은 다음 세 가지 부분으로 구분된다.

(1) 이동 가능한 부두

건설장비와 재료를 이용하기 어렵고 현장 건설 시기가 제한된 지역에서 이용되도록 개발되었다. 이의 주요 특징으로는 미리 제작되고, 잠정적으로 이용되며, 이동할 수 있다는 장점이 있다.

(2) 레이더와 등대 플랫폼

항행과 국가의 방호를 위한 조기경보 시설로서 이용되며, 영구적인 구조물이다.

(3) 해상 시추 구조물

① 영구적 시추 플랫폼

② 이동성이 있고 잠수할 수 있는 시추 구조물

③ 시추선

④ 상하좌우 이동 가능한 시추 플랫폼

5) 건선거(drydocks)

건선거의 기능은 선박의 수면아랫부분을 보수하고 수리하는 것이다. 건선거의 형태는 내륙으로 굴착 또는 만입된 선거와 해상에서 부상한 부유식 선거 및 배를 육지로 끌어올리는 기계장치와 하부 받침대가 있는 slipways로 나눈다.

그림 6-32 건선거(울산 현대중공업)

6) 말뚝(piles)

사하중, 활하중을 지지하는 기능을 가지는데 지지말뚝과 널말뚝이 있다. 말뚝의 선택시 횡단면 또한 중요하다. 파력은 원통단면의 말뚝의 강도보다 더 작다. 정방형이나, H형의 말뚝과 같은 것은 평평하고 삼각형같이 불규칙한 표면을 가진 말뚝보다 파력을 적게 받는다.

(1) 지지말뚝(bearing piles)

물이나 부드러운 표토를 더 딱딱하고 안정된 토양에 전달시키거나 구조물의 하중을 전달하기 위해서 사용하는 지지말뚝은 지지의 형태나 재료의 형태에 따라 다음과 같이 분류한다.

① 선단지지말뚝(end bearing piles)

상재 하중을 단단한 지층에 회전 가능한 한 점에 전달시킨다.

선단지지력(48~120ton), 마찰지지력(48~70ton), 단면(H 또는 원형)

② 마찰말뚝

파일의 묻힘 길이에 따른 마찰에 의해 주위의 토양에 하중을 전달시키는 파일

③ 나무말뚝

12~15ton의 하중을 감당할 수 있는 좋은 마찰말뚝을 만든다. 평균길이는 10m이고, 대략 10년의 수명주기는 물의 온도와 산소함량에 의존한다.

④ 콘크리트\말뚝

· pc: 보통의 형태(정방형, 원형, 팔각형)
  길이 35m, 약 50ton의 상재하중지지

· ps: 35m가 넘는 pc길이를 사용하기 어려운 경우에 사용
  약 80ton의 상재하중지지

· cast-in-place: 약 150ton 이상의 하중지지

⑤ 혼합말뚝

말뚝의 밑부분은 한 가지 물질로 구성되어 있고, 그 외는 다른 물질로 이루어져 있다. 이 형태의 말뚝에서 중요한 것은 두 재료의 접합부분이다.

· 목재 및 콘크리트 말뚝(상재하중 30-40ton, 길이 30m)
· 콘크리트 강말뚝(상재하중 75ton, 길이 30m)
· 강 H 빔과 콘크리트(상재하중 200ton)

(2) 널말뚝(sheet piles)

땅이나 물의 횡압력을 지지하기 위해 연속벽의 형태르 사용되는 특수한 모양의 맞물리는 파일로 구성된다. 널말뚝의 주요한 이용은 옹벽이다.

7) 방현설비(방충재, 완충장치, fender system)

선박의 운동을 조정하여 접촉에 의한 충격을 줄이거나 제거함으로써 정박 중에 선박이 손상되는 것을 방지한다. 또한 마찰력으로 인한 손상도 막아준다. 따라서 방충재가 가져야 할 요건으로 고압축력이며 아주 단단한 구조인 반면에, 높은 휨응력과 내구성이 있어야 한다.

(1) 방충재의 설계요소

① 선박의 특성
② 선박의 접안 속도
③ 접안 방향
④ 바람

⑤ 예상되는 조류의 조건

⑥ 강성률과 에너지-부두의 특성을 흡수하는

⑦ 초기투자비용과 유지비용 대 펜더시스템을 갖춘 선박과 dock의 수리비용

(2) 방충재의 분류

한편 방충재는 다음과 같이 분류할 수 있다.

① 목재방충재

· 단일 재목 '부두의 길이 방향' 방충재

선석의 접근수로가 보호되어져 있고 수면이 잔잔하고 예선보조가 가능할 때 이용한다.

목재는 충격력을 흡수하는 요소이다.

그림 6-33 공기방충재

· 2~3개의 수평널과 수직 재목을 함께 사용한 목재방충재

조차가 비교적 작을 때 사용되며 낮은 초기 비용과 경제적인 대체품으로서 증진 될 수 있다.

· 목재 방충재에 방충재 파일을 더한 경우

추가된 에너지 흡수를 원하거나 조차가 2m보다 클 때 사용된다.

원통의 고무재와 함께한 목재방충재보다 압축률(압축거리)과 에너지 흡수가 더 큰 쪽에 사용된다.

② 고무방충재

일반적으로 유연한 재질로 대체해왔다. 특히, 스프링형태의 펜더는 수명이 길고 유지비가 적게 들며 부두의 흡수력이 양호하므로 선호한다.

그림 6-34 고무방충재(원통형)

그림 6-35 고무방충재(H형)

③ 유동형 방충재 시스템

추가된 에너지를 흡수하기 위한 강재의 탄력성 있는 방충재나 부두에서 압축률에 의한 에너지를 흡수하기 위해 약한 앵글(1:24)에서 떨어진 곳에 위치하는 스프링형의 목재 펜더에 이용할 수 있다.

④ 중력식 방충재 시스템

케이블이나 블록, 활차 등의 시스템이나, 추를 이용하여 대형 콘크리트 단괴를 끌어올림으로써 위치 에너지를 운동에너지로 변형하는 원리에 근거하고 있다.

⑤ 부유식 방충재 시스템

서로 인접하여 묶어둔 선박을 분리하거나 부두에서 선박을 분리하기 위해 일반적으로 사용된다. 이 시스템은 횡요 형태, 무거운 목재 박스의 단면형태, 부표식 방충재 통나무 형태로 분류된다.

8) 계선부표(mooring buoy)

항만 내의 부두 외에 특별히 설치된 선박 계류용 부표로서, 통상 직경 3m 내외의 강제로 된 원추형 또는 원통형의 철제통을 해상에 띄우고 움직이지 않도록 해저에 고정시킨 계선시설을 말한다. 구조는 일반적으로 부체, 계류환, 부체쇄, 침추, 침쇄, 앵커 등으로 구성한다. 한편, 대형 원유 수송선이 외항에서 계류, 하역할 수 있도록 설치된 부표를 SMP(single point buoy mooring system)이라 한다. 앵카를 내리거나 계류시 부유 방충재 시스템을 사용한다. 계선부표를 이용하는 경우는 아래와 같다.

그림 6-36 계류부표

그림 6-37 계류부표시스템

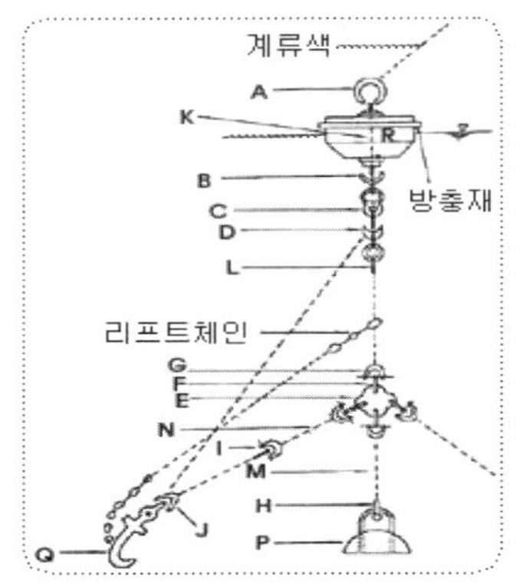

① 선석이 빌 때까지 기다릴 때
② 선박에 계류하여 화물을 하역할 때
③ 잔잔할 때까지 기다릴 때
④ 수리나 건선거로 들어가기 위해 기다릴 때
⑤ 초대형 탱커에서 화물을 이적하고자 할 때

선박에서 접이안시의 계류 방법으로 선박의 앵카만 이용하는 경우, 부표에 계류하는 형태, 부표와 앵카를 동시에 사용하여 계류하는 방법이 있다. 선박은 바람이 불거나 조류와 평행할 때에는 가능한 부표에 접근하거나 해안에 가까워질 때에는 계류해야 한다. 계류에 이용되는 부표의 수는 다음에 의존한다.

① 선박의 크기나 특성

② 바람, 조류, 파랑
③ 바닥의 상태
④ 경제적 요소

한편 계류설비의 간격은 선박의 특성, 화물 하역의 편의성, 바람이나 조수의 상태에 따라 달라지며 묘박을 포함한 모든 계류설비는 최악의 조건에서 안전요소 50%를 더하여 설계한다.

9) 돌핀(dolphin)

돌핀은 선박을 계류하거나 부두로 접근할 때 사용된다. 풍력 및 조류력에 부가해서 수평접안 충격력에 저항하도록 설계된다. 돌핀은 그 기능에 따라 선박이 직접 접안하는 부분인 접안돌핀과 계류라인을 연결하기 위한 계류 돌핀으로 분류되는데 전자에는 선박 충격을 완화시키기 위한 완충장치가 필요하며, 후자는 부두에서 바다 쪽의 방향으로 불어오는 바람에 대항해 선박을 묶어두기 위한 장치가 필요하다. 특히 계류돌핀은 선박의 충격을 흡수하기 위한 경우가 아니며, 계류삭의 길이는 보통 60~120m 정도이다.

돌핀 구조의 유연성 유무에 따라 용도가 달라진다.

(1) 유연성 있는 형태의 돌핀

소형 선박의 계류나 부두를 보호하기 위한 바깥쪽 펜스에 사용된다. 비록 선박의 충격을 흡수할 수 없더라도 유연한 돌핀은 육지에서 떨어진 곳에서 양육하는 플랫폼이나 구조물이 중간형의 선박을 접안시키기 위해 사용된다. 돌핀의 형태는 목재 말뚝 돌핀, 목재 말뚝과 재목 골조 돌핀, 원통형 강재 돌핀, 강관과 목재 골조의 돌핀, 강관과 강골조의 돌핀 등으로 나눈다.

(2) 단단하여 유연성이 없는 돌핀

대형선이나 탱커에 사용되는데 이에는 목재 플랫폼 형태, sheet 말뚝조직과 방충재, 수직으로 박은 말뚝에 의해서 지지된 두거운 콘크리트 판으로 구성된 것 등이 있다.

그림 6-38 액체부두의 돌핀

10) 도교(moles, trestles and catwalks)

Moles trestles 및 catwalks는 연안의 잔교나 터미널로의 출입을 위해 설계된다.

(1) Moles

방파제 건설과 유사하게 침식작용으로부터 보호하기 위해 사석경사제로 건설된다. mole의 기능은 도로, 보도, 철길, 부대설비, pipe라인, 컨베이어 등을 지지하는 것이다.

(2) Trestle

잔교보다 가벼운 건설에, 주목적은 수직의 힘(적재화물)에 견디기 위해 설계된다. 대부분의 trestle은 내구성이나 경제성, PC or PS 콘크리트 상판이 사용된다.

(3) Catwalks

하나의 돌핀이나 다른 돌핀으로 접근을 위해 사용된다. 이것은 일반적으로 목재나 강관으로 된 경량의 건축물이다. Catwalks는 차량이나 선박으로의 손상을 막기 위해 구조물은 앞쪽에서 떨어진 곳에 위치한다.

그림 6-39 돌핀에서의 도교(대산항)

11) 방 파 제

방파제는 파랑으로부터 항만을 보호하는 구조물이다.

방파제의 종류로는 보통 경사제, 직립제, 혼성제, 공기 · 수 방파제, 부유 방파제, 기타 특수 방파제로 분류하는데 이들 방파제를 선택시 재료의 이용성, 수심, 해저면의 상태, 기능 · 목적, 건설 장비의 이용성을 반드시 고려해야 결정해야 한다.

또한, 방파제의 안전성에 관련된 요소로는 각 최상층의 무게, 마찰 계수, 파고, 방파제 전면 경사 등 주요 인자들이 있으며 이는 설계기준에서 정한 바를 따라 설계되어야 한다.

완만한 기울기는 안전성 측면에서 바람직하다. 이것은 경제적으로 건설이 불가능한 지점까지 속채움 재료나 피복재의 체적을 증가시킬 수 있어 급경사는 항만을 제한된 범위 내에서만 허용될 수 있다. 보통, 안전성을 위해 활동, 전도, 지반지지력 등을 검토한다.

(1) 경 사 제

지반 조건이 불완전할 때 이용되는데, 건설에 의해 생기는 영향에 쉽게 적응할 수 있기 때문이다. 이의 재료로는 자연석, 테트라포드 및 트리 바 등 이형 콘크리트 블록, 자연석인 암석과 인공적인 콘크리트 블록의 혼합이 주를 이룬다.

그림 6-40 경사제

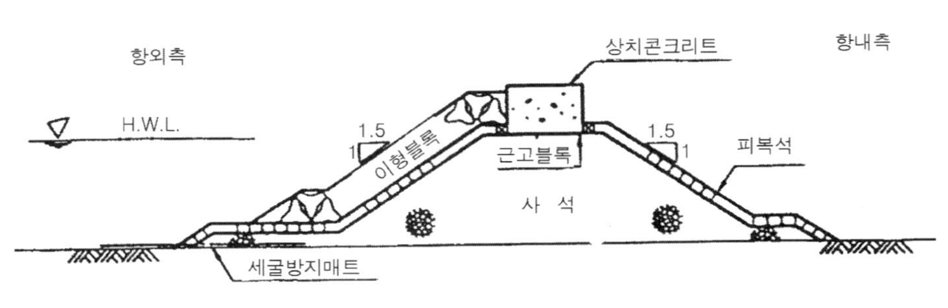

(2) 직 립 제

이 형태의 방파제는 파의 작용을 억제시키는 방법에 있어서 경사제와 다르다. 수직벽은 파랑에너지를 감소시킴이 없이 파랑을 직접 받아 정상파를 만든다. 반면에 경사제는 마루 부분에서 월파를 하면서 파랑에너지를 감소시키고 표면에 불규칙성에 의해서 생긴 마찰력에 의해서 파력을 감소시킨다. 현대에 와서는 경사제와 직립제의 장점만을 활용한 혼성제가 많이 건설되고 있다.

그림 6-41 직립제

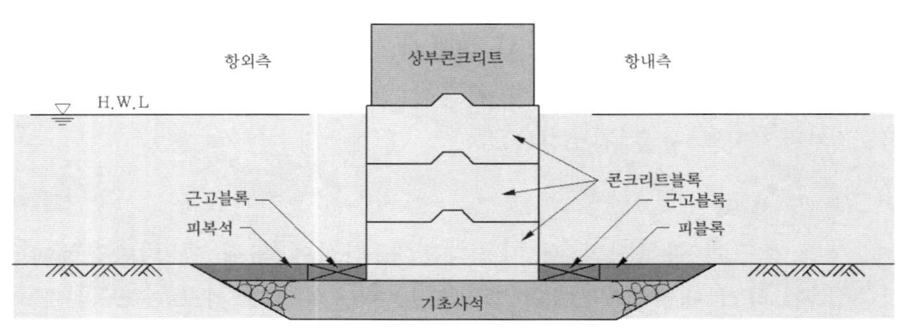

그림 6-42 혼성제

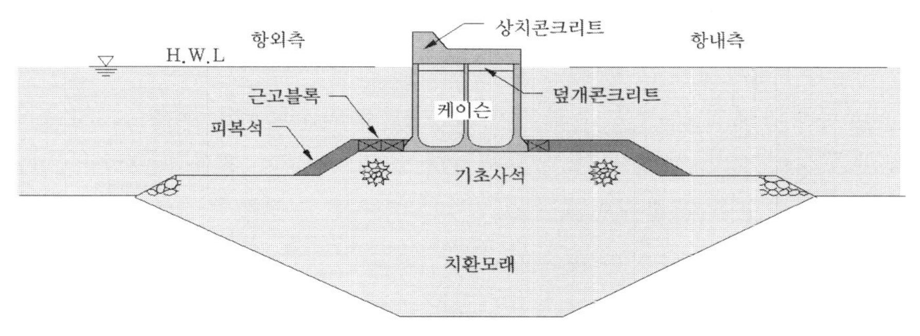

(3) 공기 · 수(水) 방파제

공기 · 수 방파제는 항만입구에서 물을 잔잔하게 할 때, 항만 내에서의 정온 상태나 외해의 하역조건을 개선하고 일시적으로 보호 수역을 만들기 위한 특수 목적으로 건설한다.

① 공기방파제

압축된 공기를 이용해서 파고를 감소시킨다. 공기방파제의 운영에는 많은 동력이 필요하고, 필요한 공기의 양이 일정하지 않아 급경사의 파고에서 50%를 감소시킬 수 있으나, 장주기파에서는 별 효력을 발휘할 수 없다. 이 시스템은 아직 실험 단계이며 아직 이들 결점을 극복하여야 그 적용이 확대될 것으로 전망하고 있다.

그림 6-43 수방파제

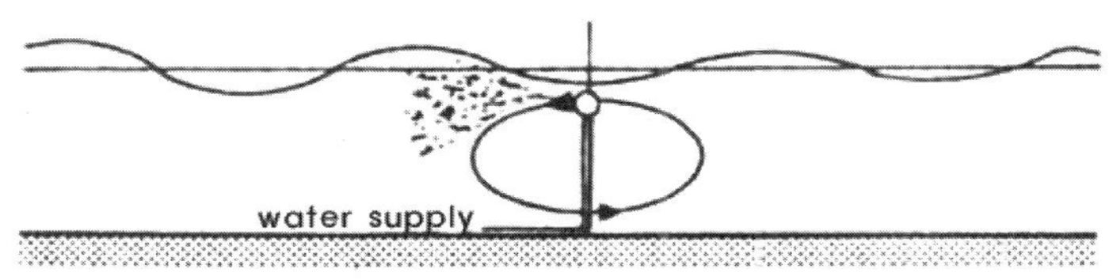

② 수방파제

물을 분사해서 파고를 감소시킨다. 형태는 공기방파제와 유사하다.

(4) 부유방파제

부유방파제의 특징은 수심에 영향을 받지 않으며, 건설비가 적게 든다. 또한, 유동성이 있어서 설치된 대상해역의 물의 지역적 성질과 수 생물학적 환경에 대한 영향이 제한적인 이점이 있다. 이에는 고정형과 유동형으로 나눈다.

① 고정형 – pontoon or barrier

② 유동형 – pontoon or barrier, sheet mattress

그림 6-44 공기방파제

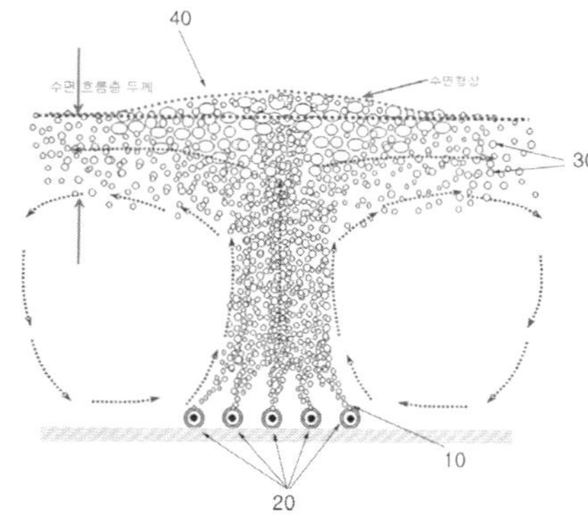

그림 6-45 부유방파제(폰툰형)

제 7 장

항만개발과 지역사회

제1절 항만과 배후도시

1. 항만 배후지의 개념

항만 배후지는 운송수단에 의해 항만과 연결되어 있고 항만을 통해 물품을 수취 또는 선적하기 위해 개발된 육상구역(land space)을 가리키는데, 이것을 구체적으로 말하면 항만에 종속하는 보조지역 또는 항만의 뒤뜰(backyard, hinterland)에 해당하는 지역으로 지역 내의 여러 활동장소를 항만과 연계시키는 기능을 하는 지역으로 정의(Yehuda, 1987)하는 것이 보편화 되어있다. 그러나 오늘날과 같이 급변하는 시기에 배후지를 정적의 개념으로 브는 것보다 주변환경에 따라 급속히 변화하는 동적인 요인 때문에 항만 배후지를 손쉽게 특정 정의로 규정하기는 곤란하게 되었다.

Kidami Yhosiro(1993)는 항만 배후지를 하나의 개념으로 통길하여 분류하는 것은 어렵지만, 일반적인 측면에서 3가지 개념으로 분류하고 있다.

① 항만의 경유하는 수출입, 환적화물의 수요창출과 관련 있는 일정 영역(내륙세력권과 해외세력권을 포함)
② 항만활동을 위한 자본, 기술, 노동의 제공을 통해 생산과 소비가 이루어지는 영역(항만도시, 지역도시)
③ 항만활동의 집중과 분산이 행해지는 사회적·경제적 영역(터미널 활동영역)

최근 컨테이너화가 가속되는 점에서 국제 컨테이너항만의 배후지는 ①과 같은 기능을 갖추어 특정항만과 연계수송이 원활하도록 물리적인 화물이동공간으로 중요하며 국내의 배후지 개념을 넘어 주변국가의 육지와 항만을 포함하는 배후지 개념으로 환적화물을 피더선으로 수송하는 광역의 공간으로 파악할 것을 주문하기도 했다.

그러나 국가마다 항만과 도시의 역학관계가 다를 수 있으므로 일률적으로 적용할 수는 없을 것이다. 우리나라의 경우도 급격한 경제성장에 따른 항만과 도시기능의 충돌, 항만공간과 도시공간의 기형적인 배치, 남북분단에 따른 항만을 포함한 연안역의 폐쇄성, 다른 교통 인프라에 비해 상대적인 정부지원 부족 등(이성우, 2001)을 고려하여야 한다. 이 점을 감안하여 적정 범위내에 효과적이고 신속한 개발을 추진하기 위해서는 좁은 의미의 항만배후단지로 '무역항의 항만구역 및 임항구역 안에서 지원시설과 항만친수시설을 집단적으로 설치, 육성함으로써 항만의 부가가치 및 항만관련 산업활동을 증진하고 항만을 이용하는 자의 편익 향상에 이바지 하기위하여 지정, 개발하는 지역'으로 항만법에서 정의하고 있다.

이러한 점에서 볼 때 우리나라는 항만활동의 집중과 분산이 행해지는 사회적, 경제적 영역으로 터미널 활동영역이라고 하는 Yhosiro의 ③과 흡사한데 우리나라 기존의 항만도시가 항만지원을 위한 체계적인 기능 및 공간구조가 부족하므로 일부 항만지원을 위한 도시기능이 포함된 복합적이고 축약된 단지계획지역으로 개념을 확실하게 해둘 필요가 있다.

다음 그림은 항만개발이 지역경제를 활성화시키면서 그 영향력이 공간적으로 항만배후지역에 확대되는 전형적인 단계를 나타낸다.

그림 7-1 항만개발과 배후권역의 성장패턴

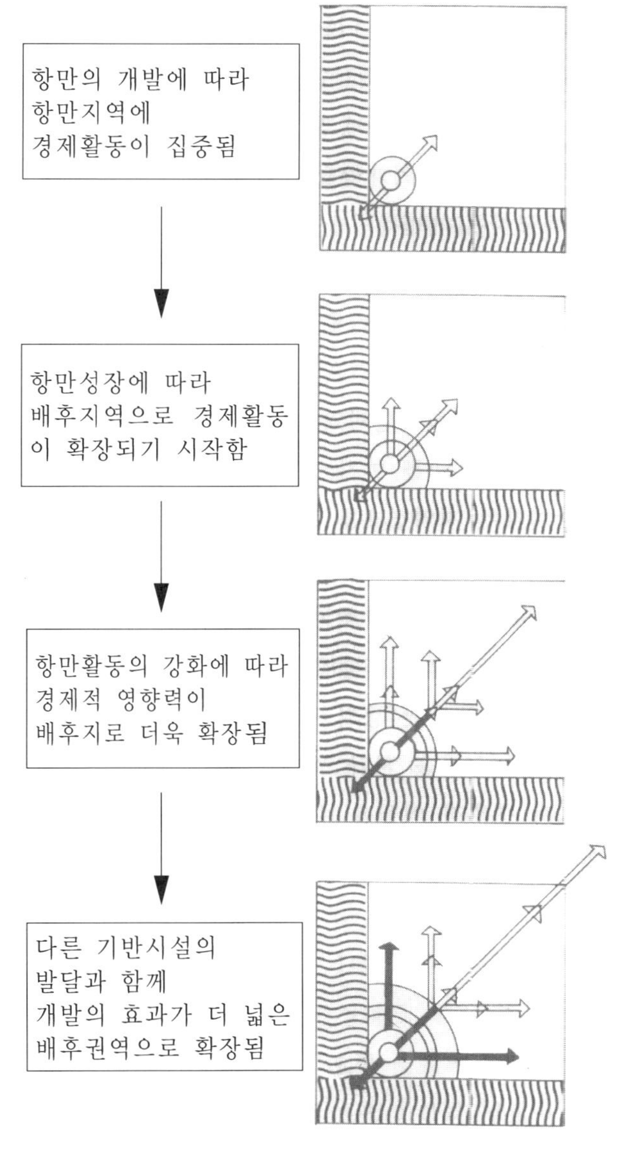

1) 항만배후지의 범위

항만배후지는 먼저 공간적으로 항만과 지극히 긴밀한 관계를 가지고 있는 항만구역 혹은 임항구역에 위치하여 항만지원시설과 항만친수시설을 집단적으로 수용한 지원단지, 항만 직배후 또는 인근에 입지하여 도로, 철도 등 원활한 교통수단으로 연계된 지원단지, 항만구역 및 임항구역 내에 존재하는 매립용지, 준설토 투기장, 항만유휴부지, 도시용지 등을 항만지원 및 부가가치 창출을 위해 집단적으로 수용한 지원단지까지를 포함한다.

한편, 기능적인 면에서는 항만산업에 직, 간접적으로 영향을 미칠 수 있는 기능시설들이 입지한 공간으로 지원 및 친수시설을 집단적으로 배치하는 곳이다. 배후유통시설, 보관・판매・전시・조립・가공・포장 시설, 항만관련 업무용시설, 후생복지 및 편의제공시설, 연구시설, 상업・업무지원시설이 도입되며, 이외에 친수시설로는 해양레저용 기반시설, 해양문화・교육 시설, 해양공원시설, 준설토를 재활용하여 조성한 인공시설 등도 포함시키게 된다.

그림 7-2 도시-항만배후지-항만공간 개념도

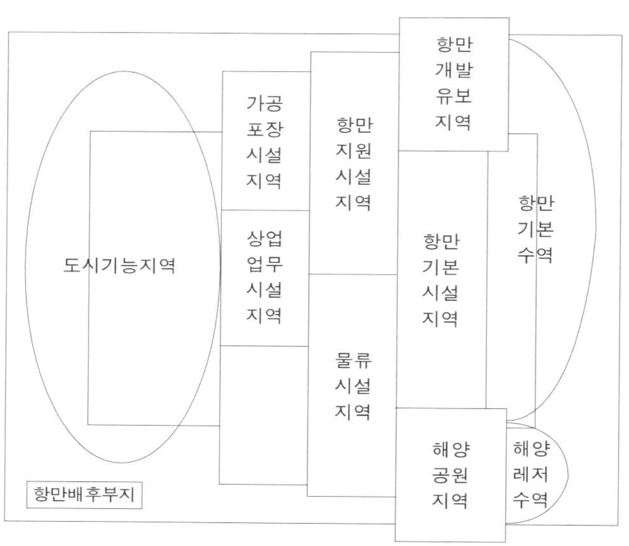

이상으로 공간적 · 기능적 면을 모두 수용할 수 있는 항만구역 및 임항구역 내의 항만지원공간을 항만배후지의 범위로 볼 수 있다.

2) 항만배후지의 구성요소

항만배후부지의 구성요소는 ① 무역항이 인접지역에 위치하고, ② 항만지원 및 부가가치 창출이 가능한 한 가지 이상의 기능시설이 입지하며, ③ 도로, 철도 등의 다양한 교통망이 체계적으로 연계되어 있어야 한다. ④ 단일 혹은 다수의 관리 · 운영자에 의해 개발 기본목적에 부합되도록 운영되어야 한다. 항만배후지에는 기반시설과 상부시설에 들어서게 되는데, 기반시설은 상 · 하수도, 전력, 에너지, 도로 등이고, 상부시설은 창고, 운영건물, 컨벤션센터, 물류시설, 호텔, 제조업시설, 컨테이너 지원시설, 연구시설, 녹지, 공원 등을 들 수 있다.

그림 7-3 항만배후부지 개발가능 공간범위

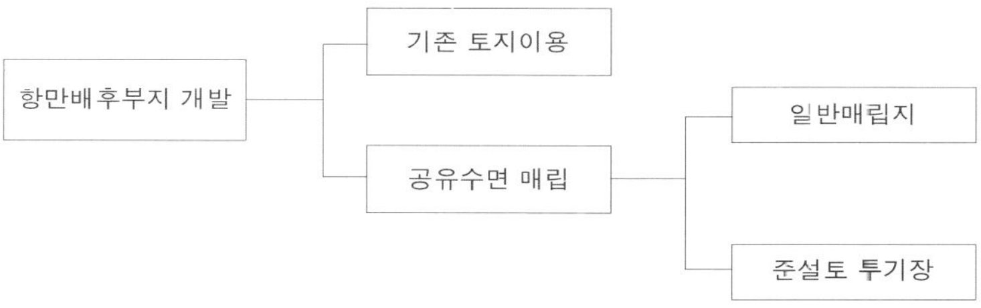

항만배후부지 개발
- 기존 토지이용
- 공유수면 매립
  - 일반매립지
  - 준설토 투기장

2. 도시의 생활, 경제 · 사회와의 관계

항만과 지역사회와의 관계를 생각하는 데는 우선 항만을 가진 도시와의 생활, 경제, 사회에 관한 항만의 위치 또는 기능에 관한 분석을 해보고 다음과 같은 3가지 관점에서 생각해 볼 필요가 있다.

1) 항만산업의 존재

항만에는 필연적으로 해운업, 항만운송사업, 창고업, 항만관련 육운업, 항만관계 관공청 등의 항만을 직접 그 활동의 장으로 하는 산업, 즉 항만(관련)산업이 존재한다. 이들 항만산업에 의해 취업기회의 제공, 소득형성에의 기여는 항만도시에서는 높은 비중을 점유하고 있다. 한 예로 1989년에 부산지역의 취업자 중 항만관련취업자가 점유하는 비율은 27.2%이고, 고베가 17.3%, 북큐슈지방이 17.7%이었으며 미국의 포틀랜드에서는 22%까지 점유하고 있는 것으로 나타났다(임, 1989).

2) 항만의존산업의 존재

또한 무역업, 금융·보험업 또는 원재료의 수출입과 제품의 수출입 등 생산활동에서 항만을 이용하고 있는 각종 제조업(우리나라에서는 원재료를 거의 해외에서 수입에 의존하고 있고, 제품의 수출은 물론 국내수송에서도 연안해운을 이용하는 비율이 커져 많은 제조업이 항만에 의존하고 있다), 수산업 및 그 관련산업 등, 그 활동이 크게 항만에 의존하고 있는 산업, 즉 항만의존산업이 존재하고 이들 산업도 1)의 항만산업과 같이 항만도시에 있어서 취업기회의 제공, 소득형성에의 기여에 관하여 그 점하는 비중은 높다. 앞에서 조사된 자료에 의하면 부산항만이 부가가치 측면에서 부산시에 미치는 영향은 34.2%로 나타났으며 당시 고베는 30.8%, 북큐슈지방은 34.8%에 해당하는 것으로 조사되었고 부산항에서 항만관련 인건비를 지역부가가치와 대비한 경우 20.7%, 북큐슈지방에서는 20.4%를 나타내었다. 그 외에도 항만의존제조업은 직접적으로 항만의 물류기능을 이용하고 있기 때문에 해상수송경로를 통해 저렴한 수송비, 안전, 확실한 수송력 등을 확보하게 됨으로 새로운 경제권을 개척하는 것이 가능했던 것이다.

3) 시민생활과 항만과의 연계

앞에서 기술한 항만산업 및 항만의존산업이 원활히 산업활동을 영유하기 위해 필요한 제반산업도 당연히 부수적으로 일어서게 된다. 이들을 포함한 많은 사람들이 생활하고 휴식하기 위한 일상적인 의식주에 수반된 각종 영업을 지원하는데 주로 3차산업이 필요하게 된다. 이와 같이 항만산업 또는 항만의존산업의 입지에 의해 시민생활이 형성되는 것이다.

(1) 일상생활과 항만

또한, 항만은 시민의 일상생활을 유지하는 물자를 받아들이는 장으로 되고 있다. 오늘날 수산물, 콩, 옥수수, 밀, 설탕 등의 대부분은 수입에 의존하고 있으며 닭, 소, 돼지 등의 축산물은 물론 이들의 사료와 야채, 과실, 나물 등도 해외에서의 수입에 의존하고 있다. 이와 같이 일상성활의 식탁을 보면 대부분은 항만을 경유하고 있는 것을 이해할 수 있다. 아울러 이들을 가공하는 가스, 전력 등은 말할 것도 없이 수입에너지에 의하고 있는 것이다. 이들 일상생활 물자의 국내 상호수송의 대부분은 해운을 이용하고 있는 것이다. 이렇게 보면 항만은 바로 시민생활의 모태라고 해도 과언이 아니며 주택, 도로 등의 건설 자재의 많은 부분도 해운을 이용하여 수송되고 있다.

연락선 및 페리의 기지, 또는 요트항, 유람선 및 어선기지는 시민이 직접 항만을 이용하는 장이다. 특히 낙도 및 지방의 선착장은 그 지역의 중심이 되는 경우가 많다.

(2) 항만에 대한 의식변화

요즘은 항만에 대한 시민의 의식, 관심은 어느 것에 못지 않게 높다. 외국의 여러 항만에서 시민의식 조사가 행해져 정리된 바에 따르면 항만의 성격에 따라 가지게 되는 이미지가 다르게 나타나는 것으로 밝혀졌다. [그림 7-4]는 항만의 이미지에 관해서 계량이론모델로 분석한 결과이다.

B항의 경우는 등대, 여객선, 갈매기, 야경, 이국정서 등의 항목이 강하게 연결되어 항만으로부터 느끼는 정서적인 감정이 강하나, A항에서는 석유비축기지 및 임해공업단지로의 느낌, C항에서는 화물선, 크레인, 창고 등의 인상이 강한 것으로 나타났다. 이 조사는 큰 만을 에워싼 여러 항에 대한 것이나 낙도 및 변두리의 항만도시에서는 받는 느낌이 차이가 있을 것으로 생각할 수 있다. 소규모 어항에서는 어시장과 함께 활기 있는 풍경, 배후의 언덕에서 본 항만의 수제선을 이루는 경관, 연락선, 기적과 연돌의 연기 등도 등장함을 떠올릴 수 있다. 그러나, 항만과 도시, 시가지의 규모는 달라도 사람들은 그곳에 로맨틱한 무언가를 느끼며 마음을 사로잡는 무엇인가가 있다고 하여도 과언이 아닐 것이다.

그림 7-4 항만의 이미지에 관한 계량이론모델의 적용결과

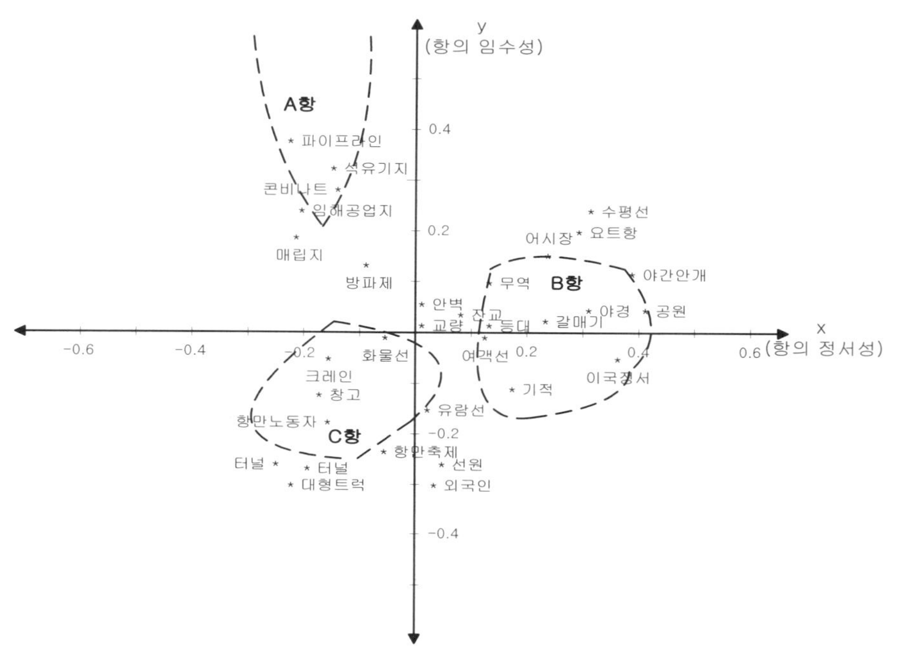

이상으로 본 바와 같이 항만이 도시와의 생활, 경제, 사회에 미치는 영향은 크고 사람들의 생활을 지원하는 기초가 되고 있다. 항만은 그곳에 거주하는 사람들의 심리에도 영향을 미치며 그곳의 풍토, 문화를 형성해 간다. 앞으로의 세계는 국제 분업시대를 향하게 되고, 따라서 국제교역은 보다 성장할 것이므로 도시도 바다로 향하여 발전을 계속하게 되어 항만과 지역과의 연계는 한층 더 깊어지게 될 것이다.

3. 도시문제와 항만의 대응

항만공간은 단순히 물류터미널의 기능에만 국한되지 않고 여러 가지 기능을 가지고 있다. 항만과 도시의 생활, 경제, 사회와의 관계에서 유추할 수 있는 것과 같이 항만은 도시의 활력원이며 도시 발전의 장이기도 하다. 대도시

항만에서는 요즘 도시문제를 포함하여 항만공간의 이용계획을 작성하고 있는데 평지가 부족한 우리나라의 여건에서는 아래와 같이 이후에 여러 과제에 대응한 항만공간의 다각적인 이용이 필요할 것이다.

1) 중소공장 등의 이전용지

과밀도시에서는 필히 주거와 공장의 혼재지구가 존재하게 되고 거기에서는 공장의 소음, 진동, 악취에 관한 고통이 많으며 영세공장이 있기 때문에 자력으로 공해방지설비를 도입하거나 이전용지를 확보하는 것이 매우 곤란하다. 항만공간에 항만계획의 일환으로 용지를 확보하고, 그곳에 중소공장을 이전시켜 하나의 종합 중소공장단지를 만들어 공해방지의 역할을 담당함과 동시에 유통형태를 개선시켜 규모를 크게 하기도 하고 지역산업의 육성에도 투자한다고 하는 일석이조의 효과를 만들어내는 사업이 추진될 수 있을 것이다.

2) 주택용지

대도시에서의 주택 부족은 심각한 문제이며 그 원인의 하나가 토지 부족에 있기 때문에 도시전면의 매립지를 주택용지로 이용하는 것은 어떤 의미에서는 자연적인 발상이라고 생각된다. 특히, 항만공간에서는 도시의 중심적인 상업·업무지구와 가까이 하고 있는 것이 통례이므로 항만공간 내 또는 인접지역에 주택용지를 확보하는 것은 직장과 주거지를 근접시키는 것도 되고 도시주변의 통근교통에도 부하를 감소시킬 수 있을 것이다. 따라서 주택용지로 받아들이기 위해서는 특히 환경문제를 중시하여 그 용지를 선정할 필요가 있음은 물론 주민의 발이 되는 신교통시스템 등의 교통수단을 고려하는 것이 바람직하다. 이것은 기존항만에서 이를 정비하는 것은 무리가 따르므로 항만의 재개발 또는 신항만건설시 평면계획에서 충분히 고려하여야 할 것이다. 부산신항만 개발과정에서도 신항건설 단계에서부터 주택공간에 대한 수요가 컸으며, 상당한 배후지에 항만종사자를 위한 거주공간을 확보토록 반영하였다.

3) 폐기물처리용지

대도시에서 발생하는 일반폐기물, 산업폐기물, 건설잔토 등은 중간처분을 경유하여 최종적으로는 매립처분하지 않으면 안 되나 그 매립장소를 대도시 부근의 육상부에 구하는 것은 오늘에 와서 매우 어렵게 되고 있기 때문에 도시전면의 해역에 매립 · 처분시키는 것을 피할 수 없는 실정이다. 그런데 전체 항만공간이용에 지장을 미치지 않으면서 장래 토지가 조성된 때에는 항만공간으로서 그 유효이용을 꾀할 수 있는 위치에 폐기물처리용지를 항만공간이용의 일환으로 계획하고, 항만정비사업으로 외곽호안을 건설하는 것이 주요 항만도시에서 행해지고 있다. 이후에도 많은 항만도시에서 이의 필요성은 증대되고 있으나 장래 항만공간이용계획의 방향을 충분히 검토한 뒤에 적극적으로 대응해갈 필요가 있다.

4) 기타 도시재개발용지

기존의 내륙용지의 취득이 어렵기 때문에 도시의 재개발 사업을 위해 공간을 항만공간에서 구할 수밖에 없는 경우가 발생한다. 이 경우에도 상기의 각 항목과 같이 항만공간의 이용계획의 관점에서 보아 그것이 타당한 경우에는 도시재개발문제를 항만공간이용계획과제로 하여 구하고 그 일환으로 계획하면 좋을 것이다. 어느 경우에도 항만과 도시는 공존의 관계이므로 한쪽에서 일방적인 추진은 부차적인 문제점을 나타내어 보다 큰 문제를 가져올 우려가 높다. 따라서 항상 연계시킨 계획과 추진에 협력이 절실하다 할 것이다.

제 2 절 항만이용의 동향

1. 항만물동량의 추이

전국항만취급 화물량의 추이는 1970년대 초에서 시작된 2차례의 석유위기에 의하여 우리나라의 경제가 성장에 위협을 받게 됨에 따라서 지금까지의 수십%의 높은 신장에서 수%의 안정적인 신장형태로 변하고 있으나 현재에도 공업원재료, 공업제품, 생활필수물자 등이 전국의 항만을 출입하고 있고 이것이 산업활동 및 도시생활 또는 국민생활을 지탱하고 있는 것이다. 또한, NIES 제국을 시작으로 아시아의 각국의 공업화 진전과 급격한 환율변동 등에 의해 우리나라에서도 해외로부터의 제품수입이 급증하게 되고 이에 수반된 나라의 무역구조가 서서히 변화하여 가고 있음을 알 수 있다. 특히, 수출은 자동차, 철강, 전자 및 플랜트류가 주종이며 수입은 기계, 석유, 철강석, 목재 등의 패턴에서 탈피하여 최근에는 지나친 소비재, 하이텍 제품을 비롯한 값싼 수산물 및 농산물까지 시골구석, 시장까지 수입되고 있다.

산업구조의 고도화, 산업의 지방전개가 진행하여 이후에는 물류에 관해서도 일찍이 고도성장기에 보여준 것과 같은 대폭적인 신장은 찾아볼 수 없으며 반면에 수송의 저렴성, 고속성, 신뢰성, 기동성 등이 강하게 요구되는 것으로 나타나고 있다. 이 때문에 고속성, 기동성 등의 해상수송의 불리한 면을 극복하고 대량성, 저렴성 등의 유리한 조건을 최대한 발휘할 수 있도록 항만에서의 물류기능의 고도화, 효율화를 진행해갈 필요가 있는 것이다. 따라서 아래에서 기술하는 바와 같이 국제, 국내를 불문하고 진전됨에 따라 해륙일관수송의 움직임에 대응하여 항만정비에서도 지금까지의 시설의 양적 충족에서 질적 충실로 그 중점을 옮김과 동시에 기존시설의 유효활용을 함께 도모해가는 것이 중요하게 되었다. 이때 시설의 정비수준에 관한 지역간 균형에도 충분한 배려를 하지 않으면 안 된다.

또한, 현재개발이 진행되고 있는 신형식 초고속선(TSL: Techno Super Liner)이 실용화되면 해상수송분야에서 새로운 수요를 개척하는 것으로 되는 점을 염두에 두고 이와 같은 움직임에 대응한 장래의 항만기능 및 역할에 대한 검토를 추진해 두는 것이 필요하다 하겠다.

2. 국제무역에서 컨테이너 화물의 증가

1960년대 초두에 본격화된 국제해상 컨테이너수송은 세계화가 진행되어 세계의 경제활동을 지탱하는 대동맥으로 자각하여 발전을 계속하였으며 지금은 가장 효율적인 국제복합일관수송시스템을 형성하고 있다.

세계의 항만에서 취급되고 있는 컨테이너화물은 2015년이 되면 5억 500만에서 6억 1,100만TEU에 달할 것으로 예상하고 있다. 이 중 아시아를 기종점으로 하는 유동량이 세계 전체의 약 60%를 점유하고 있으며 국제물류에 있어서 아시아의 지위가 높아지고 있다.

아시아와 구미를 연결하는 정기 컨테이너항로의 최근 동향을 보면 아시아를 취항하는 항로망의 재편이 진행되는 중에 한국, 일본, 대만, 홍콩, 중국을 기항하는 항로가 증가되는 등 우리나라의 항만이 상대적 지위가 저하되는 문제가 발생하고 있다. 이 배경에는 수입컨테이너화물의 증가 및 컨테이너선의 대형화에 대응한 시설정비가 늦어져 하역일시의 제약, 고수준의 항만요금 등 하드·소프트 양면에 걸친 우리나라의 항만서비스 수준이 낮은 것이 지적되어 이를 조속히 개선하여야 할 것으로 나타났다.

우리나라에서 국제컨테이너 화물의 취급량은 증가일로에 있으며 수입컨테이너의 경우 터미널지구에 있어서의 컨테이너 체류시간이 길어지는 등 그 유동특성이 수출컨테이너의 그것과는 차이가 있기 때문에 이후의 터미널정비계획의 책정에 대해서는 충분히 넓은 야드를 확보하여 수입대응형으로 할 필요가 있다.

또한, 해상컨테이너 수송의 합리화를 꾀하기 위해 구주항로 및 북비항로 등의 간선항로에 투입되고 있는 컨테이너선은 점점 대형화되고 종래의 3~4만톤급 대신에 컨테이너의 적재개수가 5,000TEU를 넘는 8만톤급 이상의 컨테이너선이 주류가 되어가고 있다. 이와 같은 상황에 대응하여 인접국가에서는 대형화된 고능률의 항만정비를 진행하여 국제해상운송의 주도권을 장악하고자 하는 움직임이 활발한 가운데 우리나라에 있어서도 8만톤급을 넘는 컨테이너선에 대응할 수 있는 고규격(수심 16m 이상, 안벽연장 350~400m)인 컨테이너 터미널의 정비가 진행되고 있다. 이미 일본, 싱가포르, 홍콩, 대만 등 우리와 경쟁하고 있는 항만에서도 이미 이러한 서비스를 제공하고 있거나 대규모로 개발이 진행되고 있다.

한편, 연안의 생산기능의 분산 및 소비의 확대에 수반하여 지방권을 생산지 또는 소비지로 하는 컨테이너화물이 증가되고 있다. 이것을 합쳐 근해항로 및 동남아시아 항로 등에서는 주요항 이외의 항만에 컨테이너선이 직접 기항하는 경우도 증가하고 있다. 이들 항만에서 취급되는 컨테이너화물도 착실한 증가를 보이고 있다. 그러나 지방권에서 컨테이너 취급시설의 정비수준은 아주 낮기 때문에 이후의 물류효율화, 지방국제화를 진행하는 관점에서 보아 전국적인 배치계획에 기초한 컨테이너터미널의 지방전개를 적극적으로 진행하여갈 필요가 있다.

3. 내국화물의 해륙일관수송의 진전

근년 지구온난화 및 대기오염 등의 환경문제, 교통지체에 의한 물류효율의 저하, 또한 트럭운전수의 노동력 부족의 문제 등의 사회적 문제가 현저하게 되는 중에 간선물류에 있어서 트럭수송에서 환경부하는 작고, 에너지효율도 높은 철도 및 해운으로 수송수단을 전환(modal shift)하여 트럭과 복합일관수송을 진행하기 위한 움직임이 활발해지고 있다. 이것에 대응하여 해운수송에서의 페리 및 내항컨테이너선 등에서 운반되는 해륙일관수송화물이 증가하고 있고, 이들 선박이 기항하는 항만이 해상수송네트워크의 거점으로서 그 기능을 충분히 담당하기 위해서는 화물의 적하에서 보관까지의 작업을 일체적이며 연속적으로 이루어질 수 있도록 충분한 넓은 에이프런과 야드를 가진 내륙화물터미널의 정비가 필요하다.

표 7-1 수송수단의 전환(modal shift)효과(일본 운수성화물유통국 자료, 1995)

구 분	단위항목	효 과
성력화 효과	노동자 1인당 연간 화물수송량	트럭(26.4만ton · km), 철도(222.5만ton · km), 해운(371.2만ton · km)
도로혼잡 해소효과	한번에 수송가능한 화물량(컨테이너화물)	트럭(5～10ton) 철도(컨테이너화물, 500～650ton), 해운(3,000～5,000ton)
환경보전 효과	ton · km당의 CO_2 배출량(철도를 100으로한 경우)	철도(100), 해운(165), 영업용트럭(827), 장거리트럭(327), 자가용트럭(3,551)
에너지의 절약효과	ton · km당의 에너지소비효율(철도를 100으로한 경우)	철도(100), 해운(102), 영업용트럭(529), 장거리트럭(203), 자가용트럭(1,709)

이와 같은 물류의 거점이 되는 항만에서는 항만배후의 인구밀집지 및 교통혼합지구를 우회하거나 고가도로로 연결함으로써 배후의 고규격 간선도로와 직결시키거나 항만활동의 활발화에 따라 광역화되는 항만 내 부두와 부두간의 연결을 강화시키기 위하여 간선이 되는 임항도로의 정비를 꾀하고 길이가 긴 중량물을 취급하고 있는 많은 트레일러나 저속의 포크리프트 등 항만관련차량을 일반교통에서 분리하여 원활한 유통을 확보하는 것이 중요하다.

제 3 절 항만의 지역경제개발효과

1. 항만의 지역경제개발효과의 분류

여기서는 항만이 새롭게 건설되어 이용되는 것으로 기대되는 광범하고 다방면에 걸친 여러 가지의 효과 중에 지역의 경제에 미치는 것에 한정하여 그 개요를 다루어 보는 것으로 한다. 일반적으로 항만이 지역경제에 미치는 효과는 ① 건설투자에 의한 효과, ② 유통기능입지에 의한 효과, ③ 공업입지에 의한 효과의 3종류로 크게 분류된다. 이등에 관하여 내용을 정리하면 다음과 같다.

1) 건설투자에 의한 효과

항만의 건설에는 많은 투자액이 소요되기 때문에 건설투자에 의한 지역경제에 미치는 효과는 단기간에 매우 큰 것으로 된다. 우선, 직접효과로서 건설업 및 건설자재제조업, 이들의 수송사업이 활발하게 되고, 그 다음으로 이들 산업에서 얻는 부가가치가 소비, 투자에 되돌려져 각종의 파급효과가 나타난다. 이것은 공공투자의 상승효과로 잘 알려져 있는 것이다.

2) 유통기능입지에 의한 효과

유통기능이 들어서는 것으로 항만 배후권이 형성되어 그 배후권지역 내의 산업에 의해 비약적으로 화물의 수송조건이 향상되는 것이다. 이 수송조건의 향상으로는 구체적으로 다음과 같은 내용을 포함한다.

① 시간 및 거리의 단축

② 수송비용의 저감

③ 수송의 안전성, 확실성의 향상

여기에 부가하여 이 결과로서 지역 내 산업의 대외경제권이 확대됨과 동시에 그 지역에의 산업입지조건이 향상된다. 또한, 항만의 운영에 필요한 각종의 항만관련 산업이 새롭게 나타나게 되고 그 지역에서 고용의 증대, 소득의 형성에 기여하는 효과도 있다.

3) 공업입지에 의한 효과

항만을 핵으로 하여 각종 공업이 새롭게 위치하는 것으로 발생되는 주요 효과는 다음과 같은 것이 있다.

① 공장종업원의 유입에 의한 인구증가, 이에 수반된 지역상업 등의 발전

② 지역의 운수업, 건설업, 제조업 등의 관련산업의 발전

③ ①과②의 결과로 발생하는 지역의 소득수준의 전반적인 향상

④ 고정자산세 등의 증가에 의한 지방공공단체의 재정규모의 증대 및 그것에 수반된 공공지출로 생활기반시설의 정비

2. 개발효과의 측정수법

항만의 개발에 의해 발생하는 지역경제에의 여러 가지 유익한 효과에 관해서는 의문의 여지가 없다. 한편, 항만의 정비에는 대규모의 공공자금이 투입되고 있기 때문에 그 공공투자를 행하는 이면에 항만투자의 경제적 유효성을 명확하게 할 필요가 있고, 그것이 일부의 특정자를 위한 이익으로 끝나는 것은 아니며 넓은 지역사회에 이익을 가져다주는 것이 검증되어야 한다. 또한, 항만개발의 적정한 규모 및 그 시기를 결정하는 때에도 개발효과를 사전에 적절하고 정확하게 파악하는 것이 중요하다.

다음에는 개발효과의 범위 및 인과관계를 명확하게 설정하는 것은 아무리 하여도 쉽지 않으며 계량화하는 것이 곤란한 것도 많아서 개발효과를 측정하는 수법에 관해서는 앞으로도 연구를 하여야 할 점이 많으나 항만의 프

로젝트에 초점을 맞추어 비용편익분석 및 재무분석에 관하여 다루는 것이 필요하다.

1) 비용편익분석

비용편익분석은 프로젝트가 실시된 경우에 '비용을 상회하는 편익이 발생할 것인가' 라고 하는 말하자면 프로젝트의 자격심사를 행함과 동시에, 재원에 제약이 있는 경우에 편익비용비율이 높은 것에서 선택한다고 하는 각 프로젝트의 우선순위를 정하는 역할도 있다. 비용편익분석은 일반적으로 다음의 수순을 따른다.

① 프로젝트의 성격, 범위, 목표연차 등의 설정
② 프로젝트 라이프(life)의 결정
③ 비용, 편익의 추출과 취급방법의 결정
④ 비용의 산정
⑤ 편익의 산정
⑥ 기타 개발효과의 검토
⑦ 평가의 방법(편익비용비율, 내부수익률 등) 및 필요에 따라 할인율의 결정
⑧ 감도분석, 리스크(risk)분석
⑨ 평가

(1) 편　익

편익은 여러 가지 관점에서 정리할 수 있으나 구체적 작업을 행한 뒤에 비교적 이해하기 쉬운 아시아개발은행에서 행하고 있는 분류를 소개하면 다음과 같다.

① 비용편익분석의 산정에 포함되는 편익
생산품의 증가, 손실의 회피분, 사회자본지출의 절약분 기타 산출된 편익
② 기타 간접편익으로 경제상 고려하여야 하는 사항

항만프로젝트에는 신규항만개발에서 기존항만의 개량까지 여러 가지가 있으며 개발효과도 다르나 이들의 여러 형식을 포함하여 일반적으로 항만프

로젝트에서 기대되는 주요 편익으로는 다음이 있다.

① 선석대기시간, 하역시간의 단축
② 수송비의 감소(선박의 대형화, 접안하역 등에 의한 해상수송비의 감소, 육상수송거리의 단축에 의한 수송비의 감소 등)
③ 상자, 포장 등의 부속비용의 감소
④ 수송사고의 감소(화물의 손상, 선박사고, 드난 등)
⑤ 대체교통기관의 교통혼잡 완화
⑥ 공업개발 효과
⑦ 자원개발 효과
⑧ 시장개발 효과

아시아개발은행의 정리에 따르면 ①~⑤는 항만프로젝트의 직접편익에 상당하고, ⑥~⑧은 기타의 산출에 의한 편익의 경우라고 하면 그 외의 경제상 고려하여야 하는 사항인 경우도 있다. 일반적으로 ⑥~⑧의 효과를 계측하는 것은 극히 곤란할 뿐만 아니라 다른 효과와 비교하여 큰 비중을 차지하는 경우도 적지 않다. 또한 계측한다고 하더라도 편익으로 가산하여야 할 조건 등을 꼭 단순하게 설정되지 않는 등 복잡한 문제를 포함하고 있다.

(2) 비 용

비용은 큰 프로젝트의 실시 때문에 나타나는 희생으로 고려하면 크게 나누어 다음과 같은 것이 있다.

① 직접비용: 프로젝트를 실시하기 위하여 필요한 직접적인 비용이며 연구개발비, 소유권의 취득비용, 건설공사비, 유지운영비용 등이 포함된다.
② 관련비용: 프로젝트로 계획의 수익자가 부담하고 아울러 편익을 충분히 구하기 위해 지출되는 비용이다.
③ 간접비용: 간접편익을 발생시킬 때 필요한 비용이다. 예를 들면, 항만정비에 따라 입지하는 시멘트공장의 시멘트생산에 필요한 비용 등이다.

또한, 이자는 재무적 비용이며 경제적 비용에는 포함되지 않는다. 재무상의 비용으로서는 세를 포함하나 비용편익분석에서는 세를 비용에서 제외하는 것으로 한다. 비용편익분석의 비용으로는 일반적으로 ①의 직접비용이 대상으로 되고, ②, ③의 비용은 직접편익 또는 간접편익에서 각각 관련비용 또는 간접비용으로서 공제하는 것이 많다. 특히, 항만프로젝트와 같이 공적부문의 프로젝트에서는 관련비용 및 간접비용은 사적관련비용의 경우가 많으므로 공적비용에서 사적비용을 분리하는 목적으로 이 종류의 비용은 각각의 편익에서 공제하는 것으로 하고 있다.

(3) 편익, 비용의 계측기간

항만의 건설은 항만자체를 시작으로 관련사업을 포함하여 그 건설에 의한 비용 및 편익의 발생이 장기에 걸치는 것이 보통이다. 따라서 계획의 평가시에는 프로젝트의 평가대상으로 하는 기간(프로젝트 라이프)이 중요한 의미를 가진다.

항만과 같이 영향이 광범하게 미치는 프로젝트의 경우에는 프로젝트를 구성하는 각 요소의 물리적 내용연수가 프로젝트 라이프로 되는 것은 거의 없으며 기능적, 사회적 또는 경제적인 내용연수가 그 이전에 설정되는 경우가 많다. 예를 들면 컨테이너선의 출현으로 종래의 잡화부두의 기능이 저하되는 것이다. 이 기능적, 사회적, 경제적 내용연수를 보는 것이 국한되지 않고 장래의 변화에 대한 예측의 정도나 상위계획 및 관련계획의 실시상황, 계획기간 등과의 정합성 등을 포함한 총체적인 견지에서 프로젝트 라이프를 설정하는 것이 필요하다.

항만의 경우에는 프로젝트의 성격에 따라서 20~30년의 프로젝트 라이프를 설정하는 경우가 많다.

(4) 평　가

장기간에 걸쳐 발생하는 비용과 편익은 일반적으로 다음과 같은 기준에 따라 평가한다.

① 순할인 현재가치
② 내부수익률
③ 편익비용비율
④ 투자수익률
⑤ 회수기간

이들 지표는 각각 특징이 있으나 적절한 할인율의 결정 없이 자본의 기회비용의 산정을 행할 필요가 없는 것이 주요 이유가 되므로 세계은행, 아시아개발은행 등의 국제기관에서는 프로젝트의 판정기준으로서 내부수익률을 한결같이 사용하고 있다.

내부수익률(IRR, Internal Return Rate)로는 편익흐름의 현재가치와 비용흐름의 현재가치를 꼭 같도록 한 할인율이며 달리 표현하면 순현재가치(NPV, Net Present Value)를 0으로 하는 할인율이다. 또는 순편익흐름의 현재가치를 자본비용에 등치시키는 이자율로 정의할 수 있다.

IRR은 NPV와 달리 할인율이 미지이다. IRR은 다음 식을 성립시키는 할인율 d 로 주어진다.

$$NPV=0=-C_0+\frac{B_1-C_1}{(1+d)}+\frac{B_2-C_2}{(1+d)^2}+\cdots\cdots+\frac{B_n-C_n}{(1+d)^n}$$

여기서, C_0 : 자본비, 기준년 0년

B_i : i 년의 편익 ($i=1,2,\cdots\cdots,n$)

C_i : i 년의 비용 ($i=1,2,\cdots\cdots,n$)

d : 할인율 (= 내부수익률)

내부수익률 그 자체는 프로젝트의 경제가치에 관한 단순한 계측이며 평가기준은 아니다. 따라서 어느 프로젝트가 경제적으로 타당한가 어떤가를 결정하기 위해서는 일정의 경제상 기준이 필요하게 된다. 내부수익율의 평가기준으로서 자본의 기회비용을 사용하는 것 외에 같은 종류의 프로젝트의 내부수익율을 조사하여 이를 잣대로 삼는 것이 중요하다.

2) 재무분석

비용편익분석 외에 프로젝트의 실시기관의 재정적 건전성을 검토하고 차입금에 대한 변제능력과 프로젝트의 재무적 채산성을 밝히는 것을 목적으로 하여 행하는 것으로 재무분석이 있다.

재무분석은 자립적 경영을 전제로 하고 있으므로 관리형티로 다음의 각 요건을 만족하는 경우에 한하여 분석의 의미가 있다고 할 것이다.

① 자주성
② 하나의 주체에 의한 일체의 관리
③ 재정적 독립
④ 기업적 경영방침이 구축된 것

항만관리자의 업무는 다방면에 걸쳐 있다. 이 중에 부두를 중심으로 하는 기능시설의 건설, 유지, 운영은 항만관리자의 기본적인 업무이며 통상 어느 항만에서도 행해지고 있다고 알려져 있으나 그 외의 업무는 나라에 따라, 항만에 따라 사정이 다르다. 따라서 재무분석에서는 항만관리자의 업무범위를 명확하게 하여야 한다. 업무범위의 설정은 항만재무에 극히 커다란 영향을 미치기 때문에 특히 중요하다.

재무분석은 사업실시주체에 초점을 모은 재무제표분석과 프로젝트에 초점을 모은 재무적 비용편익분석이 있다. 재무제표분석은 일정 기간의 기업체의 경영성적과 기말의 재무상황을 나타내는 재무제표를 분석하고 당해 기업의 경영상태를 총괄적으로 파악하는 것이다. 타당성조사에서는 계획설정을 위한 장래분석이 중시되며 실적평가와 동시에 예측재무제표의 작성과 평가가 중요하다.

재무제표분석은 일반적으로 다음의 수순으로 행하게 된다.

① 항만경영의 방침 설정
② 업무(제공서비스, 제공시설)의 범위 설정
③ 운영조직의 설정
④ 요금설정의 방침 설정
⑤ 수요예측
⑥ 요금의 설정
⑦ 건설비, 용지비 등의 산정
⑧ 운영비, 유지비 등의 산정

재무의 내용을 명확하게 하기 위하여 재무제표(재산목록, 대차대조표, 영업보고서, 손익계산서, 잉여금 처분계산서, 부속명세표)가 사용되나 재무분석에서는 통상 손익계산서, 자금조달표, 대차대조표의 세 가지 표가 중요하다.

재무제표의 예측기간은 프로젝트 내용에 따라 차이가 있으나 일반적으로 다음과 같이 생각할 수 있다.

① 재무적으로 가장 안정하다고 예상되는 투자기간: 항만프로젝트의 경우 차용개시 후 10년 정도가 많다.

② 투자한 제 시설의 평균내용연수에 상당하는 기간: 항만프로젝트의 경우 차용개시 후 20~25년 정도로 된다.

③ 차입금에서 투자자금을 조달한 경우에는 원금 변제에 요하는 기간: 대개 10~15년 정도가 보통이다.

이 중에 ③은 융자기관의 입장에서 본 경우로 생각된다. 어느 쪽이든 필요이상의 장기간에 걸쳐 예측하는 것을 피하고 프로젝트의 내용과 목적에 따라 결정할 필요가 있다.

사업주체의 재무의 건전성을 판단할 때에는 판단기준으로 수익성과 유동성(자금조달)이 중요하다. 따라서 재무제표분석의 평가는 이들 두 가지의 기준을 표시하는 것 외에 적절한 재무비율을 지표로 하여 구한 재무상의 건전성을 판단하는 것이 일반적이다. 현실적으로는 각 연도의 재무제표비율을 산출하고 그 비율의 적부를 종합적으로 판단한다.

일반적으로 재무제표의 분석에 적용되는 비율은 목적에 따라 여러 가지가 있으나 항만프로젝트의 경우 세계은행 등의 실례에 의하면 다음과 같은 것이 사용되는 경우가 많다.

① 상각 전 운영경비율

② 운영경비율

③ 순고정자산이익률

④ 지불이익보장률

⑤ 금융채무보장률

⑥ 조달자금이익률

재무적 비용편익분석은 프로젝트에 초점을 모아 프로젝트에 걸친 자금의 유출입(지출과 수입)의 현재 가치를 비교하는 것으로 프로젝트 자신의 채산성을 평가하도록 하는 것으로 수법적으로는 ①에 기술한 개발효과의 경제분석으로서의 비용편익분석과 전적으로 같다.

재무적 비용편익분석(재무분석)은 경제적 비용편익분석(경제분석)과는 달라서 프로젝트의 실시자에 출자하는 자본에 대하여 어느 정도 수익이 얻어지는가에 관심을 갖는 것이다. 따라서 재무분석에서는 누가 자본을 제공하고 자본에 대하여 수익이 어느 정도 얻어지는가가 문제로 된다. 이 때문에 편익비용을 검토하는 것으로 경제분석과 재무분석에는 다음과 같은 서로 다른 점이 있다.

① 편익, 비용의 평가에 사용되는 가격으로 재무분석에서는 통상 실세가격이 사용되나, 경제분석에서는 필요에 따라서는 계산가격이 사용된다.

② 경제분석에서는 조세는 프로젝트 편익의 일부를 구성하는 것으로 고려되므로 비용으로 되지 않는다. 한편, 보조금은 프로젝트의 실시에 따라 경제가 부담하는 자원으로 고려되므로 사회에 따라서는 비용으로서 인식된다. 이것에 대해 재무분석에서는 조세는 비용(자금지출)으로 보조금은 편익(자금수입)으로 취급된다.

③ 이자는 경제분석의 입장에서는 사회전체에 수익의 일부를 구성한다고 생각하므로 비용으로서 편익에서 공제되는 것은 아니다. 이것에 대해 재무분석에서는 외부자금공급자에 대한 이자의 지불은 자금지출이고 비용으로 취급된다.

④ 감가상각은 경제분석 및 재무분석에서 비용으로 취급하지 않는다.

⑤ 평가기간은 경제분석 및 재무분석에서 프로젝트 라이프를 도입한다.

일반적으로 재무적 비용편익분석에서는 프로젝트를 경영이라고 하는 관점에서 취하여 이자 및 조세를 비용항목으로 생각하나, 다른 한편으로는 프로젝트를 경영적 관점에서 나누고 프로젝트는 독립하여 존재한다고 하는 입장을 취하는 경우이다. 후자의 입장은 자금조달 및 조세 등과는 관계없이 프로젝트 그 자체의 채산성 평가를 행하는 것이고 이자, 소득세 및 원금변제에 관해서는 비용으로 하여 고려하는 것은 필요하지 않다. 아시아개발은행에서는 이 입장에 기초하여 내부수익률을 예측하고 프로젝트의 채산성 평가의 중요한 지표로 삼고 있다.

평가기준으로서는 프로젝트이 자금비용, 즉 차입금리가 하나의 척도가 되고 작지 않은 내부수익률은 차입금리를 상회하는 것이 필요하다. 역시 이자 및 소득세를 비용항목으로 고려한 경우에는 내부수익율의 산출과정에서 각각 자금의 유출항목으로 묶어져 있기 때문에 차입금의 정도를 고려하여 판단하는 것으로 된다.

항만과 같이 공공적 색채가 강한 프로젝트에서는 재무분석에 비교하여 경제분석이 중시되는 것이 보통이며 재무분석을 행하는 것의 시비에 관해서는 매우 주의할 필요가 있다.

3. 금후의 과제

이상으로 대표적인 수법을 소개하였으나 다년간의 조사연구 결과 상당히 진보한 것으로 일컬어지는 항만의 개발효과를 적절하고 정확하게 파악하기 위한 수법은 단순한 경우를 대상으로 한 때를 제외하고는 아직 확립되어 있지 않다고 하는 것이 옳을 것이다. 그 이유는 다른 사업의 경우에도 같으나 특히 항만의 경우에는 전적으로 기술한 바와 같이 사업이 다목적이고 개발효과가 다방면에 걸쳐 있으며 그 중심에는 금액으로 표시하는 것이 곤란한 것 등 동일의 기준으로 평가할 수 없는 것, 즉 안전성・효율성・쾌적성이라고 하는 것이 포함되어 있기 때문이다. 또한 항만은 국토종합개발계획 등의 일환으로, 국가의 경제계획의 일환으로 계획되는 경우도 많고, 그 파급효과를 좁은 지역에 국한시키는 것은 일면만을 논하는 것에 불과한 것으로 된다. 항만 등의 사회자본은 장기간 가동하는 것이고 그 사이의 경제사회에의 영향을 추정하는 것도 실무적으로는 그리 용이하지 않다. 아울러 항만계획을 '항만의 개발, 이용 및 보전과 함께 항만에 인접하는 지역의 보전에 관한 계획'으로 정의하여 구체적인 성과로 장기적인 단면계획 또는 공간이용계획을 고려할 경우에는 항만계획의 타당성의 판단이 반드시 여기에서 논한 경제분석에 국한되지 않는다는 의견도 있다.

이와 같이 생각해 보면 항만의 개발효과 분석수법 또는 항만계획의 타당성 검토수법에 관하여 다방면의 연구가 반드시 필요하고 금후에도 한층 더 노력을 경주하여야 할 것으로 본다.

제 4 절 항만계획의 과제 및 전망

1. 지역사회형성으로의 항만계획

1) 도시임해부개발로서의 항만계획

양호한 도시환경의 창출 또는 도시구조의 개선 요청이 높아지는 중에 임해부도 도시 측에서의 공간이용의 요청에 대해서 항만기능과 조정을 도모하고 적극 이들의 제반 과제를 항만계획의 일환으로 포함시켜가야 한다. 또한, 기존의 항만공간자체도 거기에서 제반 활동이 쾌적한 환경에서 안전하고 효율적으로 이루어 질 수 있도록 자기개혁이 필요하며 배후도시와의 유기적인 관계를 유지하여 우수한 항만도시를 형성하도록 하여야 한다. 한편, 도시에서는 토지이용의 변화 등에 의해 사람과 바다가 접할 수 있는 기회가 감소해왔기 때문에 사람과 바다를 접촉하게 하는 임해공원, 인공해빈 등의 항만환경정비를 추진하는 것이 바람직할 것이다. 이와 같은 제반 요청을 받아 들여 도시임해부 종합이용의 중핵으로 항만계획을 책정하는 것은 그 뜻이 크다.

2) 지역사회의 형성으로서 항만계획

또한 지역사회의 형성에 항만계획은 공간이용계획, 즉 장기적인 시설과 용지의 배치계획에 중점을 두어 다루게 된다. 따라서 항만이 지역 및 사람들에 미치는 영향은 이미 보아온 것처럼 극히 다방면에 걸쳐 있고 경제면은 물론, 사회, 문화면에도 영향을 미친다. 옛날부터 항만은 사람과 물자의 교류의 장이며, 다른 종류의 문화가 도입되고 새로운 문화와 풍토가 생겨나는 곳이나 지금도 항만은 사람과 물자가 교류하고 많은 사람들이 활동하고 생활하는 곳이며 거기서 문화가 자라게 된다. 앞으로 다른 풍토와 어울리고 새로운 문화형성을 위해서는 항만계획에 머리를 짤 필요가 있으며 여기에는 항만계호기이 지역사회의 향상에 원활하게 기여하도록 하는 것이 필요하다.

3) 다양한 요청을 조화시키는 항만계획

항만은 육역과 해역의 접점에 위치한다. 따라서 다양한 요청이 항만에 있게 되고 항만은 이에 응하여 오늘날에는 그 개념도 확장되었다. 그러나 앞으로 항만이 공간적으로 다시 확장을 계속하는 경우 보다 다각적인 시점에서 다른 요청에 응하는 노력이 필요하다. 그 하나가 어업이다. 요즘 어업에 대해서는 보상이라고 하는 형으로 조정되어 왔지만 수산자원이 국민의 귀중한 자원인 것을 보아도 어업에 기여할 수 있는 항만계획을 검토할 필요가 있을 것이다. 다른 종류 또는 상대적 위치에 놓인 요청을 공존공영의 관점에서 다루는 노력이 있어야 한다.

2. 국토 및 지역 개발 관점에서의 항만계획

1) 국토종합개발 관점

항만은 교통, 수송터미널이다. 특히 우리나라에서는 국내유통에서 해상수송의 역할이 점차 커지고 있으며 앞으로 에너지 자원, 환경문제 등의 제약조건에 적합한 종합교통체계의 일환으로 해상수송을 더욱 촉진시켜야 한다. 이를 위해서는 각 항의 기능분담을 고려함과 동시에 배후의 육상교통체계와의 연계로 효율적인 유통거점 항만을 체계적으로 전국에 배치시켜가야 한다. 또한, 국가의 경제적 안전확보 면에서 에너지자원의 안정적 확보가 특히 요청되고 있고 이것에 대응한 에너지항만을 정비하는 것이 긴급하다. 이 에너지항만은 에너지의 수입, 보관, 비축 및 에너지 생산 등의 기능을 가진 항만이며 석유대체에너지의 이용촉진과 효율적인 에너지 수송체계의 확립을 꾀하여야 한다.

2) 지역개발 관점

국토종합개발계획에서 평가받는 바와 같이 앞으로 우리나라는 인구의 지방정착을 촉진하여야 하는데 이를 위해서는 지역의 사람들이 안심하고 그곳에 머물러 일하는 경제·사회조건을 정비하는 것을 전제로 한다. 따라서 지역

산업의 육성, 신규산업의 도입을 위한 거점으로서의 항만을 계획하여 나가는 것이 지역사회의 활력을 유지하고 증진시킬 수 있게 된다. 또한 낙도, 변두리에서는 물자의 안정공급, 생활공간을 제공하도록 항만을 계획하여야 한다.

3. 유통기구의 개혁으로서의 항만계획

각종 산업의 생산과정에서 합리화는 눈부시지만 유통 면에서는 선박의 대형화, 전용선화, 컨테이너화 및 하역의 기계화 등 수송기술면에서도 대폭적인 합리화가 행해져 왔으며 앞으로도 개선될 여지가 많다. 유통경비의 절감은 장래 최대의 과제이며 지역사회의 정보생산 및 발신지로서의 기능을 가진 항만의 계획에는 그 지역의 유통기구를 개선하기 위한 실마리로 배려하는 것이 중요하다.

제 8 장

항만개발과 환경

제 1 절 항만개발현황과 개발환경

1. 항만개발의 현황

우리나라에서 항만은 교통의 요충지로서, 국토의 균형적인 발전과 지역진흥의 기반으로서 중요한 역할을 담당하고 있고, 대도시 항단에서 지방항만 및 도서항만에 이르기까지 각각의 역할을 맡고 있다. 우리나라의 해운수송 발달사를 보지 않고 항만의 수를 보면 남서해안지역에 압도적으로 많으나 수심이 깊은 주요 항은 동해안에 위치하고 있다. 항만의 정비 및 관리에 관한 기본적인 사항을 정한 항만법에 의하면 국민경제와 공공의 이해에 중요한 관계를 대통령령으로 지정한 항만으로서 원양구역을 항행하는 선박이 입출항하는 무역항이 (28)개, 연해구역을 항행하는 선박이 입출항하는 연안항이 (23)개 있으며, 지정항만 외의 항만으로서 시장, 도지사가 지정한 지방항만이 있으나 현재 이의 지정 준비를 하고 있는 중이다.

그림 8-1 우리나라 지정항 현황

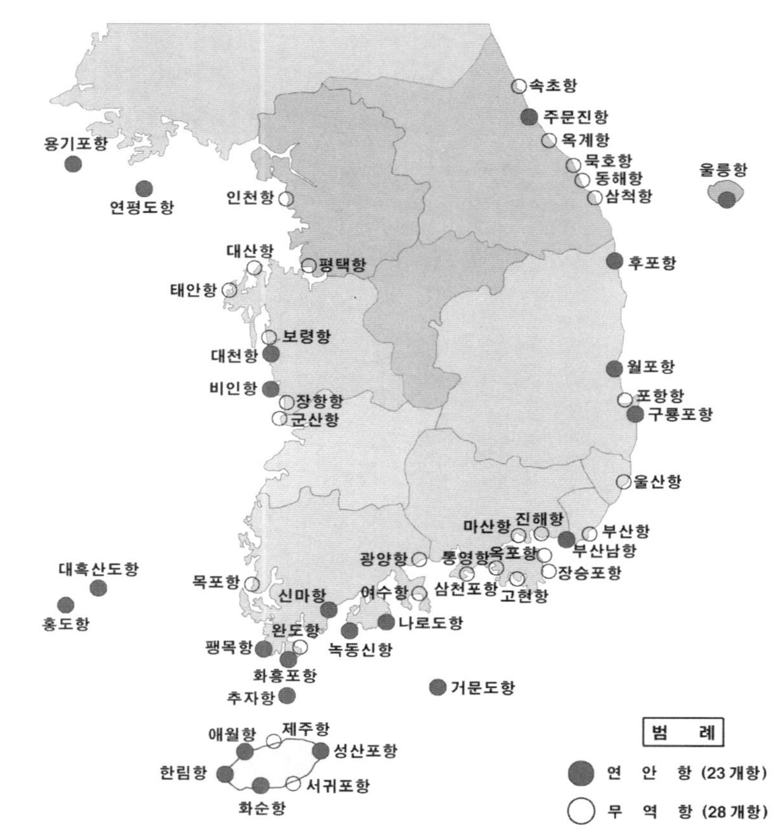

한편, 우리나라의 어항은 어촌어항법에서 지정된 이용범위가 전국적인 어항 또는 도서, 벽지에 소재하여 어장의 개발 및 어선의 대피에 필요한 국가어항, 이용범위가 지역적이고 연안어업에 대한 지원의 근거지가 되는 지방어항, 어촌의 생활근거지가 되는 소규모 단위의 어촌정주어항으로 구분하며, 각각 105개, 313개, 373개로 구성되어 있으며, 비법정의 소규모 어항 및 포구로는 총 1,438여개가 있다.

세계적 시야로 보면 국제적 사회자본의 충실정도는 이후 우리나라 경제성장에 매우 중요한 요소가 된다. 특히, 이후 아시아지역의 경제발전을 고려한 경우에는 "세계적인 교통체계 안에 거점(hub)항만의 역할을 우리나라가 담당한다"라고 하는 생각을 갖고 신속히 대처해 나가야할 과제를 안고 있다.

항만에 관해서는 컨테이너의 대형화가 진행하고 있고, 싱가포르, 홍콩, 카오슝, 요코하마 등의 컨테이너 취급정도에서 한국의 항을 상회하는 항만이 많으며, 이들은 물론 중국의 상하이항에서도 최근에 능력증강을 도모하고 있어서 경쟁항만의 관계로 될 처지에 있다. 이후 고속선의 도입이 예상되고 있는 상황이므로 우리나라의 항만정비는 국내의 물류체제 정비, 수입컨테이너 화물량의 증대에 대응한 정비를 진행하는 한편, 국제적인 해운구조의 변화에 대해서도 신속한 대응이 필요한 시점에 와있다고 하겠다.

1) 항만환경 인식의 변화

항만의 개발 및 운영에서 환경영향의 중요성에 대한 인식이 점차 높아지고 있다. 환경영향에 대한 비용은 대체로 오염을 야기하는 당사자가 부담하기보다 제3자인 주민이나 국민이 부담하게 된다는 점에서 부(-)의 효과를 가져오게 된다. 이를 해소하기 위한 비용을 항만사용요율에서 반영하지 않으면 항만서비스 생산자와 항만이용자는 환경악화로 인해 피해를 입는 주민 또는 국민으로부터 간접적인 보조를 받는 것과 같다. 이것은 항만개발과 운영에 다른 환경악화에 따라 국민후생을 감소시키는 인자가 된다. 물론 항만개발로 인하여 육상연계수송거리를 단축시키고, 육상운송비율을 연안해운으로 낮추어 도로체증과 같은 부하를 감소시키는 정(+)의 효과도 있다. 기존의 항만에서는 항만개발로 선박의 체선을 완화시켜 선박이 항내 정박하는 시간을 줄여 선박에서 배출하는 오염물질을 감소시키는 효과도 있어 경우에 따라 환경악화보다 더 많은 개선효과를 유도할 수도 있다.

또한, 항만의 환경적인 요구는 보다 친근하고 항상 접근 가능하도록 하고 보다 넓은 녹지공간과 조망공간을 확보토록 하고 있다. 가능하면 도시기능 중 일부를 항만이 담당하기를 바라고 있는 것이다. 이 중에는 공공하수처리장의 입지공간 제공, 주택용지 및 업무공간의 제공 등 생활환경의 개선, 도시문제의 해결에 커다란 역할을 담당하도록 하고 있어서 기존 항만의 정비는 전적으로 고도성장기의 공업항의 정비를 진행하는 것에 그치지 않고 생활에 밀착한 풍부한 공간으로서의 위치가 부여되어 해마다 그 대상이 증가해가고 있다.

새로운 항만개발은 물론 기존 항만의 재개발을 환경을 고려한 심미적으로 보기 좋은 항만, 생태적으로 살아있는 항만(Eco-port)으로의 방향전환이 필요한 시기이다.

2) 항만개발에 따른 환경문제

일반적으로 항만개발에 따른 환경문제는 진입수로 준설, 시공, 매립에 따른 해안선 및 간석지의 변경 및 상실 등으로 인한 것으로 나타나며, 항만의 운영에 따른 환경문제는 육상화물 운송, 하역, 선박 입출항, 항만관련 서비스 활동 등에 의하여 유발된다. 환경영향의 주요 형태로는 대기질 및 수질의 악화, 교통체증, 소음 및 진동, 경관 악화, 외래 생물의 유입 등을 들 수 있다. 그러나 이들 모든 환경요인이 항만개발과 운영에 일괄적으로 적용할 수는 없다. 즉, 개별항만의 규모, 입지조건, 취급화물의 종류, 트럭 또는 철도 등 연계수송수단, 영향이 미치는 지역의 특성 등에 따라 다르게 나타나며, 어떤 때에는 특정 환경인자는 문제가 되지 않는 경우도 있다.

항만개발 및 운영에 관한 환경영향의 추정은 이해관계자들의 분쟁요소가 되기도 한다. 공청회 개최 및 이해관계자들 간의 협의 조정과정에서 환경영향에 대한 정확한 정보의 제공이 매우 중요하다. 특히, 환경관련 분쟁을 조기에 해결하지 못하는 경우에는 해당 항만의 개발은 지연, 계획변경, 환경저감 비용의 과중한 부담, 전체 개발비용의 증가 등을 초래해서 결국 해당 항만이 당초의 목적을 달성하지 못하게 되거나 경제성을 상실하게 될 우려를 낳게 되는 것이다.

만약 환경영향에 대한 객관적 추정자료가 없으면 비용과 편익에 대한 판단의 근거가 모호해져서 환경비용이 지나치게 과소 또는 과대하게 인식될 우려가 있다. 특히, 환경문제의 인식이 부각되는 최근의 경향으로 보아 환경문제가 지나치게 과대포장 될 가능성도 배제할 수 없는 것이다.

2. 장래 항만개발의 경향

1) 항만개발에 대한 요구 변화

세계적인 항만의 위상을 갖게 하기 위해서는 화물처리 능력 면에서 국제경쟁력에 부합하기 위해 고도의 유통거점, 정교한 산업정보제공의 요소 외에 풍부한 생활공간, 환경친화적인 항만을 강조하고 있다. 특히 각국은 생태적, 자연적인 환경의 개념을 도입하여 세계에 알리고 고객을 유치하는데 열을 올리는 것도 앞으로의 항만개발의 기조를 알 수 있다. 국민의 생활수준의 향상과 더불어 문화, 휴식, 레크리에이션을 바다와 항만에서 찾으려는 욕구가 강해지고 종합적인 항만개발정책의 도입이 절실해진 것이다.

항만개발은 부유사를 발생시키고 해안선을 변화시켜 침식 및 매몰현상을 가져오는 것은 물론, 유속장과 파랑장의 변화를 야기시켜 어장의 상실, 해안선 침식, 항내 해수 오염, 자연 간석지의 상실 등 해양생태계에 악영향을 가져오는 측면도 있어서 항만개발로 인한 해양생태계에의 변화를 예측하고 대비하는 노력이 있어야 한다.

지금까지의 항만 개발은 늘어나는 해상물동량을 처리하는데 급급한 실정이고 장기간 동안 항만의 하역능력을 높이기 위한 투자가 지속될 것으로 본다. 여기에 항만개발 관련 기초기술과 정책의 부족으로 종합적인 항만공간의 형성에 무게를 두지 못한 것이 사실이다. 최근 세계의 주요항만에서는 항만에 인접한 지역으로부터 항만관련 산업 및 유통관련 산업지역을 설정하고 주거지역과 도시핵심지역은 항만과 떨어진 곳에 배치하고 그 사이를 녹지구역으로 완충지대를 형성하는 등 항만을 항만기본시설, 항만 및 유통관련 산업, 공해 및 폐기물 처리구간, 도시핵심, 녹지 및 주거, 해양 문화 및 레크리에이션 공간, 휴식 공간 및 자연 생태계를 위한 인공서식지 조성, 환경교육을 위한 생태공원 조성 등으로 분류하여 종합적이고 체계적인 개발을 유도하고 있다.

2) 우리나라 항만개발에 대한 환경변화

2001년 현재 추진되고 있는 신항만 사업은 다음 표와 같다. 표에서 가리키고 있는 바와 같이 신항만에 투입된 2000년도의 예산만 하더라도 3,782억원에 해당하며 민간투자비를 제외하고서도 전체 항만에서 시설확충에 매년 약 1조원 정도의 예산이 투자되고 있다. 신항만개발 사업은 IMF사태 이후 개발의 속도가 느려지고 있고 상당한 기간 동안 투입하여 개발을 추진했던 새만금신항의 경우 그 사업자체가 불투명해진 것은 친환경적인 항만개발의 개념이 부족하였기 때문이다.

여기에는 정부의 환경관련 제도 및 계획 등이 미흡하였거나 조정을 하지 못한 점도 작용하였다. 항만개발 및 운영과 관련한 제도나 계획으로는 환경영향평가와 해양오염방지 대책이 있다. 환경영향평가는 항만공사 시 일정규모 이상의 공사에 대하여 설계시에 실행하도록 하고 있으며 사후 환경영향평가를 통하여 공사중의 환경변화를 지속적으로 관측하고 예측된 악영향의 정도를 분석·관리하도록 되어있다. 우리나라의 환경영향평가제도는 법령에 의해 규정된 조항에 따라 공사로 인한 환경에의 악영향은 어느 정도까지는 완화할 수 있으나 보다 적극적인 환경보존정책이 뒷받침되어야 한다.

또한, 개발로 인한 환경파괴를 완화시키기 위한 정책의 추진이 필요하다. 공사현장에 차량의 진출입을 용이하게 하기 위한 가토제를 설치하거나 부유사의 해양누출을 완화하기 위한 침사지나 오탁방지막의 설치한 경우는 많으나 적극적인 인공갯벌 또는 습지대의 조성으로 자연생태계의 자정능력을 회복시킨 사례는 아직 없어서 정책적인 배려가 필요한 실정이다. 따라서 환경영향평가제도의 역할을 조정하여 환경정책을 개발과 함께 추진할 수 있도록 하여야 한다.

표 8-1 9대 신항만 개발사업 (단위: 억원)

구 분	사업 내용	사업효과(년) ㅇ접안능력 ㅇ하역능력	총사업비
합계 ('87~2011)	안벽 56.2㎞ 방파제 20.8㎞ 호안 7.7㎞ 등	○ 236개 선석 ※최대 20만톤급 ○ 321백만톤	176,294 (정)74,568 (민)101,726
부산 신항 ('95~2011)	안벽 7.8㎞ 방파제1.49㎞	○ 25선석 ※최대5만톤급 ○ 80백만톤	55,203 (정)16,932 (민)38,271
광양항 ('87~2011)	안벽 7.9㎞	○ 24선석 ※최대5만톤급 ○ 81백만톤	25,672 (정) 6,628 (민)19,044
평택 (아산)항 ('89~2011)	안벽 13.0㎞	○ 62선석 ※최대20만톤급 ○ 62백만톤	29,418 (정)19,200 (민)10,218
인천북항 ('95~2011)	안벽 4.4㎞ 호안 5.9㎞	○ 18선석 ※최대5만톤급 ○ 17백만톤	8,139 (정) 1,997 (민) 6,142
목포신외항 ('93~2011)	안벽 4.9㎞ 도로 5.0㎞	○ 22선석 ※최대3만톤급 ○ 15백만톤	6,845 (정) 3,396 (민) 3,449
울산신항 ('95~2011)	안벽 7.4㎞ 방파제 5.2㎞	○ 31선석 ※최대2만톤급 ○ 30백만톤	29,000 (정)14,890 (민)14,110
포항영일만 신항 ('92~2011)	안벽 5.1㎞ 방파제 8.8㎞	○ 24선석 ※최대3만톤급 ○ 23백만톤	13,038 (정) 6,521 (민) 6,517
보령신항 ('92~2011)	안벽 3.4㎞ 호안 1.8㎞	○ 20선석 ※최대3만톤급 ○ 6백만톤	2,307 (정) 1,011 (민) 1,296
새만금신항 ('95~2011)	안벽 2.3㎞ 방파제 5.3㎞	○ 10선석 ※최대3만톤급 ○ 7백만톤	6,672 (정) 3,993 (민) 2,679

3. 폐기물의 처리

1) 폐 기 물

폐기물의 종류는 '폐기물 관리법' 에 따라 일반폐기물, 산업폐기물로 나누어진다. 산업폐기물은 사업활동에 따라 발생한 폐기물 중에 양적 또는 질적으로 사업자 책임으로 적절히 처리될 필요가 있는 것으로 연소에서 오니, 폐유, 폐산, 폐알칼리, 폐플라스틱류, 기타 법령으로 정해진다. 한편, 일반폐기물은 산업폐기물 이외의 전폐기물을 가리키며 주로 국민의 일상생활 중에서 배출되는 오수, 분뇨, 큰 먼지 등인데, 사업활동에서 발생하는 폐기물도 산업폐기물의 범주에도 들어가지 않는 것은 사업계의 일반계기물로 다룬다.

표 8-2 선박에서 준설토사의 해양투입처분의 경우 기준

준설토사의 종류	배출방법
1. 보통수저토사 (해양 또는 해양에 접속하는 공공용 수역에서 제거된 토사: 오니를 포함함)	(1) F해역에 배출할 것 (2) 정지중(대수속도 3노트 미만)으로 배출할 것 (3) 수산동식물의 육성에 지장을 미칠 위험이 있는 장소를 피하도록 노력할 것
2. 지정수저토사	(1) C해역에 배출할 것 (2) 해면 하에 배출할 것 (3) 항행 중에 배출할 것 (4) 상기 1.의 (3)과 같이 할 것 (5) 소량씩 배출하고 가능한 한 천천히 해중에 확산하도록 필요한 조치를 강구하도록 노력할 것
3. 특정수저토사, 유해수저토사 (수은, 카드뮴, PCB을 함유한 유해수저토사는 해양투기금지)	(1) A해역에 배출할 것 (2) 비중 1.2이상의 상태로 배출할 것 (3) 정지 중에 배출할 것 (4) 국토해양부장관이 정한 곳에 고정화하여 배출할 것 (5) 상기 1.의 (3)과 같이 할 것 (6) 가능한 한 천천히 해저에 침강하여 최적하도록 필요한 조치를 강구하도록 노력할 것

주 : 배출방법에 관한 기준을 다르게 하는 2 이상의 폐기물이 혼합하여 있는 경우에서는 당해 2 이상의 각각 폐기물에 대해 이 기준이 적용된다.
A해역: 특별히 정해진 해역으로 전국 연안역에서 5개소로 지정된 곳
C해역: 50마일 이상 떨어진 해역
F해역: 전 해역

일반폐기물, 산업폐기물의 처리방법은 소각처분, 매립처분 등이 있으나 이들 처분은 법령에 정한 처리 기준에 따라 생활환경의 보전상 지장을 가져오지 않도록 처리하여야 한다. 또한, 이렇게 한 일반폐기물, 산업폐기물의 처리방법 중에서 해면매립지에의 투입처분에 관해서는 '해양환경관리법'이 제정되어 있으므로 폐기물의 종류에 따라 처분방법 및 매립장소의 구조와 여수처리방법을 정해야 한다.

항만에서 정비하는 폐기물 해면처분장은 항만의 공간에 장기적인 수요를 조사하여 정비하는 것으로 하고 폐기물을 받아들이는 것이나 최근에는 도시부를 중심으로 일반폐기물의 최종처분을 해면처분에 의존하는 경우가 많아지게 되었다. 또한, 항만의 질서 있는 정비를 도모할 필요에 자라 지방정부를 초월한 복수의 도시폐기물을 공동으로 처리하는 광역처리장에 대해서도 정비되어야 할 것이다.

2) 건설발생토

폐기물관리법에 의한 폐기물의 분류로는 구별하여 도로 및 터널공사에서 발생하는 모래, 토사, 점토, 실트 등을 육상잔토, 바다 및 하천의 준설로 발생한 토사를 준설토라 칭하고 합쳐서 건설발생토라 하고 있다. 항만공사 등으로 인한 준설토에 관해서는 해양오염방지법시행령 등에 의해 유허물질 등의 함유량에 대해 일반수저토사, 지정수저토사, 특정수저토사, 유해수저토사로 나누어 해면매립지에 투입처분에 관해서 법의 기준이 정해져야 한다. 또한, 준설도의 해양투기에 관해서도 해양오염방지법에서 그 처분해역과 배출방법을 아래표와 같이 정하여야 할 것이다.

건설발생토는 '건설폐기물의 재활용 촉진에 관한 법률'에 기초하여 지정부산물로 지정되어 재활용의 촉진을 의무화하여야 한다. 이렇게 한 배경에 최근 증대하고 있는 수도권 및 대도시의 건설발생토를 항만에서 광역적으로 유효활용하는 프로젝트를 추진하여야 할 것이다.

표 8-3 선박에서의 폐기물 매립처분에 관계되는 규제의 개요

형 식	폐기물의 종류	구조에 관한 조건	여수에 관한 조건
안정형	수저토사(지정수저토사, 특정수저토사, 유해수저토사를 제외), 금속부스러기외 환경부장관이 지정한 폐기물(폐플라스틱류, 고무부스러기, 유리부스러기 및 도자기부스러기 공작물의 제거에 수반되는 콘크리트잔해 등이 지정됨.	당해 매립장소 등에서 폐기물(수저토사를 제외함)이 해양에 유출되지 않을 것.	없음
관리형	안정형, 유해형 이외의 폐기물	해당 매립장소 등에서 폐기물 및 해수가 해양에 유출되지 않을 것.	유해물질 및 생활환경 항목(여수토에서 유출하는 해수의 수질에 관한 기준을 설정하여야 함)
유해형	유해수저토사	해당 매립장소 등에서 폐기물 및 해수가 해양에 유출 및 침출하지 않도록 호안, 토사방지박 시설 등을 설치할 것.	관리형과 동일. 단, 유해물질에 관한 기준에 대해서는 상위기준을 인정함.
	유해한 산업폐기물	해당 매립장소 등에서 폐기물 및 해수가 매립장소 등 이외로 유출 및 침출하지 않도록 호안, 토사방지막 시설 등을 설치할 것.	유해수저토사와 동일.

제 2 절 항만계획과 환경영향평가

1. 환경영향평가 총론

1) 개 요

인류는 증가하는 인구를 부양함과 동시에 생활수준을 향상시키기 위하여 끊임없이 개발행위를 계속해왔다. 일반적으로 개발행위는 자연환경의 변경을 수반하게 되고 그 의미로는 인류의 역사가 개발행위의 역사이며 자연환경의 변경의 역사라고 생각할 수 있을 것이다.

그러나 긴 역사 중 극히 최근에 이르기까지 개발행위에 수반한 자연환경

의 변경은 우리들에게 가져다 준 정도의 문제로만 국한되지 않았다. 그 이유는 단기간에 자연환경을 변경하는 경우는 작고 변경으로 인한 영향이 대규모로 나타나지 않기 때문이다.

그런데 우리나라를 살펴보면 제한된 국토에서 4천만(남한의 경우)을 상회하는 인구가 살고 있고 주거가능 면적당 인구밀도는 세계적으로 높은 수준이다. 또한 근대적인 생활에 필요한 원재료는 부족하며 국민생활을 유지하고 향상시키기에는 가공무역입국으로 수출을 주도해온 것도 사실이다. 이와 같은 현실에서 임해부에 활로를 구하고 전후에 초토화된 국토를 다시 세워 일으킨 것으로 이는 대량의 제품을 생산하여 국내의 수요에 응함과 동시에 해외에 수출하여 외화를 획득한다고 하는 것이다. 그 결과 국민의 생활수준은 향상되고 국민은 풍부함을 향유할 수 있게 된 셈이다.

그러나 다른 한편으로는 자금을 개발에 투입하여야 했기 때문에 효율지향형으로 되기가 어려웠으며 비용이 싼 자연조건을 찾아 개발행위가 집중적으로 행해져 왔다. 이 때문에 넓은 의미에서의 자연조건과 부합되지 않는 경우에는 생활환경에 지장이 생기는 경우도 출현하였다. 또한 사람들의 생활이 풍부하게 됨에 따라 이들의 원하는 것도 다종 다양화하게 되고 공해방지의 배려는 물론 광범위한 환경보전의 배려도 필요하게 되었다.

이와 같은 사회적, 경제적 상황을 배경으로 공해방지를 위한, 나아가서는 환경보전을 위한 제반 시책이 1980년대에 들어서서야 활발하게 나타나게 되었다. 그 하나가 환경영향평가의 실시이다. 환경영향평가는 각종개발사업의 계획책정시에 그 사업이 환경에 미치는 영향을 예측하고 검토하여 환경에 미치는 영향의 내용, 정도, 방지책 등에 관하여 평가하는 것이며, 국가가 각종공공사업 및 민간개발사업에 관계되는 환경보전대책에 관하여 환경영향평가를 실시하도록 법제화하게 되었던 것이다.

2) 항만개발에 따른 환경영향

(1) 항만건설로 인한 영향

① 수질 변화: 파일 설치, 자갈 투입, 준설 등 항만 건설작업으로 침전물의 부상 및 소용돌이를 야기하고 작업선박의 우류, 폐기물 유출, 수중 콘크리트 설치 및 매립시 오염물의 확산으로 수질에 영향을 미

친다.

② 연안 수리 변화: 진입수로의 수심유지를 위한 준설이 조류, 해류, 연안 부유물의 흐름을 변화시키고 다시 연안침식 또는 퇴적을 야기한다.

③ 해저 오염: 건설 및 준설 작업으로 해저 퇴적물을 교란시켜 부유, 확산, 재퇴적 현상을 나타내며, 준설토의 투기로 해저질의 특성과 생태계에 변화를 가져온다.

표 8-4 항만개발 및 관련활동에 따른 환경영향

구 분	대 기 질		수 질		토질, 침전물		지하수질		내수 생태계		해양 생태계	
	단기	장기	단기	장기	단기	장기	단기	장기	단기	장기	단기	장기
신규개발	중	하	중	하	하	하	하	하	중	하	중	하
해체	상	하	상	하	하	하	하	하	중	하	중	하
리노베이션	중	하	중	하	하	하	하	하	중	하	중	하
방파제 건설	중	하	상	하	하	중	하	하	중	중	중	중
오염물제거	중	하	상	하	하	하	하	하	중	하	중	하
준설토 투기	중	하	상	중	하	중	하	하	상	중	상	중
준설	중	하	중	하	하	중	하	하	상	중	상	중
포장	중	하	하	하	하	하	하	하	중	하	중	하
포장제거	중	하	중	하	하	하	하	하	중	하	중	하
부두건설/재활용	중	하	중	하	하	중	하	하	중	하	중	하
지반작업	중	하	중	하	하	하	하	하	중	하	중	하
시설물건설	중	하	중	하	하	하	하	하	중	하	중	하

자료: www.aapa-ports.org(2003. 11. 8).

주: 환경영향의 정도를 상, 중, 하로 구분.

④ 해양·연안 생태계 변화: 건설 및 준설작업으로 해저 생물군을 제거하거나 해저 생태계를 덮어서 수산자원을 감소시키거나 생태계에 부정적 영향을 미칠 수 있다.

⑤ 대기질 변화: 건설공사에 사용되는 장비, 선박, 화물차 등의 배기가스 및 공사로 인한 먼지 발생이 대기오염의 원인이 된다.

⑥ 소음 및 진동: 건설장비, 화물트럭, 작업선 등은 소음 및 진동을 야기한다.

⑦ 폐기물: 항만건설과정에서 발생하는 주요 폐기물은 준설토이다. 이의 처리과정에서 육상투기로 식물에 악영향을 가져오는 것은 물론 오염물질, 염류 및 악취를 확산시키고 자연 경관을 훼손시킨다.

(2) 항만운영으로 인한 영향

① 선박 통항 및 오염물 배출: 선박의 빌지 및 밸러스트 워터, 폐유, 하수, 기타 쓰레기의 해상투기와 연료유, 윤활유, 유성 액체의 누출, 선박의 연소가스, 연기의 배출 등으로 해양수질, 해양 및 연안생태계, 대기오염에 영향을 미치며, 이와 연계하여 해양레저활동과 관광산업에 부정적 영향을 미칠 수 있다.

② 화물취급 및 연안 산업활동: 저장된 원자재의 유실, 산적화물 처리시의 유출, 바람에 의한 먼지 발생, 사고에 의한 각종 유해·우독 물질의 유출로 수질 악화, 해저오염, 해양 및 연안 생태계에 악영향, 대기질 변화, 소음 및 진동의 발생으로 갈등요인이 된다.

3) 항만계획과 환경영향평가

항만계획은 일반적으로 안벽, 방파제, 항로 등 항만시설의 건설계획 외에 용지조성계획을 포함한다. 특히 우리나라에서는 국토가 좁고 많은 항만이 일반적으로 용지수요가 강한 도시의 전면에 위치하고 있는 등의 이유로 매립으로 부두용지 및 공업용지는 물론 도시기능용지를 항만 내에 구하는 경우가 많다.

표 8-5 항만운영에 따른 환경영향

구 분		대 기 질		수 질		토질, 침전물		지하수질		내수생태계		해양생태계	
		단기	장기	단기	장기	단기	장기	단기	장기	단기	장기	단기	장기
차량수송	하역	상	중	중	하	하	하	하	하	중	하	중	하
	보관	중	하	중	하	중	하	하	하	중	하	중	하
지반 유지보수		하	하	중	중	중	중	중	중	중	중	중	중
화물 취급	산화물	상	중	하	하	중	하	하	하	중	중	중	중
	액체화물	중	중	중	하	하	중	중	중	중	중	중	중
	일반화물	하	하	중	하	하	하	하	하	하	하	하	하
	컨테이너	하	하	하	하	하	하	하	하	하	하	하	하
	브레이크벌크	중	하	중	하	하	하	하	하	중	중	중	중
화학제품 보관 및 취급		중	중	중	하	중	하	중	하	중	하	중	하
연료	선적	상	중	중	하	중	하	중	하	중	중	중	중
	보관	중	중	중	하	중	중	중	중	하	하	하	하
	양하	중	중	중	하	중	하	중	하	중	중	중	중
페인트 작업	건물	상	하	하	하	하	하	하	하	하	하	하	하
	방청	상	하	중	하	하	하	하	하	중	중	중	중
	서비스장비	상	하	하	하	하	하	하	하	하	하	하	하
페인트 제거		상	하	중	하	하	하	하	하	중	하	중	하
공공이용 및 레크리에이션	크루즈선박접안	중	중	하	하	하	하	하	하	중	하	중	하
	어선 이용	하	하	중	하	하	하	하	하	중	하	하	하
	유선정박	하	하	중	중	하	하	하	하	중	하	중	하
	공공 레크리에이션	중	중	중	중	하	하	하	하	중	하	중	하
철도 유지보수		하	하	중	하	중	하	하	하	중	하	중	하
선박폐수 배출	밸러스트 워터	하	하	상	하	하	하	하	하	중	중	중	중
	탱크청소	중	하	상	하	하	하	하	하	중	하	중	하
	빌지워터	하	하	상	하	하	하	하	하	중	하	중	하
	하수	하	하	중	하	하	하	하	하	중	하	중	하
고형 폐기물	선박배출물	하	하	중	하	하	하	하	하	중	하	중	하
	육지배출물	하	하	중	하	하	하	하	하	중	하	중	하
장비 유지보수		상	하	중	하	중	하	하	하	중	하	중	하
선박 유지보수		중	중	중	하	중	하	하	하	중	하	중	하
선박해체		중	하	중	하	중	하	하	하	중	하	중	하
선박배기가스		중	중	하	하	하	하	하	하	하	하	하	하

자료: www.appa-ports.org (2003. 11. 8). 주: 환경영향의 정도를 상, 중, 하로 구분.

이와 같은 항만시설의 건설, 용지조성 등에 따라 조류가 변화하기도 하고, 이들 시설 및 용지가 가동될 때 공장배수 및 매연의 발생이 나타나 주변의 환경에 여러 가지의 영향을 가져다주는 것을 예상할 수 있다. 더구나 임해부의 도시와 마을에 살고 있는 사람들에 따라 해안선과 바다는 극히 밀접한 관계를 가지는 경우가 많아서, 임해부의 형상을 바꾸는 항단계획은 그것이 지역의 발전을 염원하여 작성되더라도 이들의 마음을 헤아릴 필요가 있는 것이다. 항만의 개발은 주변환경에 여러 가지 영향을 가져다주므로 항만계획을 책정할 때에는 친화성이 풍부한 지역환경의 창조에 노력하여 우수한 지역사회의 형성에 기여하는 것을 기본방침으로 함과 아울러 환경영향평가를 실시하여 환경에 미치는 영향에 관하여 충분히 배려하는 것이 필요하다.

이를 위해서는 앞에서 기술한 것에 부가하여 환경보전에 관한 구체적인 규정의 정비가 이루어져야 하며 항만에 관계된 공해를 방지하고 환경보전을 도모함과 동시에 보다 진보된 항만환경을 창조하도록 항만시설에 대해서 a) 항만공해방지시설(오탁수 정화를 위한 도수시설, 공해방지용 완충지대 등), b) 항만환경정비시설(해빈, 녹지, 광장 등)을 부가함과 동시에 항만계획의 책정단계를 명확화하게 하여 지역관계자의 의견을 반영시키고, 지방항만심의회를 통해 검토하도록 하여야 한다. 또한 항만관리자가 책정하는 항만계획은 국토해양부 또는 환경부가 정한 '항만의 개발, 이용 및 보전에 관한 기본방침' 중에 '항만의 개발, 이용 및 보전의 방향에 관한 세부사항을 정하여 환경영향평가의 실시를 의무화하고 항만계획의 기본적인 사항에 관한 기준을 개별시설의 계획시에 주변환경을 배려하여 정하도록 하여야 한다. 항만계획은 통상 매립에 의한 용지조성계획, 즉 매립사업을 수반하게 되나 매립의 실시에는 공유수면매립법(연안역관리법)에서 정한 수순을 따르며 매립에 따른 세부 환경영향평가를 행하고 다른 계획도서와 함께 환경영향평가와 관련된 자료를 공개하여 관계주민의 의견을 청취하는 등 환경보전에 만전을 기하여야 한다.

항만계획의 책정시에 행하는 환경영향평가 수순을 기술하는 것과 함께 다음 절에 각 환경구성인자를 나열하였으며 환경영향평가의 실시에 유의하여야 하는 것으로는 환경은 거기에 생존하는 인간의 제반 활동과 관련하여 생각하여야 하고 환경에의 영향평가도 계획의 목적과 관련하여 생각하여야 한다는 것이다. 또한, 단순히 환경의 악화를 방지한다고 하는 수동적인 생각에서 벗어나 인류의 건전한 생활과 활동에 의해 바람직한 환경을 창조한다고 하는 적극적인 사고방식을 가져야 한다. 이러한 인식에서 환경보전은 인류사회에 필요한 생활활동과 상반되지 않는다고 말할 수 있을 것이다.

이와 같이 생각함으로써 이후 환경영향평가에 필요한 예측수법의 개발과 함께 적극적인 윤택한 환경을 창조하기 위한 수법을 개발하고, 환경개선을 위한 사업을 적극적으로 추진할 것도 고려하여야 할 것이다.

4) 환경영향평가의 순서

환경영향평가의 기술적인 순서는 아래와 같다.

(1) 계획초안

환경영향평가에 대한 계획초안으로 항만계획안을 구체화한 것이다.

(2) 평가시점의 설정

환경에 영향을 미치는 시점을 설정한다. 일반적으로 환경에 미치는 영향은 사업실시 중 공사에 의한 일시적인 영향과 활용이 개시된 정상적인 영향으로 대별하여 고려하는 것이 가능하다. 따라서 항만계획은 목표연차에서 항만공간의 이용계획을 정하게 되며 사업실시자, 시설의 구조, 공사방법 등에 관해서는 반드시 명확하게 할 필요는 없고 항만계획의 환경영향평가에 관해서는 주로 후자에 관한 영향을 검토하는 것이 통례이다. 즉, 계획의 목표연차를 취해 평가시점으로 하는 것이 원칙이다. 또한, 공유수면매립법(연안역관리법)에 의한 환경영향평가에서는 매립공사의 실시에 따른 환경에 미치는 영향을 검토하게 된다.

(3) 환경영향요소의 선정

환경영향요소로는 항만계획의 실시에 따라 환경에 영향을 미치는 것을 말하며 구체적으로는 방파제, 박지 등의 항만시설, 토지이용 등이 이에 해당한다. 여기에는 시설 자체뿐 아니라 그 시설을 이용하여 행해지는 활동(생산활동 및 유통활동) 자체를 포함한다.

선정시에는 항만계획에 포함된 시설, 토지이용 등을 정리하여 환경에 현저한 영향을 미친다고 예상되는 것이 누락되지 않도록 선정할 필요가 있다.

(4) 환경구성인자의 선정

환경구성인자로는 대기, 수질 등 환경을 구성하는 인자를 말한다. 개별 영향평가로는 (3)에서 선정된 환경영향요소에 의해 영향을 받는 환경구성인자를 선정할 필요가 있다. 이 선정 과정은 대개 2단계로 나누어진다.

제1단계는 계획에 관련된 환경구성인자를 망라하여 추출하고 누락을 방지하는 단계이다. 이를 위해서는 명확한 환경영향요소와 환경구성인자의 상호관련표와 같은 것을 작성하여 두고 기계적으로 추출해 나가는 방법이 일반적이다.

제2단계는 이전 단계의 예비적인 검토에 추가하여 특히 예측, 평가를 충분히 행할 필요가 있는 인자를 선정하는 단계이다. 이 때 다수의 인자에 관하여 환경영향요소의 규모, 지역특성, 과거의 사례, 환경의 현황 등을 종합적으로 검토하고 필요한 인자의 선정을 행하는 것이며, 중요한 점은 해당 프로젝트에 따라 필요 충분한 환경영향평가를 행하는 것이고 그를 위한 소요인자의 선정은 중요한 작업으로 상당한 경험을 요한다.

또한, 인자의 선정에 따라 평가대상이 되는 범위(지역)를 설정할 필요가 있다. 이 범위는 우선 환경에 대한 안정성 확보를 필요충분조건을 설정하고 그 후 현장 조사결과와 예측결과에 따라 필요하면 재설정한다.

(5) 현황파악

선정된 인자에 관해서는 현황자료를 수입, 정리하고 환경의 현황을 파악한다. 이 때 기존자료만으로는 부족한 것에 관해서는 새로운 조사를 실시하여 수집할 필요가 있다.

현황파악은 환경영향평가의 중요한 작업이며 이것은 환경보전목표의 설정, 영향예측에 필요한 기상, 해상조건 등의 파악, 예측결과와 대비시킨 현상의 파악 등에 필요하다.

(6) 환경보전목표의 설정

예측결과를 평가하기 위해 각각의 환경구성인자에 목표 수준을 정하는 것이 필요하다. 이것을 환경보전목표라 부른다. 이 수준은 인자의 내용을 잘 고려하여 ‘공해대책기준’에 근거하여 환경기준 및 지역의 특성, 해당 자치체의 환경보전시설 등을 고려하여 설정할 필요가 있다.

(7) 영향예측

항만계획의 실시에 의해 주변환경에 미치는 영향을 검토하고 장래예측을 행한다.

(8) 평　　가

영향예측의 결과를 환경보전목표와 조합하여 평가한다.

(9) 공해방지 및 환경보전대책의 검토

평가 결과 환경보전상의 문제점이 발생한 경우에는 공해를 방지하고 환경을 보전하기 위한 대책을 검토한다. 유효한 대책이 있는 경우에는 그 대책을 고려하여 다시 평가한다. 유효한 대책이 없는 경우는 계획요소에 feedback을 행하고 계획 그 자체의 변경을 검토한다.

5) 환경영향평가의 내용

현재 행해지고 있는 항만계획에 관한 환경영향평가의 일반적인 내용을 나타내면 다음과 같다. 항만계획에 관한 환경영향평가는 통상 지역의 개요, 환경현황, 환경에의 영향과 평가의 세 가지 내용으로 구성된다.

(1) 지역의 개요

평가대상으로 되는 지역의 일반적인 상황을 표시하는 것으로 통상 다음 사항에서 구성된다.

① 자연적조건(지세, 기상, 해상 등)

② 경제, 사회적 조건(인구, 산업, 토지이용 등)

(2) 환경현황

평가대상으로 되는 지역환경의 현황을 나타내는 것으로 통상 평가대상의 환경구성인자로 정리된다. 종합적인 항만계획의 경우 대략 다음의 사항을 포함한다.

① 대기(이산화유황, 이산화질소, 일산화탄소, 광화학옥시탄트 등)

② 조류(항류, 창낙조류)

③ 수질(화학적산소요구량, 용존산소량, 수소이온농도, 수온 등)

④ 저질(화학적산소요구량, 유해물질 등, 용출시험 및 함유량 시험에 기초한 것)

⑤ 지형(정선, 표사 등)

⑥ 소음, 진동, 악취

⑦ 생태계(해양동식물, 육상동물, 육상식물)

⑧ 경관(자연공원 등)

⑨ 문화재

(3) 환경에의 영향과 평가

계획이 환경에 미치는 영향을 예측하고 평가한 것을 나타내는 것이다. 통상 (2)에서 나타난 환경구성인자에 영향의 범위, 정도 등을 예측하고 그 결과를 환경의 현황, 환경보전목표 등과 대비하면서 평가한다.

예측방법은 통상, 정량적 방법과 정성적 방법으로 나누어진다. 정량적 방법이 기술적으로 가능한 것은 가능한 한 정량적으로 예측하는 것이 좋으나 현재의 기술수준으로 정량적 예측이 불가능한 것과 그 필요성이 없는 것에는 정성적으로 그 영향을 검토하고 평가하는 것으로 한다. 정성적 방법의 경우에는 과거의 사례 및 경험에서 종합적으로 검토하고 평가한다. 환경에의 영향과 평가의 구성, 현상태에서 예측방법의 개요는 다음과 같다.

① 대기(이산화유황, 이산화질소에 관한 정량적 예측 등)

② 조류(조류시뮬레이션)

③ 수질(화학적 산소요구량, 수온에 관한 정량적 예측 등)

④ 저질(정성적 검토)

⑤ 지형(지형변화에 관한 정량적 예측 등)

⑥ 소음, 진동, 악취(소음에 대한 정량적 예측 등)

⑦ 생태계(정성적 검토)

⑧ 경관(정성적 검토)

⑨ 문화재(정성적 검토)

종합적인 항만계획에서는 개별항만계획의 내용 및 규모 등을 충분히 감안하여 필요한 환경구성인자를 선정하고 영향평가를 실시할 필요가 있다. 연안역에 관해서는 아직 완전하다고 말할 수 없으나 추후 연안역관리법 및 연안역에 관한 종합적인 정보를 수집함과 동시에 실용적으로 보다 정밀한 평가수법의 개발이 바람직할 것이나 현재에는 위에서 기술한 방법으로 각 경우에 따라 편의 적용하고 다른 사례 등을 참조하여 종합적으로 판단할 수밖에 없다. 이때에 유의할 것은 환경은 그곳에 생존하고 있는 인간의 제반 활동과 관련하여 생각하여야 하므로 개별 해역의 특성을 파악하고 그 지역에서 바로 환경영향평가를 행하여 보다 윤택한 환경을 창조하고 보다 우수한 지역을 만드는 데 기여할 수 있도록 배워나가는 일이다.

환경영향평가는 이와 같은 중요성에 비하여 아직 평가기법 및 평가절차 등에 발전의 여지가 많은 분야이다.

① 예측수법

장래를 예측하는 경우 그 수법은 정성적인 것에서 정량적인 것으로 발전하는 경우가 많다. 현재 정량적 예측이 거의 가능하다고 말할 수 있는 것은 조류, 수질, 대기, 소음정도, 표사이고, 이후 예측수법의 확립이 바람직한 것으로서는 생물, 어업, 풍경 등이 있다. 또한 정량적 예측이 가능한 것에서도 많은 비용, 시간이 걸리는 것이 있으므로 간편한 예측수법의 개발이 바람직하다.

② 평가기준

예측결과에 대한 평가에서는 '공해대책기본'에 근거하여 환경기준이 있는 것(수질, 대기, 소음 등)에 관해서는 이것과의 비교로 평가하고 있는 경우가 많다. 또한, 전문가의 의견 등에 기초하여 평가하는 경우도 있다. 그러나 이와 같은 기준을 정하기 어려운 것, 예를 들면 풍경 등에 관해서는 대체안의 비교검토 중에서 상대적으로 평가하기도 하고, 예측결과가 주변의 생활환경, 자연환경에서 보아 현저한 것인가의 여부를 경험적으로 평가하기도 한다. 이것에 관해서는 그 예측수법과 함께 평가기준의 확립이 바람직하다. 단, 평가대상에 따라서는 경험적 판단을 주로 하는 경우도 있을 것이다.

③ 관측자료

환경구성인자에 관한 관측자료 중 이후에도 필요한 것에 관해서는 축적할 필요가 있다. 또한, 개개의 환경영향평가에 따라서는 필요한 자료의 종류와

양에 관한 규칙을 확립할 필요가 있다.

④ 기 타

환경영향평가의 의의 및 위치부여에 냉철한 판단을 필요로 한다. 무언가의 목적을 달성하기 위하여 사업을 시행하는 경우 환경에 어떤 영향을 미치는 것은 필연적이다. 그 경우 환경영향을 예상하는 것은 중요하나 보다 중요한 것은 목적과 대비하여 환경변화를 평가하는 자세이다. 다음으로 환경영향평가를 행하는 경우 그 정도로 행하는 것이 필요 충분한가를 판단하는 것이다. 현실적으로 그 판단은 상당한 경험을 필요로 하고 이를 위하여도 과거의 경험 및 다른 사례를 배워가면서 적절한 판단을 행하도록 하는 자질의 향상이 필요한 것이다.

2. 항만환경정비시설

항만환경정비시설로는 해빈, 녹지, 광장, 식재, 휴게소, 기타 항만의 환경정비를 위한 시설을 말하나 통상 계획할 때에는 프괄적으로 '녹지'라고 하는 형으로 계획하고 있다. 이들 시설은 항만의 환경창조와 보전을 도모하는 것을 기본적인 목적으로 하지만 계획에 따른 방침은 그 항만 및 배후도시의 지형, 지세 등의 자연조건, 풍토 등의 사회조건, 토지이용, 산업활동상황 등의 경제조건을 고려하여 그 항만에 대하여 보다 깊이 있게 공부는 것이다. 아래에서는 녹지의 규모, 배려 등에 관해서 표준적인 사고법, 계획과정에 관해 기술하지만 분명하게 획일적으로 계획하여야 하는 것은 없으며 물론 그 항만의 개성에 따라 계획하여야 한다.

또한 녹지 계획시에는 통상 여러 가지의 기능을 함께하도록 하고 전체로서 그 항만에 부합되도록 계획하지만 편의상 기능별로 분류하여 설명하면 다음과 같아진다. 녹지는 그것이 가지는 기능에 따라 다음의 7가지 기본형에 역사적 환경보존녹지로 분류된다.

1) 심볼녹지

심볼녹지는 항만의 심볼로 위치를 부여한 것으로 지역주민을 위한 광장, 항만의 역할 및 바다에 대한 지식을 제공하는 장, 나아가서는 도시의 매력 및 관광의 장 등 여러 가지 기능을 함께 모은 종합적인 녹지로서의 성격을 가진 것이 많으며 항만의 녹지 중에서도 핵이 되는 것이다. 심볼녹지는 다음과 같은 조건을 구비하는 것이 바람직하다.

① 항만 내의 토지이용 및 다른 녹지의 배치상황 등을 고려하여 심볼녹지에 모으도록 하는 기능을 적절히 준비할 것
② 다른 녹지와 유기적이고 체계적으로 연결되게 할 것
③ 녹지 중에 수제선을 확보할 수 있는 위치일 것. 해양성 레크리에이션 및 야외스포츠, 교육·문화시설 등의 기능을 계획하는 경우에는 소요공간규모(10~20ha)를 확보하여 둘 것
④ 항만 내의 다른 지구 및 배후도시에서 안전하고 쉽게 접근할 수 있는 위치일 것
⑤ 항만활동의 대표적 경관의 조망이 근경에서 원경에 이르는 일체적으로 보아 넘길 수 있는 위치일 것
⑥ 항만 내의 다른 지구, 해상 및 배후도시에서 보아 항만의 상징으로 되도록 잘 보이는 위치일 것
⑦ 장래의 항만의 확대에 대해서도 상기의 조건이 만족되도록 할 것

2) 휴식녹지

휴식녹지는 주로 항만에서 일하는 사람들이 휴식하기 위한 녹지이며 가벼운 스포츠를 할 수 있는 정도의 것을 말하나 동시에 배후지역의 주민이 간단한 레크리에이션 및 산책 등의 장으로서도 이용할 수 있는 것이다. 휴식녹지에는 다음과 같은 조건을 구비하는 것이 바람직하다.

① 항만 내 취업자가 낮에 휴식하거나 퇴근 후에 이용할 수 있을 것. 직장에서 안전하고 쉽게 갈 수 있는 위치일 것
② 간단한 스포츠가 가능한 정도로 녹음 및 식생 등을 중심으로 한 광장이 설계되어 있을 것
③ 휴식의 장으로 충분한 쾌적성 및 안전성이 확보될 것. 즉, 직접 바람을 받는 장소는 피하고 겨울에도 주간의 일조량이 충분히 얻을 수 있으며 소음, 분진, 악취 등의 영향이 적도록 배려된 위치일 것
④ 가능한 한 조망에 유리한 곳일 것

3) 완충녹지

완충녹지는 항만에서 제반 활동에 의해 발생하는 주변에의 악영향을 방지, 완화하기 위한 녹지이다. 공해방지용 완충지대도 완충녹지로서 설계된 것이 많다. 완충녹지의 구체적인 기능으로써는 공장소음, 자동차소음의 완화, 대기오염물질의 확산방지, 정화, 방풍, 방사 등 각종 환경적인 부하에서의 완충기능뿐만 아니라 재해발생시의 방재, 방폭 등의 완충기능도 있으므로 필요한 기능에 따라 규모 및 배치를 하는 것이 요구된다.

각종 환경압에 대한 완충지의 폭 및 토지이용이 다른 경계역에 대한 완충녹지의 폭 및 배치에 대한 기준을 마련할 필요가 있다. 여기에는 다음과 같은 기본원칙이 고려되어야 한다.

① 항만과 배후도시와의 다른 토지이용 경계부, 항만내의 토지이용이 다른 경계부에 배려할 것

② 높은 환경수준이 요구되는 병원 등의 특별시설이 있는 경우는 그 주변에 배치할 것

③ 항만의 우수한 경치로서의 기능을 기대할 수 있으므로 경관을 충분히 고려하여 배치할 것

④ 소요효과가 나타나도록 어느 정도의 규모로 배치할 것

4) 도로변녹지

도로변녹지는 도로교통의 안전성과 쾌적성을 높이는 것과 도로변의 자연환경과 생활환경의 보전 또는 개선을 꾀하기 위하여 설치되는 녹지이고 도로의 종류나 도로변의 조건에 대응하여 안전하고 원활한 이용이 행해지는 것과 함께 경관을 높이는 기능과 환경보전에 투자하도록 고려한다. 도로변녹지는 간선 및 준간선으로 이용되는 임항도로의 분리대와 측도부에 설치하고 도로변토지이용을 감안한 녹지대로 하나 1개소당 규모는 분리 대부분에서 폭 1.2～5.0m, 측도부에서 폭 1.2～10.0m를 기준으로 하면 좋다. 또한 이 도로변녹지는 녹지라고 하는 범주로 정리하고 있으나 도로본체의 일부인 것으로 취급할 수 있다.

5) 수경(修景)녹지

수경녹지는 항만에서 풍치미관을 높이기 위한 녹지이며 거대한 구조물이 가져다주는 심리적 위압감을 완화하기도 하고 무기질의 인공구조물군에서 공간적으로 완화된 느낌을 가져다주기도 하고 넓고 경관변화가 없는 획일적인 공간에서 경관적인 구분을 부여하는 것을 목적으로 도입되는 녹지이다. 또한, 항만내의 각 녹지를 연결하는 보행동선을 따라 바람직하지 않은 경관이 있는 경우에 이것을 차단하는 목적으로 도입된 녹지이기도 하다.

아울러 수경녹지는 존재하는 것 자체만으로도 환경보전기능을 동시에 발휘하는 것이 가능하기 때문에 중소규모의 완충녹지로서의 기능도 함께 하도록 한 것이 많다. 수경녹지는 다음과 같은 조건을 구비하는 것이 바람직하다.

① 배후도시 및 해상에서 보기 쉬운 장소에 배치되도록 할 것

② 경관상 변화가 없는 획일적인 공간에 설치하는 경우에는 통상 10~30m 정도의 폭을 가지게 할 것

③ 항만 내 각 녹지를 연결하는 보행동선을 따라 설치하는 경우로 바람직하지 않은 경관을 차단하고자 할 때에는 통상 5~20m 정도의 폭, 녹음이 진 도로로 고려하는 경우에는 통상 8~20m 정도의 폭을 가지도록 할 것

④ 녹음이 진 도로로서의 보행동선에 대해서는 조망이 양호하며 변화가 풍부할 것

6) 레크리에이션녹지

레크리에이션녹지는 해수욕, 낚시, 산책 등 해빈부에서의 휴식과 테니스, 야구, 축구 등 야외스포츠를 위한 녹지를 말한다. 이 녹지는 주위의 토지이용의 변화 등의 이유로 해빈부가 이용되지 못하게 되는 경우 등에서 지역주민 및 배후도시의 주민이 바다로 모이는 장을 새롭게 창조하기 위해 적극적으로 도입하는 것이다. 또한 배후 도시 내에 걸친 레크리에이션 공간을 구할 수 없기 때문에 항만내의 일부에 도시 레크리에이션 공간을 기대하여 위치를 부여하는 경우도 있으나 다른 항만활동을 위한 토지이용 등과의 조화를 도모하면서 가능하면 이의 도입이 이루어지도록 하는 것이 바람직하다. 레크리에이션녹지는 다음과 같은 조건을 구비하는 것이 좋다.

① 다른 항만이용과의 충분한 조화를 도모할 수 있을 것
② 항만주변지역의 주민과 항만 내 취업자들이 이용하기 쉬운 위치일 것. 또한, 도시에서 접근이 용이하고 안전할 것
③ 어느 정도 넓은 면적(적어도 2～5ha)이 확보되어야 하며 그 주변부에 어느 정도의 폭을 가진 나무를 심을 수 있는 곳일 것
④ 바다와 접하고 있거나 항만을 조망하기 쉬운 장소일 것. 가능하다면 해빈으로서 놀이를 할 수 있을 것
⑤ 스포츠의 장으로서 조건을 구비한 어느 정드의 넓이를 가진 평탄지에 테니스코트, 야구장 등의 시설이 들어서는 스포츠 영역과 녹음 및 식생이 주가 된 커뮤니케이션 영역을 가지고 있을 것

7) 피난녹지

상기의 기능을 가진 녹지의 계획에서는 필요에 따라 화재, 지진 등의 이상 시에 피난장소, 즉 피난녹지의 기능을 병행하도록 계획하는 것이 중요하다. 이 경우 다음의 조건을 구비할 수 있도록 배려한다.

① 피난녹지의 대상은 대략 반경 1.5㎞ 정도를 고려하므로 피난경로를 고려한 후에 다른 피난녹지의 피난유도권과 접하거나 중첩하도록 배치할 것
② 위험물취급시설 및 위험물취급공장에서 충분히 떨어진 장소일 것. 또한 방화기능을 가진 영역에 에워싸여 있을 것
③ 녹지 내부에는 피난예상인구를 수용할 수 있는 충분한 공간이 확보되어 있을 것(통상, 해당피난예상인구 1인당 1～2㎡/인을 기준으로 하고 있음)
④ 하나의 녹지로서 어느 정도의 넓이를 가지고 있을 것(적어도 200m 정도 내측의 길을 가진 사각형상의 형태인 것이 바람직함)
⑤ 안정된 지반상에 위치할 것
⑥ 녹지 내부에는 방재에 필요한 시설의 설치가 가능하도록 고려할 것

실제의 녹지계획에는 개별항만의 개성에 따라 여러 가지 기능을 복합적으로 가지도록 계획하는 경우가 많으나 상기한 분류의 경우에도 녹지에 따라

서 그 규모의 기준, 배치상 유의하여야 할 조건을 별도로 정리하여 세부계획 시 참조하여야 한다.

제 3 절 항만환경의 보존과 창조

항만공간은 유통활동의 장, 생산활동의 장, 휴식과 생활의 장 등 자연적 특성으로 질이 높은 생활공간의 구축을 위한 잠재력을 가지고 있다. 항만정비, 항만의 재개발 등에서는 공해방지 및 환경보존의 배려를 통하여 어메니티(amenity)를 향상시켜서 쾌적한 항만환경을 창조하여야 한다.

1. 환경보존대책

1) 환경영향평가

사업을 실시할 경우 공해의 발생 및 자연환경의 파괴 등을 미연에 방지하기 위해, 사전에 환경에 미치는 영향을 예측, 평가하고 유효한 대책에 대해 검토를 하는 것으로 항만의 개발, 이용 및 보존, 항로개발, 항만계획의 기본적인 사항 등에 대한 환경영향을 평가한다.

(1) 환경영향평가의 방법

계획안으로 항만계획안 또는 공유수면매립법에 관한 매립사업의 사업계획안을 전제로 한다. 환경에 미치는 영향이 최대가 되는 시기를 평가시점에 설정하는데, 항만계획의 경우 계획의 목표연차를 평가시점으로 하고 개발 후의 정상적인 영향을 검토한다. 매립사업의 경우에는 매립공사 실시에 따른 환경에의 영향에 대해서도 검토한다.

① 환경영향요소 — 항만시설, 매립지 등의 존재, 매립공사, 제반활동 등 계획의 실시에 따라 환경에 영향을 미치는 것

② 환경구성인자 — 대기, 수질 등 환경을 구성하는 인자로 환경영향요소에 의해 영향을 받음

평가대상이 되는 지역의 개요를 파악하고, 선정된 인자에 대해 환경보존

목표의 설정, 영향예측 및 평가를 실시하는 데 필요한 충분한 정도의 현황데이터를 수집, 정리하여 환경상황을 파악한다.

환경보존목표는 환경구성인자마다 공해대책기본법에 바탕을 둔 환경기준, 지역특성, 해당자치기구의 환경보존시책, 기타 과학적인 식견에 따라 설정한다. 영향예측은 계획실시에 의해 주변환경에 디치는 영향으 범위와 정도를 과학적으로 예측한다. 평가는 영향예측의 결과를 환경보존목표 등에 비추어서 실시하며 평가결과 환경보존상에 문제가 생길 염려가 있을 경우에는 그 대책을 검토하여 다시 예측평가를 실시하고, 대책이 없을 경우에는 계획안을 재검토한다.

그림 8-2 환경영향 평가절차

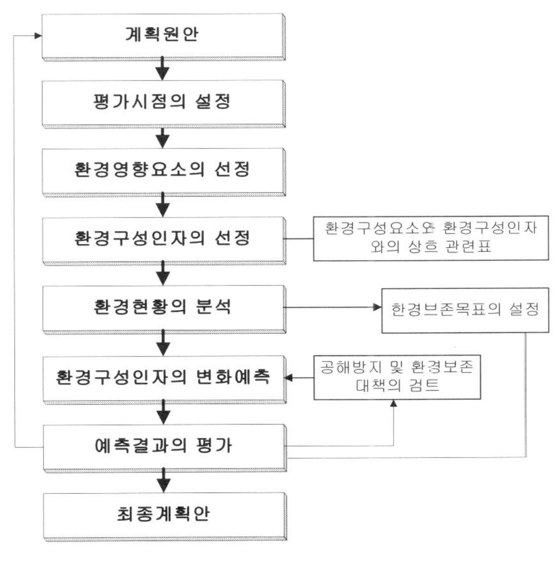

(2) 상황조사

항만계획의 대상이 되는 지역 및 그 주변지역의 일반적인 상황을 나타내는 것으로 지세, 기상, 해상 등 자연조건과 인구, 토지이용, 수역이용, 교통, 산업 등 경제·사회조건을 나타내는 지역의 개요와 다음 표와 같은 환경구성인자를 조사한다.

표 8-6 환경구성인자 조사

대기질	NO2, SO2, CO, Ox, Pb 등
수질오염	COD, DO pH, 수은, SS 등
저질	유해물질, 강열감량, COD 등
해상	파랑, 조류 등
지형	정선(shore line), 표사 등
소음, 진동	소음레벨, 진동레벨
악취	취기
동식물	육생동식물, 해생동식물 등
경관	주요전망지점
문화재 등	유형문화재 천연기념물, 주요 야외 레크리에이션지 등

(3) 예측과 평가

표 8-7 영향 예측방법

환경구성인자	예측항목	예측방법
대기질	PM-10, NO2, CO	수치시뮬레이션, 풍동실험, 확산이론식 등
수질오염	COD, 수은, SS	수치시뮬레이션 등
저질	COD, 퇴적두께	정성적 검토, 수치시뮬레이션
해상	파랑, 조류	수치시뮬레이션, 수리모형실험 등
지형	정선, 표사	수치시뮬레이션, 수리모형실험 등
소음, 진동	소음레벨 진동레벨	이론전파식, 실험식 등
악취		정성적 검토
동식물		정성적 검토
겨아관		몽타쥬사진, 정성적 검토
문화재 등		정성적 검토

환경구성인자에 대한 영향의 범위와 정도 등을 예측하는 데 계획의 규모 및 내용에 대응해서 현재의 과학적 수준에서 타당한 수법을 이용한다. 또한

예측결과를 환경의 현황, 환경보존 목표 등과 대응하면서 평가하게 되는데, 정성적인 예측결과의 경우에는 과거의 사례 및 경험으로 종합적인 검토를 통한 평가가 필요하다.

2) 해역환경의 보존대책

항만 등의 폐쇄적 해역과 오탁수 유입이 발생하는 연안역에서는 오염 진행이 용이하므로 항만공해방지시설, 폐기물처리시설의 정비, 퇴적유기오니의 준설, 양빈공, 치환사, 도류제, 해수교환시설 등의 보존방안 도출, 기름유출사고에 대비한 계류시설, 기름유출방지설비, 방제설비 등이 필요하다.

3) 항만공사에 대한 환경보존대책

항만공사에는 공해관계법규를 준수하고, 환경보존에 충분한 배려가 필요한데 시공법의 적절한 선택, 공사 중의 환경 감시 등 공사계획에 있어서 환경보존에 대한 배려가 우선되어야 하며, 지역주민과 충분히 타협해서 이해를 얻도록 노력하고, 관계기관과 연락 후 용이 주도한 준비를 통하여 공사를 진행하여야 한다.

(1) 준설토의 배출규제

해양오염방지법에 따르면 선박으로부터의 폐기물 배출은 원칙적으로 금지되어 있으며, 긴급피난, 불가항력적인 것 및 예외적으로 해양투기지를 경유하는 것에 대해서는 배출해역 및 배출방법에 대한 기준이 규정되어 있다.

(2) 공사 중의 환경감시

항만건설은 공해방지대책을 수립한 후에 진행되므로 환경영향평가에 의해 그 공사의 영향정도가 파악된다. 공사 중에 있어서도 사업의 규모와 내용에 따라 환경조사를 하여 영향을 파악하고 필요에 따라 공해방지대책의 변경 등 공사계획의 재검토를 할 필요가 있다. 환경감시에 있어서는 조사항목, 범위, 빈도 등을 공사의 규모와 내용에 따라 적절히 선택한다.

표 8-8 선박에서 준설토의 해양투기 기준

준설토사의 종류	배출방법
1. 보통수저토사[해양 또는 해양에 접속되는 공공용 수역에서 제거된 토사(오니(汚泥)를 포함)]	(1) F해역에 배출할 것 (2) 정지중(대수속도 3노트 미만)에 배출할 것 (3) 수산동식물 생육에 지장을 미칠 염려가 있는 장소를 피하도록 노력할 것
2. 지정수저토사	(1) C해역에 배출할 것 (2) 해면 밑에 배출할 것 (3) 항해중에 배출할 것 (4) 위의 1의 (3)과 같다 (5) 소량씩 배출하고 되도록 신속하게 바닷속에서 확산되도록 필요한 조치를 강구하도록 노력할 것
3. 특정수저토사, 유해수저토사(수은, 카드뮴, PCB를 포함한 유해수저토사는 해양투기금지)	(1) A해역으로 배출할 것 (2) 비중 1.2 이상의 상태로 해서 배출할 것 (3) 정지 중에 배출할 것 (4) 교통부장관이 정하는 바에 의해 고정화해서 배출할 것 (5) 위의 1의 (3)과 같다 (6) 가능한 한 신속히 해저에 가라앉혀서, 퇴적되도록 필요한 조치를 강구하도록 노력할 것

주: 배출방법에 관한 기준을 달리하는 2가지 이상의 폐기물이 혼합되어 있을 경우에는 해당 2가지 이상의 각각 폐기물에 대해, 이 기준이 적용된다.

2. 환경정비를 위한 시설

1) 항만환경정비시설

쾌적한 항만환경을 정비할 것을 목적으로 한 해변, 녹지, 광장, 식재, 휴게소 기타 항만의 환경정비를 위한 시설(통상 녹지라 칭함).

① 기능별 분류 — 심볼녹지, 휴식녹지, 완충녹지, 도로가녹지, 수경녹지, 레크리에이션녹지, 피난녹지 및 역사적 환경보존녹지

② 녹지정비 — 친수성 향상을 도모하기 위한 계단, 데크 등과 보다 물가로 향하는 접근성을 높인 친수호안, 안전하게 낚시를 즐길 수 있는 낚시전용 잔교, 인공해변을 배치

표 8-9 녹지유형별 규모기준

녹지타입	개 요	유 치 권	규모의 기준		배치사고방법
			1개소당의 규모	1인당의 규모	
심볼녹지 (녹지타입 I)	지역주민등과 항만 및 해양과의 접촉을 위한 장으로 혹은 해양이벤트 등에 대응할 수 있는 항만지역의 커뮤니티공간으로 널리 공공용으로 제공되어 항만의 상징적인 기능을 발휘하는 녹지	60~120분 1일권	10~50ha	20~40m²	1) 전망이 수려한 한구전망점 2) 배후의 도시나 해상에서의 접근이 용이한 장소 3) 항만내 각 구역과의 연결이 용이한 장소 4) 배후도시와 주요지구와의 연결이 용이한 장소 5) 볼 수 있는 빈드가 많은 장소 6) 1항만에 1개소
휴식녹지 (녹지타입 II)	주로 항만에서 일하는 사람들이 휴식과 가벼운 운동을 위해 또는 여객의 대합장소로 안심감이나 안락함을 주는 조경적 기능을 하는 녹지	300~500m 낮에 쉴수 있는 행동권	3,000~6,000m²	30~50m²	1) 각종시설과 잘 관련될수 있을 것 2) 주간의 일조(日照)를얻게되고, 바람이 심하지 않은 장소 3) 소음, 분진등의 영향을 받지않는 장소 4) 비교적 전망이 좋은 장소 5) 도달하기가 용이한 장소 6)500m권데 1개소 정도
완충녹지 (녹지타입 III)	항만에 있어서의 제활동으로 발생하는 소음, 대기오염, 심리적인 억압감 등에 대해 주변지역의 자연환경, 생활환경 등을 보호하기 위해 설치되는 녹지		대폭수십~수배 m		1) 항만과 배후도시가 다른 토지이용시 2) 항만내 토지이용이 다른 경계부 3) (병원, 기타) 특수시설의 주위(풍향에 주의) 4) 방조풍(防潮風) 방사가 필요한 곳
피난녹지 (녹지타입 IV)	지역전역에 미칠한 한 진재시의 재해시, 대피장소 또는 구급활동의 거점으로 기능을 발휘하는 녹지	1.5km 긴급 대피권	수 ha~수십 ha	1~2m²	1) 대피루트가 틀림없이 확립될 수 있는 장소 2) 폭발물이나 기타 위험물에서 격리되어 있는 장소 3) 지반의 안전성이 높은 장소 4) 1.5km권에 1개소
도로가녹지 (녹지타입 V)	도로교통의 안전성과 쾌적성을 높이고 연도의 자연환경이나 생활환경의 보존 또는 개선을 도모하기 위해 설치되는 녹지	-	분리대 1.2~5.0m 측도부 1.2~1.0m		1) 간선 및 준간선도로의 분리대와 측도부분 2) 연도의 토지이용을 감안한 녹지 폭
수경녹지 (녹지타입 VI)	항만내의 건축물들이 주는 경관적 압박감을 완화하고, 경관적으로 단조로운 공간에 변화를 줄 목적으로 산책로 등을 따라 배치되어 공간과 공간의 연속성을 만들어 내는 기능을 지닌 녹지	-	녹도 8~30m 구절 10~20m		1) 배후의 도시나 해상에서 볼수 있는 빈도가 높은 장소 2) 비교적 전망이 좋은 장소 3) 시각적으로 바람직하지 않은 시설의 주위 4) 주요보행루트를 따라 배치 5) 500m권에 띠형으로 1개정도
레크레이션녹지 (녹지타입 VII)	항만주변지역의 사람들이 해변가에서 놀이나 야외스포츠 등의 레크레이션활동을 통해 항만이나 바다에 친근감을 지닐 수 있게하는 기능을 지닌 녹지	1.2Km~ 지구의 마무리권	수 ha (2~5ha)	20~30m²	1) 도시공원등과 체계화 2) 배후 도시로부터 접근하기가 쉬운 장소 3) 휴식녹지나 심볼녹지와의 유기적인 연계 4) 강풍등의 영향이 적은 장소 5) 전망이 좋은 장소 6) 되도록 해변과 친숙하기 쉬운 장소 7) 1.5~2.0km권에 1개소
역사적 환경 보존 녹지	항만과 관계가 깊고, 역사적인 가치가 있는 시설이나 사적을 중심으로 하는 역사적인 환경의 보존과 재생을 목적으로 설치된 녹지		수 ha		1) 항만과 관련이 깊고, 역사적으로 가치있는 시설등이 존재하는 장소 2) 배후도시로부터 접근이 용이한 장소

2) 항만문화교류시설

육역과 해역의 공유접촉영역으로 바다나 선박을 무대로 한 지역교류가 가능하며 항만, 해양에 대해 이해를 깊게 할 수 있는 풍부한 문화공간을 위한 높은 잠재력을 지니고 있고, 항구, 선박, 바다에 관한 문화적인 각종이벤트가 전개될 수 있는 다목적홀, 역사박물관, 해양전망시설 등 항만에서의 공간창출에 도움을 주게 된다. 수제선에 가깝고 항만이 충분하게 전망되는 등 주변환경이 양호하며 쾌적한 이용이 가능한 지점을 정비하여야 한다.

3) 폐기물 매립호안

도시권에서의 폐기물 발생량의 증대에 따른 최종처분량도 증가하게 되는데, 내륙부의 도시화로 내륙처분장의 확보하기가 곤란하므로 종국적으로 해면에서 처리하게 되는 상황으로 된다.

① 대상 : 도시의 일반폐기물, 산업활동에 따른 산업폐기물, 건설공사의 건설잔토, 항만공사의 준설토

② 영역 : 항만구역 내의 해면처분장의 외주호안

③ 적용 : 폐기물처리규정, 차수성의 기능 확보

4) 해양성 폐기물 처리시설

선박, 해양시설에서 발생하는 폐기물은 해양투기 금지로 육지로 옮겨 처분한다.

① 대상 : 하역으로 인한 나무껍질, 하분가루, 해면부유 쓰레기 및 침전폐기물

② 시설 : 폐기물 반입시설, 소각시설, 파쇄시설

③ 적용 : 대기오염, 소음 등의 환경보존

5) 폐유처리시설

선박의 밸러스트, 선박검사, 수리 등의 탱크세정수, 기관실의 누유, 빌지 등의 폐유를 처리하기 위한 시설을 가리킨다.

① 시설 : 수역시설, 계류시설 등의 항만기본시설과 양수시설, 반입탱크,

유수분리설비, 소화설비

② 계획 : 이용선박, 계획처리량, 처리능력 결정, 최대처리능력 고려, 건설 위치, 처리방법의 선택

6) 항만공해방지시설

오염수의 정화를 위한 도수시설, 공해방지용 완충지대

3. 항만환경의 창조

1) 쾌적향상을 위한 방법

(1) 친수공간의 형성

인공해변, 친수호안, 낚시시설, 광장, 녹지 등 물가에 안전하게 접근할 수 있는 시설의 집약적인 정비나 해양성의 스포츠, 레저의 기지가 되는 마리나 등의 시설정비로 지역주민이 물에 친숙하게 되고 이를 통하 지역주민의 일상적인 교류가 계획될 수 있는 치수공간의 형성하게 한다.

(2) 이벤트공간의 형성

관광선, 범선 등의 기항 때에 개최되는 이벤트, 항구의 축제, 지역의 특색 있는 이벤트를 개최, 여객선부두, 어시장 등을 활용하고 이 지역의 관광활동을 지원하기 위한 관광선 버스, 녹지, 주차장, 전망타워, 레스토랑 등을 일체로 한 이벤트공간 형성을 촉진한다.

(3) 역사환경공간의 형성

운하, 창고, 호안 등 역사적으로 귀중한 항만시설을 중심으로 한 항만 및 해양문화의 보급을 꾀하고 동시에 이를 중심으로 한 지역의 상징조성을 목표로 한다(역사적 항만시설, 해양박물관, 녹지역사공간 형성).

(4) 풍부한 경관의 형성

선박, 마리나, 자연경관이 즐비한 거리, 조화를 이룬 경관을 창조한다.

2) 항만의 쾌적성(amenity) 요소

표 8-10 항만의 쾌적성 요소

쾌적성의 요소	개 요
자연의 쾌적성	항만지대의 자연해변, 이끼, 송림, 산, 언덕 등 좋은 경관을 이루는 것
역사의 쾌적성	임항지구 및 그와 인접한 지구에 있는 옛 창고, 운하사적 등 역사를 느끼게 하는 것
붐비는 쾌적성	여객터미널, 사람들의 붐비기, 수산업에 종사하는 어항의 번잡함, 해양성 레저나 관광으로 인한 번잡함 등의 항구특성에 따른 소란스러움을 느끼게 하는 것
생활문화의 쾌적성	항도의 거리, 향토예능, 전승예능 등, 항구의 생활감, 생활문화를 느끼게 하는 것
항구의 랜드마크	등대, 교량, 타워, 성등의 구조물이나 높은 산 등의 자연 자원으로 랜드마크의 느낌을 주는 것
활력의 쾌적성	화물선, 크레인, 컨테이너 등의 유통기능과 조선서, 공장 등의 생산기능으로 항구의 활력을 느끼게 하는 것

제 9 장

항만개발계획 사례

본 장은 항만의 설계 및 건설과 관련된 복잡한 문제에 대한 통찰력을 키우는 것에 목표를 둔다. 즉, 항만을 설계할 때 필요한 여러 가지의 계획과정에서 착수시 주요 지침을 기술하고자 한다.

다음에 열거한 사항은 장래 항만에 가장 큰 영향을 가져다 줄 것으로 사료되는 변화추이를 나타내었다. 선박의 건조기술이 발달됨에 따라 기능적으로 항만시설이 무용지물이 되는 것은 명백하다. 따라서 새로운 개혁에는

① 모든 수로 및 항만의 수심을 능가하는 심흘수 선박(25m 이상)의 도입

② 완전히 새로운 시설을 필요로 하는 LASH, SEABEE와 같은 선박개념

③ 선박부품의 표준화

④ 대양바지의 개념

⑤ 본선에 장치된 컴퓨터로 조종되는 자동화 선박의 도래

심흘수선을 효과적으로 활용하기 위해서는 외해 적하시스템으로 바꾸어 나간다. 현재 외해에서 화물을 적하하는 경우는 석유 및 광석 슬러리와 같은 액화화물에만 적용되고 있다. 외해 적하를 위한 새로운 시설은 인공섬 건설로

해저파이프라인을 통한 것이 있다. 컨테이너화는 하역기술을 혁신한 것이다. 아울러 공장과 사용자 간의 연결망으로 고도의 조직계획체계를 나타내는 내륙수송체계와 연계시키기 위해서는 모든 수송수단이 동등하게 참여할 수 있도록 대규모로 단위품목의 표준화가 필요하게 된다. 부두의 부속계획에서는 연안 바지터미널의 개발을 통해 2차적 화물배송단지를 형성시킨다.

다음과 같은 항만의 장애요소는 새로운 항만의 계획에 영향을 미친다.

① 항만준설에서 고비용이 소요됨

② 터널, 파이프라인 등의 위치를 변경시키는데 고비용이 소요됨

③ 환경 및 생태에 영향을 미치는 요소

제 1 절 기존항만

과거 수십 년 동안 트럭, 철도 및 항공운송은 급격히 신장한 반면에 해상운송은 쇠퇴해왔다. 다른 운송수단과 경쟁하기 위하여 해운산업에서는 선박의 대규모화 및 일반벌크화물의 컨테이너화와 같은 기술의 혁신을 도입하게 되었다. 그러나 해운산업이 조선 및 컨테이너화에 상당한 노력을 기울이고 있는 때에 항만은 이와 같은 경로를 따라가지 않았다.

오늘날 항만이 직면하고 있는 주된 문제는 노후화된 시설, 장비 및 운영관리체계를 현대화하는 것이다. 여러 가지 항만의 예에서 알 수 있듯이 컨테이너화에 필요한 대규모의 마샬링야드조차도 용지의 부족으로 인해 갖추지 못한 상태이다. 많은 항만에서 접근 도로의 제약으로 인해 트럭수송량의 증가를 따라가지 못하는 실정이며 해상수송로 또한 항로폭이 좁거나 수심이 얕아서 신형의 초대형선에 서비스할 수 없는 때가 자주 있다. 이와 같은 노후화된 시설 때문에 송하주는 새로운 시설을 갖춘 항만으로 옮기게 되고 오래된 항만에서는 현금자본의 흐름이 줄어들어서 겨우 운영해가는 실정에 놓여 있다.

이들과 같이 오래된 항만에서는 공간의 부족이 주요 문제이다. 전형적으로 이와 같은 항만은 도시의 오래된 부분에 위치하고 있으며 복잡한 도로사정은 화물의 이적 및 배달에 적절한 트럭의 교통이 원활하지 않다. 임해지역은 특성상 노후화된 채로 방치되어 있으며 부두 및 안벽은 항만 효율이 떨어져

점차 쇠퇴해 가게 된다.

최신의 해양기술로 적합한 계획을 실행에 옮기지 못하면 선박의 적양하에 지체가 발생하여 비용부담이 증가하게 된다. 부두 및 안벽으로 점유하고 있는 고가의 항만용지가 에이프런이 너무 좁기 때문에 효율적인 하역에는 장애가 되며, 좁은 수로에서 선박의 회항시간이 쓸데없이 길어지고 산업입지가 부적합하게 위치해 있어서 폭주를 야기시키게 되는 것이다.

오래된 항만은 규모나 위치 때문에 비효율적이며 수익성이 없거나 현대적인 운영체계에 맞지 않는 경우에는 점진적으로 이와 같은 시설을 제거하여 그 효율을 상당히 끌어올릴 수 있다. 나머지 부두 및 시설은 보완할 수 있으며 기능적으로 때이른 시설의 무용화에 대처하도록 논리적인 확장계획을 개발할 수 있을 것이다.

항만은 트럭, 보관 및 물류에 관한한 지역경제에 상당한 이익을 가져다 줄 수 있다. 즉, 항만 내에서의 일자리를 제공하고 바깥에서는 간접적인 일자리를 창출하는 촉매의 역할을 한다. 또한 항만관련 산업분야 및 전역에서 상품의 흐름을 증가시키는 기능을 가진다. 그러나 수송, 시설 및 신장된 교통류에 대한 적절한 계획을 갖추지 못할 때에는 오히려 요즘과 같은 급격한 변화의 시기에서 항만이 지역발전에 대해 장애요인으로 작용할 수 있을 것이다.

본 장의 목적은 기존항만을 보완할 수 있는 개선책을 다루는 데 있으며 여기에는 항만용지를 더욱 효과적으로 이용하기 위한 항만계획, 시설설계 및 하역방법을 다루는 것을 포함한다. 항만의 물리적 및 사회환경적인 것에 더욱 관심을 가지고 선박의 회항을 신속하게 하는 데 관련된 기술분야에 비중을 두기로 한다. 목표는 항만기술을 높여서 트럭, 철도 및 항공운송시스템에 대해 경쟁력을 키우기 위한 것이 아니라 이와 같은 수송수단과 적절한 조화를 갖도록 하는 데 있다.

항만 내에서 어떻게 현대시설과 나은 계획이 항만의 폭주문제를 경감시키고 운영관리면에서의 효율을 증대시킬 수 있는가를 설명하기 위해서 미국의 로스엔젤레스(LA)항을 실험적인 연구 대상으로 하였다. 실험연구에서는 복합기능의 창고-상옥건물 및 컨테이너의 수직적하 및 양하시스템을 포함한 새로운 개념의 하역에 치중할 것이다. 다음으로 기존시설의 제거 및 재위치의 필요에 대해서도 고려하기로 한다.

1. 로스엔젤레스(Los Angeles, LA)항 - 실험적 연구

1) 도시 및 항만 현황

미국의 로스엔젤레스는 오렌지 농장을 발달시키고 1900년대 초에 San Francisco 지진으로 인하여 인구 유입이 늘어나기 시작하였다. 뉴욕과 시카고 다음가는 미국을 대표하는 대도시이며, 주변의 패서디나·컬버시티·잉글우드·산타모니카·롱비치 등의 위성도시를 포함한 인구는 1,500만을 넘어 뉴욕 지역에 이어 미국 제2의 대도시권을 형성하고 있다. 시가지는 북부의 샌게이브리얼 산맥의 남쪽 사면에서 서부와 남부 해안에 이르는 광대한 지역에 펼쳐져 있다. 가로(街路)는 대개 정연한 바둑판 모양으로 계획되어 있으나, 시가지의 급속한 확장에 따르는 자동차의 급증으로 오래된 시가지는 지속적으로 재정비가 이루어지고 있다. 도시의 주요 산업은 농업과 제조업, 군수산업의 비중이 컸지만 제조업과 군수산업의 쇠퇴로 광고, 컴퓨터 프로그램, 엔지니어랑, 회계, 법률 등 비즈니스, 서비스업이 최대 산업으로 발돋움 하고 있으며, 최근에는 영화산업과 관광사업이 LA 경제의 가장 큰 비중을 차지하고 있다.

LA항은 캘리포니아주 로스앤젤레스市 남쪽 32km 정도 떨어진 산페드로만에 위치하여 항만과 도시의 게이트웨이의 역할을 담당하고 있다. LA항은 30개 선석으로 연간 7.3백만TEU의 처리능력을 가지고 있으며, 공원, 녹지 등 친환경적인 요소와 레크리에이션 시설 및 교육시설 등의 배후 기능의 요소가 어우러진 선진항만이다. LA항은 2차 세계대전 이후 캘리포니아에서 가장 큰 항만으로 성장하여 현재 컨테이너 처리 물동량은 2006년을 기준으로 약 847만TEU로 미국에서 가장 많은 물동량을 처리하는 항만이고 세계에서 10위를 차지하는 국제적인 항만이다. 주요 무역 파트너국은 주로 아시아 국가들로 중국, 일본, 대만, 태국, 한국이다.

① 도시 개요

- 위치: 미국, 캘리포니아주 남부
- 인구: 370만명(1,500만 인근도시 포함)
- 면적: 1,200㎞
- 항만: LA항, 롱비치항, 산페드로항

② LA항 개요

- 위치: 미국, 캘리포니아, LA, 산페드로만 연안
- 면적: 약 918만평(7,500 에이커) – 3마일(약 69km)의 해변
- 규모: 30선석(연간 730만TEU 처리)

그림 9-1 LA항의 전경

2) LA항 정비계획(Los Angeles Master Plan)

(1) 정비계획의 개요

2007년에 개항 100주년을 맞이한 LA항은 27년 전인 1980년 '항구마스터 플랜'을 마련하여, 2011년 완성을 목표로 정비개발을 추진하고 있다. 총 대상 면적 약 918만평(7,500에이커)을 대상으로 한 마스터플랜에 따르면 LA항만권에 대한 계획이 지역 경제, 항해, 어업 그리고 시민의 삶의 질에 직접적인 영향을 미친다는 인식 하에 모두 총 9개 구역으로 나누어 세부계획을 수립하였다.

또한, 1980년 계획 수립 이후 장기간에 걸친 마스터플랜 과정에서 주변 여건 및 사회변화에 따라 총 17차례 주요한 계획의 변경이 이루어졌다. 20여년의 마스터플랜 수립과정에서 조선산업과 수산업 등이 예상과 달리 급격히 쇠퇴함에 따라 항만개발계획은 단기 및 중장기 세부 계획이 큰 폭으로 수정

되었다. 단순히 물동량을 신속히 처리한다는 개발방향에서 벗어나, 환경개선에 관한 각종 프로그램을 실시하여 친환경항만으로 개발되고 있으며 그 일환으로 산페드로와 윌밍턴항만 구역에 대한 시민공원화 계획을 강력하게 추진하였다.

그림 9-2 LA항의 위치도

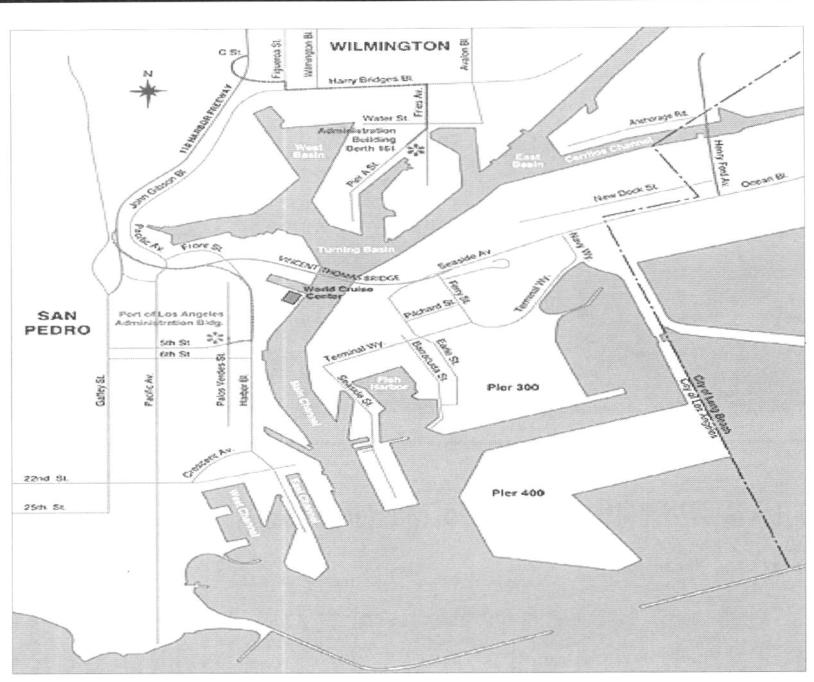

(2) 정비계획의 특징

항만의 성장과 환경의 균형적인 발전이야 말로 LA항만이 직면하고 있는 최대과제이므로 항구 내부나 주변에서 공기오염의 주범으로 꼽히는 화물트럭의 운행을 최소화하는 문제, 기간설비의 첨단기술화, 화물물류 흐름, 그리고 생물학적, 산업 및 내부환경 개선에 관한 다음과 같은 프로그램을 운행중이다.

그림 9-3 베이퓨 필드 전경

① 환경조절 시스템

LA항만에서 2003년 12월부터 가동하고 있는 시스템으로 미 환경보호국(EPA), 미 항만당국협회(AAPA), 지구환경 및 기술연합회가 공동으로 미국 내 수천개의 크고 작은 항만 가운데 11개의 초대형 항만을 선정하여 항만의 환경조절에 관한 시스템을 작동토록 한 것으로 LA항만은 캘리포니아주에서 가장 먼저 대상 항만으로 지정되었다. 이 시스템은 항구운영의 환경적 폐해를 최소화하고 운영효율을 높이기 위한 일련의 단계와 실행원칙을 유기적으로 지키도록 도입하였다.

② 녹색항구 프로그램

LA항만과 중국 상하이항이 2002년 11월에 맺은 협약에 따라 진행된 프로그램으로 항만당국은 항만구역의 공기오염 최소화, 항만 수질유지, 항구 운영상 환경적 폐해 최소화 등에 관한 기술정보를 공유하면서 항구 환경개선을 추진하기 위한 것이다.

③ 녹색터미널 프로그램

컨테이너 방식의 화물물류에 초점을 맞추어 화물터미널 구축과 운영과정에서 공기, 수질 및 토양오염을 최소화하도록 하는 프로그램이다.

④ 피크타임 분산프로그램

화물터미널의 운영을 주중과 주말 근무조로 분산배치 운영함으로써 물류처리 시간을 단축, 결과적으로 화물트럭들의 항구 내 체류 및 운행시간을 단축케 함으로써 각종 오염요인을 최소화하는 프로그램으로, 주간 시간대나 출

퇴근 시간대의 화물트럭 운행을 줄여, 결과적으로 도심 교통정체 유발을 최소화 하고 있다.

(3) LA항 워터프론트 사업

항만시설은 각종 안전과 환경적 이유로 인해 시민들의 거주지역과 일정 거리 이상을 확보하여 설계되는 것이 일반적이지만 시민들에게 좀 더 쾌적한 항구주변을 제공하고 나아가 거주단지의 지원성격의 공간화를 위해 LA항만 당국은 산페드로항만구역과 윌밍턴항만구역 등 2대 항만구역에 대해 세심하게 공원화 계획을 수입하였다.

그림 9-4 산페드로 워터프론트 마스터플랜

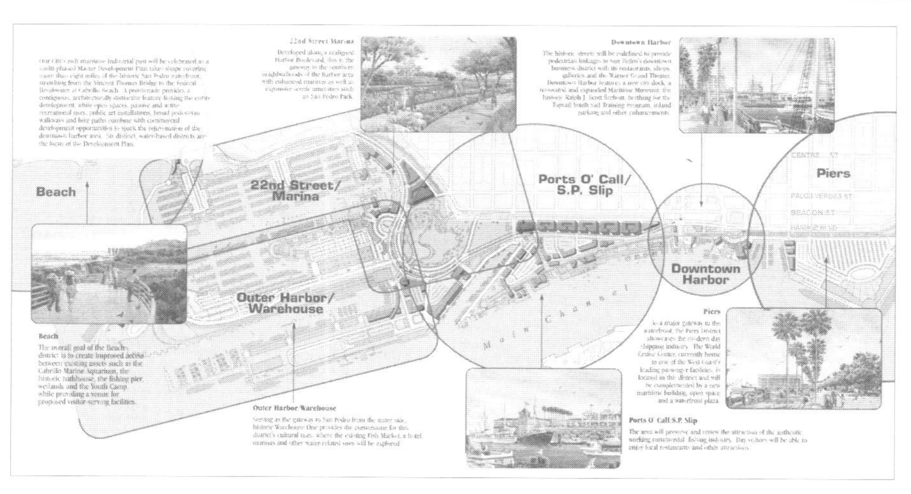

① 산페드로항만 워터프론트 조성사업

이 사업은 빈센트 토마스다리에서 페드럴 브레이크워터에 이르는 8개 지구 약 48만 9천평(400에이커) 규모의 공간을 대상으로 시민들이 좀더 바닷가에 쉽게 접근할 수 있도록 하고, 현재의 공원을 세배 규모로 늘리는 것을 개발의 기본 개념으로 설정하고 3단계로 개발계획을 수립. LA 대형유람선선착장은 2004년 12월 산페드로항만을 활용해 조성되었으며, 인근지역을 이용한 하버블러바드 공원길 조성사업은 2005년 10월에 완공되었다.

그림 9-5 산페드로 워터프론트 조성사업 시설바치도

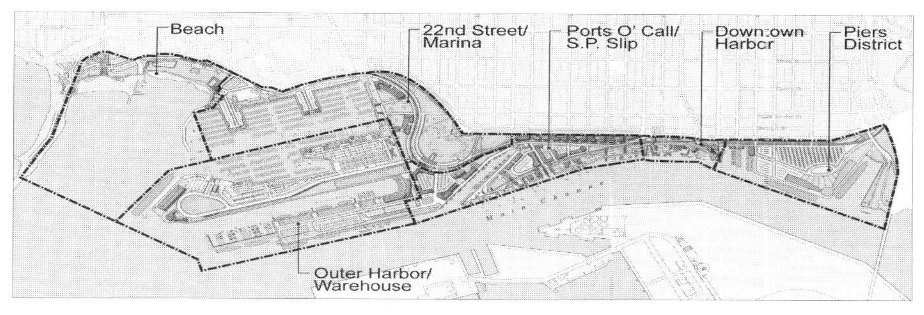

그림 9-6 산페드로 워터프론트 조성사업 토지이용계획

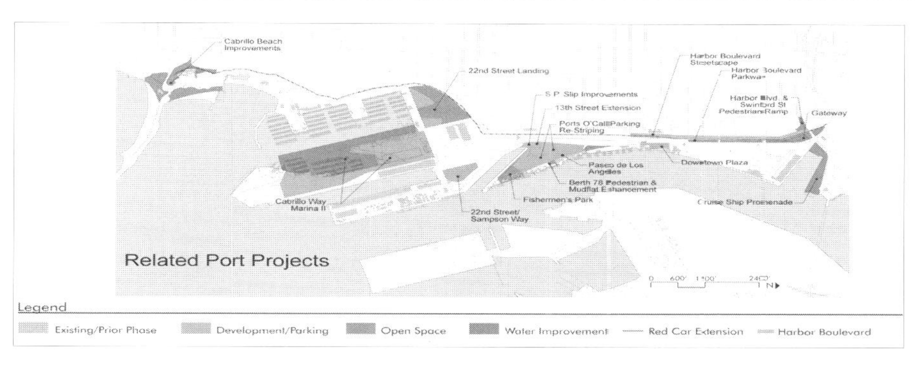

그림 9-7 산페드로 워터프론트 조성사업 단계별 계획 1/3단계

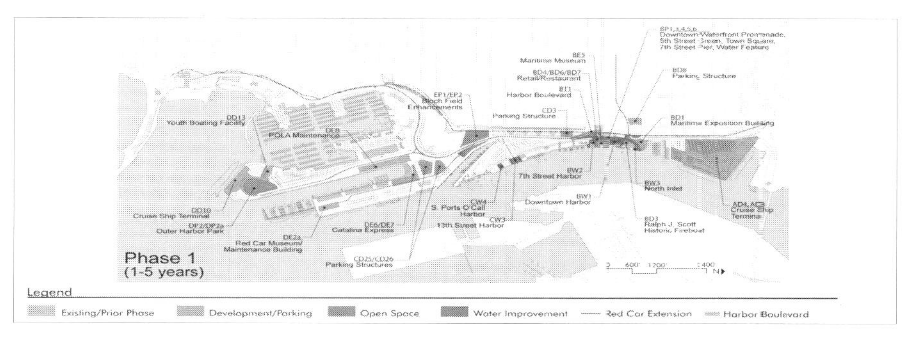

그림 9-8 산페드로 워터프론트 조성사업 단계별 계획 2/3단계

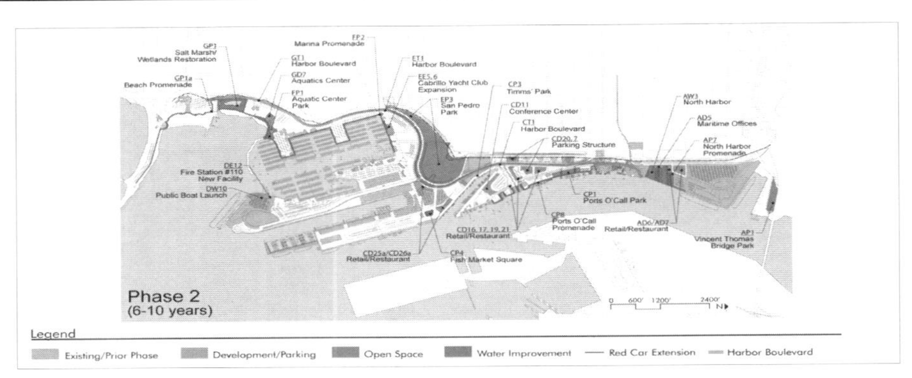

그림 9-9 산페드로 워터프론트 조성사업 단계별 계획 3/3단계

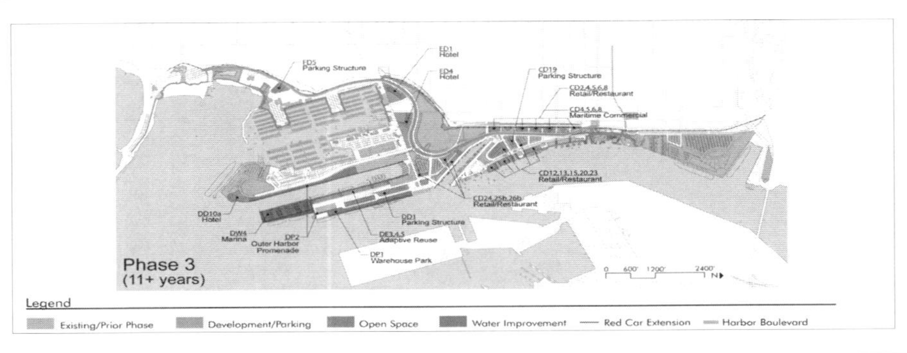

② 윌밍턴항만 워터프론트 마스터플랜

환경 친화적인 윌밍턴항만을 조성하기 위한 계획으로 2004년 10월 입안되어 LA시 항만위원회 의결을 거쳐 확정되었다. 이 계획은 윌밍턴항만 인근 약 9만1천평(75에이커)을 대상으로 하는 것으로 해이브리지 블러바드와 C스트리트 사이의 대지공간을 회랑형으로 조성해 시민들에게 돌려주는 것을 기본 개념으로 한다. 이 계획으로 항구시설과 일반 주거지와의 완충지를 형성하는 것뿐만 아니라, 시민들이 항만에 쉽게 접근할 수 있고 지역사회의 발전을 도모하고자 하였다.

그림 9-10 월밍턴항만 위성사진

그림 9-11 월밍턴 워터프론트 마스터플랜

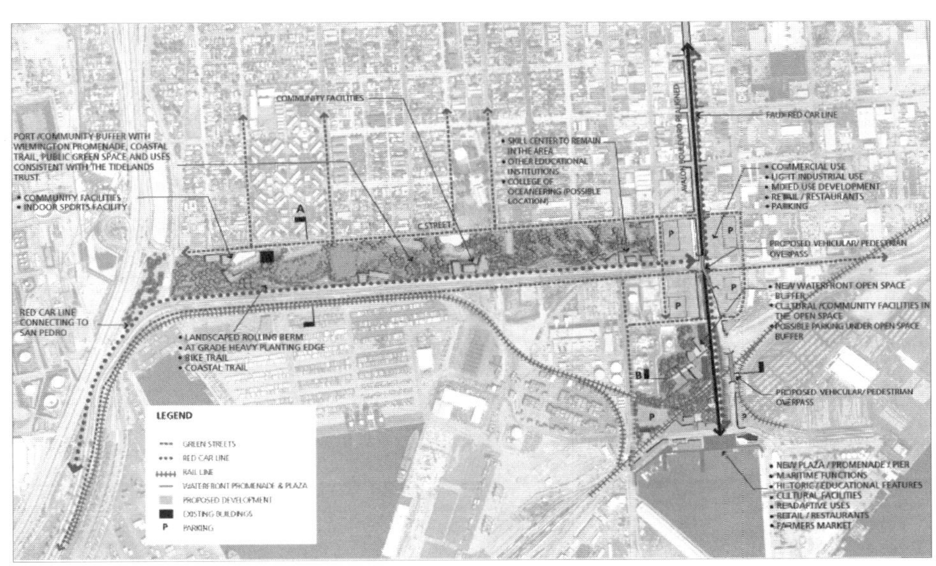

그림 9-12 윌밍턴 워터프론트 단면도

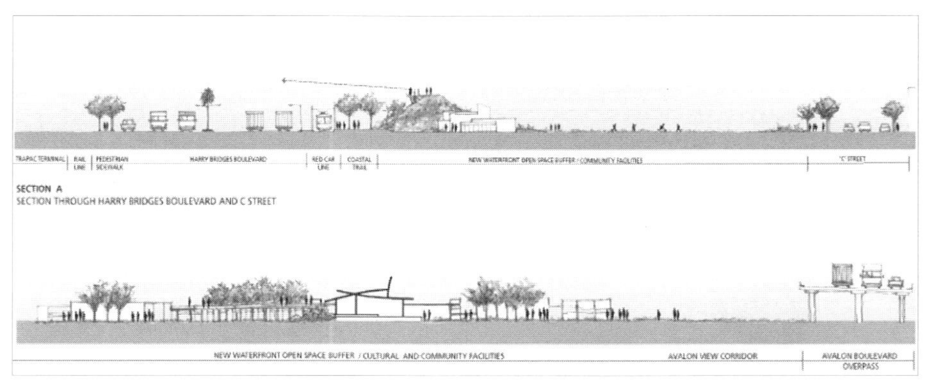

그림 9-13 윌밍턴 워터프론트 조감도

제 2 절 연계항만

기존 항만을 다룬 전술한 개념은 대부분의 현존 항만들이 항만 노후시설들의 현대화를 필요로 하며 해양기술에 있어 새로운 업적이 변화를 필요로 한다는 사실을 설명하였다. 해양기술 변화에 효율적으로 대처할 수 있는 기능적으로 디자인된 시설이 필요하게 되나 이와 같은 항만시설을 계획하는 것으로 끝나서는 안 된다. 현재와 계획된 완성일 사이에 있어 개발 중간단계에 있는 노후시설들을 단계적으로 제거하는 것을 신중히 고려하여야 한다.

그런 임시계획의 목적은 외해항만의 개발, 초대형선화, 해운산업에서 변화 추이와 같은 항만의 개발에 있어 예견되는 변화를 기초로 변천하는 개념을 개발하는 데 있어야 한다. 과도기적 개발의 문제점들을 완화시키기 위해 항만을 설계하는 이들은 직면한 전통적인 경제, 사회와 정치적 압력에 직면해 있을 뿐만 아니라 일반적으로 남용되고 파괴되고 있는, 특히 연안과 내륙수역에서 환경자원의 보존을 고려해야 한다. 환경압력은 전세계에 걸쳐 항만의 개발에 직접적인 영향을 끼친다.

항만운영과 계획에서 환경문제를 소홀히 다룬 곳에서는 현존 항만과 미래 항만 사이에 불균형이 발생한다. 그런 불균형을 다룰 수 있는 효과적 내륙연계 계획은 다음 3가지 주요 활동분야를 포함한다.

① 미래 항만의 변천과정에 관련된 환경적인 그려와 배려를 도입함
② 연안항과 내륙항 및 인접지역에서의 효율적인 패턴의 이용으로 개발함
③ 화물의 인도 및 수거체계를 현대화함

1. 개념 개발

합리적인 방법으로 항만의 변천에 접근하기 위해서 항만의 대규모 운영, 즉 그들이 존재하는 곳, 존재하는 이유, 그 주위에 무엇이 있는가를 먼저 조사할 가치가 있다. 모든 항만은 연안 또는 내륙수역에서 발견된다. 정의된 이들 지역 안에서 우리는 항만이 육지와 수역 사이 혹은 연안과 내륙 사이에서 변천 적인 환경에 놓여 있다는 것을 발견한다. 환경적, 사회적, 정치적 그리고 경

제적으로 이들 모두가 우리에게 중요하다.

① 사회적: 대다수 인구가 연안 지역에 살고 있거나 해상 무역의 형식에 의존하고 이 지역의 인구가 지속적으로 성장하고 확장되고 있기 때문이다.

② 정치적: 정부가 주민과 자원에 의존하기 때문. 항만은 항상 세계적 강대국들의 발전에 주요 역할을 해 왔고 중요한 국제 운송 체계로 지속되어야 한다.

③ 경제적: 우리는 많은 세계적인 산업이 수역에 위치해 있는 것을 안다.

산업적 해안지역에 영향을 미치는 요소는 다음과 같다.

① 저렴한 해상수송의 이용 — 벌크 원재료.

② 제조 공정에서의 용수의 이용(해수가 충분함) — 장비의 냉각

③ 해양, 강, 호수에 쓰레기를 처리 할 수 있는 능력 — 폐연료의 투기

④ 일반적으로 대도시에 근접해 있음으로 인한 물류비 절감

산업적으로 보면 수로의 이용도는 해안지역 산업의 운영계획에 있어 보다 경제적 중요성이 있다. 환경적으로 이들 지역은 인간을 위한 생물과 식량이 풍부한 가장 생산적인 육역이다. 어떠한 연안과 내수지역의 개발에 따라서 자연적이든, 인공적이든 변화를 야기하였을 때 발생되는 문제점들은 다음과 같다.

① 오염

② 해안선 침식

③ 폭풍으로 인한 해안선 손상

④ 야생 생물과 식량 자원지역이 손실

⑤ 퇴적과 모래톱의 발생

⑥ 수산자원의 황폐화

⑦ 유해물 및 무용한 종류들의 증식

⑧ 준설과 매립

인간은 근해 환경에서 발생하는 자연적 변화를 이해하고 그로 인해 환경에 미치는 영향을 예견할 수 있어야 한다. 인간은 또한 최소한의 이해 갈등을

가지고 조정함으로서 모든 인류의 이익을 위해 환경을 이용해야 하며 필요하다면 현재와 미래 양자 모두 받아들일 수 있는 공공범위 수준에서 복합적으로 이용되고 유지되고 복원되어야 한다.

개념적으로 도시화를 위한 육지이용은 고밀도 구조로 살 수 있는 도시를 만들어 최소화하여야 하는데, 사막, 계단형 구릉지역, 산, 빙하 지역과 같은 거주할 수 없는 지역을 이용함으로써 경작하기에 이용가치가 높은 육지와 양식할 수 있는 근해와 강어귀의 수면개발을 최소화되어지는 것이 고려되어 질 수 있다.

수송시스템은 항상 천연수로에 의해서가 아닌 연안터미널에서 내륙도시 간의 수출입 경로를 따라서 개발되어야 하며, 때로는 사막과 산악, 초원 등에 위치하는 도시들도 있다. 이 수송시스템은 괜찮은 아이디어인 것 같으며 우리들의 목적 중 하나가 더 현대적이고 능률적인 수송과 변환 시스템을 만드는 것임을 감안할 때 더 주의 깊게 살펴보아야 한다.

개발에 있어 고려하여야 하는 다른 형태의 수송시스템은 바지(barges), 기차, 트럭, 비행기, 파이프라인 등을 들 수 있다.

1) 바지(Barge)

바지의 도입으로 해상과 내륙수로 쪽 둘 다 발전해 왔다. 수반되는 시설들(철도, 도로, 창고, 수송 분배 시설들)과 연계되는 해외 경로에서 단위 바지를 수송하기 위한 LASH선 개념과 Seabee System의 개발은 바지를 해상수송의 주요 수단으로 사용하자는 여러 제안 중의 하나이다.

바지–예선시스템은 여러 가지 면에서 현실적인 접근방법 같으며 몇 가지 명백한 이점은 다음과 같다.

① 다른 해상 수송 수단(유조선, 일반 화물선)과 비교할 때 바지의 흘수가 낮다.

② 경제적으로 운반되어 질 수 있는 화물의 양이 다른 수송 수단에 비해 많다.

③ 단위하역비가 낮다.

④ 주요 장비 부품의 보완성

⑤ 바지는 다음과 같은 다양한 운송형태를 가진다.

유지(Stay): 화물이 운반될 동안 소형바지군에 예선에 붙어 있는 형태
변환(Swap): 예선이 입항 바지에서 출항 바지로 변환되는 형태
교대(Drop): 항구에서 예선은 바지와 분리하고 해양 경유 항해를 계속하기 위해 원래 상태로 돌아가는 형태

⑥ 이러한 융통성은 바지를 다루는 시설들을 다양하게 한다.
⑦ 새로운 시설이 건설되기 전까지 바지는 계속 사용될 수 있다.

2) 기차(Train)

철도시스템은 개발의 다른 영역이며 크기나 속도에서 아주 그 최대치에 도달하지 못했다. 운송시스템의 기능은 어느 한 장소에서 다른 장소로 화물과 사람을 효율적이고 경제적으로 옮기는 것이다. 일본은 더 빠르고 효율적인 기차를 개발하는데 상당한 연구를 해 왔다. 신칸센이 그 좋은 예이며 우리나라도 프랑스의 테제베를 도입하여 승객운송에 이용하고 있다.

도시 간의 수송시스템에 사용하기 위한 현대의 기차에서 특수기차에 이르기까지 우리가 필요로 하는 것은 더 큰 하중을 견딜 수 있도록 차륜 간격을 늘이는 것이다. 이러한 하중을 움직이기 위해 필요한 막강한 힘은 원자력을 이용한 엔진의 사용으로 가능해질 것이다. 짧은 기차인 경우 공기부상식의 사용으로 최대 스피드를 낼 수 있을 것이다.

3) 트럭(Truck)

도로시스템을 다루는 데 있어 우리는 이 시스템의 독특한 두 분야를 인식해야 한다. 여기에는 자가용, 개인사용을 위한 트럭, 농업용 기계와 같은 개인용과 트럭, 버스와 같은 상업용이 있다.

도로시스템의 독특한 점을 인식함으로써 수송라인 내에서 이러한 두 가지 특징을 분리할 수 있을 것이다. 이러한 분리는 스피드를 가진 더 큰 수송능력을 가지므로 경제적으로 절약할 수 있을 뿐만 아니라 보다 효율적인 도로시스템을 위해 상업용 차량크기를 증대시킬 수 있다. 이것은 육상에서 움직이는 기계류의 개념상 슈퍼트럭의 크기와 속도로 고려하여 운송 사용자들을 위하여 경제적인 적합함을 조성함으로써 경제적으로 해결할 수 있다. 이 차량들은 연안항 터미널로부터 엄청난 중량의 화물과 여객을 적정속도로 운반할 수

있으며 이를 위한 여객 운송업자들이 출현하게 되었다.

4) 항 공 기

V/STOL(Vertical Short Take Off and Landing, 수직/단거리 이착륙)시스템은 더 빠르고 효율적인 운송시스템을 손쉽게 적용시킬 수 있다. 헬리콥터는 상품의 목적지와 부두 사이의 왕복 서비스를 제공할 수 있을 뿐만 아니라 저중량-고가 화물을 위해 이용 할 수 있다. 더욱더 발전된 항공을 위해 항공과 육상, 해상 운송모드의 균형된 시스템이 필요하다. 이 시스템은 지점에서 지점까지의 여객 및 화물 흐름을 최대화시킬 수 있을 것이다.

5) 파이프라인

파이프라인의 이용은 오늘날 액화 상태의 석유 제품과 액화된 황, 천연가스와 그 외 제품에 큰 공헌을 하고 있다. 이것은 여러 제품을 압축공기, 수압, 자력을 사용하여 파이프라인을 통해 한 장소에서 다른 장소로 운송하는 데 적합하다고 생각된다.

이러한 다섯 개의 운송시스템 지역을 연결하여 일괄함으로써 우리는 효율적이고 경제적인 시스템이 연안 배송 터미널과 주 내륙 도심지역 사이를 단일 수송체계시스템에 있어서 필요한 서비스를 발전시킬 수 있을 것이라고 생각한다.

2. 접근방법

우리는 내륙항에서 화물의 배송이 어떠한 상품에 대한 어떠한 항만 하역작업적인 측면에서 가장 중요하다는 것을 파악하였다. 현재 항만에서 전체의 인도와 수거에 대한 시스템이 불어난다는 것은 조화와 유연성의 부족 측면에서 당연한 일이다. 이러한 이유로 비조직화된 배송으로 대부분 항만에서 다음과 같은 결과를 초래한다.

① 부두에서 시간허비
② 선박 회항 시간 지연
③ 이차적인 내륙연계와 불일치
④ 하역비용이 높아짐
⑤ 간접배송이 발생

그림 9-14 항만 내 지구의 재구성

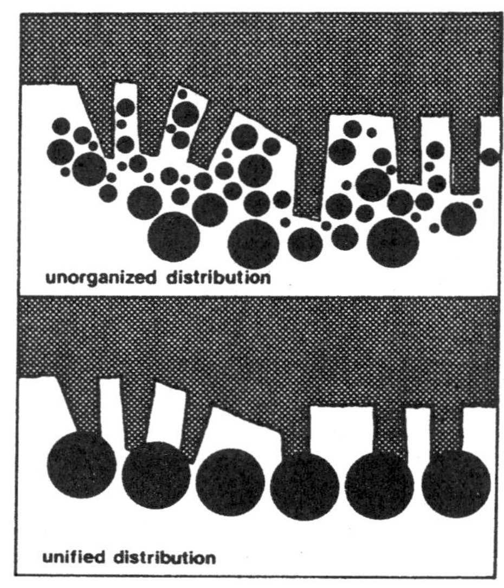

1) 지구의 재구성

연계항만에서는 항만을 통과하는 승객과 화물의 일관수송을 제공하는 것이다. 이러한 제안의 결과 다음과 같이 되리라 여겨진다.

① 직접 배송
② 하역비용의 절약
③ 더 빨라진 고객서비스
④ 더 빨라진 회항시간
⑤ 항만운영 효율성 증대
⑥ 연계망과 불일치 제거

단위화된 물류체계를 이용하기 위한 차량시스템의 요구에 부응하기 위해 내륙연계 항만에서는 주 수송수단을 기능적 시설과 이를 지원하기 위한 보조시설로 결합한 형태로 나타낸다.

2) 연계항만 내부의 시설

항만 내에 제공하게 되는 시설물에서 기본시설과 부수적 구조물의 평가로 나뉜다. 기본시설은 다음과 같다.

① 바지 터미널단지
② V/STOL 터미널단지
③ 육상 차량 터미널
④ 철도 단지

중계항만 시설물 안에서 부수적인 구조물은 통합될 수 있다.

○ 주택
○ 연료저장센터
○ 통신센터
○ 관리 운영시설
○ 상업적 소매센터
○ 마리나 운영을 위한 시설
○ 공공 전망지역
○ 복합창고
○ 쓰레기 처리시설
○ 복합서비스센터
○ 다목적 이용시설
○ 주차장
○ 의료지원시설
○ 국제무역시장
○ 감시통제기구
○ 화물이송센터
○ 통합 피더운송 서비스
○ 그린벨트 보존지구

3) 연계영역

지상의 수송연계는 주거지 위치에서 항만 간의 주 운송차도로 구성된다. 모든 입출항하는 바지는 항만 내의 지정된 곳에 위치할 것이다. 주차장과 교통서비스선의 할당은 수송수단의 특별한 활동에 따라 설정할 것이며 대수도권지역 근처의 항만인근단지에 제공한다. 교차로의 등급 구분은 주 운송수단 간에 교통장해를 받지 않기 위해서이다. 그린벨트로 예정되어 녹지화된 지역은 지나친 상업지역과 공공지역 사이를 분리하는 완충지역 역할을 할 것이다. 그러한 지역의 최대한의 활용방법은 소음 감소나 시각적인 막의 항만구성인자로 서비스하게 된다.

중계항만의 연계영역은 중요한 두 가지 수준으로 나눌 수 있다. 첫번째는 항만 내에서의 4가지 운송형태이고 다음으로 이를 지원하기 위한 관리서비스 영역이다. 이 두 가지 시스템은 상호 작용한다.

4) 단계적 항만개발계획

터미널 접속점에서 시설물의 단계와 채택된 시설은 모든 사람, 조직과 정부를 포함하여 이러한 것들의 멋진 조화를 필요로 한다. 단계는 서로 다른 구상계획단계와 실제시공단계의 2가지 접근을 정할 수 있으나 둘 다 서로 중요한 부분이다.

구상계획단계나 교육적인 단계는 실제 시스템 이용자인 구상자에 의해서

디자인되어야 할 뿐만 아니라 운송시스템의 소유자나 운영자(이러한 항만에 존재하여 직접적으로 영향을 주는 사람)에 의해서도 디자인되어야 한다.

설득적인 접근은 성공(번영)을 위해서라도 필요하다. 1개 이상의 프로젝트는 이러한 접근을 채택하여 실패를 없애야 한다. 광고로는 충분하지 않으므로 사람들을 꼭 관련시켜야 한다. 무엇인가를 알려주고, 이 프로젝트가 성공적으로 되어야 한다는 바람이 일종의 모험이지만 이것은 모두 그들의 이익으로 되돌아간다는 것을 알 수 있을 것이다.

이 구상의 프로그램은 항만 전체가 개발될 때까지 계속 진행되어야 한다. 디자인을 잘 실행하고 설득력 있는 계획을 확실히 하여 구조화 한 후에 4가지 단계계획의 첫번째 단계를 시작할 수 있다. 실질적인 단계로 근해지점과 내륙지점에서의 항만 시설의 변환뿐만 아니라 항만을 보조하는 배후지 사이를 결합 매트릭스로 상호 관련시킬 운송시스템 개발도 시작될 것이다.

(1) 1단계

① 옳은 방법 조달
② 10년 개발계획상의 현재 시설외의 단계적 실행
③ 새로운 건축물을 위한 부지 준비
④ 철도와 트럭루트의 재지정
⑤ 지원시설을 위한 부지의 일시적 사용
⑥ 공해 줄이기 시작

(2) 2단계

① 수도권 지역에서의 결합시스템 건설시작
② 부지에 보조로 접근하는 루트 만들기
③ 차도, 철로 개발은 거의 완성
④ 그린벨트지역 설정
⑤ 총 설비의 50%를 거의 완성

(3) 3단계

① 항만연계시스템의 최종적인 연결
② 완벽한 운영서비스가 만들어져야 한다.

③ 해상교통의 50%는 바지를 사용

모든 개념의 목적이 환경을 유지하면서 기술적인 감각이 점점 실제적으로 되고 있기 때문에 이 단계는 특히 중요하다.

(4) 4단계

이 단계는 인구증가의 추세와 경향을 매우 필요로 하는 강조된 지역과 관련하여 설립의 목적과 함께 개념을 재평가할 것이다. 장래 수송수단의 필요에 따라서 장래 수송수단을 확장 할 때 기본을 제공할 것이다.

3. 요 약

이상은 이제까지 설명한 중계항만의 개발계획의 개괄적인 개념을 설명한 것에 불과하다. 이 개념의 목적은 항만개발계획 중 현재에서 10년 후나 미래 항만에 수용할 수 있는 시스템의 계획에 기본을 제공하는 것에 있다.

기술의 진보는 해양산업의 중요한 부분이다. 현재 일어나고 있는 변화들은 전보다 신속하며 크다. 해운운영 측면에서 대변혁은 화물 취급방법뿐만 아니라 장비들에 영향을 미치고 있다. 초대형선박은 단 한 번의 수송으로 백만 배럴에 상당하는 액체화물을 수송할 수 있으며 현재도 운행 중에 있다. 그리고 위의 이점을 무색케 할 수 있는 선박도 설계 중에 있다. 큰 규모의 선박으로 엄청난 경제적 이익을 만들 수 있다. 그러나 이런 유형의 선박은 심해 정박시설을 필요하거나 기존 항만과 수로에 대해서는 깊은 수심이 필요하다. 깊은 수심을 제공하는 것은 지역적인 장애 외에도 해양물리학적, 생태학적인 문제와 시설의 안전성 및 건설로 인한 경제적인 문제점을 가져온다.

한편, 컨테이너선운항의 저렴한 운송비용과 신속한 운송, 화물손상 및 화물 취급비용의 저감이 비 벌크화물의 컨테이너화는 급속하게 증가하고 있다. 이러한 이점을 가지기 위해 현재 운영 중인 항만시설을 개선시키거나 새로운 항만을 건설하는 데에 엄청난 자금을 확보하는 것이 필요할 것이다. 항만에 있어서 새롭고 혁신적인, 그리고 창조적인 사고가 필요할 때이다.

그러한 의미에서 중계항만은 급속한 기술진보와 함께 산업의 요구에 부합하기 위해 디자인된 시설물이다. 신규항만에서는 해상운송, 항공운송, 육상

운송 등 각 수송수단의 공유영역에 대하여 각 수송수단을 위한 공통지점이 되며, 화물의 종류와 관계없이 화물의 수송을 원활하게 하여야 한다. 장래 화물이 적·양하되는 터미널시설은 운송수단의 형태에 관계없이 비슷한 장비를 요한다.

연계항만의 개념의 골자는 수송수단을 수직적으로 분리하고 계층화 하는 것을 고려하여야 한다. 사실상 분리영역은 보통 터미널설비와 함께 각 수송수단을 위해 설정된다. 깊은 흘수선박을 수용하기 위해 깊은 수심이 필요하다는 것 때문에 중계항만은 대륙붕을 따라서, 30m가 넘는 심해에 위치될 것이다. 입지는 해상교통량을 바탕으로 한 수요량에 의해 결정된다. 중계항만은 배후지에 서비스를 해야만 하기 때문에 직접적인 연결망을 세우는 것이 필요하다. 여기에는 공중(above surface), 지상(surface), 수면하(below surface)로 접근 이용 가능한 선택 안이 있다.

연계항만을 육지로 연결시키기 위한 해저 터널/튜브를 건설하고, 철도나 컨베이어 시스템을 도입하여 물과 접촉함이 없이 건식공간을 만드는 것이 가능하다. 터널/튜브는 콘크리트로 미리 성형되어 현장으로 물에 띄운 상태로 운반하여 침수, 침매시킨다. 조립 후 구조물은 해저면에 고정되고 난 뒤 해수를 펌핑하여 물을 뺀다. 터널/튜브의 연결은 항공·해상접근과 관련하여 연속된 해저 접근을 가능하게 한다. 터널운영은 기존 터미널설비로부터 지속적인 공급과 함께 물론 설정된 무역로와 함께 기존설비를 이용한다. 터널/튜브는 항공이나 해상운송에 영향을 미칠 수 있는 기상조건에 관계없이 운영할 수 있는 이점이 있다.

액체벌크 화물산업 때문에 중계항만과 같은 시설물의 필요성이 명백하다. 다목적 시설물을 제공함으로써 그와 같은 시설물을 건설하는 데 드는 엄청난 비용을 상쇄할 수 있다.

이러한 개발의 이점은 다음과 같다.

① 확장에 제약이 없다.

② 단일 화물에만 의존하지 않는 다목적 시설물을 도입한다.

③ 도시지역으로부터 소음·공기오염을 제거한다.

④ 선박의 회항시간과 운송시간을 단축한다.

⑤ 사고 위험성이 있는 수로항해를 제거함으로써 안정성을 증가시킨다.

제 3 절 친수 · 친환경 항만

1. 배 경

1970년대 이후 공업화의 세계적인 확산으로 오존층 파괴, 지구온난화, 산성비, 해양오염 증대 등의 지구촌 환경문제가 대두됨에 따라 '92년 UN 환경개발위원회에서는 리우선언과 의제 21(Agenda 21)을 채택하여 환경적으로 건전하고 지속가능한 개발(Environmentally Sound and Sustainable Development : ESSD) 개념이 도입되어 전세계적인 관심사로 등장하였다. 이에 각국은 생태적 · 자연적 환경을 보호하고 환경측면의 국제경쟁력 확보를 위하여 끊임없는 노력을 하고 있다. 특히, 세계의 주요 항만은 지속적인 항만경쟁력을 확보하고자 항만의 환경보존을 위한 노력을 기울이고 있는 실정이다. 네덜란드의 로테르담항은 환경을 보호하기 위하여 노력하고 있는 항만임을 강조하며 고객유치를 위한 노력을 하고 있으며, 세계적 항만은 고도의 유통거점항만, 정교한 산업정보 항만과 더불어 풍부한 생활공간항만, 환경친화적인 항만조성에 공통으로 목표를 두고 있다. 일본에서는 이미 Eco-Port 정책을 추진하고 있으며, 네덜란드에서는 Green Award 제도를 실시하는 등 환경친화적 조건에 부합되는 항만이 국제경쟁력을 보유한다는 기조에 부응하여 항만개발이 추진되고 있다.

우리나라도 국민의 생활수준 향상과 더불어 화물유통수요 충족을 위한 지금까지의 항만개발정책에서 21C 새천년에는 인간을 위한 문화 · 휴식 · 해양레크리에이션 공간 등을 갖춘 종합 항만공간으로의 개발요구가 높아지고 있으므로, 이에 대한 적극적인 정책추진이 필요하다. 환경친화적인 항만개발이라는 세계적인 기조에 부응하고 단순한 화물유통 기능을 탈피하는 환경적인 항만개발이 필요하지만 미래지향적인 친환경적 종합항만공간 개발정책은 미흡한 실정이다. 또한, 항만 및 해양오염의 근원적인 해결에 대한 요구에 부응하고 국제적인 환경보호빈국이라는 비난을 사전에 예방하고, 소득수준 향상에 따른 해양레크리에이션 수요증가에 대비하기 위하여 노후 항만시설 및 항만공간 쇠퇴공간의 환경친화적 정비와 환경친화적 친수공간을 개발할 필요가 있다.

그림 9-15 친수 방파제 건설

한편, 항만개발은 불가피하게 부유토사를 발생시키고 수제선을 변화시켜 침식, 유속 및 파랑의 변화 등을 유발하여 어장상실, 해안선 침식, 항내 해수오염, 자연간석지 상실 등 해양생태계에 악영향을 끼치는 측면도 있으므로 항만

개발에 따른 해양생태계의 환경오염 부하 저감에 대한 대책도 병행 추진되어야 한다. 그러나 환경친화적인 항만개발에 대한 전반적인 공감대가 형성되어 있음에도 불구하고 가시적으로 추진되고 있지 못한 실정이므로 구체적인 실천을 위한 기본방향의 도출이 필요하다.

또한, 항만의 환경적인 요구는 보다 친근하고 항상 접근 가능하도록 하고 보다 넓은 녹지공간과 조망공간을 확보토록 하고 있다. 가능하면 도시기능 중 일부를 항만이 담당하기를 바라고 있는 것이다. 이 중에는 공공하수처리장의 입지공간 제공, 주택용지 및 업무공간의 제공 등 생활환경의 개선, 도시문제의 해결에 커다란 역할을 담당하도록 하고 있어서 기존 항만의 정비는 전적으로 고도성장기의 공업항의 정비를 진행하는 것에 그치지 않고 생활에 밀착한 풍부한 공간으로서의 위치가 부여되어 그 대상이 증가해 가고 있다. 지속적인 항만개발과는 달리 각 항만은 폐쇄되어 있는 항내의 해수오염(주로 악취, 쓰레기)으로 항만을 찾은 시민에게 쾌적함보다는 혐오감을 주고 있는 실정이다(주문진항, 대변항, 마산항 등 대부분의 항만). 또한, 항만·방조제·신공항 등을 건설하기 위한 대규모 매립 및 간척사업 등으로 해양생태계에서 중요한 기능을 수행하고 있는 갯벌상실 및 어장피해(피해보상) 등이 심각한 문제로 대두되고 있다. 선진국은 이러한 피해저감대책을 수립하려는 노력과 함께 적극적으로 인공간석지 및 습지를 창출하여 해역정화능력을 보존·증대하고 있으며, 쾌적하고 자연과 조화되는 친환경적인 항만공간을 조성·추진 중에 있다. 일본의 경우, "도쿄항만계획의 기본구상(21세기를 향한 구상·장기비전)" 보고서의 기본방침은 '자연스럽게 공생하고, 친근성(amenity)이 풍부한 공간의 창조'에 있으며, 히로시마 및 소마항에는 인공간석지와 인공해변을 조성하였고, 오사카항에는 야생조류공원과 낚시공원을 조성하여 시민의 휴식공간으로 활용하고 있다. 또한, 프랑스 르아브르항만청 Port 2000 사업에서는 인공갯벌 조성계획과 완충녹지대 조성계획이 포함되어 있으며, 미국은 밀워키항만의 준설토를 이용하여 대규모 습지대(인공서식지)를 조성하였다.

그림 9-16 코베 포트아일랜드 컨벤션시티 조성

그림 9-17 제주항역의 워터프론트 설계

새로운 항만개발은 물론 기존 항만의 재개발을 환경을 고려한 심미적으로 보기 좋은 항만, 생태적으로 살아있는 항만(Eco-port)으로의 방향전환이 필요한 시기이다. 우리나라의 경우에도 항만의 기본적인 시설투자비와 더불어 친환경적인 항만조성(레크리에이션 공간조성, 휴식공간 조성, 자연생태계를 위한 인공서식지 조성, 환경교육을 위한 생태공원 조성 등)을 위한 연구 및 투

자수요가 증대되고 있는 것이다.

2. 국내의 환경친화적 항만정비

1) 연안 · 국제여객터미널 건립

21세기 관광패턴의 다양화 및 개성화에 따라 항만을 친수 · 미항, 그리고 시민의 항으로 개발함과 아울러 해양관광에 대한 수요증가에 대처하기 위해 노후 및 협소한 기존여객터미널을 철거하고 새로운 여객터미널을 중심으로 한 친수공간을 조성하여 지역 커뮤니티 시설을 제공하고, 피서철마다 겪던 교통혼잡과 여객의 불편을 해소하고자 2000년 6월에 2010년을 목표로 총 2,6111 억원을 들여 여객터미널의 신축(13동)과 증축(1동)을 확보하는 중장기계획이 수립되었다.

그림 9-18 도쿄만의 재개발계획

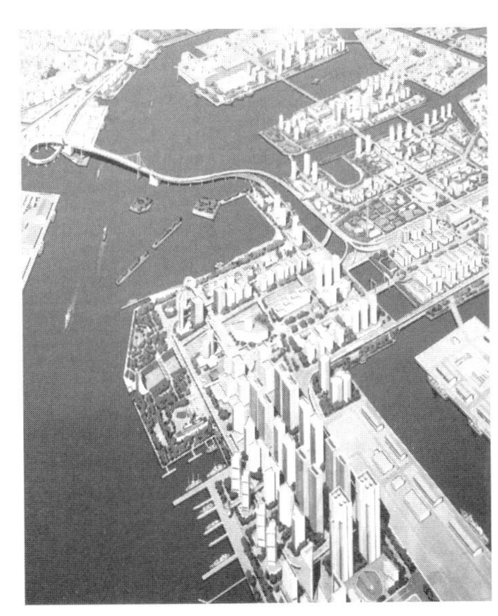

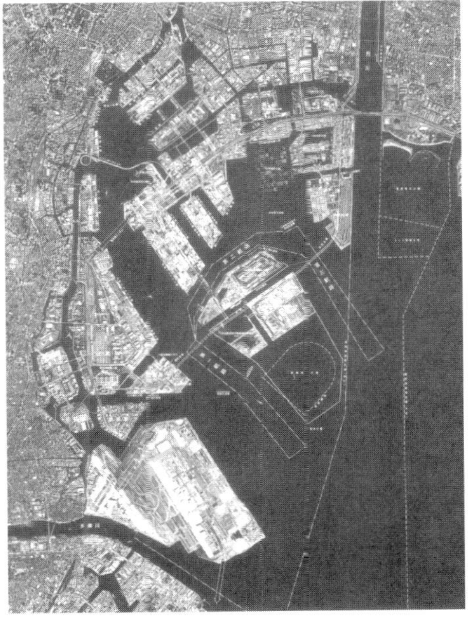

표 9-1 연안 · 국제여객터미널 건립계획 (단위: 백만원)

항 명	사업개요	사업 기간	총 공사비	기 투자	2002 예산	장래 계획
계	11건	2000~2010	261,063	13,319	5,432	242,312
대천항	연안여객터미널 3,789㎡	2000~2002	6,586	6,586	–	–
포항항	연안여객터미널 2,916㎡	2001~2003	6,048	6,048	–	–
군산항	연안 · 국제여객터미널 10,072㎡	2002~2003	25,081	319	2,285	22,477
제주항	연안여객터미널 6,607㎡	2002~2003	13,283	366	2,047	10,870
목포항	연안여객터미널 17,300㎡	2003~2004	34,747	–	1,100	33,647
부산항	국제여객터미널 25,800㎡	2004~2006	51,735	–	–	51,735
속초항	국제여객터미널 7,300㎡	2003~2005	14,964	–	–	14,964
여수항	연안여객터미널 4,300㎡	2003~2005	8,765	–	–	8,765
제주외항	국제여객터미널 11,000㎡	2004~2006	22,319	–	–	22,319
인천항	국제여객터미널 23,000㎡	2007~2010	46,262	–	–	46,262
완도항	연안여객터미널 8,000㎡	2006~2008	16,315	–	–	16,315
울릉항	연안여객터미널 4,300㎡	2005~2007	5,313	–	–	5,313
마산항	연안여객터미널 4,300㎡	2005~2007	4,527	–	–	4,527
장승포항	연안여객터미널증축 4,300㎡	2008~2010	5,118	–	–	5,118

그 주요 내용을 살펴보면, 대천항 연안여객터미널은 900명의 여객을 동시에 수용할 수 있고, 연간 50만명의 여객이 이용할 수 있는 연면적 3,789㎡(1,146평)의 지상 3층의 건물을 신축하였으며, 포항항 연안여객터미널은 2001년 5월부터 2003년 3월까지 연면적 2,916㎡(882평)의 지상 2층의 건물과 친수시설 4,458㎡를 건설하였다. 또한 여객터미널 신축시 터미널 주변에 상징조형물, 이벤트 문화광장, 공원 등을 설치하여 항만공간을 관광객이나 시민이 즐길 수 있도록 하기 위해 유능한 설계전문가들로 하여금 현상공모를 실시하여 제주항 연안여객터미널은 2001년 12월에 실시설계를 완료하였고, 근산항 연안·국제여객터미널은 2002년 상반기에 실시설계를 완료하고 2002년도 하반기에 착공하여 보완되었으며, 부산 영도의 국제여객터미널, 부산북항 연안여객 및 국제여객터미널, 목포항여객터미널 등도 중장기 건립계획에 따라 지속적으로 추진되었다.

2) 친화적 항만보안울타리 개선

기존의 폐쇄적이고 권위적인 항만을 시민과 함께하는 친화적인 항만공간으로 조성하기 위해 도시미관을 저해하고 있는 철조망과 높은 벽돌담 등을 철거하고 항만 안이 훤히 보이는 다양한 모양의 항만보안울타리로 교체하여 일반인들도 부두에 정박 중인 대형선박이나 항만 근로자들의 하역작업 모습을 쉽게 접할 수 있도록 항만 이미지를 제고하기 위하여 친화적 항만보안울타리 설치를 추진하고 있다.

이를 위해 시민에게 친숙하고 주변환경과 어울리는 항만보안울타리 개선을 위한 아이디어를 공모하여 각계 전문가들로 구성된 심의위원회에서 미래로 형·세계로 형·바다로 형 3개 작품을 선정하고, 2001년 5월 총사업비 423억원을 들여 2010년까지 65㎞에 달하는 전국 항만노후울타리를 교체하는 '항만노후울타리 교체방안 계획'을 추진하였다. 2001년도에는 총 17억원을 투입하여 부산항 국제여객부두 599m, 인천항 7·8부두 1,877m, 마산항 3부두 408m를 각 지역항만의 특색에 맞는 모양으로 울타리를 교체하였고, 2002년도에는 총 53억원을 들여 부산항 중앙부두 등 2,093m, 인천항 5부두 등 3,010m, 마산항 서항부두 1,260m, 군산항 1부두 1,120m, 포항항 신항3부두 547m를 교체하였으며, 앞으로도 항만보안울타리 교체계획에 따라 이 사업이 지속적으로 추진하게 된다.

표 9-2 친화적 항만보안울타리 개선추진 (단위: 백만원)

지방청명	사업개요	사업기간	총 사업비	기투자(물량)		2002예산(물량)		장래계획
계	64,551m	2001~2010	42,345	1,670	(2,884m)	5,263	(8,028m)	5,474
부산청	25,352m	2001~2010	16,631	385	(599m)	1,372	(2,093m)	14,874
인천청	15,700m	2001~2010	10,299	1,062	(1,877m)	1,974	(3,010m)	7,263
마산청	5,670m	2001~2005	3,719	223	(408m)	826	(1,260m)	2,670
군산청	3,596m	2001~2004	2,359	–		734	(1,120m)	1,625
포항청	4,098m	2001~2004	2,688	–		357	(545m)	2,331
여수청	5,550m	2004~2006	3,641	–		–		3,641
동해청	4,585m	2005~2010	3,008	–		–		3,008

3) 친수항만 건설

오늘날 항만은 해양지향적 국가경영전략의 접근기지로 떠오르고 있으며 종합물류기지, 관광, 친수공간, 국제금융, 국제교류의 장으로 그 기능이 확대되는 추세에 있고 해양산업과 시민생활이 병존하는 복합공간으로 변모하고 있는 것이 세계적인 현상으로, 이에 부응하기 위해 항만개발시 친수공간, 미항개념을 도입하여 항만을 관광객 및 시민이 즐길 수 있는 공간으로 조성하는 계획을 실행에 옮기고 있다.

그 사례로 시민생활과 연계하는 아름다운 항만기능 확보 및 쾌적한 항만환경 창출을 위해 1999년 9월부터 2000년 12월까지 33억원을 투입하여 인천항 연안여객터미널 · 남항 · 국제여객부두 · 카페리부두에 데크프라자 등 친수공간 8,649㎡, 해송 등 나무 2만주, 친수계단 91m를 조성하였다.

또한, 2001년 2월부터 2004년 12월까지 여수구항에 202억원을 투입하여 친수호안 698m, 2001년 7월부터 2004년 7월까지 인천북항 영종도 투기장에 285억원을 투입하여 친수호안 3,969m를 조성하였으며, 2001년 12월부터 제주외항에 1,718억원을 투입하여 방파제 1.4㎞를 건설을 완료하였다.

3. 친환경적인 항만개발의 현황 및 문제점

친환경적인 항만기술 및 설계기법개발이 미흡하여 현장적용이 곤란한 실정이다. '99년 해수교환방파제 설계기술 개발 및 부산신항 환경모니터링 사업을 수행하였으며, 2000년 및 이후에는 준설토 및 굴패각 재활용, 오탁방지막의 효율성 연구, 인공간석지 조성, 산업폐기물 재활용기술 등의 연구사업이 계획 · 추진되었다. 그러나 아직도 환경영향평가나 사후 환경영향평가에 대한 관심부족으로 효과적이고 체계적인 환경에의 악영향 저감방안에 대한 대책수립이 미진한 실정이다. 적극적으로 환경오염 저감대책을 수립하기 보다는 기존의 보고서 등을 형식적으로 인용하여 대책을 수립하고 있는 실정이다. 또한, 화물유통기능 중심의 항만에서 시민에게 휴식공간을 제공할 수 있는 종합적인 항만환경조성에 대한 관련법령이 미흡하여 추진력이 없는 실정이다. 실제로, 사업부서(지방청)에서는 친환경적인 항만조성에 대한 관심은 있으나 항만친수시설에 대한 정의만 규정(항만법 제2조, 제7호)되어 있기 때문에 법적인 근거가 미약하고 예산확보가 곤란하여 관련사업의 추진이 어려운 실정이다.

따라서, 친환경적인 항만개발과 관련하여 현재 우리나라 해양환경오염방지대책의 현황과 문제점을 검토하고, 이에 근거하여 우리나라의 환경친화적 항만개발의 문제점을 검토하여 보다 구체적인 정책수립을 위한 방향제시가 필요하다.

1) 해양환경오염방지대책의 현황

연안은 해양개발 거점지역인 동시에 환경생태학적으로 매우 중요한 기능을 가지고 있어 보전과 개발의 조화가 필요하다. 그러나 지금까지는 산업입지 조성, 도시개발, 매립 등의 사업이 선점식으로 추진됨에 따라 체계적인 오염방지와 보전대책이 미흡하였다. 이에 따라 정부에서는 유조선 좌초사고에 의한 대규모 해양 유류오염사고, 대규모 적조발생 등을 범정부적 차원에서 해양오염방지 대책을 포함하는 해양오염방지 5개년 계획을 수립하였다. 이 내용은 크게 적조방지대책, 해양오염사고방제기능강화, 해양생태계보전대책, 어민피해보상 등 지원제도개선, 해양환경보전을 위한 국제협력, 해양환경보전 기능 강화로 되어 있다.

그림 9-19 연안 환경관리해역 지정 현황

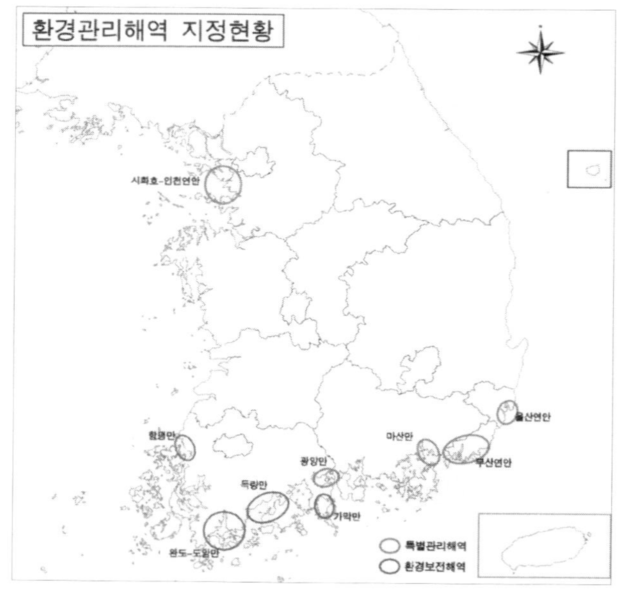

(1) 적조방지대책

① 연안 통합관리체제의 구축

정부에서는 이를 위한 제도적 장치로서 우선 '연안관리법'을 제정하여 연안지역을 오염영향권 별로 3개 대권역, 6개 중권역, 62개 소권역으로 구분하여 해양 및 육지오염원을 동시에 관리해가고 있다. 또한 전국 연안에 대한 종합이용실태를 조사한 후 환경적·경제적 특성에 따라 '연안역 개발이용보전 중장기기본계획'을 수립하여 추진하였다. 즉 연안의 개발·이용·보전에 있어서 장기구상을 수립하고 연안별로 개발촉진연안, 개발유보연안, 보전연안 등으로 구분하여 지역특성에 맞도록 연안개발 및 보전방안을 검토하는 것이다.

② 연안지역 환경기초시설 확충

지금까지는 양질의 상수원 확보를 위한 상수원지역의 환경기초시설에 중점을 두었으나, 연안지역의 환경기초시설 부족을 해소하기 위하여 연안지역의 하수처리율 제고, 분뇨처리시설확보, 쓰레기 위생시설확보 등 환경기초시설을 확충하게 된다.

③ 특별관리해역지정, 관리강화

폐쇄성해역 등으로 해수수질기준유지가 곤란하고 환경보전에 현저한 장애로 인해 오염방지 특별대책이 필요한 경우 해양오염방지법에 의거 특별관리 해역으로 지정 관리한다. 이외에도 오염심해역의 준설, 연안어장정화, 적조 조기예보시스템 및 피해예방체제구축 등이 포함된다.

(2) 해양오염사고 방제기능 강화

해양오염사고 방제기능을 강화하기 위하여 우선 선박 안전운항체제를 구축하였고, 유조선 전용항로, 연안운항유조선 항행관제시스템 구축, 해상관제시스템 확충, 해상기상예측제도 개선사업 등을 추진하였다. 또한 해양오염사고 방제역량을 제고하기 위하여 국가방제관리 통제기능보강, 방제장비 및 인력확충, 민간 방제전문회사 설립, 소규모 방제업의 활성화, 해양오염 긴급방제자금 확보, 유조선 및 기름저장시설의 방제장비의 비치를 의무화하였다.

(3) 해양생태계 보전대책

먼저 해양생태계 보전기반을 구축하기 위하여 해양생태계 보전기능의 강화, 해양생태계 종합조사 실시, 해양생태계 보전종합대책 수립, 해양생태계 보호지역의 단계적 지정·확대를 실시할 예정이다. 또한 해양생물의 다양성을 보전하기 위하여 국가해양생물 다양성 보전 및 이용전략의 수립, 해양생물 자원조사 및 목록작성 등 데이터베이스를 구축할 예정이다. 또한, 해양오염 지표생물 및 오염지수를 개발하여 사용함으로써 기존 해수 수질조사의 한계를 극복하고, 해양환경 통합 모니터링 시스템을 구축하여 활용하고 이를 위해 해양환경 조사선을 건설·운영할 예정이다.

(4) 해양환경보전기능 강화

먼저 정책 총괄조정 기능의 제고를 위하여 '해양오염방지대책협의회'의 운영을 활성화시키고 '권역별 해양오염방지대책협의회'를 구성·운영하며 해양환경보전 관련 정책총괄 기능, 조직을 강화한다. 다음으로 해양환경오염방지를 높이기 위하여 해양경찰청의 방제기능을 보강하였고, 권역별 오염원 집중관리를 위한 해양보전 기능을 강화하였다. 또한 해양오염방지 연구기능의 활성화를 위해 연구기관별 전담 연구체제유지, 산학연협력체계를 구축하였고, 이를 전담할 전문인력 양성 등을 추진할 예정이다.

그림 9-20 국토해양부 연안해역 보전방안

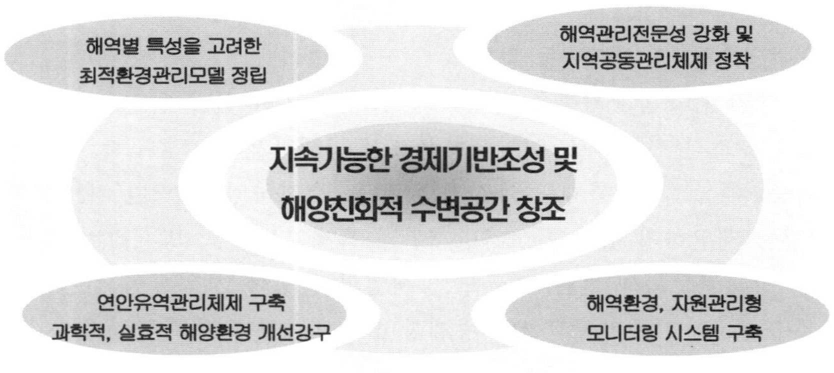

(5) 해양환경보전을 위한 국제협력

해양분야의 국제동향을 신속히 파악하고, 이에 대한 능동적인 대책을 수립하기 위하여 해양관련 국제회의유치 및 적극참여, 국제협약의 적극수용, 해양선진국과의 해양분야 협력강화, 해양환경 담당 공무원의 국제화대처능력 재고, 국제해양환경 정보자료의 공동활용 추진, 인접국가와의 공조체제 구축 등을 추진하고 있다.

2) 해양오염방지대책의 문제점

(1) 개발자체에 의한 해양오염

해양오염방지대책 5개년 계획의 내용은 해양오염발생을 방지하기 위한 대책으로서 사후적 처리기능에 중점이 주어져 있다. 물론 항만 및 연안지역의 환경기초시설을 확충하기 위하여 하수처리장, 분뇨처리장, 축산폐수공동처리장, 임해공단폐수처리장, 수산물 공판장폐수처리장, 연안지역 쓰레기 매립장, 연안도시 및 도시지역 쓰레기 소각장, 선박 폐유 저장 시설 등을 건설하여 오염발생 근원을 해결하는 정책이 들어있다. 그러나 이는 현재상태에서 있어야 할 시설이 없기 때문에 이를 확충하기 위한 계획에 치중되어 있는 부분이다. 즉, 대규모 신규 개발사업인 연안개발사업, 항만개발사업 등을 추진할 경우 발생하게 될 해양오염에 대한 근원적인 해결책이 결여되어 있다.

일반적으로 연안개발사업은 주로 공유수면매립에 의한 공업용지 조성사업 및 신도시 건설사업, 공유수면간척에 의한 농업용지조성사업 등으로, 이러한 개발사업 과정에서 준설공사, 매립공사, 호안 축조공사가 시행되게 된다. 이러한 공사가 시행되는 과정에서 조류량, 해수교환율의 변화, 오염물질의 확산장애, 내륙수 유입장애에 의한 인근지역의 수위상승 등의 환경변화가 초래된다. 또한 단지조성 이후에도 지속적으로 오염부하량이 증가하고 오염물질 종류가 증가되어 인근어장과 양식장은 해양생태계의 변화로 인하여 많은 피해를 입게 된다.

(2) 항만개발과정에서의 해양오염

우리나라에서 항만의 개발은 항만법에 의한 국가공사, 비관리청 항만공사, 산업입지 및 개발에 관한 법률에 의한 항만공사, 공유수면관리법에 의한 공유수면매립공사, 도시계획법에 의한 도시계획사업의 일부로서 항만건설 등 다양한 법적 근거 하에서 시행되고 있다. 이러한 항만공사의 경우, 방파제 등 항만시설의 경우 해수의 순환장애를 거의 필연적으로 동반하게 되며 매립용 토사의 공급, 해역의 준설 등에 따른 부유물질에 의한 오염증가가 발생됨은 물론 이에 따른 자연적인 해양정화 능력이 크게 격감된다. 이에 따라 어업 및 양식업에 대한 영향이 크며 동식물플랑크톤의 감소, 저서동물인 갯지렁이 등의 매몰, 섭이활동의 장애, 해조류 및 어패류 등에 대한 영향도 크다.

(3) 항만운영과정에서의 해양오염

항만의 환경오염 문제는 항만개발 과정에서뿐만 아니라 개발된 항만시설의 운영과정에서도 발생하게 된다. 이를 시설별로 살펴보면, 수역시설에서는 항로, 박지, 선회장에서의 선박폐유 등의 오염물질이 배출되며 계류시설 및 하역시설의 운영과정에서도 선박폐유의 배출, 원목피, 석탄, 시멘트 등의 해양유입이 발생하게 된다. 또한 항만 후생시설 및 오락시설의 경우 오수, 분뇨, 폐기물 등의 배출을 유발시키게 된다. 이상과 같은 해양오염과 관련하여 우리나라가 안고 있는 문제점은 길이 보전하여 후손에게 물려주어야 할 귀중한 자산인 해양생태계가 무분별한 개발에 따른 환경오염으로 크게 파괴되고 있을 뿐 아니라 나아가서는 해양생태계의 현황조차 파악되지 않고 있어 그 보전대책의 수립도 어렵다는 데 있다.

따라서 해양생태계에 대한 종합적인 조사를 실시하여 각 지역별 특성에 맞는 해양생태계의 보전대책을 수립・시행하고 국가적인 차원에서 환경친화적 개발정책을 수립하여 나가야 할 것이다. 특히, 항만개발사업 시행 시 환경문제를 최소화하고 지속가능한 항만개발을 위하여 환경친화적인 항만개발정책의 수립이 필요하다. 물론 이러한 장기적인 대책에 앞서 우선은 현재 예정되어 있는 각 항만의 건설과 운영과정에서 발생하게 될 환경문제를 검토, 분석하여 오염을 최소화할 수 있는 방안을 마련하는 것이 요구된다.

3) 환경친화적 친수성 항만개발의 문제점

환경친화적 항만개발에 따른 문제점은 하역능력 중심의 항만개발이 주로 추진되었기 때문이며, 종합항만공간의 형성이 미흡하고, 항만의 고유기능과 도시기능이 부조화 된데 에도 이유가 있다. 또한, 연안이용이 보안에 따른 폐쇄공간으로 전락하여 일반인의 접근이 제한되어 있었으며, 기본적으로 환경친화적 친수공간에 대한 인식부존에 따른 시설 자체의 결여도 큰 문제점으로 파악된다. 중앙정부 주도의 하역능력 중심의 항만개발은 수요추종형 항만의 개발과 밀접하게 관련되어 있다. 현재 전국항만시설 확보율은 65.3%로 항만시설 공급부족현상이 심화되어 있으며, 항만시설능력 증가율이 항만물동량 증가율 및 경제성장률을 하회하고 있다. 또한, 전국 항만의 건설(항만개발계획 및 건설)을 중앙정부가 담당함으로써 중앙예산부처 간섭과 예산배정상의 독립성 제약되고, 환경친화적 개발정책의 부재와 비수익사업에 대한 지방자치단의 재원 및 민자유치 저조도 큰 문제점이 되고 있다.

최근 세계의 주요 항만은 항만을 화물유통과 해양문화지역 등 종합적인 공간으로 항만구조를 재구성하고 있는 추세로 항만기본시설, 해양문화, 항만개발유보, 항만관련산업, 유통관련산업, 녹지・주거, 도시핵심, 해양레크리에이션 지역으로 구분하여 개발하고 있으며, 항만 인접지역을 중심으로 항만관련 산업지역, 유통관련 산업지역을 설치하고 주거녹지지역과 도시핵심지역은 항만과 이격된 곳에 배치하고 있다.

그림 9-21 오염해역 정화용 방파제 개념도

우리나라의 항만개발은 항만개발계획과 도시계획의 유기적인 연계가 미흡하여 지역공간이 비효율적으로 이용되고 있다. 과거에는 항만이 도시기능의 중심으로 인적·물적 교류의 중심지 역할을 하였으나, 오늘날 국제도시(항만도시)는 첨단기술도시, 금융정보도시를 지향함으로써 항만은 도심 부적격시설로 전락하고 있는 실정이다. 항만은 국가적인 차원에서 중앙정부가 계획·정비하고, 지방자치단체가 계획·정비하는 당해 도시와의 기능적 연계가 미흡하여 지역적 특성 및 기능의 충분한 고려 및 도시기능의 일부에 해당하는 시민생활공간으로서의 항만 역할이 미흡한 실정이다. 또한, 항만개발 시 해양공간에 대한 시민의식 변화가 반영되어 있지 않고, 안보여건 및 감시위주의 행정으로 항만의 시민친화적 공간화에 한계가 있으며, 결국은 보안시설로서 인식되어 폐쇄적 공간으로 전락하게 되어 있다. 또한, 화물유통시설을 중심으로 한 항만개발정책은 환경친화적 항만개발 및 친수공간 확보 등 종합개발계획의 없는 실정이며, 항만 내 환경친화적 시설 및 친수공간도 부족한 실정이다.

4) 환경친화적 항만구조물 설계기법의 현황과 문제점

우리나라에서 항만공사 시 환경친화적인 설계기법을 사용한 예는 그리 많지가 않으나 일정규모 이상의 항만공사는 설계 시에 환경영향평가를 실시하도록 하고 있다. 이는 공사로 인한 주변지역의 퇴적이나 침식, 조류 등의 해수유동 변화로 인한 해양의 오염, 항만공사 시 발생되는 고농도의 부유사 확산과 주변어장의 피해 규모 등을 종합적으로 평가하여 이에 대한 대책을 수립하여 공사로 인한 환경에의 악영향을 최소화하기 위한 것이다. 이를 통하여 주로 사업규모의 조정이나 평면배치계획의 조정, 공사시공 시 오탁방지막의 설치, 준설시기의 조정 등으로 환경에 대한 악영향을 저감하고 있다. 또한, 사후 환경영향평가를 통하여 공사 중의 환경변화를 지속적으로 관측하여 예측된 악영향의 정도를 분석하고 관리하고 있다. 우리나라의 환경영향평가 제도는 법령에 규정된 강제조항임에 따라 공사로 인한 환경에의 악영향은 어느 정도까지는 완화할 수 있다. 따라서 공사 시행청의 적극적인 환경보존 정책이 뒷받침이 된다면 그 효과는 더욱 커질 수가 있다. 부유토사 발생량을 줄이기 위해 준설토 투기장 내에 가토제를 설치하여 미세한 부유토사의 유달거리를 길게 함으로써 부유토사가 누출되는 것을 방지하거나, 공사로 인하여 생태학적으로 중요한 갯벌의 상실이 예측될 때 인공갯벌을 조성하는 등의 적극적인 자연생태계 보존정책 등이 이에 해당한다고 할 수 있다.

그러나 우리나라에서 개발로 인한 환경파괴를 완화시키기 위하여 적극적인 정책을 추진한 예는 드물다. 물론, 준설토 투기장에 가토제를 설치함으로써 공사용 차량의 진출입을 용이하게 하고 부유토사의 해양누출을 완화한 경우는 많지만 인공갯벌이나 습지대 등을 조성함으로써 자연생태계의 자정능력을 회복하게 하는 사업은 아직까지 추진한 예가 없어 정책적인 과제로 남아 있다. 환경영향평가제도와 함께 우리나라가 수행중인 환경친화적 설계는 실제 적용단계에 있기보다는 주로 관련기술 연구개발단계에 머물고 있다. 예를 들면, 해수교환방파제 설계기술이나 준설토 재활용기술, 대규모 신항만개발지역에 대한 환경모니터링시스템 구축 및 운영, 굴패각을 이용한 콘크리트 개발, 인공 간석지 조성기술 개발 등이 있다. 하지만, 관련기술 개발이 초기단계에 머물고 있어 실제 현장에 적용할 수 있기까지는 앞으로 2 내지 3년의 기간이 필요할 것으로 보인다. 현재 우리나라는 환경친화적인 항만을 개발하기 위하여 우리나라의 특성에 맞는 바람직한 시책방향을 모색하고 있다. 이는 인간에게 보다 친숙하고 쾌적한 항만공간을 제공하면서 자연생태계에는 개발로 인한 환경부하를 최소화하겠다는 기본이념에서 시작되었다. 여기에는 노후화된 항만이나 기능저하가 뚜렷한 항만에 대한 재개발도 포함되어 추진 중에 있다. 관련 종합보고서가 작성되면 인간과 자연생태계에 보다 나은 쾌적함과 풍요로움을 줄 수 있는 항만개발이 이루어질 것이 분명하다.

4. 친환경항만개발의 목표 및 전략

친환경항만개발의 목표는 환경적으로 건전하고 지속가능한 항만개발 및 깨끗하고 풍요로운 항만공간 창출로 해양생태계를 보전하고 국민의 삶의 질(생활수준)을 향상하는 데 있다. 이를 위하여 인공간석지, 해변, 습지대, 해수교환방파제 등의 해양환경 자정시설(biotope) 설계기술을 개발하고 약 500,000(㎡) 규모 이상의 공간을 조성할 계획이다. 또한, 항만공사로 인하여 발생하는 고농도의 부유사가 인근 해역으로 확산되는 것을 오탁방지막을 이용하여 60% 이상 저감하는 방안에 관한 연구를 추진할 계획이며, 총 사업비 1,000억원 이상의 항만공사에 대해서는 반드시 환경모니터링을 실시하는 방향으로 정책을 추진하고 있다. 그리고 주요 항만의 친환경적인 공간 조성비율을 현행 487,000(㎡)에서 1,000,000(㎡) 이상 확보하여 환경친화적 항만건설 목표를 달성할 계획이다.

1) 환경친화적 항만설계기법 확보를 위한 전략

개발과 환경보존은 동전의 앞·뒷면과 같다. 환경보존을 위해서는 개발을 하지 않는 것이 최선의 선택이지만, 개발을 위해서는 환경은 거추장스러운 장애물이 된다. 그러나 개발은 한 국가의 경제를 지속시키기 위해서는 반드시 필요하므로 개발 그 자체를 포기할 수는 없다(NED: National Economic Development 개념). 다행히도 지속 가능한 개발이란 측면에서 보면 개발과 환경은 서로 조화를 이룰 수가 있다. 물론 이것은 손쉽게 이룰 수가 있는 것이 아니라 많은 노력이 뒷받침되어야 달성할 수 있는 목표이다. 다시 말해 환경친화적인 설계기법의 개발과 적용을 위해서는 정책결정자의 의지와 예산당국의 폭넓은 이해, 실무자 및 연구자의 원활한 협조 등 많은 요소들이 상호 유기적으로 결합되어야 만이 원하는 목표를 달성할 수가 있다. 즉, 환경친화적인 항만기술의 중요성이 관련자의 폭넓은 관심과 이해를 받을 수 있도록 지속적인 노력이 필요하다고 할 수 있겠다.

또한, 체계적이고 지속적인 기술개발이 이루어져야 한다. 환경친화적인 기술의 적용은 당장 확인할 수 있고 명확하게 증명할 수 있는 효과를 우리에게 보여주지는 못할 지도 모른다. 환경비용을 금전으로 환산할 수 있는 체계가 확립되어 있지 않아 그 효과를 금전으로 환산할 수는 없지만 적용된 기술은 자연생태계나 후손에게 분명히 도움이 될 것이다. 우리나라는 '99년 7월 이후 중장기 항만기술 개발 기본계획의 6대 핵심 전략목표 중의 하나로 환경친화적인 항만기술개발을 선정하여 집중적으로 투자해 가고 있다. 여기에는 수질오염, 해안선침식, 갯벌이나 모래사장·습지대의 파괴, 해양생물의 감소 등과 같은 환경에의 악영향을 감소시킬 수 있는 다양한 영역의 기술이 포함될 것이다. 특히, 우리나라는 현재 폐쇄해역인 항만 내의 수질오염을 방지하기 위하여 오염된 저층토사의 준설과 함께 해수교환방파제의 설치를 추진하고 있다. 다양한 형태의 해수교환방파제 등을 개발하여 관련항에 대해 적용해가고 있다. 우리는 정책적인 측면에서 많은 의지를 가지고 있으므로 원하는 목표를 달성할 수 있으리라고 믿고 있다. 다만, 최근에야 환경친화적인 설계기술에 대한 관심이 높아짐에 따라 아직도 우리나라는 관련 기술개발 측면과 정책적인 측면에서 초보적인 단계에 머물고 있는 것이 현실임에 따라 외국의 많은 사례를 참고함으로써 시행착오를 줄일 수 있을 것으로 믿고 있다.

단순한 화물처리공간으로서의 항만에서 쾌적하고 시민이 이용할 수 있는 항만으로 탈바꿈시키는 것도 중요하다. 그동안 항만은 경제발전에 기여를 해오면서도 시민들의 친수욕구를 억눌러 왔다. 이는 시민들의 항만에 대한 거부감과 무관심을 확산시킴으로써 항만당국과 시민과의 갈등을 증대시키는 하나의 요인으로 작용하였다. 따라서 시민위락기능을 동시에 수행할 수 있는 항만공간 창출 역시 항만을 설계할 때 깊이 고려해야 하는 중요한 요소 중의 하나라고 할 수 있다. 우리는 국가에서 항만을 관리함으로서 친수성 시설관리와 관련하여 어려운 문제가 있으나 항만을 생활공간중의 하나로 개발시키는 데 지속적인 관심과 노력을 기울여 나갈 것이다. 이를 위하여 우리는 환경친화적인 항만개발계획을 수립 중에 있으며 여기에는 공사 시행으로 인한 해양오염의 방지를 위한 세부사항과 친수성 시설 설치계획이 포함될 것이다. 또한, 노후화되고 화물처리 기능이 저하된 항만에 대해서는 친환경적인 재개발 기본계획을 수립하여 쾌적하고 친숙하며 고도화된 단위 생산력을 갖춘 항만으로 개발해 나갈 계획이다.

2) 친환경적 항만개발을 위한 방향

(1) 항만환경계획의 책정

환경공생항만을 실현하기 위해서는 항만환경의 보전이나 생태계 · 친수성 · 정화기능 등을 적극적으로 활용한 환경창조를 종합적 · 계획적으로 실시할 필요가 있으므로 이를 위해 항만환경계획을 책정하였다. 항만의 정비는 각항의 항만 관리자가 책정하는 항만계획에 따라 추진된다. 이 항만계획이란, 항만계획법에 근거하여 목표연차에 대한 항만의 능력과 그에 대응하는 항만시설의 규모와 배치 · 항만의 환경정비와 보전 · 토지이용 · 기타 기본적 사항을 정하는 것으로서, 항만의 마스터플랜이다. 한편, 항만환경계획은 항만관리자가 계획·설계·건설·이용의 각 단계에서 행하는 환경시책이나 배려를 종합적·계획적으로 정리한 것이며, 환경정비 등 각각의 구체적인 시책을 실시할 때의 지침이 되는 것이다.

항만환경계획을 일반에 널리 공표하여 환경의 보전·창조 등 환경과 공생하는 항만이 지녀야 하는 모습, 그 달성을 위한 시책이나 항만행정에서 환경을 위한 대처방안을 명확히 한다. 그리고 다른 분야의 행정·시민·기업 등의 이해와 협력을 구하여 환경에 대한 일체적인 대안을 강구하여 시책의 효과를 한층 높이도록 한다. 이러한 관점에서 환경현상과 과제·기본방침·환경의 보전과 창조를 위한 시책을 계획·설계·건설·이용의 각 단계마다 정리한 항만환경계획을 책정하였다.

(2) 환경영향평가의 충실

환경영향평가를 적절히 실시해 갈 뿐 아니라 환경데이터나 영향예측·평가에 관한 노하우를 축적해 간다. 새로운 요청이나 사회상황의 변화, 새로운 지식이나 기술개발수준 등을 토대로 예측의 정확도를 향상시키기 위해 계속 노력한다. 그리고 환경기준을 신설하거나 개정할 때에는, 환경영향평가의 평가항목 또는 예측기법에 대해 검토한다. 영향평가를 효율적으로 실시하기 위해서는 필요한 정확도를 확보해가며, 사업규모 등에 따라 평가항목·예측기법을 적절히 선정할 수 있는 방안에 대해서도 검토한다. 또한, 향후 중요성이 더욱 증가하는 생물 및 그 생식환경 등 생태계에 대한 영향평가 기술향상을 위한 연구·개발을 추진한다.

(3) 환경정비의 추진

종래의 항만시설에 추가하여 환경을 보전하거나 창조하기 위한 시설 등을 새롭게 해양환경 인프라로 설정하여 그 정비의 촉진과 함께 항만환경 인프라에 대한 기준·지침 등을 재검토하거나 결정한다. 또한 환경공생항만의 조기 실현을 위해 항만환경 인프라의 종합적인 정비를 중점적·선행적으로 실시하는 Eco-port 모델사업제도의 도입을 추진한다. 이를 위해 항만환경 인프라를 다음과 같이 해역환경 인프라와 육역환경 인프라로 구분하였다.

① 해역환경 인프라: 환경공생항만을 형성하기 위한 해역환경 인프라로서는 해역으로의 부하를 경감하는 것, 생태계의 능력 등을 활용하여 해

역의 자정능력 향상을 도모하는 것, 물리적으로 해수교환의 촉진을 도모하는 것 등이 있는데, 이들을 정비하여 자연과 생물에 친숙한 자연환경을 창조해 간다. 해역에의 부하 경감을 위한 인프라에는 오염된 저질의 제거, 복토, 세굴 방지, 쓰레기와 기름제거를 위한 시설, 리빙필터 등이며, 해역의 정화기능 향상을 위한 인프라에는 모래사장, 갯벌, 천장, 암장, 자갈밭, 자갈간접촉산화형 호안, 폭기 등이 해당되며, 해수교환 촉진을 위한 인프라에는 도수, 도류제, 투과제, 잠제 등이 있다.

② 육역환경 인프라: 환경공생항만을 형성하기 위한 육역환경 인프라로는 양호한 자연환경을 보전・창조함과 함께 쾌적함의 질적 향상이나 점에서 면으로의 공간적 확대를 도모하는 인프라와 이를 네트워크화하여 접근성을 향상시키기 위한 인프라가 있는데, 이들을 정비하여 인간에게 편안함과 윤택함을 주게 한다. 양호한 자연환경을 보전・창출하기 위한 인프라에는 환경보전림, 완충녹지대, 야생조류 공원 등이 있으며, 쾌적성 향상을 위한 인프라에는 친수녹지, 전망시설, 친수형 산책구간, 양호한 항만경관, 역사적 항만시설 등이 해당된다. 또한, 네트워크화나 접근 향상을 위한 인프라에는 산책길, 자전거 도로 등의 네트워크, 항의 게이트 존 등이 있다.

또한 위에서 제시한 항만환경 인프라를 통합 정비함에서 한 걸음 더 나아가 지구환경에 공헌하기 위해 교통수송방식의 전환 추진, 미이용 에너지의 이용, 해면상승에 대한 대응, 생물 다양성의 확보, 해양오염의 방지, 국제협약의 추진 등을 위한 시책도 추진하도록 하였다.

(4) 환경관리의 충실

항만 환경관리를 수행하는 항만관리자는 환경보전이 잘 이루어지도록 하기 위하여 항만환경계획에 기초해서 관계기관의 협력을 얻어 환경을 정확히 파악하여 환경관리를 적절히 수행하여야 한다. 항만환경으로의 오염부하를 억제하거나 개선을 도모하기 위해서 항만관리자는 스스로가 시책을 시행할 뿐 아니라 하수도의 정비나 고도처리시설의 확충, 하천의 정화대책 등을 조정할 필요도 있다. 항만환경연합회 등의 설치・운영을 통해서 항만을 이용하거나 또는 항만에 입지한 기업과 다음 행정기관과도 연계・제휴하거나 협력관계를 강화한다. 또한, 건축물이나 설비의 색채, 디자인 등도 입지기업과의 협정이나 지도를 통해 조성함으로써 풍경이 아름답게 형성되도록 한다.

항만건설에 따른 환경부하를 억제하기 위하여 적절한 공법이나 공기의 선택, 오탁방지막의 부설 등의 환경대책을 실시한다. 또한 건설 중에도 환경에의 부하를 정확히 파악할 필요가 있으며 이를 위해 수질 등 필요항목에 대한 감시를 실시한다. 항만의 개발·이용에 의해 생기는 다양한 부산물인 석탄재·준설토사·콘크리트 덩어리 등을 항만건설을 위한 재생자원으로 활용하고 항만정비나 항만환경을 창조하기 위해 적극적으로 재이용하도록 추진한다. 이를 위해 재이용 기술의 개발·정보의 교환·연구개발을 적극 실시하고 재이용을 원활히 추진하기 위한 체제구축에 주력한다. 한편, 항만에서의 쓰레기와 기름의 회수, 해양성 폐기물 처리의 추진, 선반으로부터의 기름 배출규제에 대한 대응책 강구를 위해 다른 행정·시책과의 제휴를 도모하고 적극적으로 대처함으로써 항만 이용에 따른 환경부하를 억제하기 위해 노력한다. 오일팬스 등의 비축, 기름회수선의 배치, 체제의 정비 등을 수행함으로써 만일 선박 등으로부터 기름유출 사고가 발생한 경우에도 피해를 최소한으로 줄이기 위한 대책을 충실히 마련한다.

(5) 전략적 접근

해양환경의 조사·연구는 포함 범위가 환경의 보전과 창조수법, 개발이 환경에 미치는 영향의 예측 수법, 쾌적함의 창출수법 등 매우 넓다. 이러한 기술개발에는 장기간이 소요되므로 미래를 내다보면서 체계적·효율적으로 추진할 필요가 있다. 이를 위해 항만기술개발의 장기정책인 '인간과 지구에 친화적인 항만의 기술: 목표(92년 6월)'를 토대로 하여 환경정책을 추진하기 위해 필요한 환경에 관한 연구·개발을 추진한다. 또한, 환경 데이터의 축적 등 항만과 해양환경에 관한 정보를 집약하고 관리하며 항만환경에 관한 노하우를 체계적으로 축적하고, 효율적인 조사·연구를 실시한다. 환경에 관한 정보·기술·연수 등의 서비스 시스템과 항만기술연구소의 환경부문의 조직체제를 정비하며 나아가 연구자 간의 교류를 촉진시키고 인재의 네트워크 구축을 강화한다.

항만은 하천을 비롯하여 외부로부터의 환경부하도 있으며 더구나 도시폐기물의 최종처리자로서의 이용요청도 높아지는 등 환경의 흐름을 구성하는 시스템 속에 위치하고 있다. 항만의 환경개선을 효과적으로 진행시키기 위해서 하천 · 하수도 · 도시 · 폐기물 등 다른 분야의 행정과 충분히 제휴하며, 항만환경연합회 등과의 역할도 명확히 하여 각각의 역할분담에 따라서 시책을 추진한다. 또한 입지의 기업이나 지역주민과 행정이 환경의 보전과 환경개선을 위해 일체가 되는 체제를 구축하고, 기업과 개인 한 사람 한 사람도 환경에 책임을 가질 필요가 있다. 환경정책을 추진해가기 위한 재원 마련을 위해 환경정비부담금, 개발이익의 환원 등 신규 재원을 확보하거나 재원의 다양화를 검토한다.

환경공생항만을 실현하기 위해서는 시민과 행정의 제휴도 중요하다. 이를 위해 시민에게 항만계획과 항만환경계획에 대해 이해하기 쉬운 정보를 제공함으로써 항만의 장래 모습과 환경배려에 관한 시책에 대한 시민의 충분한 이해와 협력을 구한다. 또한, 항만의 녹화나 청소 등 항만의 환경을 양호하게 유지하고 개선하기 위한 시민의 봉사활동을 적극 지원한다. 항만에서 각종 이벤트를 개최하고, 워터프론트로 정비되는 문화 · 교류시설들을 활용하면서 시민을 항만으로 유치하여 체험이나 학습의 장소를 제공함으로써 관심과 이해를 높인다.

특히 친환경항만 개발의 경우 최근 워터프론트 개발의 주 대상으로 어항을 중심으로 한 기존항만의 재개발로 이어지며 특히 민자사업 및 제3섹터방식의 개발에서 성공하기 위한 요건으로 다음의 7가지 항목에서 신중한 접근과 평가가 이루어져야 한다. 즉, 단순한 항만물류의 기능 이외에 워터프론트가 가진 자질을 최대한 활용할 수 있는 여건의 조성이 무엇보다 중요함을 강조하는 것이다.

① 둘러싸인 공간수역의 면적
② 정온한 수역
③ 도심부로부터의 접근성
④ 랜드마크(Landmark)의 존재
⑤ 배후인구의 많음
⑥ 활발한 복합적 이용
⑦ 높은 이용빈도

그림 9-22 주요 항만에서 도시중심부로부터 항만(워터프론트)개발까지의 거리

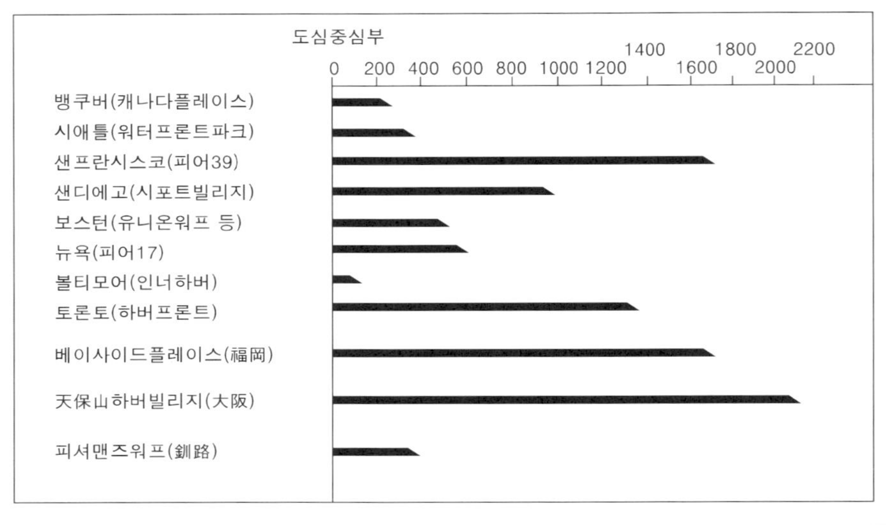

3) 환경친화적 항만개발의 추진전략

친환경적인 항만개발 목표를 달성하기 위한 정책은 다양한 방향으로 추진되어야 할 것이다. 기본적으로 항만환경보호헌장을 수립하고 인터넷을 이용한 홍보를 통하여 대내외적인 국민공감대 형성에 기여할 수 있을 것으로 기대하고 있다. 또한, 항만개발에 따른 환경영향평가 및 사후환경영향평가를 강화하고 이의 수행을 위한 평가지침개발을 추진하여야 한다. 친환경적인 건설기술도 지속적으로 개발하여 현장

그림 9-23 굴껍질을 활용한 방파제 건설 개념도

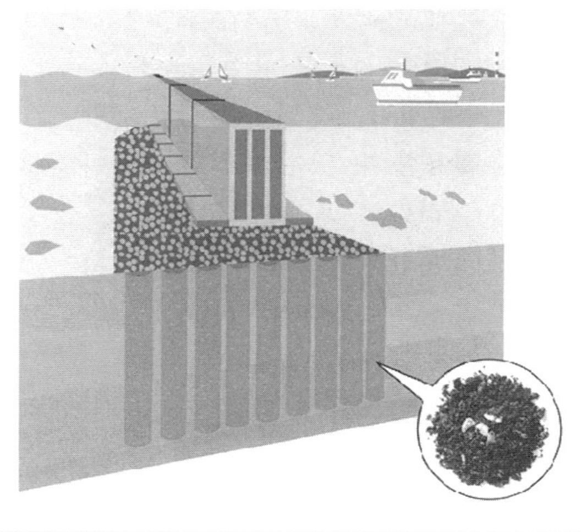

보급을 확대하는 방향으로 정책을 추진하여야 할 것이다. 현재 추진되고 있는 해수교환방파제의 단계별 설치계획도 수립하고, 준설토, 굴패각, 산업폐기물 등의 재활용 방안 연구 및 오탁방지막의 효과 및 효율성에 대한 평가기술 개발 등도 해양오염저감방안의 차원에서 지속적으로 추진해 나가야 한다. 그리고 각 지방에서의 환경친화적 항만건설 우수사례를 조사·격려하고, 전 지방청에 환경친화적 항만개발을 확대적용하며, 아울러, 노후항만을 쾌적하고 친숙하며 단위생산성이 높은 항만으로 재개발하고, 각 지방청별로 세부추진계획을 수립하게 하는 등 체계적인 접근이 필요하다.

한편, 무엇보다도 항만법 및 신항만건설촉진법에 친수공간 조성을 추진할 수 있는 법적 근거를 마련하기 위한 관련법령의 개정도 추진되어야 한다. 관련법령의 주요 내용으로는 ① 항만을 개발하는 자는 우선적으로 환경친화적인 항만개발이 되도록 하여야 한다, ② 국토해양부장관은 환경친화적인 항만개발을 수행하고자 하는 자를 우선하여 민자사업자로 지정할 수 있다, ③ 국토해양부장관은 지자체에 무역항과 연안항의 항만친수공간에 대한 관리를 위임할 수 있다, ④ 국토해양부장관은 지자체에 항만친수공간 조성에 필요한 비용의 일부를 지원할 수 있다, ⑤ 신항만 건설시 국토해양부장관이 규정하는 일정비율의 완충지대 확보를 의무화한다 등이 있다.

5. 국내외 주요 친환경항만개발 정책

1) 네덜란드(로테르담항만)

로테르담항만은 네덜란드 총국민소득의 11%를 차지하고 있으며 약 40만명의 국민이 직, 간접적으로 항만관련 산업에 종사하고 있는 대규모 항만이다. 동항에는 연간 33,000척의 선박이 입항하고 있으며 약 13만척의 바지선박이 운항되고 있다.

(1) 기본정책 방향

로테르담항만 당국의 주요 관심사항은 항만구역 내에서 경제활동을 진척시키는 것이며 동시에 깨끗하고 안전한 환경을 개발하고 유지하는 것이다. 항만구역 내에서의 경제활동 증진에도 관심이 크지만, 이는 오직 깨끗하고 안전한 환경 속에서 달성되어야 한다고 믿고 있다. 오직 청정한 항만만이 지속적인 성장이 가능하리라는 신념을 기지고 있는 것이다. 즉 항만 당국은 최소한 환경 친화적인 조건에 순응하는 상태에서만이 고도의 물류서비스가 가능하고 주변 항만에 대한 경쟁력을 제고시킬 수 있다는 신념을 가지고 있다. 따라서 항만안전과 환경이 항만경제활동의 촉진에 제한요인으로 작용하고 있으며 경제적인 이익과 정부 및 지역사회에서 요구하는 환경적인 요구조건이 균형을 이루는 항만운영을 유도함으로써 지속가능한 항만개발정책을 추진하고 있다.

(2) 주요 환경문제와 환경정책

로테르담항만이 직면하고 있는 주요 환경문제로서는 첫째, 토양오염, 둘째, 침니현상 및 수질오염, 셋째, 대기오염, 넷째, 항만소음이다. 항만당국에서는 이러한 환경오염 대상에 대하여 다음과 같은 구체적인 목표를 수립하여 실행에 옮기는 노력을 기울이고 있다.

① 토양 오염문제: 적어도 향후 30년간 항만당국 관할 하의 모든 지역의 토양이 어떠한 환경적 제약 없이 특정 목적을 위해 사용가능하게 유지한다.

② 수질 오염문제: 항만의 충분한 수심을 유지하기 위하여 정기적으로 준설할 수 있는 침적토의 질을 유지할 것. 적어도 2002년 이내에 침적토가 육상 또는 해상투기장에 그대로 사용할 수 있도록 청정한 상태를 유지한다.

③ 대기오염 및 항만소음: 이는 항만당국의 관심을 크게 끌고 있기도 하나 항만인접 지역에서의 건축 증가 등으로 발생하는 경우가 많아 항만당국도 행정력의 한계를 느끼고 있다. 또한 항만 당국에서 환경 문제들을 해소하고 지속 가능한 항만개발을 달성하기 위해서는 해운, 항만 운영업체, 화주 등 항만이용자들이 이에 대한 개념을 이해해야 한다고 믿고 있으며 또한 이들의 타협과 공동노력이 절대적으로 필요하다고 믿고 있다. 그러나 항만 지역 내에 입주하고 있는 업체들 간의 타협 및 공동노력은 비교적 쉽게 이루어지나 특히 해운의 경우는 계속 이동하는 선박의 특성상 타협이 이루어지기 어려운 실정이다.

원양해운에 대해서는 다음과 같은 2가지 정책을 집행하고 있다. 첫째는 IMO 규정A 747호를 적용하여 탱커선의 경우 이중선체 또는 분리 밸러스트

탱크를 구비한 경우 항만사용료 징수시 그 용적만큼을 요금을 할인하는 것이다. 현재 로테르담 항에서는 이러한 선박에 대해서는 항만사용료의 17 %를 감면해주고 있다. 두 번째는 녹색보상제(Green Award)를 실시하고 있다. 이는 환경친화적인 선박, 즉 선박의 질적인 우수성과 선원 및 선박의 운영에 대한 독립적 감독관의 평가에 커다란 일보를 내딛는 것으로 평가되고 있으며 안전관리, 환경보전에 뛰어나다고 인정되는 선박에 대해 입항시 각종 특전을 부여하는 방식으로 추진되고 있다. 이러한 Green Award를 수상하기 위해서는 운항측면과 기술적인 측면에서의 요구사항이 충족되어야 한다.

① 운항측면의 요구사항: 선박관리운항을 위한 ISO2000에 의한 확인서, 비상계획의 이용가능성, 육상/선박 인원에 대한 정책, 선내관리확인서 등, Shipboard Oil Pollution Emergency Plan(SOPEP)의 이용가능성, 해기사 및 선원의 추가자격 및 이용가능성, 계획된 유지시스템 및 혹은 조건 모니터링 시스템

② 기술적인 측면의 요구사항: 선체2중저, 탱크비치 계획, 저압에 의한 기름유출예방과 긴급화물이전, 공기방출 통제시스템, 우발적인 기름오염방지수단, 부수적인 기름오염 방지수단, 유출물 수거계획, 개선된 Bilge Water 처리시스템, 효과적인 쓰레기처리, 효과적인 탱크청소, 배기가스 방출

이러한 요구사항들을 충족하는 경우 평가 등급에 따라 보상을 받게 되는 바 항만 요금의 할인혜택과 우선적인 항만서비스가 제공된다. 이로 인하여 선사는 물론이고 항만당국에 여러 가지 편익이 발생된다. 선사의 편익은 PR 및 새로운 화물을 유치할 수 있는 상업적인 유인책, 기준미달선과 지질선박의 검사 증대로 우수수상선박의 검사 감소, 동 시스템의 효과가 입증되는 경우의 저렴한 보험료, 항비의 절감, 동 시스템이 세계로 확산시 선사의 편익증대 등이며, 항만을 위한 이익으로는 더욱 안전하고 깨끗한 항만 유지, 환경부하의 감소, 사고건수의 안전하지 못한 상황의 감소, 오염의 감소, 청소비용의 감소, 더욱 효율적인 검사시스템의 기대 등이다.

2) 미국(타코마항)

미국의 경우 미국항만협회의 조사에 따르면 44개 항만에서 3억 1,500만달러를 항만환경 및 개선프로젝트에 투자하고 있으며 1억 3,000달러를 투입하여 125개 습지를 조성하고 49개의 서식지를 조성, 복원, 유지하고 있다.

(1) 타코마항의 개요

타코마항에서는 1995년 기준으로 5년간 환경프로젝트에 총예산의 20% 규모인 3억달러를 투입할 계획을 수립하고 있다. 타코마항이 소재하고 있는 워싱턴주의 총 고용인의 20%인 67,000명이 타코마항과 관련된 산업계에 종사하고 있다. 타코마 항만당국은 터미널을 세계적인 운항선사인 Sea-Land, Evergreen, K-Line, Maersk 등에게 임대운영하고 있는데 지난 10년간 컨테이너 물동량은 6배가 증가하였다.

(2) 환경개선사업의 내용

타코마항이 소재하고 있는 지역은 지형적인 산업으로 생활·오염물질이 집적되는 장소로서 경제적으로 급성장하는 기간 동안 침전물이 해저에 누적되어 왔다. 타코마 항만에서는 최근 터미널부지 확장사업과 준설, 환경개선 등을 포함하여 약 2,700만달러를 투입하는 대규모 프로젝트를 수행하였다. 이들 3개의 프로젝트를 별개로 추진하는 대신 연방규제 당국과 관련 당사자들과 파트너십을 구성하여 추진하였다. 즉 동항만의 주요 항로인 블레어(Blair) 수로에 3개 컨테이너 터미널과 자동차, 목재, 일반화물을 처리할 수 있는 북미서안 최대의 해운개발단지를 조성하였으며 이 과정에서 수년간 두 건의 환경문제를 해결하였다. 첫째는 인디언 원주민부족 소유권 주장에 따라 60만평 규모의 토지에 대하여 1,000만 달러를 보상하였다. 둘째로는 항로준설 및 항로 확장과 관련문제로서 블레어 수로의 준설토를 인근의 밀워키항로에 투기하기로 하였으나 처음에는 연방정부의 반대에 부딪쳤다. 그러나 블레어항로의 준설토중 오염이 가장 심한 준설토를 가장 아래에 묻고 비교적 덜 오염된 준설토는 그 위에 묻는 방식으로 밀워키 수로를 매립하여 어린 조류와 연어서식지 등 해양생물서식지를 조성할 계획을 세우고 연방정부의 승인을 받았다. 이에 따라 준설문제의 해결과 환경문제를 해결하게 되었다. 즉, 미국 환경보호국은 타코마항에서 환경개선작업과 개발사업을 연계시켜 추진한다는 점을 높이 평가하였다. 이는 과거 전통적인 방법인 준설·투기하는 방식이 아니라 지형적 개량사업에 가까운 사업이었다. 즉 침전물의 내용을 엄밀하게 분석하여 준설작업 이전 단계에서 샘플링을 하고 지형도를 작성하게 된다. 또한 준설작업은 지층별로 준설하여 가장 오염이 심한 침전물을 먼저 매립하고 준설작업 중의 해저오염을 계속 감시하였다. 이에 따라 오염 문제가 개선된 밀워키항로는 이미 어류와 물새가 모여들고 있다. 타코마항만에서는 항만당국의 목표와 환경관리와의 목표를 동시에 달성하기 위하여 책임감을 가지고 환경 구제를 시행하고 장기적인 환경비전을 가지고 공공의 편익을 위한 프로젝트를 수행하는 지침을 제시하고 있다.

3) 일본의 항만정책

일본의 경우 항만환경정책은 어느 나라보다도 철저하게 시행되고 있다. 히로시마항의 갯벌조성, 간사이국제공항의 완경사 석재호안 축조, 도쿄항의 둔치조성, 해저 오염방지를 위한 복사사업 등 전국 각지에서 깨끗한 환경을 조성하기 위하여 적극적으로 연구, 투자하기 시작한 결과 인공갯벌에 야생조류가 날아들고 완경사 호안과 인공천해에 다양한 어류 및 조개류가 되살아나는 등 실질적인 환경투자효과가 가시화되고 있는 나라이다.

일본 운수성에서는 항만의 이용과 개발에 따른 환경영향을 줄이는 소극적인 환경정책이 아니라 생물, 생태계의 자연환경과 조화를 이르어 쾌적하고 즐거운 항만환경을 조성하기 위한 새로운 정책을 추진하고 있다. 1994년 3월 '새로운 항만환경정책 –환경과 공생하는 항만(Eco–Port)을 목표로–'라는 지금까지의 항만환경정책을 더욱 보강하는 환경정책을 수립하였다. 여기서는 항만환경의 기본적 이념으로서 ① 풍족한 항만환경의 승계 ② 자연과 공생하는 항만 ③ 쾌적한 항만공간의 조성을 제시하고 있다. 또한 항만환경정책의 목표로서 환경공생항만을 형성할 것을 제시하고 있다. 이러한 목표달성을 위한 기본정책으로서는 ① 항만환경계획을 수립하고 ② 환경평가를 강화하여 ③ 적극적인 환경정비를 추진하고 ④ 환경관리를 강화하고 ⑤ 추진방법을 확충하는 것을 제시하고 있다. 이 중에서 적극적인 환경정비부문은 다시 ① 환경기반시설 정비, ② 광역환경의 개선 ③ 지구환경의 개선으로 세분하여 제시하고 있다.

항만환경기반시설의 정비는 오염토지제거, 쓰레기, 기름제거시설, 해역의 자정능력의 향상, 물리적 해수교환촉진을 위한 도수 및 도류제시설 등의 해역환경기반시설과 환경보전림, 완충녹지대, 야생조류공원, 친수성 농지, 전망시설, 친수형 산책로, 역사적 항만시설, 녹지도로, 산책로, 자전거도로 등 자연환경시설, 쾌적성 공간확대시설, 접근성 향상시설과 같은 육지환경기반시설 정비를 제시하고 있다. 광역환경의 개선으로서는 항만도시환경, 광역육지환경, 광역해양환경으로 나누어 접근하고 있으며 지구환경의 개선을 위해 Modal Shift 추진, 미 이용 에너지의 활용, 해수면 상승에의 대응, 다양한 생물의 확보, 해양오염 방지, 국제협력의 증진 등을 제시하고 있다. 또한 환경관리 강화 부분은 ① 항만의 환경관리 ② 항만건설에서의 환경부담 억제, ③ 항만이용에서의 환경부담의 억제 등을 제시하고 있다. 마지막으로 추진방법의 확충에서는 ① 환경조사 연구개발의 추진 ② 명확한 역할분담과 재원의 확보 ③ 시민의 행정의 제휴 등을 제시하고 있다.

4) 한국의 정책

앞에서와 같이 선진제국들은 환경항만을 개발하기 위해 적극적으로 환경정책을 수립하여 시행하고 있으며 환경문제를 해결하지 못하고서는 국제적 항만경쟁이 불가능한 것으로까지 인식하고 있다. 우리나리의 경우 항만환경정책은 항만의 개발, 이용에 따른 환경오염을 방지한다는 소극적인 차원에 머물고 있는 실정이다. 이제 우리나라도 적극적인 입장에서 자연과 공생하는 환경 친화적인 항만을 개발하기 위한 정책방향을 도입하여 항만의 개발·이용으로 인한 환경피해를 예방하고 환경을 보전하여 도시민에게 쾌적한 환경을 제공하는 생활공간 기능을 강화시킨 환경친화적인 종합항만을 육성하여 할 시점에 와 있다.

(1) 지속가능한 항만개발 정책방향의 도입

그동안 우리나라의 항만개발정책은 급증하는 수출입화물 물동량을 따라잡기 위한 화물처리능력을 증대시키는 데 역점을 두고 지역 간 균형개발, 사회적 형평성 등을 부수적으로 고려하여 왔다. 다만 생태적·자연적 환경보호에 대해서는 충분한 주의를 기울이지 못하였으나 최근 들어 해양오염방지 5개년 계획을 수립·시행하는 등 해상 안전확보 및 청정해역 조성차원의 계획을 수립하기 시작하였다. 그러나 이제 선진국의 국제항만과 공정하면서도 치열한 경쟁을 하기 위해서는 국제적으로 요구되는 환경문제를 적극적으로 해결하지 않으면 안 될 시점에 와 있다. 사실 항만개발과 환경보호는 서로 배타적인 것이 아니다. 국민의 건강과 안전을 위한 환경보호기준과 경제개발에 필요한 주요자원은 계속 유지되어야 하며, 항만의 경제활동도 지속되어야 한다. 그러므로 환경항만의 개발은 연안환경보호 그 자체를 위한 것이 아니라 항만활동을 영위하면서도 환경보호문제가 자동적으로 확보될 수 있도록 하는 환경친화적인 항만을 개발하는 것이 필요하다.

그림 9-24 대포항 친환경개발계획도

(2) 항만의 지속가능한 개발

의제21은 환경문제를 전통적인 오염방지의 수준에서가 아니라 총체적이고 매우 장기적인 지속가능한 개발의 관점에서 접근하고 있다. 의제21의 내용 가운데 항만과 관련된 것은 제17장 '해양 및 해양생물자원의 보호'로 국제적 공유자원인 해양과 해양생물을 보호하기 위한 포괄적인 내용을 기술하고 있다. 또한 제17장의 내용을 구체화하기 위해 '95년 UNEP에 의해 범지구적인 실천계획이 채택된 바 있다. 그 중 항만과 관련된 내용은 '해양 및 연안수역의 종합적 관리', '해양환경보호'로 각 정책의 목표와 정책수단이 제시되어 있다. 이하에서는 이들 내용을 바탕으로 하여 우리나라에서 추진하여야 할 내용을 살펴보기로 한다.

① 해양 및 연안 수역의 종합적 관리

목표는 무계획적인 산업입지, 도시개발, 매립사업에 따른 해양 및 연안 수역의 환경오염을 극소화하기 위해 연안수역 및 해양환경의 통합적 관리 및 지속가능한 개발을 달성하는 것이다. 정책수단으로서는 토지 및 수자원 이용정책의 설정 및 집행, 연안 및 해양의 통합관리와 지속가능한 개발계획 추진, 주요 사업에 대한 사전환경영향평가, 체계적 관찰, 후속조치 등이 종합적 · 체계적으로 추진되어야 한다. 이와 더불어 기상변동, 해수면 상승 등 자연재해에 대한 비상계획 및 유류 등의 유출에 따른 오염시 비상계획이 수립되어야 하며 주택, 식수, 하수, 산업폐기물 등의 처리가 개선되어야 한다. 또한 연안수역 및 해양환경의 통합관리와 지속적인 개발목표를 달성하기 위한 외부요인 및 현상이 미치는 영향에 대한 주기적인 평가가 이루어져야 한다. 이와 더불어 연안수역에 영향을 미치는 주변환경, 농업, 관광, 어업, 항만 및 산업시설의 유지가능한 개발에 관한 부문별 계획의 통합과 환경적으로 건전한 기술의 촉진 및 지속적인 실행, 환경기준의 설정 및 집행이 이루어져야 한다. 또한 관할 수역 내의 생물의 다양성, 해양종의 생산성 및 서식처의 유지를 위한 조치가 취해져야 한다.

우리나라에서는 현재 연안역 관리업무가 9개 부처 50여개 법률에 의해 개별적으로 규율되고 있어 연안역 관리의 종합조정 및 통제기능이 미흡한 실정이다. 현재 연안역관리법의 제정 및 연안역관리기본계획이 수립되어 있으며 이의 효율적 추진을 위해 국토해양부 내에 연안역 관리과가 신설되어 있다. 향후 해양 및 연안의 통합적 관리를 위해 외국의 제도연구 및 국제적 협조와 조정에 대한 각별한 노력이 요망되고 있다.

② 해양환경의 조성 및 보호

목표는 쾌적한 해양환경을 조성하기 위해 육상활동과 해양활동을 연계한 오염물질의 근원적인 차단과 방제역량제고를 통하여 인간과 해양생태가 공존하는 청정해역을 유지 · 보전하는 것이다. 정책수단으로서는 크게 육상활동에 의한 해양오염의 방지, 해양활동으로 인한 해양환경 악화방지의 두 가지가 있다. 육상활동에 의한 해양오염의 방지를 위해서는 하수처리, 분뇨처리, 폐수처리, 폐유처리, 쓰레기처리 등을 위한 연안지역의 환경 기초시설을 확충함으로써 해양환경 악화를 억제하는 동시에 수로관리 및 오염원의 처리가 강화되어야 한다. 국가적 · 지역적 · 세계적 차원의 해양환경 보호조치이행 및 몬트리올 지침 등을 준수하여야 하며 유엔환경계획(UNEP: United Nations Environmental Programme) 집행이사회가 소집하는 육상활동으로부터 기인하는 해양환경오염 방지를 위한 정부 간 회의에도 적극 참여해야 한다.

해양활동으로 인한 해양환경의 악화방지, 감소 및 통제를 위해서는 노후선박에 대한 안전관리를 강화하기 위하여 선박안전법 시행규칙을 강화하여 노후선박으로 인한 해난사고 및 해양오염사고를 사전에 예방할 수 있어야 한다. 또한 해양환경의 상태를 체계적으로 관측하기 위하여 해양환경의 질을 체계적으로 관측하는 장비를 구비하여야 하며, 해양악화에 대한 정보, 방지 · 통제 · 감소 조치에 대한 해외정보를 유지하고 정기적으로 교환하여야 한다. 이와 더불어 패류감시 프로그램과 같은 체계적인 관측을 위한 국제적인 프로그램을 지지하고 확산하여야 한다. 또한 해양오염 통제정보에 대한 통제기준을 마련하여 동시에 해양오염에 영향을 주는 오염원의 원천, 종류, 정도, 효과 등 정보에 대한 국내외적인 현황 및 데이터베이스 설치에 노력하여야 한다. 이에 대해 우리나라의 해양오염방지법 상에는 해양경찰청으로 방제체제를 일원화하고 있으므로 해양경찰청에서 담당하도록 하여야 할 것이다. 해운과 관련된 관계 해운협약 혹은 의정서를 폭넓게 비준하고 시행하여야 한다. 특히 선박으로부터의 불법투기에 대한 감시(공중감시)에 관하여 국제적으로 협력하여야 하며, MARPOL 투기규정 등을 엄격히 준수하여야 한다. 나아가서 비토착종 생물의 이식을 방지하기 위하여 선박용수의 방류에 관한 적절한 조치가 검토되어야 하며 벌크운반선 등 화물선으로 인한 오염방지를 위한 규제강화 필요성이 검토되어야 한다. 또한 연안의 석유 및 천연가스 굴착에 따른 기존의 규제조치를 평가하고 개선방향을 검토하며, 특히 항만구역에서의 유류, 화학물질 잔재 및 쓰레기의 수거설비가 정비되어야 한다. 또한 미장, 페인트 등 합성물질에 의한 수질오염 예방조치와 함께 유류, 화학물 유출대비 기구설치 강화에 대한 국제협력의 강화가 추진되어야 한다.

(3) 환경친화적인 항만개발정책의 추진

① 환경친화적인 항만개발정책의 목표

앞으로 세계는 국제화 · 정보화 · 도시화가 진전되는 가운데 정신의 풍요와 가치관의 다양성이 중시되는 아직 경험치 못한 성숙화 사회로 이행될 것이다. 이 과정에서 자원 · 에너지의 제약, 심각해지는 지구환경문제 등 각종의 제약과 문제를 극복하고, 장래에 걸쳐 지속가능한 개발을 이루어 국민의 생활을 보다 풍요로운 것으로 만들어 나가지 않으면 안 된다. 또한 우리나라는 외국과의 교역증대 및 지방자치제의 정착으로 각 지역항만이 지역경제의 거점으로 성장해 나갈 전망이다. 이에 따라 각 지역항만은 국제물류의 기능을 확충해 나감과 동시에 어떻게 환경보존을 달성하느냐가 중요한 과제가 될 것이다. 사람, 물건, 정보의 교류가 국가, 지역, 개인 간에 다양하게 이루어지게 되는 국제교류시대에는 환경과 조화를 이룬 종합항만공간의 창조, 항만 간의 네트워크 형성이 중요하게 되며 이를 위해 등장한 것이 환경공생항만이다. 항만으로 볼 때는 해양의 혜택을 차세대에 계승하기 위해 '생물이 살기 좋은 항', '양호한 자연환경을 창조하는 항', '인류에게 정감과 안락함을 주는 항', '환경관리가 충실한 항' 조성 등으로 정의될 수 있다. 이에 대해 도시측면에서 볼 때는 '비교적 자립가능하며, 주변의 자연환경에 지대한 영향을 주지 않는 도시'로 정의된다. '비교적 자립가능'이란 이상적인 생태계(eco-system)를 갖추고 있는 것을 전제로 하며, 이상적인 생태계란 자연, 인공을 모두 포함한 전체 시스템의 각 부위가 전체의 이익을 위해 기능하는 것으로서 공기, 물, 에너지, 기타 자원의 유기적인 순환계를 구성하는 것이라 할 수 있다.

② 추진방법

ⓐ 항만환경계획을 관리자가 책정하여 공표: 항만환경계획은 국토해양부에서 항만의 계획, 설계, 건설, 이용단계에서 수행하여야 할 환경시책과 고려사항을 종합적 · 계획적으로 정리하여 환경정비 등 각각의 구체적인 시책을 실시할 때 지침이 될 수 있어야 한다. 항만환경에 관한 시책 및 배려를 종합적, 계획적으로 정리하고, 지역사회와 일체로 그 실현을 추진한다. 즉 항만계획의 각 단계별 환경현상과 과제 기본방

침, 환경의 보전과 조성을 위한 계획을 수립하는 것이다.

ⓑ 환경평가(Environment Assessment)를 실행: 항만개발계획의 수립시뿐 아니라 개발, 운영단계에서도 적절한 환경평가를 실시하 나감과 동시에 환경자료와 영향예측·평가의 노하우를 축적해 나가며 끊임없는 새로운 요청과 사회상황의 변화, 새로운 지식과 기술개발수준 등을 바탕으로 예측의 정밀도를 향상시키는 데 노력한다.

ⓒ 환경기반시설의 정비를 추진: 환경친화적인 항만을 유지하기 위한 환경기반시설은 항만환경기반시설로서 해역환경기반시설, 육지환경기반시설의 정비를 추진하되 광역환경개선사업으로서 항만도시의 환경, 광역육지환경, 광역해양환경시책을 추진하여야 한다. 이와 함께 지구환경개선에 공헌하기 위한 Modal Shift 추진, 미 이용 에너지의 활용, 해수면 상승에 대응방안, 다양한 생물확보, 해양오염방지, 국제협력의 추진 등의 시책을 추진한다. 종래의 항만시설에 환경보전, 환경창조를 위한 시설(항만환경기반시설)의 정비촉진을 도모하고, 그 종합적인 정비를 중심적·선행적으로 실행하는 모델대상 사업을 지정하여 추진한다.

ⓓ 환경정책 추진지원 방안을 확충: 환경친화적 항만에 대한 환경정책을 충실히 추진하기 위해서는 항만환경에 관한 정보의 집약, 관리, 노하우의 축적을 꾀하고, 조사·연구개발을 효율적으로 추진하며, 관계자 간의 교류네트워크의 구축을 추진하는 한편, 항만환경에 관계하는 행정분야화의 교류, 기업, 시민, 행정 3자 간의 유대를 강화할 필요가 있다.

(4) 항만개발 단계별 환경보호

항만은 수출입화물의 유통기지로서 경제발전에 지대한 공헌을 하는 한편, 항만의 개발 및 운영 과정 중에 발생하는 여러 가지 현상들로 인해 환경에 심각한 영향을 미치고 있다. 먼저 항만건설로 인한 환경오염을 보면, 입항수로의 수심확보, 부두건설 및 연장, 컨테이너보관 및 하역장소 건설, 방파제시설 건축 등과 같은 항만공사는 자연경관을 해치고, 어류 및 귀중한 해양생물의 서식처를 파괴한다. 또한 대부분의 항단시설은 파도 및 조류로부터 인근연안을 보호하는 역할을 하지만, 조류의 신속한 흐름을 방해함으로써 침적토(silt) 혹은 오염물질이 해안을 오염시키기도 한다. 항만운영에 의한 환경오염으로써는 선박입출항시 발생하는 충돌, 좌초 등에 의한 오염, 화물하역에 따른 오염, 화물보관에 의한 오염, 항만의 유지준설에 따른 오염 등이 있다.

이상과 같은 항만의 개발 및 운영으로 인한 환경오염을 예방하기 위해서는 항만 개발의 기본계획단계, 실시설계단계, 건설단계 및 항만운영단계 등 각 단계마다 환경보전 및 조성을 위한 기본방침과 환경정책을 사전에 수립해야 할 필요성이 있다.

① 계획단계: 환경영향평가(Environmental Impact Assessment)의 강화

환경영향평가라 함은 환경영향평가대상사업의 사업계획을 수립함에 있어서 당해 사업의 시행으로 인하여 환경에 미치는 해로운 영향을 미리 예측·분석하여 환경영향을 줄일 수 있는 방안을 강구하는 것을 말한다. 항만건설 등 환경영향평가 대상 사업의 시행으로 영향을 받게 될 자연환경, 생활환경 및 사회·경제환경 분야에 대해 실시하는 것으로 되어있다. 이와 같이 마련된 환경영향평가서는 또한 사업시행 이후에 사후적으로 평가하기 위하여 이용될 수 있다. 그렇지만 환경영향서가 보다 유용한 가치를 가지도록 하려면 사업시행에 따른 단순히 물리적·화학적·생물학적 영향만을 기술하는 데 그치지 아니하고 그러한 영향이 전체적으로 사회에 미치는 경제적 가치까지 포함시켜야만 하다. 또한 유지가능개발은 단기적·일회적·일면적 효과를 추구하지 않고 장기적·누적적·교차적 효과를 얻는 데 초점을 두고 있기 때문에 환경영향평가에서도 장기적 효과가 다양한 국면에 걸쳐 누적적으로 나타나는 점을 포착하여야 할 것이다.

② 건설단계

항만공사로 인해 직접적인 영향을 받는 환경요인은 크게 3가지로 대별되는데 대기환경, 소음, 수질환경 등이다. 항만을 건설하는 과정 중에는 공사를 위해 투입되는 건설장비에서 발생하는 배기가스 및 소음, 토사매립 및 토양이동에 따른 비산먼지 등이 발생, 차량이동에 의한 소음, 안벽축조 공사시 투입되는 사석, 준설시와 준설토 매립시 발생하는 부유토사, 토취장에서 사석운반시에 나타나는 토사유출, 선박으로부터 발생되는 유류 및 유해액체에 의한 수

질오염 등 각종의 환경에 영향을 미치는 요인들이 상존하고 있다. 따라서 이에 대한 적정한 저감대책을 수립하여 환경에 미치는 영향을 최소한으로 줄일 수 있는 공사를 시행해야 한다.

ⓐ 비산먼지 발생억제: 우선 비산먼지 발생을 줄이기 위해서 고정식 또는 이동식 살수장치를 운영하여 비산먼지의 발생을 최소화하여 토사운반 차량에는 덮개를 하여 운반시 토사의 흘림 등을 방지한다.

ⓑ 소음발생 저감: 공사시 발생하는 소음을 줄이기 위해 주거지역과 인접한 지역에서 공사할 시는 건설장비는 가능한 한 주간에만 가동하도록 공사계획을 수립하여 시행하며, 마을 인접 공사시 장비의 효율적 투입으로 장비 집중투입을 억제하여 소음을 최소화하며, 저소음형 공법 및 저소음장비를 이용하여 소음을 방지토록 한다.

ⓒ 수질오염 억제: 수질오염을 줄이기 위해 호안 축조공사 시행 전 오탁방지막을 설치하여 발생 부유물질을 최대한 절감시키도록 하며 준설토 유출방지를 위해 필터매트를 설치하는 등 항만공사로 인해 발생할 수 있는 환경영향을 최소한으로 줄일 수 있는 방법을 강구해야 한다.

ⓓ 환경친화적 공법 및 재활용기술의 개발: 환경친화적인 항간건설기술의 개발에 노력해야 할 것이다. 준설토 등 항만공사에서 발생하는 부산물의 유효활용과 산업폐기물, 건설부산물 등의 재활용기술을 개발하여 천연자원의 사용을 줄이는 데 노력하며, 다양한 생태계의 유지, 수질보호 등의 요구에 따라 자연과 조화를 이룬 항만환경을 조성하기 위한 기술개발을 추진해야 할 것이다. 예를 들어 다양한 해저생물이 부착할 수 있는 항만·해안구조물의 개발, 갯벌의 보전·창출기술의 개발, 해수교환방파제의 보급 등 생태계 보호와 관련된 기술들이 시급히 개발될 필요가 있다.

③ 운영단계

항만운영시에 발생할 수 있는 환경오염을 줄이고 환경을 보전하기 위한 방법으로는 사전적인 것과 사후적인 것을 생각할 수 있다. 사전적인 방법가운데 대표적인 것으로 환경기준을 입법화하여 시행을 강제하는 것을 생각할 수 있다. 예를 들면 우리나라 해양오염방지법에는 연안오염과 해양환경의 보존을 위해 항만수요에 적합한 여러 가지 육상수용시설을 설치·운영할 수 있도록 하여 폐유처리업, 유창정소업, 저장 및 처리시설 등의 설치·운영에 관한 규정이 있다. 그러나 현재 국내에서는 육상수용시설로 양륙해야 되는 물질에 대한 규정은 법으로 명시되어 있지 않고 다만 선박으로부터 수거한 폐유해액체물질을 육상의 특정폐기물 처리업체에 위탁 처리하도록 규정하고 있으나 단지 부산, 인천, 울산, 포항 및 여수항에서만 육상에 폐유수용시설을 설치·운영하고 있는 실정이므로 이에 대한 개선이 필요하다.

다음으로 사람, 물건, 정보의 이동을 최소화하는 항만시설배치 등을 생각할 수 있다. 일반부두의 경우 선박에의 적·양하, 항만구역 내의 화물의 이동 등이 동시다발적으로 이루어지기 때문에 사고 발생률이 높다. 따라서 화물이 이동을 최소한으로 줄일 수 있는 시설배치를 통해 항만오염을 줄일 수 있다. 이외에 항만종사자들에 대한 교육, 훈련을 통해 업무의 질을 높이는 방법, 환경 친화적인 장비를 갖춘 선사 혹은 하역업자에게 보조금지급, 세금감면 등과 같은 인센티브를 부여하는 방법 등이 있다.

이상과 같은 사전적인 방법 이외에도 항만의 구조적인 특성 혹은 우연한 사고들에 의해 항만환경이 오염될 수 있기 때문에 사후적인 조치들이 필요하다. 항만의 구조적인 문제들로 인해 발생한 환경오염의 경우에는 오염을 줄이거나 중단시키기 위한 기술적·행정적·재정적 수단들을 모색할 수 있는 충분한 시간적 여유를 가질 수 있으나 우연한 사고로 인한 오염일 경우에는 사고 발생시 즉각적인 대응수단을 밀 갖추어야 하며 이에 따른 대응계획, 인원, 장비들이 필요하다.

(5) 추진계획

종합적인 계획 하에 조성된 친수성 항만은 현재 우리나라에는 전무한 실정이며 인천항 갑문시설 인근의 녹지공간, 월미도 수변공간, 부산 민락동 수변공원, 부산항 조도해양대, 송도유원지 등 대도시 인근지역에 일부 친수성 공간이 무계획적으로 형성되어 있는 실정이다. 미국 및 유럽의 경우에는 선박의 대형화 등에 따라 새로운 항만기능이 외항지역으로 이전함에 따라 도심에 위치하고 유휴화된 기존항만시설을 친수공간으로 재개발하고 있다. 일본의 경우는 신 외항 개발에 따른 구 항만지역의 재개발과 함께 국토 및 도시개발 차원에서 매립을 통한 새로운 해양공간을 조성하고 있다. 우리나라에서는 2000년도부터 친환경적인 항만개발의 기본구상에 대한 구체화를 추진하고 있으며, 각 지방청 및 지방자치단체별로 세부추진계획을 수립하여 항만개발사업을 진행하고 있거나 계획수립단계에 있다.

그동안 우리나라의 항만개발정책은 급증하는 수출입화물량을 따라잡기 위한 화물처리능력을 증대시키는데 중점을 두고 지역 간 균형개발, 사회적 형평성 등을 부수적으로 고려하였을 뿐 생태적·자연적 환경보호문제에는 충분한 주의를 기울이지 못하였던 것이 사실이다. 항만을 개발하기 위해서는 바다로부터 육지로의 접근을 위한 항로준설과 부두용지를 위한 매립, 도로·철도시설, 배후지의 인프라를 위한 용지확보 등이 필요한데, 이러한 항만은 경제성장을 지속하기 위해서는 필수 불가결한 시설이다. 따라서 건실한 경제성장을 뒷받침하기 위한 항만개발이 지속적으로 이루어져야 할 필요가 있으며, 다만 항만개발과 운영과정에서 환경피해를 최소화하기 위한 자연환경시스템의 보전과 동시에 환경친화적인 항만환경에 대한 정책적인 대응이 필요하다. 쾌적한 항만의 제반요소는 다음과 같다.

① 친수공간의 형성

인공해변, 친수호안, 낚시시설, 광장, 녹지 등 물가에 안전하게 접근할 수 있는 시설의 집약적인 정비나 해양성의 스포츠, 리저의 기지가 되는 마리나 등의 시설정비로 지역주민이 물에 친숙하게 되고 이를 통해 지역주민의 일상적인 교류가 계획될 수 있는 치수공간의 형성하게 한다.

② 이벤트공간의 형성

관광선, 범선 등의 기항 때에 개최되는 이벤트, 항구의 축제, 지역의 특색 있는 이벤트의 개최, 여객선부두, 어시장 등을 활용하고 이 지역의 관광활동을 지원하기 위한 관광선 버스, 녹지, 주차장, 전망타워, 레스토랑 등을 일체로 한 이벤트 공간형성을 촉진한다. [표 9-3]은 광의의 이벤트 발상을 위한 정리표를 나타낸다.

③ 역사환경공간의 형성

운하, 창고, 호안 등 역사적으로 귀중한 항만시설을 중심으로 한 항만 및 해양문화의 보급을 꾀하고 동시에 이를 중심으로 한 지역의 상징조성을 목표로 한다(역사적 항만시설, 해양박물관, 녹지역사공간 형성).

표 9-3 수변공간에서의 활동형식과 친수시설의 종류와 활동의 장르

형식 \ 장르	구체적인 장르사례	컴피티션형	인포메이션형	엔터테인먼트형	커뮤니케이션 에듀케이션형
종 합	종합테마 복합테마 단일테마		일반박람회 특별박람회 지방박람회 종합전시회	일본의축제24만명/ 3일중국전 260만명/3일 우주박람회 560만명/150일	일본의축제 24만명/ 3일중국전 260만명/3일 우주박람회 560만명/150일
영상 빛	영화 사진 비디오	영화제 콩쿨	영화제 개인전 테마전	일반 흥행	강연 토론회
회화조각	서양화 동양화 판화 조각	응모전 비엔날레	개인전 테마전	예술 운동	교실 제작회
공 예	도예 목공 금속공 가구 장신구	전시회 판매전	단체전 업계전 견본전		제작 시범 강습 제작회
물산 생물	식품 기계 일용품 기구 섬유 불꽃 생물	품평회 전시회	업계전 견본전 특산전	불꽃 대회 패션쇼 동물쇼	견본 회장
사람 기술	무술 역술 초능력 장기자랑	미인선발 대회	강습회	서커스 깜짝쇼	그룹 티파티
종교 민족	종교 행사 계절 행사	리오 카니발	설교 설법 제례 의식	축제 민족 행사 강강수 월래	좌선회
수예 원예	화도 다도 원예 서도	응모전	단체전 발표회 직매	서예	서클 야외 전시회
유희 공작	바둑 장기 모형 게임	경기회	업계전 응모전 가두 속보	경기회 게임 센터	단체전 교실 클럽
스포츠운전	야구 배구 테니스 축구 자동차	경기 대회	하이비전 중계	프로 스포츠 프로 경기	지도 강습
학술	이공 인문 사회	상 학회	학술전 심포지움 단체전	학술전	심포지움 패널디스커션 강습회
문예	문학 시가 단시 화술	상	작가전	만담 강연회 무용담	가요회 시가회 강연회 독서회
연극 무용	신극 전통극 뮤지컬 발레 오페라 인형극	콩쿨	발표회	일반 흥행 조직 흥행	클럽 연구회 강연회 교실
음악	서양 음악 합창 전통 음악 팝 연주회 록 재즈 포크 컨트리	콩쿨 콘테 스트	콘서트 페스티발	콘서트 페스 티발	교실 지도 클럽
자연	천체 식물 동물	오리엔티어링	탐방회 관람회	꽃구경 달구경 단풍구경	집회

④ 풍부한 경관의 형성

선박, 마리나, 자연경관이 즐비한 거리, 조화를 이룬 경관을 창조한다.

항만개발과 환경보호는 서로 배타적인 것이 아니므로 국민의 건강과 안전을 위한 환경보호기준과 경제발전에 필요한 주요자원은 계속 유지되어야 하며, 항만의 경제활동도 지속되어야 한다. 그러므로 환경항만의 개발은 연안환경보호 그 자체를 위한 것이 아니라 항만활동을 영위하면서도 환경보호 문제가 자동적으로 확보될 수 있도록 하는 환경친화적인 항만을 개발하는 것이 필요하다. 아울러 환경친화적 항만개발계획 수립시 항만에 시민의 접근성을 높이고 생활공간을 제공하기 위한 친수성 항만공간의 확브정책도 시급히 추진됨으로써 시민과 동떨어진 폐쇄성 항만에서 시민친화적인 항만으로 전환되도록 하여야 할 것이다. 한편 일본, 미국, 영국 등 선진국들의 경우 최근 수년간 환경항만에 관한 정책과 개발방향을 수립하여 성공적으로 수행하고 있다. 따라서 이러한 항만환경을 둘러싼 여러 가지 과제에 적절히 대응해 나가기 위해서는 과거의 하역능력 확충위주의 항만개발정책에서 벗어나 보다 폭넓은 시각에서 환경친화적인 항만을 개발하기 위한 정책개발과 함께 그동안 항만에 내재해 있던 도시기능과 조화된 친수성 항만공간 확보문제, 관광리조트 기능의 도입 등 종합적 체계적인 항만개발정책의 수립이 요구되고 있다.

표 9-4 국토해양부 추진 친수문화시설 규모

구 분	주요시설	규 모	비 고
주요 시설	접안시설 연장(m)	128,120	
	야적장 면적(m²)	6,023,235	
주요 항만시설	소공원(m²)	116,978(13개소)	산책로 3,929(3개소)
	등대공원(m²)	354,894(8개소)	
	화단(m²)	15271(7개소)	

자료: 국토해양부, 해양수산통계연보, 1997. & 국토해양부 내부자료.

표 9-5 항만시설과 해양오염에의 영향(자료: 해양환경보전편람)

시설 종류	주요 시설	해양환경에 미치는 영향	
		오염외적(오염가중) 요인	오염요인
수역 시설	항로, 박지, 선회장		– 준설사업에 따른 부유물질 확산 – 선박폐유 등 오염물질 배출
외곽 시설	방파제, 방사제, 방조제, 수문, 호안돌제 등	– 해수의 통수단면 축조 – 해·조류 유황변경 – 토사이동 및 퇴적 – 해수교환율 저조	
계류 시설	호안, 잔교, 물양장, 선양장 등	상동(다만, 시설이 항내에 설치되므로 외곽시설에 비하여 영향은 적음)	– 선박폐유 등 오염물질 배출 – 선박수리 등에 따른 폐유배출
화물 처리 시설	고정하역기계, 궤도 주행식 하역기계, 화물처리장 등		– 석탄, 시멘트 등 화물의 양하선적, 운반 등에 따른 해양유입 – 하역기계, 설비 등의 운영에 따른 폐유 등 오염물질 배출
여객 시설	여객승강용 고정시설 소화물 취급소, 대합실 등		– 오수, 분뇨, 폐기물 등 오염물질 배출
선박 보급 시설	선박용 급유, 급수시설		– 유류유출사고에 따른 유류오염 – 선박폐유발생
항만 후생 시설	선박승무원, 부두노동자 및 항만이용자의 휴게소, 숙박소, 치료 등 후생시설		– 오수, 분뇨, 폐기물 등 오염물질 배출

표 9-6 환경친화적 항만환경기반시설의 정비내용

구 분	내 용
○ 항만환경기반시설	
– 해역환경기반시설	· 오염토제거, 쓰레기 · 기름제거시설 등 환경피해경감시설 · 해면, 갯벌 등 생태계자정능력의 향상시설 · 물리적 해수교환시설(도류제, 도수제 등)
– 육지환경기반시설	· 환경보전림, 완충녹지대, 야생조류공원 등 자연환경조성 · 친수성녹지, 전망시설, 친수형 산책로, 역사적 항만시설 등 · 녹지도로, 산책로, 자전거도로, 항만입구연결 등 접근성 시설
○ 광역환경의 개선	
– 항만도시환경	· 폐기물 최종처리장, 분뇨처리장, 하수처리장, 공장용지 등의 확보, 선박폐유저장시설, 수산물위판장폐수처리장 · 폐기물반입처리장, 건설발생토의 조정 · 운반 · 재활용시설
– 광역육지환경	· 임해공단 폐수처리장 · 축산폐수 공동처리장

20세기의 급속한 경제발전은 환경의 희생을 강요하였으나 21세기는 개발과 환경이 공생하면서도 환경보존이 우선하는 시대가 될 것이다. 다시 말하면 환경에 대한 특별하고 깊이 있는 관심이 필요한 시기가 온 것이다. 비록 우리나라는 최근에야 환경에 대한 관심이 높아졌으나, 그 관심의 강도는 선진외국과 비슷한 수준에 와 있다. 이것은 계획수립 단계에서부터 환경을 우선하여 고려하여야 하며 환경친화적인 항만기술의 개발과 이의 적용을 통해 개발로 인한 환경에의 악영향의 강도를 최소화하기 위하여 끊임없이 노력해야 함을 의미한다.

비록 아직까지 환경친화적인 항만구조물 설계기법에 대하여 구체적이고 체계적인 접근을 시도하지는 않았지만, 우리는 항만 관련자의 환경에 대한 폭넓은 이해와 관심을 유도하고 관련 기술개발에 많은 노력을 기울임으로써 적극적으로 자연생태계를 보존해 나갈 것이다. 또한, 쾌적하고 생기 있는 항만공간을 창출하기 위하여 재개발과 재정비 등을 통하여 종합적인 항만공간을 만들어 나갈 것이다. 이의 성공을 위해서는 선진외국의 경험과 사례 등은 우리에게 좋은 벤치마킹으로서의 역할을 할 수가 있을 것이다.

제 10 장

항만재개발계획

한국의 연안역은 최근 여러 가지 목적으로 집중적으로 이용되어 왔다. 연안역에서 인간활동과 인구의 증가는 당연히 수산생물이나 증·양식 등 해양자원의 거동에 이르는 지역 해양환경에 영향을 미치고 있다. 이 중 해양공간의 이용에 두드러지는 2가지 요소는 양식과 항만이다. 이를테면 해양환경유지를 요구하는 측과 개발을 위한 변화를 요구하는 측으로 나눌 수 있다. 특히 우리나라의 남, 서해안과 같이 섬과 얕은 대륙붕으로 이루어진 해역에서는 이들 사이의 알력은 깊어지고 이를 해소하기 위한 노력이 절실하다 하겠다.

우리나라에서 항만은 교통의 요충지로서, 국토의 균형적인 발전과 지역진흥의 기반으로서 중요한 역할을 담당하고 있고, 대도시 항만에서 지방항만 및 도서항만에 이르기까지 각각의 역할을 맡고 있다. 항만의 정비 및 관리에 관한 기본적인 사항을 정한 항만법에 의하면 나라의 이해에 중요한 관계를 지정한 항만으로 51개항을 두고 있으며 항만의 관리체계상 28개의 무역항과 23개의 연안항으로 분류하고 있다. 우리나라의 해운 및 수송의 발달사를 보지 않고 항만의 수를 보면 남해안과 서해안지역에 압도적으로 많으나, 수심이 깊고 접근이 쉬운 항은 동해안에 위치하고 있다. 더구나 어항과 군소 포구를 포함하면 수백 개에 달하고 이들에 대한 유지 및 보수가 효과적으로 이루어지지 않아 기능의 상실은 물론 재해와 우범화의 대상이 되고 있다. 따라서 이들 항만에 대한 정비나 재개발에 대한 검토가 앞으로의 과제로 부상될 전망이다.

국가가 발전함에 따라 항만은 3차산업의 생산의 장으로 각광을 받으면서도 많은 도시교통문제를 안고 있는 피할 수 없는 대상으로 파악되고 있다. 컴퓨터를 필두로 한 정보·통신기술과 수송기관의 급격한 발달은 우리의 생활환경뿐만 아니라 사회구조 그 자체를 바꾸고 있다. 국가와 국가 간의 사물 및 행위 정보의 발신기지가 바로 항만이다. 이 초기정보를 무시한 항만의 재개발은 성공을 기대할 수 없다. 정보의 활기가 적은 항만은 일시적으로 개발이 이루어졌다고 하더라도 활성화되지 않는다. 바다를 끼고 있는 대부분의 도시에서 시민은 바라보는 항만의 기능에는 관심을 가지고 있으나 생산의 장에 직접 뛰어들어 정보를 교환해가는 해운, 수산의 종사자만큼 항만의 기능을 피부로 느끼지 못한다. 이와 같은 정보매체의 공간을 단순한 오락과 휴양공간만을 고집해서도 안 된다.

세계 5위의 국제항을 가졌다고는 하나 국제경쟁력의 관건이 되는 항만의 서비스 수준은 20대 항만에서 바닥에 머무르고 있고, 물류처리비용이 최고로 치솟고 있는 현실은 충격적이고 부끄럽다. 당연히 해안도시는 항만의 성쇠에 따라 발전하기도 하고 쇠퇴해가기도 한다. 이것은 선진국이든 후진국이든 통설로 받아지고 있다. 도시가 피폐하여 슬럼화되기 시작하면 도시 환경정비의 새로운 사고방식이 요구되며 항만을 탈출로로 다루고자 하게 된다. 현대사회에서의 거대조직체인 도시와 항만이 공존하는 데에는 항상 충돌을 피할 수 없으며 공존의 협조와 해결노력이 없이는 양쪽이 자멸하고 만다. 해운과 수산에서 충돌, 도시와 항만에서 충돌, 관과 민에서의 충들, 이 모두가 자멸의 길로 이끈다. 본고는 항만의 발전 및 쇠퇴를 되풀이해온 경험과 재개발의 동향을 분석함으로써 우리나라의 장래 항만이 해결하고 나가야 할 방향을 제시해 보고자 한다.

제 1 절 재개발의 개념

기존항만에서 전술한 기능에 대한 개발개념은 현존 항만의 노후화된 시설을 현대화시키고 여기에는 항만기술에서 새로운 접근이 필요함을 알 수 있다. 선박의 기술 변화에 효율적으로 대처할 수 있는 잘 설계된 항만시설이 필요하게 되나 단순히 항만시설만을 계획하는 것으로 끝나서는 안 된다. 항만계획에 있어서 모든 종류의 선박을 접안시킬 수 있도록 여러 가지 대안들을 갖는 것에 대한 장점 및 단점을 도출하여 기술하고 잘 정의해 두지 않으면 개발안을 상세하게 평가할 수가 없다. 합리적인 방법으로 항만의 변천에 접근하기 위하여 항만운영, 위치 및 존재하는 이유, 그 주위와의 관계 등을 조사할 필요도 있다. 항만이 육역과 수역 사이에서 변천적인 환경적·사회적·정치적·경제적 목표를 수렴해야 한다.

표 10-1 공공사업의 3유형

유 형	사업대상	특 징
생활환경 정비형	주택, 하수도, 농업취락배수, 상수도, 폐기물처리시설, 공원 생활권내 도로 등	집중투자형
국토보전형	치수, 해안·삼림정비(치산, 조림, 임도 등)	장기적 투자형
산업기반 정비형	공업용수·어항·연안어장 정비, 항만·농업기반 정비	전체로 보아 중점적이나 억제형으로 순위가 낮음

항만재개발계획도 여러 가지 목표를 수렴시킨 형태로 나타난다. 경험이 풍부한 항만 이용자들로부터의 정보, 상호관계 및 개발과 관련된 물리적·기술적인 조건에 관한 자료 등 필히 가져야 할 기본적인 정보를 포괄적으로 다루어 개발로 인한 문제점의 도출과 이의 해소가 충분이 이루어져야 한다. 또한, 개발에는 우선순위가 뒤따르기 마련이며 항만의 개발과 정비에도 이의 적용을 받게 된다. 현재와 계획된 완성일 사이에 있어서 노후시설을 단계적으로 제거하는 것도 신중히 고려하여야 한다. 일반적인 국가적 공공사업의 우선순위별 유형 및 항만정비의 시책별 내역을 분류하면 [표 10-2[와 같다.

표 10-2 항만정비의 시책별 내역

정비내역	정비대상	시 책
생활환경 정비	여객터미날, 친수녹지, 인공해빈, 폐기물 등의 해면처분장, 낙도·변두리의 항만정비, 마리나 등	– 시민이 안락감 및 해방감을 실감할 수 있는 친수녹지, 인공해빈 – 생활폐기물 등을 받아들이는 해면처리장, 해상여객교통터미널, 쾌적한 해역환경을 창출하는 수질, 저질의 개선과 간석지의 조성 등이 해당
국토보전	내진 선석, 방파제	– 대규모 지진에 대하여 긴급수송의 확보를 위한 안벽 등의 시설, 항만의 배후지역의 안전을 도모하기 위한 방파제 등의 시설이 해당
산업기반 정비	에너지공급항만, 지역산업진흥항만	– 에너지 자원의 안정공급을 위한 기지로 되는 에너지항만, 지역산업진흥을 위한 항만이 해당
국토골격 형성 및 국제교류 기반	외자터미널, 외항여객터미널, 내륙무역터미널, 국제항로	– 국토의 골격형성 또는 국제사회와의 교류를 위한 기반적 시설로 고속도로, 거점공항 등과 같은 위치로 생각되는 수입인프라로서의 외국무역터미널, 외국여객터미널, 해운에의 수송수단 이동 등을 추진하는 내륙무역 단위 육송터미널로 분류

여기서 항만재개발의 경우는 산업기반정비를 위한 개발억제형으로 하위에 놓여있다. 그러나 항만의 매립 및 정비의 문제는 공공하수처리장의 입지공간 제공, 주택용지 및 업무공간의 제공 등 생활환경의 개선, 도시문제의 해결에 커다란 역할을 담당하고 있어서, 이것이 전적으로 고도성장기의 공업항의 정비를 진행하는 것에 그치지 않고 생활에 밀착한 풍부한 공간으로서의 위치가 부여되어 해마다 그 비율이 증가해가고 있다.

시야를 전세계적으로 돌려서 국제적 사회자본의 충실정도는 이후 우리나라 경제성장에 매우 중요한 요소가 된다. 특히, 이후 아시아지역의 경제발전을 고려한 경우에는 '세계적인 교통체계안에 거점(hub)항만의 역할을 우리나라가 담당한다'라고 하는 생각을 가지고 신속히 대처해 나가야 할 과제를 안고 있다.

항만에 관해서는 컨테이너의 대형화가 진행하고 있고, 싱가포르, 홍콩, 카오슝, 요코하마 등의 컨테이너 처리수준과 질적인 면에서 한국의 항을 상회하는 항만이 많으며 최근에 능력증강을 도모하고 있다. 이후 고속선의 도입이 예상되고 있는 상황이므로 우리나라의 항만정비는 국내의 물류체제 정비, 수입컨테이너 화물량의 증대에 대응한 정비를 진행하는 한편, 국제적인 해운구조의 변화에 대해서도 신속한 대응이 필요한 시점에 와있다고 하겠다.

제 2 절 항만정비의 동향과 계획수립

1. 항만정비의 동향

우리나라의 경제사회는 국제화 · 정보화 · 도시화가 진전되고 성숙화 사회에의 길을 걸어가도 있으나 정부는 이와 같은 경제사회정세의 변화가 항만에 미치는 영향을 장기적인 시점에서 항만의 정비에 관해 적절히 대응하여 갈 필요가 있음을 인식하였으며, 국토해양부가 종합적인 해양 및 항만을 관리하는 것으로 하고 있다. 앞으로 항만정비 및 개발의 장기정책을 추진하게 되겠지만 이와 같은 정책에 있어서 다가온 성숙화 사회에 대비하기 위한 새로운 항만정비의 목표를 종합적인 항만공간의 창조와 항만상호 네트워킹의 추진에 두고 이들의 목표를 실현하기위한 패러다임(paradigm)을 명확하게 하지 않으면 현재 안고 있는 도시와의 충돌은 항상 발생하여 항만의 고질적인 문제로 될 것이다.

이후 우리나라의 사회성숙화는 '21세기의 항만'을 국제적으로 무역수지 불균형의 확대 및 급격한 환율변화가 진행되는 시점에서 내수주도형 경제구조에의 전환이 이루어짐과 동시에 국내적으로는 모든 분야에서 질의 향상에 대한 요구가 강하게 일어서 워터프론트(waterfront), 해양성 레크리에이션, 여객선에 의한 크루징(cruising) 등에 대한 국민의 관심이 높아지고 항만을 에워싸고 있는 대도시에의 기능집중, 지가상승, 대도시권과 지방권 간의 격차는 더욱 확대되어 가는 지역의 문제점도 현저하게 나타나고 있다.

국토해양부는 정부기구의 통합으로만 그칠 것이 아니라 '21세기의 항만'을 제창하고 운영방향을 정비하여 그 실시상황을 점검해 가면서 다른 선진국이 추진해 가고 있는 생산적인 연안역에서 '21세기의 항만'에 부합된 정책개발과 추진이 뒤따라야 한다.

그러나 내외의 경제사회 정세는 경제의 글로발화의 진전과 국제경쟁의 격화, 지구규모의 환경문제에의 관심고조, 환율변동에 가속된 산업구조의 변화, 국내노동분쟁의 급증, 최근의 경향인 인구감소·고령화 시대의 도래 등 이후에도 계속 커다란 변화의 흐름 속에 있게 되고 새로운 시대의 시작으로 조급히 해결하지 않으면 안 되는 많은 과제를 안고 있다. 이 모든 것을 명확히 하기 위해서도 정부는 21세기의 항만에 걸맞는 새로운 장기정책을 수립하여야 한다.

항만정비계획에서는 수제선을 사이에 둔 일정한 수역과 육역을 일체적인 공간으로 하고 있으며 이 공간의 재개발, 이용, 보전의 방침을 정하는 것으로 되나 항만은 많은 경우 도시공간의 일부를 형성하고 있으그로 필연적인 복수의 행정주체가 항만 및 그 주변에 있어서 각각의 정책에 따라 행정을 전개해 가고 항만의 질서 있는 정비와 적정한 운영이 이루어지기 위해서는 주변지역에서 다른 토지이용계획 등과 조정을 꾀하여 다각적·장기적 시점에서 수립한 계획의 책정이 불가결하게 된다. 또한, 이렇게 하여 항만계획을 책정하는 것으로 관련한 제반 시설의 계획을 유도하고 아울러 적극적인 협력을 받을 수 있을 것이다. 같은 관점에서 항만공간 내에 도시적인 기능을 적극적으로 도입한 종합적인 공간으로서의 목표상을 일반시민 및 민간사업자에게 명확히 하는 것도 의의가 크다.

2. 항만정비계획 수립

항만의 정비는 말하자면 이용할 수 없는 기간이 길고 많은 비용을 필요로 하는 것이므로 장기적인 시점에서 수립하여 계획적으로 진행시키는 것이 국민경제의 건전한 발전과 국민생활의 향상을 위한 블가결한 것이다. 이와 같은 관점에서 5개년 계획을 책정하고 이에 기초하여 계획적으로 사업을 실시하여야 하는 것이다. 우리나라의 경우 항만개발은 1962년에 시작된 경제개발 5개년계획에 가려져 수출의 확대를 위한 지원에 급급하였다고 본다. 8차에 이르는 동안 그 과정은 ① 농수산 분야의 생산에 필요한 수입원료 하역, ② 대외지

표 10-3 항만정비 5개년 계획

항 목	주요 목표	세부 목표
기본 방침	종합적인 항만공간의 창조와 질의 향상	1) 사용하기 쉽고 아름다운 항만공간의 형성 2) 항만공간에 있어서 기능의 충실 ① 고도의 물류공간의 형성 ② 다양하고 질이 높은 산업공간의 형성 ③ 풍성한 생활공간의 형성 3) 기능전개를 위한 새로운 공간의 확보 ① 항만의 재개발 ② 연안 및 외해 인공섬 개발
	국토의 균형 있는 발전에의 공헌	1) 정보 및 교통 네트워크의 충실로 교류의 촉진 ① 항만의 체계적 배치 ② 항만 상호 연계의 강화 2) 임해부에 있어서 거주기반의 정비 ① 지역진흥을 위한 기반정비 ② 대도시 문제에 대응하기 위한 기반정비
	풍성한 워터프론트를 실현하기 위한 수단	
계획기간	5년간의 단위	
투자 규모 (100%)	– 항만기반시설 정비사업 등: 40% – 항만기능시설 정비사업 등: 30% – 지방자치체 단독사업 등: 10% – 기타 조정비: 10%	
항만 정비 사업의 목표와 주요 시책	효율적인 물류체계의 형성	① 급증하는 컨테이너화물에의 대응(국제컨테이너 터미널의 정비) ② 외국무역화물의 수입형태 및 취급형태의 변화 등에 대응(다목적 국제무역터미널의 정비) ③ 국내해상수송네트워크의 강화(내국무역터미널의 정비) ④ 신속한 수송의 확보에 의한 터미널 기능의 향상(간선임항도로의 정비) ⑤ 물류시설 및 네트워크 등의 재정비에 의한 비축시설의 유효활용(저장, 이송 및 네트워크의 정비)
	쾌적한 여객교통체계의 형성	① 해상여객교통에 대응(여객선 및 관광선 터미널 등의 정비) ② 항만에서 여객수송력의 증강(신 교통시스템의 정비)
	풍성하고 윤택한 생활의 확보	① 쾌적한 워터프론트의 형성(녹지 등의 정비) ② 풍부한 마린라이프를 지향한 해양성레크리에이션의 거점구축(마리나 등의 정비) ③ 쾌적한 해역환경의 창조(해양환경대책의 추진) ④ 지역에서 풍성하고 안정된 생활의 확보(지방·낙도 항만의 정비) ⑤ 계속 증가하는 폐기물에 대한 대응(광역처리장 등의 정비) ⑥ 대규모 재해대책의 추진(내진강화시설의 정비, 안전진단 및 구조강화 추진)
	자원의 안정공급, 지역의 산업진흥	① 에너지소비구조 변화 등에 대응한 자원의 안정공급(에너지항만의 정비) ② 지역활성화에 의한 정착인구 촉진(지역산업진흥을 위한 항만의 정비)
	해상교통의 안정성 향상	① 정기선 취항률 향상과 황천시 피박수역 확보(방파제, 피난항의 정비) ② 협수도 등에서 선박항행의 안전 확보(항로의 개발보전·정비와 관제시스템 도입)
	새로운 이용가능 공간의 창출	① 항만재개발을 통한 지역활성화의 거점구축(기능별 zone 형성) ② 연안역에서의 새로운 이용공간 창출(연안 및 외해 인공섬 개발)
	항만정비의 원활한 추진을 위한 기술력의 정비	

항적 공업화 전략에 따른 임해지역 공업항 개발, ③ 주요 항 시설확충 및 장비 현대화, ④ 무역규모에 대응한 전용항만시설의 확충, ⑤ 증가하는 수출입화물의 수송수요에 대응한 항만확장 및 컨테이너 항만개발, ⑥ 주요항의 계속적 확장 및 국토의 균형발전, ⑦ 국가에너지 수급 및 수출입화물 수송지원을 위한 부두건설, ⑧ 연안화물부두 개발 및 주요 신항만 개발 등으로 진행되었다. 부산항의 경우에도 과거 단계적인 항만개발계획이 만들어져 현재 4단계 건설이 완료되었으며 가덕도역에 신항만 개발이 진행되고 있는 실정이다. 그러나 최근에는 항만개발을 신항만 개발에만 국한되지 않고 기존항만의 정비문제가 큰 과제로 되고 있는 것에 유의하여야 한다.

항만정비 5개년 계획의 내용은 국가의 경제계획 및 국토개발계획을 따르는 것은 물론이거니와 전술한 바와 같이 21세기에의 항만 등 장기정책을 실현하기 위한 구체적인 사업계획으로 위치를 구축하여야 한다. 새로운 5개년 계획에 포함될 내용의 개요는 다음과 같다.

3. 항만시설의 유지관리

항만시설의 기능을 양호하게 유지하고 시설의 안정성 저하를 방지하기 위하여 항만의 특성에 따라 점검, 평가, 보수 등의 종합적인 유지관리를 한다. 유지관리를 하기 위한 점검, 검사, 평가, 보수, 보강 등의 유지관리에 관한 여러 가지의 데이터는 일정양식에 따라 기록, 보관하고 계통적으로 정리된 유지관리정보는 당해시설의 건전도에 대한 적절한 평가・유지와 보수를 하기 위한 기초적인 정보는 물론 전체적인 시설의 열화대책을 세우고 시설의 라이프 사이클 코스트(Life cycle cost) 저감을 검토할 때 유용하게 사용할 수 있다.

구조물의 설계에서는 장래의 유지관리내용을 충분히 고려하여 구조형식과 사용재료를 선정하고 세부설계에 반영하도록 할 필요가 있다. 유지관리에 있어서는 시설의 변형상황을 효율적으로 보고 이들을 합리적으로 평가하고 보수・보강 등의 효과적인 대책 등 일연의 시스템에 대하여 배려되어야 한다.

특히, 항만시설의 유지관리는 구조형식, 열화경향, 주요도 등을 감안하여 유지관리계획을 수립하고 이를 기반으로 하여 실행되어야 한다.

유지관리에 관한 용어의 개념은 다음과 같다.

그림 10-1 항만시설물의 유지관리 업무분야

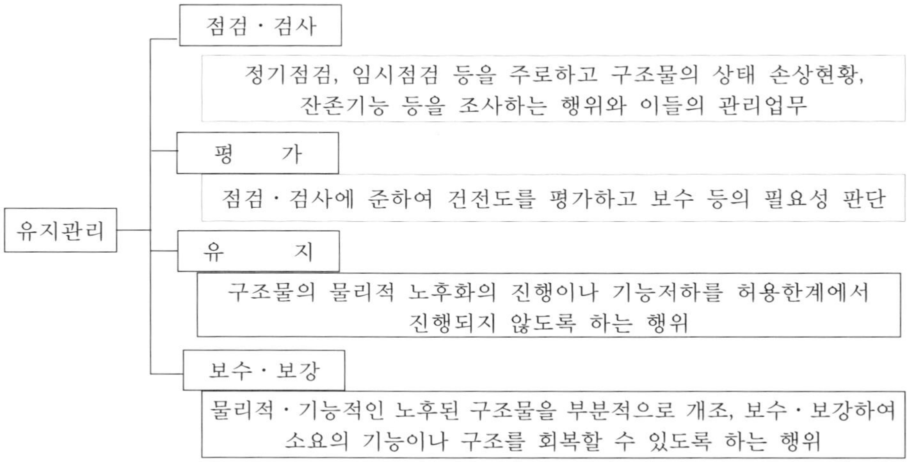

유지관리	구분	내용
유지관리	점검·검사	정기점검, 임시점검 등을 주로하고 구조물의 상태 손상현황, 잔존기능 등을 조사하는 행위와 이들의 관리업무
	평 가	점검·검사에 준하여 건전도를 평가하고 보수 등의 필요성 판단
	유 지	구조물의 물리적 노후화의 진행이나 기능저하를 허용한계에서 진행되지 않도록 하는 행위
	보수·보강	물리적·기능적인 노후된 구조물을 부분적으로 개조, 보수·보강하여 소요의 기능이나 구조를 회복할 수 있도록 하는 행위

제 3 절 항만재개발의 동향과 계획수립

각국의 항만 재개발에 대한 구호는 역시 그 항만의 영향권을 세계로 넓히는 데에 있다. 이에는 ① 물류기능에의 충실화, ② 교통접근의 완벽화, ③ 전세계를 망라한 네트워크를 꼽을 수 있다.

또한 '21세기의 항만'에서 기본적인 목표의 하나인 총합적인 항만공간의 창조에는 종래의 물류 또는 생산기능을 특화시킨 단기능적인 것에서, 생활기능을 적극적으로 도입한 복합적인 공간창조를 진행하는 것으로 되었다. '21세기의 항만'에 나타난 정책실현의 단계적인 책정을 위해 앞으로 수립할 5개년 항만정비계획에서도 생활관련투자에 무게를 싣는 것으로 하여야 한다. 또한, 이것을 항만공간에 토지이용형태를 미루어 볼 때 고도성장기에는 공업용지로서의 이용이 전체의 80% 이상을 점유하고 업무기능 및 생활관련의 이용은

10%에 불과한 형태였지만 최근에 와서 선진 해안국가에서는 공업용지를 40% 정도로 감소하는 한편, 업무·생활관련이 30%에 달하는 등 총합적 항만공간의 정비는 착실하게 진행시키고 있는 실정이므로 우리나라에서도 이를 반영하여야 할 것으로 사료된다.

이후에도 도시화가 진행되어 사회의 성숙화가 진전되어가는 중에 지역의 제요청도 점점 고도화·다양화해질 것을 예상하여 이들의 요청에 대응한 항만공간에서의 풍성하고 만족한 생활공간을 적극적으로 형성시켜갈 필요가 있는 것이다.

1. 재개발의 동향

1) 새로운 항만기능설비 및 국가 간 지원개념의 도입

물류기능에의 충실화, 교통접근의 완벽화, 네트워크의 확대에는 그 항만이 가진 지리적·문화적·사회적·경제적·환경적 여건에 따라 달리 적용되지만 선박의 대형화와 자동화에 부응하기 위한 설비의 현대화와 운영의 합리화는 보편적인 당면과제에 해당한다. 특히 항만역 및 인접역을 포함하는 부지의 보다 효율적인 활용을 위하여 규모나 위치 면으로 공간 확장에 비합리적이고 무용한 시설을 제거하고 물류의 원활한 흐름을 제약하는 대상을 정비하는 방향이 선택되고 있다. 재래의 창고를 고층화하여 절약한 부지점유면적을 상업용 및 레크리에이션용으로 전환하고 기존의 교통흐름까지 입체화시키거나 변경시켜 불필요한 정지를 제거한다. 대규모교통시스템(tube의 도입)으로 해상-육상-해저 등의 터미널에 대해 수송수단의 수직적 연계와 배후지간의 수평적 연계를 고려한다. 특히 배후지간에는 개발제한구역과 같은 완충지대(buffer zone, green belt)를 도입하여 쾌적성을 배려하여야 할 것이다.

소위 하이퍼미디어(hypermedia, 초고성능 미디어) 기능은 수송기능, 정보교류기능, 레크리에이션기능을 가리키는바 항만·공항·육상터미널의 삼위일체의 유기적인 이송기능을 배치하고 첨단 사물정보와 행태정보의 교류를 위한 컨벤션센터, 인텔리전트호텔 등 양질의 서비스를 제공할 수 있는 배경을 갖추어야 한다.

최근의 항만개발의 개념은 이와 같은 현대화의 개념 외에도 국가 간의 공조체제가 필요한 것으로 역설하고 있다. 특히 한 국가에서 탁월한 항만기능시설을 확보한 경우라도 유사한 기능시설이 타국에서 지원되지 않을 경우에는 그만큼의 효과를 발휘할 수 없게 된다. 내국수송연계체계 외에도 국가 간의 연계체계에 대한 지원이 뒤따라야 한다는 것이다. 장래 남북한의 통일에 따라 미주, 오세아니아의 환태평양권과 러시아, 중공 및 유럽과의 연결을 꾀하고 있는 우리나라의 현실정은 특히 북한은 물론 관련국가의 항만 및 물류체계에 대한 근본적인 분석과 문제점의 타결책이 뒤따라야 한다. 우선적으로는 통일 후의 북한 항만시설, 수송 및 물류네트워크의 현대화 방안 개발이 일차적인 과제이다. 정보화시대에서 국제적 항만도시는 수권네트워크를 중핵으로 한 지권·공권 네트워크가 일체가 된 정보교류 기능의 정비가 절대적인 조건이며 바라라는 미디어 공간을 가진 우리로써는 그 자질을 최대한으로 살려 국제경쟁 속에서 새로운 항만기능을 발휘하도록 하여야 한다.

2) 항만공간에 어메니티(amenity)의 향상

우리나라의 국민생활수준은 숫자상으로는 선진국으로 진입해가는 수준에 달하고 있어서 이에 걸맞는 생활의 풍성함에 대한 지향이 강해지고 있다. 항만에 대해서도 바다와 육지가 접하고 있다는 임해부 공간을 가진 특성을 살리면서 자연과의 접촉, 바다와 선박을 무대로 한 지역교류 등 문화적으로 윤택한 생활을 향유하고 싶다는 요청이 높아지고 있다.

이 때문에 친수녹지 및 인공해빈 등 시민이 항만과 바다를 즐기기 위한 시설정비에 부가하여 해변의 자연환경 및 경관과의 조화를 꾀하기 위한 해빈보전을 촉진함과 동시에, 범선 및 관광선 등을 활용한 지역의 교류를 위해 각종의 이벤트를 전개할 수 있는 커뮤니티 광장 등의 정비, 역사적으로 귀중한 항만시설 및 경치 좋은 명승지의 보존 등으로 어메니티가 높은 공간창조에 노력할 필요가 있다. 또한 이들의 시설정비를 합하여 항만내의 수제선이 일체적으로 휴게의 장이 되도록 '바다와 가까운 산책로(promenade)' 및 '항만에의 공공접근로(public access)'의 추진이 제창되고 있지만, 앞으로 국토해양부는 들린 시민이 모두 들어갈 수 있는 수제선의 연장을 21세기 초까지 현재의 10배 정도(보통 항만구역 내의 안벽, 방파제 등의 연장에 대해 약 15%를 취함)로 하는 목표를 수립하여야 한다. 우리나라에서 항만에 대한 거리감이 팽대해진 것은 이와 같은 공공접근성을 구시한 항만개발과 운영의 결과이다.

지방자치제의 도입에 따른 가장 심한 알력 중의 하나가 항만역에 대한 지방자치체의 본격적인 개입이다. 개발은 항상 제지되고 협의는 이전체제에 머무르기 때문에 계획의 효과적인 추진을 꾀하지 못하고 있다. 과거 중앙집중식 일방적인 개발에서 눌렸던 친수녹지에 대한 요구가 그만큼 거세진 것이다. 항만역의 어메니티 제고를 위한 목표와 대상은 표 10-4와 같이 요약할 수 있다.

그리고 금후 페리를 이용한 크루징의 수요로 대표되는 해상여객교통의 증대에 대응하여 충분한 규모를 가진 레스토랑, 쇼핑모텔, 전망타워 등의 이용시설을 위치시켜 사용하기 쉬운 여객터미널의 정비도 중요하다 하겠다.

표 10-4 항만역의 어메니티 제고를 위한 목표 및 대상

항만구역 내의 수제선 해방현상과 장래의 목표	항만구역 내 안벽, 방파제 등의 총연장 → 일반시민의 이용에 제공되는 수제선 연장 → 21세기 초두 장기적인 달성목표: 항만구역 내의 15% 정도에 해당
21세기 초두 항만구역 내 녹지정비 목표	임항지구 면적에 대한 녹지의 비율 5% 정도
쾌적 향상 및 일반시민의 이용에 제공되는 수제선	1) 바다에 면한 녹지, 공원, 낚시터, 마리나, 인공해변 2) 일반에 개방되고 있는 방파제 및 호안 3) 여객선 부두, 어시장, 수족관, 이벤트선석 등 일반시민의 접근을 전제로 한 안벽 및 광장 4) 해변에 연한 산책로 및 사이클링 전용도로를 가진 도로, 상징물 5) 운하, 창고, 호안 등 귀중한 역사적 항만시설과의 조화를 꾀한 교육환경공간의 형성 (해양박물관, 녹지역사공간 형성으로 항만 및 해양문화의 보급을 꾀함) 6) 기타 이와 유사한 시설

항만이 무엇보다 쾌적하여 안심하고 일상적으로 이용할 수 있는 공간으로 되기 위해서는 전술한 각종 시설과 임항도로, 공원녹지, 산책로 및 공공교통기관 등을 일체적으로 계획하고 개개의 시설에 양호한 접근으로 시설 상호간에 원활한 연락을 확보하는 것으로 이용자의 편의성의 향상을 도모하는 것이 중요하지만, 그 배치에 따라서는 대형차량 등이 이용하는 교통시설과는 극력 분리되도록 유념하여야 한다.

또한, 예로부터 정비가 행해져 이용되어 온 내항지구 등에서는 항만시설의 노후화가 현저해지고, 최근에는 국내기업의 생산거점이 아시아제국으로 이동되어 감에 따라 임해부에서도 제조업을 중심으로 용지의 유휴화가 발생하여 지역의 활력이 저하되는 문제점이 지적되기도 한다. 이들의 지구에서는 수제선을 활용하면서 배후의 도시재개발과도 연계시킨 항만재개발을 추진하여 지역의 활성화 및 대도시권에 거주환경의 개선에 투자를 행함과 동시에 전 수제선을 적극적으로 해방시켜 갈 필요가 있다.

이들의 재개발에 대해서는 공간을 어떻게 수준을 높이고 매력이 있는 것으로 할 수 있을 것인가가 관건이므로 항만정비사업을 시작으로 하는 공공사업만으로는 부족하고 항만기능의 고도화에 투자하는 시설정비를 민간의 활력을 활용하면서 일체적으로 진행해갈 필요가 있는 것이다. 이때 계획의 단계에서 항만관리자가 중심으로 되고, 민간사업자의 협조체제로 관계자와 충분히 조정을 행하여 책정된 기본계획을 기초로 나라, 항만관리자, 지방 시·군·읍 및 민간사업자가 각각의 역할을 충분히 인식한 다음에 상호 긴밀한 연계를 유지하면서 관민일체로 되어 종합적으로 사업을 추진하는 것이 중요하다 하겠다.

3) 해양성 레크리에이션의 진전

점차 국가의 경제가 성장하고 생활이 나아짐에 따라 레크리에이션에 대한 욕구가 강해진다. 우리나라에서도 요트, 모터보트 등 유람선의 척수는 21세기 초가 되면 급증할 것으로 예상되고 있다. 한편, 전국해안에 마리나의 개발도 증가할 것이나 다른 나라에 비하여 마리나의 부족은 극히 심각하여 항만이나 하천 등에 방치된 레저보트로 다른 이용과의 분쟁이 발생하는 등의 문제가 나타날 것으로 판단된다.

또한, 국민의 가치관의 다양화 또는 여가시간의 증대를 배경으로 해양성 레크리에이션 활동은 전국적인 규모로 이후에는 점차 진전할 것으로 보여져 지역의 매력을 높이는 것 외에 이와 같은 활동의 기지로 되는 항만의 정비에 대한 요청이 높아져 가고 있다. 유한한 해양공간에 있어서 선박의 항행 및 어업활동 등 타 해양이용과의 경합 및 지역적인 편향적인 것에 대처하면서 바람직한 레크리에이션 활동을 유도해가기 위해서는 광역적인 시존에서 수립한 해양성 레크리에이션 기지를 적절히 배치할 필요가 있다. 이 때문에 해양성 레크리에이션의 종류, 활동범위, 활동주체의 차이 등에 대응하여 그 중심이 되는 마리나를 일상형, 스포츠형, 관광형으로 나누어 각각에 관해서 체계적인 정비를 진행해 가는 것이 중요하다.

4) 폐기물 증가와 해양처리

도시활동 및 산업활동이 활발해짐에 다라 발생하는 폐기물 및 건설발생토는 재활용 및 감량화의 노력에도 불구하고 증가의 일로에 놓여있다. 무엇보다 도시화의 진전 등에 의해 내륙에서의 처분이 점차 곤란하게 되고 일반폐기물의 경우 해면처분량이 전체량에 점유하는 부분은 해안의 항만역에서 지역에 따라 1/4～3/4 정도에 달하고 있다. 또 현재 전 폐기물에 의한 매립이 진행되고 있는 처분장에 관해서도 그 잔존용량이 부족하고 점차 새로운 처분장을 확보하는데 어려움을 겪고 있다. 새로운 처분장이 확보되지 않는 경우에는 5년을 전후로 하여 처분장이 가득 차게 되어 이후에 폐기물의 해면처리장에 대한 정비를 계획적으로 진행해 나가야 할 필요가 있다.

그러므로 이후 항만 내의 공간적인 제약은 점차 강해짐과 동시에 지역적으로 용지수요와 폐기물의 필요처분양 간에 불균형의 발생이 예상된다. 특히 부산, 인천, 울산, 마산, 목포 등 대도시권에서는 육역에 국한되지 않고 해역에서도 극히 조밀한 이용이 이루어져 새로운 폐기물 처분을 위한 공간은 극히 한정될 것이다.

이 때문에 복수의 자치체가 광역도시, 도, 군, 읍을 초월하여 공동으로 이용하는 광역처리장의 정비를 진행하는 것이 중요하다. 사업주체로 해안, 하천 광역환경정비센터를 설립하여 사업을 시작하고 단계적인 권역개발계획을 진행함과 동시에 항만권역에서도 가까운 장래에 기존의 준설토 투기장 등 기존의 폐기물 처리장의 반입이 한계에 달할 것으로 보이기 때문에 계획의 조기 실현을 위해 국가나 지방자치체 및 항만관리자간에 협의가 이루어져야 할 것이다.

수도권 및 대도시권에서는 대량의 건설발생토의 처분장이 부족하게 되어 적정한 처리가 곤란해지고 있다. 이 때문에 발생토를 전국적인 수준에서 조정하고 개발에 따른 다량의 매립을 위한 용토를 필요로 하는 항만에서는 항만건설자원으로 이용하는 가칭 '건설종합관리사업'을 추진해 나가고 이후 자원의 유효활용이라는 관점에서 적극적인 사업의 전개가 바람직할 것이다.

5) 임항부 산업입지 정비

높은 국제경쟁력에 의해 세계의 수출기지로 길을 가고 있는 우리나라의 산업은 NIES를 시작으로 아시아 제국의 공업화 진전, 구미선진제국과의 무역마찰 및 근래 급격한 환율변화 및 국내노동분쟁 등의 영향을 받아서 생산거점을 아시아 및 기타 저개발국가 등으로 이동하는 구조전환을 꾀하고 있다.

공업과 고도성장기를 통한 우리나라의 경제발전을 지지한 중화학, 철강 등의 중후장대형에서 자동차로 대표되는 가공조립형에 고도의 기술을 활용한 전자첨단산업에로 중점이 이동되고 산업입지조건도 크게 변하하고 있다. 공업의 주요한 입지장소인 임해부에서도 종래에 필요하다고 여겨진 원재료 및 제품의 수송, 용지・용수, 방재기능의 확보 등에 부가하여 인적교류를 위한 다양한 수송서비스, 연구시설 및 연수시설, 레크리에이션・편익시설 등의 서비스를 받을 수 있는 질 높은 환경창조가 필요하게 되었다.

또한, 대도시권의 임해부를 중심으로 기존공장의 이전, 휴폐업에 의한 토지이용전환이 필요한 공간이 나타나고 있다. 이들의 토지에 관해서는 해변에 있을 것 넓게 정비한 공간이 있을 것, 도심에 인접한 장소가 많을 것, 대규모 교통시설 등의 접근에 정비가 비교적 용이하게 행할 수 있을 것 등의 이점을 가지고 새로운 산업 및 물류관련 또는 다른 용도로 이용의 요청을 총합적으로 판단하여 매끄럽게 이용전환을 도모할 필요가 있다.

임해부에서는 이후 수요의 증대가 예견되는 에너지 및 유통・물류 또는 환경관련 산업 등의 신규 성장분야의 산업의 입지가 고려되어 이들의 입지에 대응한 계획으로서는 지역 및 시민에 해방된 레크리에이션 시설 및 녹지 등의 정비에 부가하여 국제컨테이너터미널 등의 시설에도 용이하게 접근할 수 있고, 국제상품전시장, 회의장 등과도 일체로 되어 정보를 구비한 매력 있는 공간창조를 기본으로 두는 것이 중요하다.

6) 해양공간의 개발이용

우리나라는 삼면이 바다로 에워싼 좁은 반도국가이나 신해양질서의 시대에서는 주권적 권리를 행사할 수 있는 광대한 바다를 가지고 있는 것으로 되어 21세기를 향한 해양개발에 대한 국민의 기대와 관심이 급속히 높아지고 있다.

연안해역에서 해운, 해양성 레크리에이션, 수산업 등의 수역이용 및 도시용지, 해상공항, 폐기물처리용지 등 매립에 의한 육지화 이용은 선박의 대형화, 레크리에이션 수요의 증대, 도시화의 진전 등에 따라 계속 활발히 진행되어 갈 것으로 생각된다. 그러므로 이용가능한 연안해역은 제한되고 금후에 증대하는 수요에 대응하기 위해서도 외양역, 내만역으로 불리는 해역이라는 특성에 따른 계획적인 이용 및 복합이용 등 고도이용을 진행해갈 필요가 있다. 더구나, 21세기를 향한 뉴프론티어라고 일컬어지는 해양공간은 내일 한국을 담당할 귀중한 공간이며 특히 국토의 부존자원이 부족한 우리나라에서는 새로운 국토공간으로서의 기대가 극히 강하다.

지금까지의 해양이용은 비교적 이용이 용이한 수심 20m 정도까지의 천해역이 중심이 되었으며 우리나라 연안수심 20m보다 얕은 면적의 반 정도가 전혀 이용되고 있지 않는 상황에서 해양의 육지화 이용에 관해서는 아직 매립으로서의 수요가 급격히 증가하지 않으나 꾸준한 수요가 예상되고 있음과 동시에 해양성 레크리에이션 및 증양식어업 등 해면 그대로의 수요가 나타나고 있다. 이들의 수요를 어느 정도 조정 및 환경보전의 관점도 고려하면 종래와 같은 천해역에서의 육지화 이용 대신에 새로운 대응이 필요하게 되었다. 이 때문에 지금까지는 비교적 이용도가 낮은 수심 20~50m 정도의 외해역에 눈을 돌려 그 육지화 이용을 진행함과 동시에 외양에 면한 연안역에서 심한 파랑조건을 극복하고 그 이용 잠재력을 높여가는 것이 이루어지고 있다. 이미 일본을 비롯한 해양 선진국가에서는 전국 각지에서 외해역에 인공섬을 조성하고 대수심을 필요로 하는 해상물류기지의 정비 및 대규모 해양성 리조트기지의 정비 등의 요청에 응함과 동시에 해역의 총합적인 이용을 촉진시키도록 하는 계획들이 진행되고 있다.

우리나라도 최초로 80년대 말 부산에서 인공섬계획을 추진하여 해안역 개발에 비중을 둔 고무적인 작업에 착수하였지만 이것은 충분한 검토와 현실성을 배제하였기 때문에 결국 수포로 돌아가고 말았다. 거의 10년에 가까운 세월이 지난 지금에 가덕도, 인천, 군산, 울산, 포항, 마산, 목포 등에 신항만 계획을 추진하면서 매립 및 준설형 항만을 실천에 옮기게 되었고 부분적으로 인공섬의 구상이 제시되고 있으나 여전히 총합적인 이용과는 다소 거리가 있어 보인다.

외해인공섬의 구상을 구체화시키기 위해서는 기반정비에 상당한 자금이 필요하고 투입하여야 하므로 민간의 활력을 적극적으로 활용하면서 인공섬 내의 공간을 고도로 이용해 나가는 것으로 그 채산성의 향상을 꾀할 필요가 있다. 이를 위해서는 인공섬의 위치, 규모, 접근방법 등에 관하여 총합적으로 검토한 후에 수산업, 선박의 피박, 폐기물의 처리 등 이용과 조합시킨 복합적인 이용을 추진하고 프로젝트 전체의 비용저감을 도모해 나가는 것이 중요하다. 또, 그 정비에 대해서는 기술적으로 확립된 매립의 방식에 부가하여 부체식 구조물 및 하이브리드식 구조물 등의 최신기술을 구사한 해양구조물을 적극적으로 도입하여 21세기에서 본격적인 해양공간이용의 선도적 프로젝트로 할 것을 기대하고 있다.

7) 환경개념의 도입

우리나라의 고도 경제성장기에는 중화학공업플랜트를 중핵으로 하는 국토개발이 임해부를 중심으로 전개되었다. 이렇게 된 국토개발계획의 근간에는 국민의 생활수준은 비약적으로 향상되었으나 대기오염, 수질오탁 등의 환경문제가 사회문제로 되어 크게 부각되기 시작하였다. 공해문제도 공해대책을 총합적, 계획적으로 추진할 필요에 따라 법체계의 발본적인 정비강화가 행해져 왔다.

항만행정에서는 항만법과 공유수면매립법의 개정에 의해 환경보존의 도입이 한 단계 강화되었다. 새롭게 타 분야에 대해 선구적으로 항만계획책정시 환경영향평가를 행함과 동시에 공유수면의 매립으로 진행시 환경관계자료를 첨부하여 주민에게 공고・공람시키는 것으로 되었다. 또한 항만녹지의 정비, 항만 및 주변해역의 먼지, 소음, 기름회수, 폐기물매립어 호안의 정비 또는 해안환경정비를 포함시키는 것 외에도 내만에서의 유기수은대책 등의 공해방지사업으로 저질제거 등도 본격적으로 해가는 것으로 되었다.

근래에 와서 사람의 건강에 관계된 공해가 점차 증가하고 생활환경으로 인한 공해가 전반적으로 악화되어서 어메니티, 환경창조, 종합대책 등이 환경문제의 중요한 과제로 취급되어지게 되었다. 항만에서도 사람들은 풍요로운 생활의 요구에 보다 높게 대응하여 물류, 생산의 장으로 끝나지 않고 생활의 장을 포함한 종합적인 공간으로서의 항만개발을 지향하는 '21세기 항만'의 요구가 커졌다. 이것에 기초한 항만공간에서의 어메니티 향상이 풍요로운 워터프론트 개발에서 큰 기둥으로 위치를 부여하여 친수성이 높은 녹지의 정비와 불량한 경관의 형성, 역사적 시설의 보존이용, 해양성 레크리에이션을 위한 공간의 창출 등이 적극적으로 추진하도록 요구하게 되었다. 또한, 외국에서 행하고 있는 항만에서의 수질, 저질의 정화대책으로 저질에 복토 등의 사업도 고려하여야 할 것이다.

한편, 국제적으로는 개발도상국의 경제발전과 함께 이산화탄소 등의 가스의 축적으로 인해 온실효과로 인한 지구온난화 및 해면상승 등 지구환경문제가 주목받게 되었다. 더구나, 오늘의 환경문제가 많은 사람과 기업의 일상적인 제 활동으로 기인하고 복합적으로 발생하고 있는 것에 환경개선의 시책이 다양한 효과를 꾀할 수 있는 점이 국제적으로 발전한 복잡한 문제를 국제적인 연대와 과학적인 분석이 필요한 것으로 되어 공해대책기본법이 적극적으로 개정된 환경기본법이 제정된 것이다.

육역과 해역에 접하는 연안역에 위치한 항만에서는 다양한 자연이 존재하고 또한 인간활동의 가장 활발한 공간인 것에서 사빈, 간석지, 하구 등 수변환경의 보전과 창조, 나아가서는 풍요로운 생태계를 가꾸는 해역환경과의 조화 있는 개발이 지금까지 이상으로 강하게 요구되고 있다. 또한, 해역의 환경대책에서도 종래의 물리・화학적 수법에 부가하여 간석지, 수심이 얕은 해역을 조성, 역간접촉산화법(礫間接觸酸化法, 자갈틈새산소공급)의 활용 등 생물, 생태계를 활용한 수질의 정화와 해역의 자연적 특성을 살리면서 그 자정능력을 향상시키는 시책을 꾀하여야 할 것이다.

그리고 개발에 영향을 받게 되는 간석지, 습지, 생물생식지, 연안천수역 등의 자연에 대해 영향의 회피, 저감, 대체로 일컫는 조치를 행하여 완화가 제창되고 있다. 항만의 개발에서는 계획, 설계, 건설 등의 각 단계에서 지금까지 점진적인 대응이 시행되어오고 있으나 개발에 따르는 환경에의 영향을 경감하기 위해 좀 더 본격적으로 대처하여야 할 것으로 본다.

한편, 항만환경의 어메니티를 총합적으로 향상시키는 방안에 대해서는 아직 시작하는 단계에 불과하고 보다 폭이 넓은 시책의 적극적인 도입을 꾀함과 동시에 장기적인 관점에서 총합적이고 계획적인 방안이 불가결하므로 새로운 항만환경개념의 도입으로 '환경과 공생하는 항만(Eco-port)'과 같은 것을 고려하여야 할 것이다. Eco-port는 그 기본이념으로 ① 장래세대가 풍요로운 항만환경을 계승, ② 자연환경과의 공생, ③ 어메니티가 풍부한 항만환경의 창출을 표방하고 있다. 이때 항만에서는 ① 개발·이용하는 환경에의 부하를 경감하고 환경보전과 창조를 꾀하면서 물류, 산업, 생활에 걸친 기능을 충실하며 사용하기 쉽고 아름다운 항만을 지향하여 어메니티의 향상을 추구함과 아울러 장래의 사람들에 대해서도 풍요로운 항만환경의 계승을 꾀함, ② 연안역이 해양생물 및 조류 등의 귀중한 생식, 번식의 장이고 해수의 정화기능을 가진 사빈과 간석지가 존재하는 곳으로도 인식하고 연안역이 가진 우수한 자연환경을 적절히 보전, 창출하고 생물과 생태계의 공생을 꾀한 항만의 정비를 추구함, ③ 성숙화 사회로 향하는 질이 높은 생활환경을 실현하기 위하여 항만공간 특유의 자질을 충분히 인식하고 역사에 인내하는 개성과 매력이 있는 환경창조를 진행시켜서 어메니티가 풍부한 항만환경의 창출을 도모하는 것이다.

이의 정책목표로는 ① 자연에 어울리고 생물에 다정한 항, ② 적극적으로 양호한 자연환경을 창조하는 항, ③ 어메니티가 높고 사람들에게 풍요롭고 안정감을 주는 항, ④ 환경에 과하는 부하가 작고 환경관리가 빈틈없는 항을 실현하는 것으로 하고 있다. 그리고 목표달성을 위한 기본시책으로 ① 계획, 설계, 건설, 이용의 각 단계에서 행하는 환경시책과 배려를 총합적이고 계획적으로 정리하여 환경정비 등의 구체적인 시책을 실행하는 것의 지침으로 되는 항만환경계획의 책정, ② 접근평가항목, 예측수법의 개선, 금후에 중요성이 커지는 생물 및 그 생식환경 등 생태계에 관한 접근기술에 관한 연구개발 등, 환경평가의 충실, ③ 환경보전 및 창조를 위한 시설, 어메니티의 질적 향상 및 네트워크화로 공간적인 확대를 도모하기 위한 인프라(하부구조), 도시환경의 개선을 투자하는 도시재개발용지 및 폐기물이용지, 지구환경의 개선에 투자하는 수송수단의 이동(modal shift)을 위한 시설, 해양오염의 방지에 투자하는 폐유처리시설 등의 환경인프라의 정비 또는 미 이용 에너지의 활용과 재활용의 추진 등 환경정비의 추진, ④ 환경관리의 충실, ⑤ 환경에 관한 기술개발, 항만・해양환경에 관한 정보의 수집 및 제공, 연수 등의 서비스시스템, 시책추진을 위한 조직체제와 재원의 검토 등 추진방책의 확충을 거론하고 있다.

2. 항만재개발계획

미국 및 유럽에서는 1960년대부터 노후 된 항만을 재개발하여 친수공간을 조성하였는데 대표적인 예로는 미국 볼티모어 내항지구 재개발, 호주 시드니 달링하버 재개발, 영국 테임즈강 구항 재개발사업인 런던 도크랜드재개발 등이 있다. 일본에서는 1980년대 말 동경항의 다케시바부두 재개발을 시작으로 동경임해부도심건설, 요코하마항 오산바시부두재개발 등 노후화된 항만을 갱신하고 새로운 친수공간을 창조하기 위해 항만재개발사업을 추진하고 있다. 이와 같이 세계적으로 항만재개발을 통한 친수공간의 조성사업이 성공적으로 이루어지고 있는 가운데 우리나라에서도 2010년 이후로는 신항만의 건설이 끝나고 기존 항만의 재개발이 활발하게 이루어질 것으로 예상되므로 이를 대비하여 지금부터 항만재개발을 통한 친수공간조성에 대해 철저한 연구와 계획이 필요하다.

1) 항만재개발의 특성

아래 표에서는 성공적인 사례로 꼽히고 있는 항만재개발사업을 정리하였다. 이들 사례의 분석을 통해 세계적인 항만재개발의 특성을 살펴보면 다음과 같다.

① 영국 Dockland

영국 런던의 도심이며 템즈강가 워터프론트에 위치하여 선박의 대형화, 컨테이너화가 진전되면서 기존 항만기능이 이전해가고 교통체계의 변화와 투자의 미흡, 전통 제조산업의 쇠퇴 및 인건시 상승의 압력으로 인해 슬럼화가 진행된 것을 주거·업무·레저·휴양기능을 겸비한 현대적인 복합도시로 재개발한 사례로 총면적으로는 약 2,400만㎡에 쇼핑, 위락센터, 12,500석 규모의 대규모 실내스포츠센터, 해양레포츠 센터 등을 입주시켰다.

그림 10-2 Dockland 재개발지역

② 호주 Darling Harbor

그림 10-3 Darling Harbor 재개발지역

시드니 중심가에서 5분 거리에 있으며 20세기 들어 항공운송이나 컨테이너화 등 수송소단의 변화 및 자체시설 노후화에 의해 항만기능이 저하되었는데, 황폐화된 항만을 재개발하고, 수족관, 박물관, 국제회의장, 쇼핑센터 등을 정비하여 총면적 약 54만㎡ 공간에 입주시켰다.

표 10-5 항만재개발 사례

재개발항만	재개발규모	비용(달러)	기존용도	사업년도
Granville Island (뱅쿠버)	170천㎡	7천만	산업시설	1979년
Harbourfront (토론토)	364천㎡	3억 4천만	산업시설/철도	1972년
Battery Park City (뉴욕)	372천㎡	40억	매립지	1979년~
Inner Harbor (볼티모아)	384천㎡	25억	항구	1963년~
Port Vell (바로셀로나)	542천㎡	3억 4천만	항구	건설중
Salford Quays (맨체스터)	599천㎡	7억 5천만	항구	1990년
Darling Harbour (시드니)	599천㎡	25억	방치된 철도	1988년
Victoria & Alfred (케이프 타운)	822천㎡	R. 25억	부두지역/항만시설	1989년
Kop von Zuid (로테르담)	1,246천㎡	DFI 4억 7천	항구/산업시설	건설중
Minato Mirai 21 (요코하마)	1,862천㎡	2천억	매립지	1983년
OJ Havengebied (암스테르담)	–	25억	오래된 부두	1989년~
Docklands (런던)	16,187천㎡	70억	창고/투두	1981년~

자료: Ann Breen, Dick Rigby, *The New Waterfront*, 1996, p. 25.

③ 미국 Baltimore

미 동부 메릴랜드주, 워싱턴DC의 북동쪽 액 60㎞ 지점에 기존 토지 총면적 약 100만㎡의 부지에서 도심부에 인접한 항만기능이 외항으로 이전하면서 도심부의 활력저하, 도시기능이 마비현상이 발생하여 이전하고 난 빈공간에 수변공간 재활성화프로그램을 마련하고, 보고나면 먹고 즐기는 해면다목적 공간으로 탄생시켰다.

그림 10-4 Baltimore 재개발지역

④ 일본 미나토미라이21

그림 10-5 요코하마 재개발지역

요코하마의 중심가인 요코하마역과 사꾸라이조역 사이의 공간에 인구규모에 비해 도시기능의 상업적 기약이 빈번하고 업무, 상업, 무화부문의 도쿄 의존형으로 야간 공동화 현상이 진행되는 것에서 이를 해결하고 도심부을 강화시키는 정책, 항구의 재생, 24시간 활동하는 국제문화도시로 기존토지 110만㎡을 전환하였다.

(1) 항만재개발의 역사

세계적으로 1960년대부터 시작된 항만재개발의 역사를 정리하면 다음과 같다.

① 1960년대에는 미국 및 캐나다에서 노후된 항만의 재개발사업이 시작되었다. 그 대표적인 예로는 보스톤항, 뉴욕항, 볼티모어 내항, 시애틀항, 마이애미항, 벵쿠버 그랜빌 아일랜드, 토론토항 등이 있다.

② 1980년대에는 미국의 영향을 받아 유럽과 일본에서 항만재개발이 본격적으로 일어났다. 그 예로는 런던 도크랜드, 시드니 달링하버, 브리스톨항, 카디프 내항, 바르셀로나항, 리스본항, 동경항, 요코하마항, 후쿠오카 하카다항 등이 있다.

③ 1990년대 중반부터는 유럽을 중심으로 지역적 특성에 맞는 항만재개발이 일어났다. 유럽에서 상업시설중심의 미국식 항만재개발에 대한 반성과 함께 지역특성화된 항만재개발이 시도되었다. 이를 토대로 1999년에는 '워터프런트 선언(The Waterfront Manifesto)'이 발표되었다.

④ 2000년대에는 그동안 진행되었던 항만재개발사업의 성과를 평가하는 작업이 미국과 유럽에서 시도되고 있다. 이런 평가작업을 통해 항만재개발의 성공요인과 전략을 발굴하고 있다.

(2) 항만 리모델링의 기본목표 및 방향

협의의 항만 리모델링은 항만의 기존시설에 물양장, 안벽 등을 첨삭하거나 장비의 보완, 친수공간의 마련 등 항만을 개조(Remodeling)하는 것을 의미한다. 그러나 넓은 의미에서는 협의의 리모델링 외에 일반적으로 다음의 세 가지 개념을 포함하는 것으로 이해될 수 있다. 즉 ① 항만의 기능쇠퇴에 대응하여 해당지역을 새로운 개념의 공간으로 개조하는 항만재개발(Redevelopment), ② 취급화물의 변화, 하역체계의 변화 등으로 부두 간 또는 인접 항만 간 취급화물을 전환·조정하는 항만기능재배치(Rearrangement), ③ 기존의 항만시설 및 장비의 유지보수(Repair) 등도 항만 리모델링의 개념에 포함시킬 수 있다.

표 10-6 리모델링 관련 용어의 정의(일본건축학회, 1998)

용 어			영 어	정 의
보전(保全)			Maintenance and Modernization	기능 및 성능을 사용목적에 적합하게 유지 또는 개량하는 제행위
	유지	보전	Maintenance, Repair	성능 또는 기능을 현상 유지하거나 혹은 실용상 지장이 없는 상태까지 회복시키기 위하여 행하는 보전 활동
		유지	Maintenance	현상 유지 상태에서 문제점을 최소한으로 고치는 것
		수선	Repair	성능 또는 기능을 현상 유지 혹은 실용상 지장이 없는 상태까지 회복시키는 것
		보수	Amendment	부분적으로 성능이 저하된 부위 등의 성능, 기능을 실용상 지장이 없는 상태까지 회복시키는 것
		갱신	Renewal	성능이 저하된 부재부품과 기기를 새로운 것으로 교체하는 것
	개량	보전	Improvement, Modernization	초기의 성능 또는 기능을 상회할 수 있도록 개량하기 위하여 행하는 보전 활동
		개수	Improvement, Renovation	성능이 저하된 건축물 등의 성능, 기능을 초기의 수준 이상으로 개선하는 것
		개조	Renovation	기존의 건축물 등의 일부를 변경하는 것
		변경	Rearrangement	주요 구조부를 변경하지 않고 칸막이 등을 변경하는 것
		개장	Refinishing	마무리 부문을 교체하는 것

항만의 리모델링은 항만의 생산성 극대화를 추구하는 동시에 항만개발 예산의 절감과 투자효과의 극대화를 도모하기 위한 것이다. 이에 따라 항만 리모델링의 기본방향은 ① 노후항만 시설의 보수, 개조 및 기능재배치를 통한 생산성 향상, ② 대상시설의 기능유지 및 수송기술발전에 상응하는 항만시설

의 정비, ③ 항만 배후지의 물류, 정주, 상업, 관광 기능 등의 혼재에 따른 비효율의 극복 및 도시기능과 물류기능이 조화된 배후공간의 창출, ④ 임항지내 친수·녹지 공간의 조성을 통한 항만공간의 쾌적성(Amenity) 향상, ⑤ 항만기능의 정비를 통한 교통여건 개선, 안전사고 예방, 공해 저감 및 도시발전 유도 등을 도모하는 방향으로 추진되는 것이 일반적이다.

(3) 우리나라 항만리모델링의 유형

우리나라 항만 리모델링의 유형으로는 노후항만시설의 보수 및 개조, 항만기능상의 효율성 제고, 도시기능과의 상충해소 및 친수성 기능의 강화 등으로 정리할 수 있다. 이는 해양수산부(2002)가 수행한 '노후항만시설물 조사 및 정비계획수립' 연구에서 항만관련 전문가 120여명에 대해 다기준평가기법을 통해 도출한 것으로 [표 10-7]과 같이 요약할 수 있다.

표 10-7 우리나라 항만리모델링 유형구분(해양수산부, 2002)

유형구분	내 용
노후항만시설의 보수 및 개조	- 보수 및 복원 - 변형 및 개조
항만기능상의 효율성 제고	- 설계상 수심유지를 위한 준설/물양장에서 안벽으로 개축 - 접안능력 향상/보관능력 향상/관리부두에서 여객브두로 전환
유휴부지 활용	- 준설토 투기장, 배후부지, 불법점유시설 방치 - 미활용시설의 방치/기존 항만시설의 폐쇄
도시기능과의 상충 해소	- 소음, 분진발생 등 민원제기/교통둔제 등 주변지역 불편 초래 - 시설미관상 문제/주민의 항만이용 및 교통유발에 대한 민원제기 - 배후 무허가건물의 난립/항만기능 쇠퇴로 인한 도시기능 요구
친수성 기능의 강화	- 방파제의 편의시설 미비/항만기능의 쇠퇴 및 유휴화 - 기존 호안 및 호안주변 부지의 유휴화
제반 항만기능 혼재 해소를 위한 정비	- 역무선 등의 선박계류지 혼잡 - 항만기능상 혼재/조선소 난립에 따른 항만 및 도시발전 저해
기타 항만시설의 안전성/편의성 확보	- 불필요한 시설의 방치/부두 연결호안의 노후에 따른 붕괴 - 방파제 난간·계단 등 안전시설의 미비/침수지역의 정비/기타

(4) 항만시설별 리모델링의 기본방향

① 안벽

안벽은 항만시설물 중 가장 핵심이 되는 것으로 항만여건의 변화로 인하여 기존의 용도에 부적합하게 된 경우 개조를 통하여 기능을 전환하게 된다. 유휴화된 안벽시설은 주변의 지역여건 및 발전 잠재력을 고려하여 정비·재이용하거나 기능전환을 추진하게 된다. 항만시설의 재이용에 있어서는 노후안벽의 개축, 협소한 안벽의 확장 등이 필요하게 된다. 그리고 항만시설의 기능전환은 흔히 해변 레크리에이션 지구, 쇼핑센터 조성 등의 용도로 개발되는 사례가 많다.

② 방파제

항만의 취급화물이 증가함에 따라 기존에 방파제로 구획된 항만 구역 안에서 선박 통항의 혼잡이 가중되며, 항내 수면적이 협소해지는 사례가 흔히 나타난다. 그리고 이의 개선을 위하여 추진되는 무계획적인 방파제의 추가시설은 항내 수질오염을 가중시키는 등 문제를 야기하고 있다. 한편 도시의 확장으로 항만이 도시와 가까워짐에 따라 방파제는 시민들의 친수시설로서의 가치가 높아지고 있다. 따라서 방파제의 리모델링은 수질오염 저감 또는 시민들의 친수·레저활동 기능 부여 등의 방향으로 이루어지게 된다. 해외의 방파제 리모델링 사례를 보면 보행자도로 조성, 수족관·문화시설의 설치, 내부에 요트계류시설 건설 등이 추진되고 있다. 우리나라의 경우도 방파제를 낚시, 관람 등의 목적으로 이용하는 사람들이 꾸준히 증가하고 있으므로 이러한 친수기능을 부여하는 방향으로 리모델링할 필요가 있다.

③ 호안

국내 대부분의 호안들은 넓은 배후부지를 필요로 하지 않는 역무선 및 관리부두 등으로 이용되거나 방치되어 있다. 그런데 호안 리모델링은 두 가지 방향으로 추진되고 있다. 그 하나는 벤치, 조망용 보행 접근로 등 휴식·편의를 위한 단순한 친수공간으로 조성하는 것이다. 그리고 나머지 하나는 호안을 따라 해안공원을 조성하는 것이다.

단순한 친수공간의 조성은 협소한 공간만으로도 활용 가능하므로 호안 어디에나 적용이 가능하다. 그리고 해안공원은 풍부한 녹지공간을 조성함과 아울러 다양한 테마와 공간의 배치를 추구함으로써 많은 시민들이 활용할 수 있도록 한다.

④ 운송·하역 및 보관시설

항만환경의 변화에 따라 다수의 운송·하역 및 보관시설이 유휴화되고 있다. 이러한 유휴시설들은 개조 및 시설보완을 통하여 물류활동에 재이용하거나 상업·문화시설, 사무실, 쇼핑센터 등으로 기능을 전환하게 된다. 경우에 따라서는 외형을 보존·복원하여 관광자원으로 활용하기도 한다.

⑤ 배후지 및 도시인접지역

항만과 도시가 발전함에 따라 두 영역이 각각 확장함으로써 상호 연접하게 되는 현상이 나타나고 있다. 그 결과 항만기능과 도시기능이 상호 영향을 미치게 되었으며, 두 기능의 상충현상이 흔히 나타나고 있다. 이에 따라 항만의 배후지 및 도시인접지역의 공간재배치의 필요성이 높아지게 된 것이다. 특히 도시기능이 항만에 인접함에 따라 친환경적 공간재배치를 위한 시도가 이루어지고 있다. 예를 들면 도시인접 항만시설은 비공해성 화물 취급시설로 전환하거나, 여객부두 등 친인간적인 기능으로의 재배치가 이루어지고 있는 것이다.

한편 항만배후지 및 도시인접지역의 리모델링이 다른 리모델링과 차별화되는 점은 단일시설의 문제가 아니라 비교적 넓은 지역적인 차원의 정비를 요구한다는 점이다. 따라서 이는 지역 재개발의 성격을 갖게 되며, 중장기적인 접근을 요구하게 되는 경우가 일반적이다.

3. 재개발의 계획수립

항만의 기능변화에 따른 재개발 및 정비의 동향이 파악되면 항만의 재개발에 대한 기본방침으로 적합성을 고려하여야 한다. 각 항만의 항만계획이 각각의 항만관리자(장래 지방자치단체나 공공관리체)의 자주적인 의사에 의해 정해지는 것을 전제로 하여도 전국의 항만계획과 동떨어짐이 없이 국가의 장기적인 비전과도 균형을 가진 계획을 하도록 하는 취지에서 재구성되어야 한다.

또한, 계획기준으로는 항만재개발 계획이 책정권자의 자의에 의해 국민에게 쓸모없이 과대한 부담을 과하는 것으로 되는 것과 경제조건을 무시하여 과대한 투자가 이루어지는 내용으로 되는 것을 방지함과 동시에 전국의 항만에서 공통의 과제로 환경보전 등을 달성하기 위한 계획책정시에서 일정의 규칙을 정하는 것이 필요하다. 이 계획기준에는 재개발계획으로 정해진 사항(계획사항), 계획사항에 들어가야 할 항목 또는 주가 되는 배려사항 등이 정해지도록 하고 있다. 그 작업수순으로는 1) 주변지역 및 항만의 현황파악, 2) 항만계획의 방침설정, 3) 취급화물량 등의 추정, 4) 항만시설배치계획의 작성, 5) 환경평가의 실시를 들 수 있다.

항만재개발계획의 책정수순에서 특히 중요한 점은 항만공간이 여러 가지 형태로 민간활동의 전개의 장이고 각종의 행정이 폭주하고 있는 장이기 때문에 항만관리자에 있어서는 특별시장, 광역시장, 도지사 등의 자문기관으로서 또한, 국가적으로는 국토해양부장관의 자문기관으로 제각기의 연구기관이나 대학의 학식 있는 경험자, 항만관계자, 관계행정기관의 대표 등의 위원으로 구성되는 지방항만심의회 및 중앙항만심의회를 두어 항만계획을 책정 시에 관계 각 방면의 의견을 듣도록 하고 있다.

항만재개발 계획은 선박의 대형화 등 물류환경의 변화로 노후 및 유휴화된 항만이 발생하여 이것이 도시성장의 발전 저해요인으로 지적되어 왔고, 주5일제 확산으로 국민의 휴양 및 레저 공간에 대한 요구가 커져 시대적으로 항만워터프론트를 재개발하여야 하는 당위성이 제기되었다. 이에 국토해양부는 2005년 시행방안 및 마스터 플랜을 수립하여 2006년 기본계획을 수립하였고, 2007년 '항만과 그 주변지역의 개발 및 이용에 관한 법률'을 국회에 통과하여 항만재개발 기본계획을 고시하였다. 항만재개발은 자연공간으로서 공적자원인 항만 수변공간의 접근성을 개선하여 시민의 여가와 휴식을 위한 공간을 조성하고, 수변공간의 관광자원화 및 상업・문화・정보 등의 인프라 구축으로 그 지역의 새로운 성장동력을 창출하는 것은 물론, 낙후된 항만과 그 주변도심의 재생을 통하여 해양지향적 성장축을 조성하여 항만과 도시의 지속가능한 개발을 도모함을 기본목표로 하고 있다. 대상항만의 선정을 위해 2006년 해양수산부의 마스터플랜에 나타난 평가지표는 [그림 10-7]과 같으며, 이과정을 통해 인천항, 대천항, 광양항, 군산항, 목포항, 여수항, 마산항, 부산항, 울산항, 포항항, 제주항, 속초항의 12개 재개발 대상항만을 선정하였다.

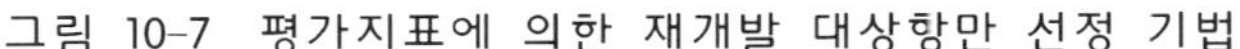
그림 10-7 평가지표에 의한 재개발 대상항만 선정 기법

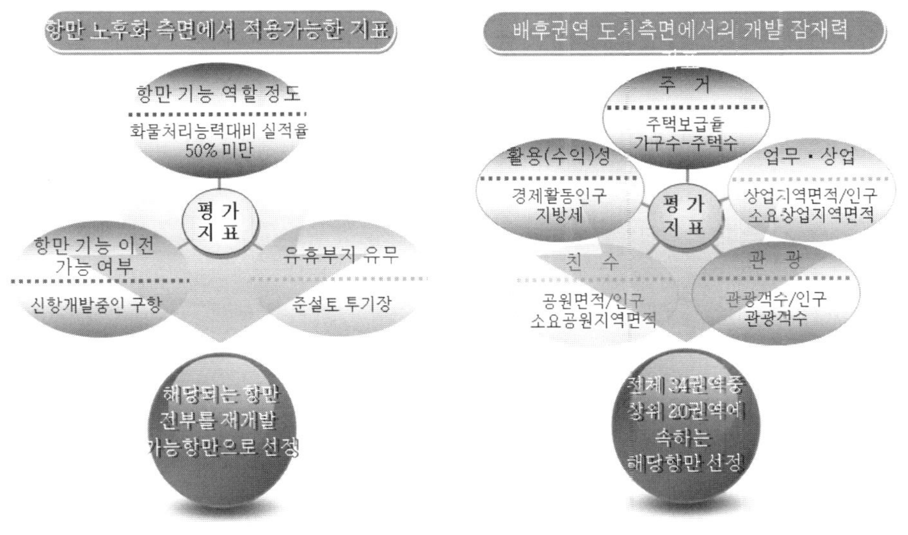

1) 항만시설물 리모델링 대상의 선정

(1) 전국항만시설물 실태조사 및 선정

국토해양부는 2001년 5월부터 2002년 5월까지 전국항만 리모델링을 위한 연구용역을 실시하여 항만 리모델링 대상을 선정하고 구체적인 사업계획을 수립하였다. 항만시설물 실태조사는 시설별 이용현황 및 장래 이용가능성, 시설별 내구성, 안전성, 유지보수 실적 등의 관점에서 이루어졌다. 그 결과 전국 항만별로 도출된 문제점들을 정리하면 다음과 같다.

서해안 항만, 특히 수도권에 있어서는 친수성 공간의 부족, 항만 · 도시기능의 상충, 여객선 시설의 미흡 등이 문제가 되고 있다. 그리고 기타 항만의 경우는 시설의 노후화, 기능변화, 어선 접안시설의 부족 등이 문지점으로 지적된다([표 10-8] 참조).

표 10-8 서해안 항만별 시설의 문제점

<table>
<tr><th colspan="2">조사항만</th><th>대 상</th><th>문 제 점</th><th>기본조치</th></tr>
<tr><td rowspan="11">무역항</td><td rowspan="3">인천</td><td>내항 전지역</td><td>공해성 화물 북항이전-내항 활용</td><td>친수공간으로 활용계획</td></tr>
<tr><td>2, 3부두 물양장</td><td>여객선 접안시설로 임시사용, 접속호안 노후화</td><td>접속호안 강화</td></tr>
<tr><td>갑문주변지구</td><td>갑문을 이용하는 해상활동 조망 가능, 해안 접근성 불량</td><td>친수공간 조성</td></tr>
<tr><td>평택</td><td>관리부두</td><td>여객선 접안시설 부재, 기능전환 필요</td><td>여객선부두로 전환 활용</td></tr>
<tr><td rowspan="2">장항</td><td>어선 물양장</td><td>해수면 상승으로 침수</td><td>증고공사, 준설공사 필요</td></tr>
<tr><td>시멘트부두</td><td>부두신설로 인한 시설재배치 예정</td><td>시멘트부두 재배치</td></tr>
<tr><td rowspan="2">군산</td><td>내항</td><td>매몰현상 및 퇴적 증가</td><td rowspan="2">수해방지공사, 친수공간화</td></tr>
<tr><td>내항여객터미널</td><td>수심감소로 접안불가, 국제여객부두로 이전 중</td></tr>
<tr><td rowspan="2">목포</td><td>내항</td><td>삼학도 복원사업에 따른 재정비 요구
(어선의 북항이전계획-전체 어선 수용불가)</td><td>내항활용방안 강구, 내항지역의 어항정비 요구</td></tr>
<tr><td>외항 석탄부두</td><td>공해성 화물로서 기피, 타항 이전계획</td><td>삼학도 복원사업에 반영</td></tr>
<tr><td rowspan="4">연안항</td><td>용기포</td><td>기존 물양장 등</td><td>대체항 개발에 다른 시설 유휴화</td><td>부수부지, 기존시설 활용방안</td></tr>
<tr><td>연평도</td><td>여객선부두</td><td>빠른 조수로 인하여 접안곤란</td><td>여객부두 정비</td></tr>
<tr><td rowspan="2">대천</td><td>유휴부지</td><td>준설토 투기장, 배후부지 활용계획 미정</td><td>토지 이용방안 마련</td></tr>
<tr><td>서방파제, 가호안</td><td>어선접안 시설이 필요하나 수심이 낮음</td><td>호안, 방파제의 접안시설화, 준설</td></tr>
</table>

자료: 국토해양부 기술안전과.

표 10-9 남해안 항만별 시설의 문제점

조사항만		대 상	문 제 점	기본조치
무역항	부산	북항	도시·항만기능 상충	부산시 협의, 기능·방향 설정
		2부두, 중앙부두	일반부두의 컨테이너화, 컨테이너선 접안시 돌출부두의 문제점	돌출부두 매립, 항만기능 확대
		3, 4부두		
		2, 3부두 폐철로	군사상 이유로 폐철로 방치, 일부 구간 매몰	폐철로 철거(운송, 야적 원활화)
		준설토 투기장	감찬항 준설토 투기장 활용방안 미결정	수산물, 소형선부두, 친수공간
		동삼동 매립지	유휴화	해경부두 이전, 크루즈 부두
		다대포항	주민의 부두건설 반대, 항만기본계획 차질	개발방안 재검토
		역무선 선박계류지	혼잡으로 입출항시 선박 충돌 우려	이전적지 검토
	완도	기존 물양장	물양장 개축 공사 중, 기존물양장 기능전환	친수공간 및 보행로 확보
	여수	구항	노후 협소한 호안의 정비 필요	친수공간 정비
			혼잡, 노후, 부두기능 저하	전면 재개발
	광양	여천 잔교식 부두	빔 균열, 철근부식 등 안전문제 심각	빔, 크랙보수 등(중흥, 낙도)
		관리부두	고출부두 확장 연기-일반화물 하역증가	선석규모 조정, 대형화
		태인동 물양장	관리부두의 일반부두화 - 모래하역 증가	전면 추가매립 확충
		CTS 부두	유연탄 부재, 유휴화(간혹 슬래그 처리)	민간부두 운영합리화
	제주	연결교량	어항 구분에 따른 이동로 필요	교량 설치
	삼천포	대방항	어선세력 큼, 정박공간 부족, 어항성격	물양장 조성, 어선구 분리관리
		신항만 물양장	어선정박으로 여객터미널 공사 지연	어선 피항지 마련
		신항만 시멘트부두	피항지 부재로 야드매립, 준설 불가	
	통영	화물부두	성수기 혼잡에도 화물선부두 유휴화	관공선부두 이전, 3천톤급 1 추가
		미륵도	조선소 이전시 고용, 비용 문제	마리나 계획 전면 검토

조사항만		대 상	문 제 점	기본조치
	고현	물양장 (모래처리)	주변 거주기능과 상충, 민원 우려	이전 및 화물처리방안 검토
	고현	항계선	무역항 내 알반항 항계선 상존	관리주체·운영효율화 방안 마련
	장승포	항세, 항내 수면적	좁은 항세, 피항지 부재, 항만기능 저하	여객터미널 축소 - 시설 이용
	장승포	수산물 출입부두	화물 전무, 항만시설의 관광 부대 시설화	화물부두기능 일부전환 - 어선접안기능 강화
	마산	서항부두	낮은 수심, 도시 기능확대 - 기능 저하	1, 2부두 포함 서항지구 전체를 친수공간으로 전환
	마산	중앙부두	중앙부두 활용도 저하	
	마산	임항도로	타코마 조선소로 인해 도로 우회	임항도로 배치, 개설계획
	진해	2부두	2부두 마을 상존, 군사지역 고도 제한	도시·항만기능 조정방안 마련
	진해	1부두	야드, 수심 미확보로 접안 불가	전면매립 (2부두와의 기능 조정)
연안항	거문도	수제선	접안시설 부족, 어선물양장 요구 민원제기	접안시설 확보방안 마련
연안항	부산남	영도지역 조선소	조선소 혼재로 항만기능 미관 저하	이전적지 검토

자료: 국토해양부 기술안전과.

남해안 항만의 경우도 부산, 여수, 마산 등 대도시의 경우는 항만·도시기능의 상충, 친수성 공간의 부족, 기능전환으로 인한 유휴시설 발생, 시설의 노후화 등이 문제가 된다. 그리고 준설토 투기장의 방치로 인한 도시환경 악화가 문제되고 있다. 기타항의 경우 항만기능의 변화로 인한 기능재배치 필요성 증대, 비효율적 재래시설 정비 등의 필요성이 대두되고 있다([표 10-9] 참조).

동해안 항만의 경우도 문제의 유형은 다른 지역의 항만들과 크게 다르지 않다. 예를 들면 해변 공간에 대한 시민이용의 증가에도 불구하고 안전·편의시설 부족 및 가용공간 협소의 문제가 발생한다. 삼척항 등에는 수질 오염을 완화할 수 있는 해수순환방파제로의 개조 등이 필요한 것으로 나타났다([표 10-10] 참조).

표 10-10 동해안 항만별 시설의 문제점

조사항만		대 상	문 제 점	기본조치
무역항	울산	역무선부두, 장생포호안	시설·주변환경 열악·노후화, 시민이용 증가, 공간협소, 안전장치 전무	공원연계 개발, 안전시설, 접근성, 편의 시설 확보
		1부두 도류제	접근성·안전성 부재로 활용도 저하	접근성·안전성 확보
	포항	구항	동빈부두, 죽도시장 주변혼잡, 도시기능·항만기능 충돌, 기능저하	동빈부두 관리권 이전 - 도시·항만 연계 정비
		구항 동빈부두	조선업체 용지부족	조선소·항만기능 이전 검토
	삼척	내항	수질오염 심화, 방지대책 필요	해수순환 방파제로 개조
		방파제	신설호안과 연계한 활용계획 수립 필요	친수공간으로 시민에 개방
		1부두	배후 사유지 내 유휴시설 방치	폐유류시설 철거 등
			무허가건물 산재	철거하여 야적장 확보
	동해	중앙부두	야적장 부족, 기능전환 및 재배치 필요	다목적부두전환, 청사 이전
		서부두·북부두	부두 및 배후부지 활용도 낮음	통합, 컨부두 전환
	묵호	1부두 석탄시설	양호한 석탄 반출시설 방치	배후부지 정비 및 활용계획 수립
		항만배후부지	폐철도시설, 넓은 배후지 방치	배후부지 정비 및 활용계획 수립
	속초	청초항	무허가 시설 산재, 어선물양장 부족	관광항, 어항으로 정비
연안항	구룡포	물양장 배후	무허가건물 난립 등 불법 토지점유	항만 내 토지이용 방안 마련
			도시계획도로 개설로 물양장 기능 수행 곤란	시설개축 - 물양장 기능 유지
	후포	물양정	성어시기 외래·대형어선 혼잡	소형어선 물양장 신설 필요
		여객선 접안시설	어선접안, 제빙시설 인접 혼잡	여객선터미널 및 주변정비
	울릉	도동항 물양장 여객선 접안시설	사동항 개발 지체, 성수기 혼잡심화, 물양장 일부 주차장화, 여객접안 도로 협소	저동항 연계활용 방안
	주문진	접안시설	접안시설·배후부지 부족, 조선소 혼재	조선소 이전, 배후지 확보
		방파제	항내오염, 방파제입구 가건물 난립	해수교환 방파제·친수시설화
		물양장	배후에 집단주거지, 불법위판 성행	거주지·시장정비

자료: 국토해양부 기술안전과.

우리나라 항만의 문제점들을 유형별로 보면 대략 여섯 가지로 나눌 수 있다. 물론 모든 항만의 문제점들이 이의 형태로 명확하게 구분되는 것은 아니며, 몇 가지 문제점들이 복합적으로 나타나는 경우도 많다는 점에 유의할 필요가 있다.

첫째 문제는 항만시설이 노후하거나 협소하여 이용성이 저하된 경우를 들 수 있다. 이 경우 노후화에 따른 안전성 미흡, 효율저하, 혼잡문제 등이 나타난다. 둘째는 항만과 도시가 확장됨에 따라 서로의 기능을 방해하는 경우이다. 특히 항만으로 인한 교통혼잡 및 공해발생과 도시민의 해변공간 이용욕구 증대 현상이 나타난다. 셋째는 항만기능 및 시설이 이전함으로써 유휴화된 부지를 방치하는 경우가 발생한다. 이 경우 기존 항만부지의 활용방안이 마련되어야 할 것이다. 넷째, 친수시설에 대한 수요는 증대하는 반면 이용에 제약을 받는 경우이다. 즉 시민의 수변공간 이용욕구의 충족을 위한 안전 및 편의 시설이 미비되어 있다. 다섯째, 재래식 항만들의 기능이 혼재하여 항만물류의 원활한 흐름에 방해를 받음으로써 기능이 저하된 경우이다. 특히 안전문제, 외관불량, 친수성 이용 제약 등의 문제가 발생한다. 여섯째, 기반시설의 미비 등이 문제가 된다. 이에 따라 리모델링의 방향도 ① 노후 및 기술변화에 맞지 않는 항만시설의 개조·항만기능의 향상, ② 도시와 항만기능의 상충문제 해소, ③ 유휴부지의 활용, ④ 친수성 항만으로의 전환, ⑤ 재래식 혼재형 항만기능의 정비, ⑥ 기타 기반시설의 정비 등으로 구분 가능하다([표 10-11] 참조).

표 10-11 전국항만의 유형별 리모델링 대상시설 현황

리모델링 유형	대상시설 리모델링 방향	항만시설
노후·소형항만 개조	부산 북항 일반부두 연결매립	안벽
	인천 2,3부두 물양장 개축	물양장
	평택 관리부두 여객부두화	안벽
	대천 서방파제 가호안 접안시설화	방파제, 호안
	여천 넉포부두, 중앙부두 잔교식 부두 개조	안벽
	과양 관리부두, 태인동 물양장 시설개조·확충	안벽
	동해 중앙부두, 서·북부두 확장·컨부두화	안벽
	주문진 물양장 및 배후지 정비·개축	물양장, 배후부지
도시기능 상충	부산 북항 배후 도시기능 상충 해소	기타

리모델링 유형	대상시설 리모델링 방향	항만시설
조정	부산 다대포항 친수성 항만기능 도입	기타
	마산 서항부두, 중앙부두 도시기능전환	안벽
	진해 2부두 및 장천마을 이전 · 부지 활용	배후부지
	고현 모래물양장 이전	물양장
	포항 구항, 동빈부두 도시기능 정비	물양장
	속초 청초항 관광 · 어항 기능화	기타
	삼척 1부두 배후 집단무허가 시설 정비	배후부지
	구룡포 물양장 정비 · 개축	물양장
유휴부지 이용	진해 1부두 활용방안 마련	안벽
	통영 화물선부두 추가활용	안벽
	장승포 수산물 수출입부두 활용방안 마련	안벽
	광양CTS부두 활용방안 마련	배후부지
	묵호 1부두 석탄반출시설, 배후부지 활용방안 마련	배후부지, 하역시설
	대천 준설토 투기장 배후부지 활용방안 마련	배후부지
	용기포 기존 물양장 등 활용방안 마련	물양장
친수성 기능강화	인천 내항 활용계획 마련	안벽
	인천 갑문주변지구 친수공간 조성	호안
	완도 기존 물양장 기능전환	물양장
	통영 미륵도 마리나화	물양장
	여수 구항 호안 정비	호안
	여수 신항 해수교환방파제 설치	방파제
	삼척 방파제 편의시설 확보	방파제
	울산 장생포항 친수공간 조성	호안
기능혼재 해소	부산 역무선 선박계류지 혼잡완화	물양장
	군산내항 활용	안벽, 잔교
	삼천포 대방항 어선분구 관리	물양장
	부산 남항 조선소 이전 방안 마련	기타
	후포 물양장 · 여객선 접안시설 주변 정비방안 마련	물양장
	울릉 도동항 물양장 · 여객선 접안안벽 저동항 연계 활용	안벽
기타	부산 북항 일반부두 내 폐철로 철거	야적장
	마산 임항도로 개설	기타
	제주 어항구 연결교량 개설	기타
계	41건	–

자료: 국토해양부 기술안전과.

(2) 항만 리모델링 대상의 우선순위 평가

항만 리모델링 대상의 우선순위는 ① 1단계 평가로 안전성, 효율성, 쾌적성 및 조화성에 관한 설문조사에 의하여 우선순위를 부여한 다음, ② 2단계 평가에서 정책관련 사항, 사업 시행의 가능성·타당성에 관한 검토를 거쳐 단계별 사업대상 시설을 결정하였는데, 1단계 평가에서 해양수산부 및 각 지방해양수산청에서 근무하는 항만관련 공무원과 항만 이용자, 관련 협회, 학계·연구계 전문가들에게 설문을 통하여 수집·분석한 것이다. 2단계 평가에서는 이와 같은 순위를 근거로 정책관련 평가 및 사업 시행성 관련 평가를 실시하여 단기, 중기 및 장기사업으로 재분류하였다. 정책관련 평가항목으로는 사업의 시급성(관련 계획의 유무, 계획 추진사항, 민원제기 사항, 지방청 요구사항 등) 및 사업의 용이성(지자체 추진의지 등)의 관점에서, 그리고 사업 시행성 평가는 시행가능성(대체시설의 유무, 주민의사, 보상문제, 노사문제, 운영업체 문제 등)과 사업시행 타당성(발전가능성, 경제성 등)의 관점에서 평가를 수행한 결과 사업 우선실시 대상시설을 [표 10-12]와 같이 단기, 중기, 장기로 정리하였다.

표 10-12 사업시행단계별 리모델링 대상시설 순위

시행단계	대상시설	전체순위	시설형태
단기 (2007년)	(군산내항)	6	안벽, 잔교
	(구룡포 물양장)	8	물양장
	(인천 갑문주변 지구)	10	호안
	(삼천포 대방항)	13	물양정
	(삼척 방파제)	14	방파제
	(인천 2,3부두 물양장)	16	물양장
	(평택 관리부두)	17	안벽
	장승포 수산물 수출입 부두	19	기타
	(묵호 1부두 석탄 밭출시설, 배후부지)	20	배후부지, 하역시설
	제주 어항구 연결부	23	기타
	통영 화물선 부두	24	안벽
	(대천 준설토 투기장, 배후부지)	25	배후부지
	부산 북항 폐철로	26	야적장
	여수 구항 호안 정비	30	호안

시행단계	대상시설	전체순위	시설형태
	후포 물양장	31	물양장
	동해 중앙부두, 서북부두	34	안벽
	완도 물양장	35	물양장
	광양(여천) 잔교식 부두	36	안벽
	여수 신항 해수교환방파제	37	방파제
	고현 모래물양장	38	물양장
	대천 서방파제, 가호안	39	호안, 방차제
중기 (2011년)	(주문진 물양장)	1	물양장
	(진해 2부두 및 장천마을)	2	배후부지
	(광양관리부두)	5	안벽
	(진해 1부두)	18	안벽
	부산 역무선 물양장	21	물양장
	마산 서항부두, 중앙부두	22	안벽
	속초 청초항	27	기타
	통영 미륵도	28	배후부지
	삼척 1부두 배후 잡단 무허가 건물	29	배후부지
	용기포 물양장	32	물양장
	포항 동빈부두	33	물양장
	광양 CTS 부두	40	안벽
	마산 임항도로	41	기타
장기 (2011년 이후)	부산북항 일반부두(돌출부두)	3	안벽
	울릉 도동항 물양장	4	안벽
	부산 다대포항	7	기타
	인천 내항	9	안벽
	울산 장생포 호안	11	호안
	부산 북항 배후지역	12	기타
	부산 남항 조선소	15	기차
합계	41건	–	–

자료: 국토해양부 기술안전과.

주: 음영부분에 해당하는 11개 시설이 사업 우선실시 대상이며, 현재 11개 시설 모두 국토해양부에서 추진 중인 사업임. 그 외 단기사업 중 ( )로 표시된 시설도 이미 추진 중인 사업임.

2) 노후항만시설 리모델링 계획의 수립

항만 리모델링 대상시설 41개 가운데 우선실시 대상시설의 11개 시설과 사업이 진행 중인 2개 사업을 제외한 28개의 사업들은 '노후 항만시설물 조사 및 정비계획(2002. 5.)'의 우선순위와 시행단계를 고려하여 단계적으로 리모델링을 시행하며, 향후 여건변화 및 관련계획의 변화, 사업의 필요성 및 용이성, 타당성 등을 지속적으로 검토하여 추진해야 할 것이다.

(1) 항만 리모델링 관련 제도 및 문제점

우리나라의 항만 리모델링 사업에 대해서는 특정한 근거법이 마련되어 있지 않다. 따라서 사업의 시행은 항만법과 시설물의 안전관리에 관한 특별법에 의하여 추진된다. 항만법에 의한 리모델링 사업은 동법 제9조에 의해 개축, 유지, 보수 등의 사업이 추진되고, 동법 제55조 및 제56조에 의해서는 비용지원 등을 받을 수 있다. 그리고 시설물의 안전관리에 관한특별법에 의한 항만 리모델링은 시설물의 안전 및 유지관리 차원에서 건설교통부에 의하여 추진된다. 시설물의 안전관리에 관한 특별법에 의한 항만 리모델링 대상 시설은 1종 대상시설물로 5만톤 이상 말뚝구조 계류시설과 2종 대상 시설물로 5만톤 이상 갑문시설이다.

우리나라 항만 리모델링 관련 제도의 문제점은 첫째, 항만 리모델링 사업에 관한 일괄적인 추진제도가 존재하지 않는다는 점이다. 그 결과 항만정비사업이 단편적이고 제한적으로 추진되고 있으며, 주변시설의 상태 및 여건을 반영하기가 곤란한 실정이다. 특히 ① 항만 배후단지 및 친수공간에는 다양한 시설들이 종합적으로 입지한 항만배후단지에 대해서는 체계적이고 융통성 있는 리모델링 제도가 조속히 마련되어야 할 것이다. ② 또한 항만기능과 도시기능을 유기적으로 연계할 수 있는 리모델링 제도의 부재도 문제가 된다. 이에 따라 항만공간 내에 침입한 도시기능시설에 대한 해결방안이 없는 상황에서 항만기능의 저하 및 민원 발생이 야기되고 있다. ③ 연안항과 어항 간의 기능조정에 관련된 항만 리모델링 방안 역시 마련되어 있지 않다. 이에 따라 시설 상호간의 충돌로 일부 시설이 유휴화되는 등 문제가 발생하고 있다.

둘째, 항만 리모델링 사업에 대한 재정지원제도가 결여되어 있다. 재정지원제도의 미비로 인하여 시급성이 높은 항만 리모델링 사업이 후순위에 밀려서 지연됨으로써 항만시설의 효율적 활용의 어려움 등 문제가 야기되고 있다. 또한 사업의 우선순위를 판단할 수 있는 평가기준이나 지침이 마련되어 있지 않아서 사업추진에 혼란을 빚고 있다.

셋째, 항만법상 항만 리모델링과 관련된 사업유형, 사업 우선순위, 사업별·지역별 지원사항, 사업방향, 사업내용 등의 규정이 마련되어 있지 않다. 다만 항만공사와 관련하여 항만개수, 보수, 유지 등에 대한 사업주체, 사업비용에 대한 간략한 내용만 기술되어 있는 실정이다. 특히 재정지원사항의 미비는 사업추진에 중요한 장애요인이 되고 있다.

넷째, 항만시설의 안전관리 및 점검사항은 건설교통부 소관의 '시설물의 안전관리에 관한 특별법'에 의하여 다른 시설들과 통합 관리되고 있어 항만시설의 특성이 적절히 반영되지 못하고 있다.

(2) 항만 리모델링 관련 제도의 개선방안

항만 리모델링 제도의 개선대안으로는 첫째, 항만법의 개정을 통한 항만 리모델링 제도의 정비방안을 들 수 있다. 즉 항만시설 및 공간에 대한 리모델링 기본방향, 기본계획, 사업추진 등에 대한 규정이 마련되어야 할 것이다.

둘째, 항만 리모델링을 위한 특별법을 제정하여 노후화되거나 기능을 상실한 항만에 대한 적극적인 리모델링 사업을 추진하는 방안이 고려될 수 있다. 이 경우 항만법은 리모델링의 방향 제시 및 지원 측면의 법제 역할을 수행하고, 특별법은 개별 리모델링 사업의 촉진과 활성화에 중점을 두고 제도화해야 할 것이다. 특별법에는 다양한 재원조달 및 사업방안을 규정하여 지속적이고 일관된 리모델링 사업추진이 가능하도록 해야 할 것이다.

셋째, 항만 리모델링 사업의 다양한 재원조달방안이 강구되어야 한다. 즉 중앙정부 재정 이외에 지자체, 공단의 재원, 민자유치, 민·관 합작투자 등 다양한 재원조달이 가능하도록 함으로써 사업추진의 원활화를 도모해야 할 것이다. 그리고 사업별·지역별로 국고부담률, 보조율, 수익자 부담률 등을 규정하여 재정지원의 효율성을 높여야 할 것이다.

넷째, 항만공간에 대한 리모델링 지원제도를 마련하여야 한다. 항만 배후단지 및 친수시설에 대한 새로운 리모델링 사업에 대한 수요가 지속적으로 증가하고 있다. 따라서 이들 사업에 대한 추진방향, 시설간의 연계방안, 재정지원방안 등의 제도가 확보되어야 할 것이다. 특히 도시기능과 항만기능의 충돌, 연안항에서의 화물 처리기능과 어항기능의 충돌 등을 적절히 해결할 수 있는 리모델링 지원제도의 마련이 요구된다.

제 4 절 국내 항만재개발 사례

1. 부산 북항재개발

부산에서는 신항의 개장과 함께 도심에 위치한 북항 일반부두(제1부두, 제2부두, 중앙부두, 제3부두, 제4부두)를 재개발사업이 진행 중에 있다. 부산 북항재개발사업은 우리나라 최초로 항만재개발을 통한 친수공간조성사업으로 향후 지속적으로 진행될 항만재개발사업의 시금석이 될 전망이다.

부산 북항재개발사업은 부산역을 중심으로 하는 역세권 종합개발계획 그리고 영도, 남항, 자갈치시장 등 부산항 전체 항만공간 재구성을 통한 원도심권 활성화계획과 연계되어 세계적인 해양관광도시를 지향하고 있는 부산의 미래를 위한 중요한 사업이다. '북항재개발 마스터플랜'에는 각종 기본조사, 기본계획 수립, 도입기능과 개발규모 검토, 토지이용구상, 사업성 분석 및 투자유치전략 수립, 수치모형실험, 사전환경성 검토, 교통성 검토 등이 포함되어 있다. 북항은 부산항이 처음으로 개항된 곳으로 역사적인 의미가 크고 도심에 위치하여 친수공간으로서의 요구가 거세며 전형적인 배산임수의 항만경관구성에 핵심을 차지하고 있기 때문에 북항재개발사업에는 친수공간계획과 항만경관계획에 관한 사항까지도 다루어진다.

1) 북항재개발 기본방향

북항재개발의 기본방향은 첫째, 태평양과 유라시아 대륙을 연결하는 국제관문으로서 위상을 정립하고, 둘째는 북항과 주변지역을 연계 개발하여 부산 원도심 기능회복과 지역경제 활성화를 유도하는 것이며, 셋째는 부산이 국제

해양관광도시로 도약할 수 있는 비전을 제시하고 해양관광의 메카로 육성함과 아울러 세계적인 랜드마크를 조성하는 것이다.

그림 10-6 북항재개발 대상지 현황

그림 10-7 북항재개발 마스터플랜구상안

2) 북항재개발 컨셉

북항재개발의 컨셉은 도시구조 컨셉과 도입기능 및 디자인 컨셉으로 구분하고 있다. 도시구조는 국제해양관광도시, 해륙교통의 관문도시, 환경 친화적인 복합도시를 도시구조의 컨셉으로 설정하였으며 도입기능 측면에 있어서는 국제적인 집객능력을 갖춘 관광기능의 도입과 일체형 해륙 교통기능, 부산의 역사성과 지역의 정체성을 회복할 수 있는 기능의 도입이다. 도시디자인 컨셉으로는 부산과 북항의 특성을 살려 떠오르는 태양, 역동적인 파도, 웅비하는 갈매기를 소재로 기회의 도래, 새로운 시작, 국제도시로의 비상을 제시하고 있다.

그림 10-8 북항재개발지역 토지이용구상안

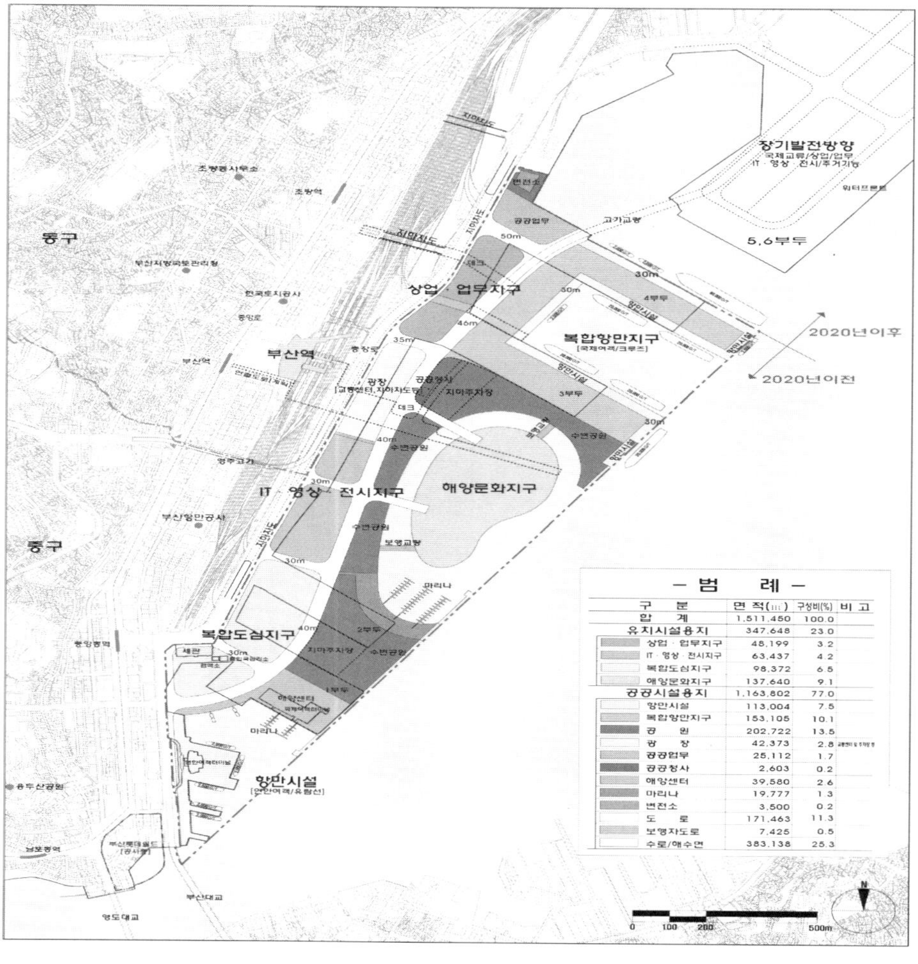

— 범 례 —

구 분	면 적(㎡)	구성비(%)	비 고
합 계	1,511,450	100.0	
유치시설용지	347,648	23.0	
상업 · 업무지구	48,199	3.2	
IT · 영상 · 전시지구	63,437	4.2	
복합도심지구	98,372	6.5	
해양문화지구	137,640	9.1	
공공시설용지	1,163,802	77.0	
항만시설	113,004	7.5	
복합항만지구	153,105	10.1	
공 원	202,722	13.5	
광 장	42,373	2.8	교통센터 및 주차장 등
공공업무	25,112	1.7	
공공청사	2,603	0.2	
해양센터	39,580	2.6	
마리나	19,777	1.3	
변전소	3,500	0.2	
도 로	171,463	11.3	
보행자도로	7,425	0.5	
수로/해수면	383,138	25.3	

3) 토지이용구상

토지이용의 기본적인 전략은 공공성과 사업성의 균형이 동시에 유지되는 개발규모를 설정하고 전체 43만평(기존 15만평, 매립 28만평) 중에서 공원, 녹지, 워터 지구 등 공공용지를 50% 이상 확보하면서 사업성을 확보하는 방안이 제시되었다. 이를 위해 현재 돌출형으로 형성된 부두를 정형화하여 도시기능 유지와 필수도입시설 유치에 필요한 해안매립이 고려되고 있다 그리고 환경친화적인 개발을 목표로 신개념의 개발기법을 도입하여 세계적인 관광명소로 자리매김할 수 있는 차별화된 토지이용구상안을 마련하고 있다 현재 구상하고 있는 토지이용계획은 국제해양관광·위락 지구, 워터컴프렉스 지구, 워터파크 지구, 월드비즈니스 지구, 터미널 지구, IT·영상미디어 지구, 운하 지구 등으로 구성되어 있다.

2. 인천항재개발계획

현재 인천의 항만이 인천시의 균형적인 발전에 장애요인으로 작용하고 있다. 또한 토지 이용의 체계성·집약성이 미비하고 용도지역이 혼재되어 있으며, 도시를 관통하고 있는 고속도로망과 철도망으로 인하여 시가지 형성이 영향을 받아 토지이용의 효율성이 떨어진다. 또한 임해도시의 이점인 친수공간을 여가 및 관광자원화 하지 못하고 있으며 기존 시가지 내부에도 시민들이 실제 이용가능한 녹지공간이 절대적으로 부족한 실정이다. 그러나 수도권의 관문이자 서해안 개발축의 중추도시로서 대규모 산업단지가 인접하여 있고, 수도권의 대규모 비시장을 보유하고 있어 개발의 효과가 큰 지정학적 이점을 가지고 있으며, 도로, 철도 등 도시기반시설의 확충과 신설로 교통여건이 한층 개선되어 도시경쟁력이 향상될 잠재력을 가지고 있다

1) 남항정비구간 친수공간 조성계획

인천시 중구 항동 일원으로 2000년까지 수제선을 정비하여 항만시설의 안전성을 제고하고 친수공간을 조성하여 쾌적한 항간을 창조하는 데 있다. 계획지구는 친수공간 면적은 97,798㎡으로 조경 및 휴양시설, 운동시설, 편익시

설 확보 등이 있다.

그림 10-9 인천의 친수공간개발 특성 그림 10-10 인천 친수공간개발 위치도

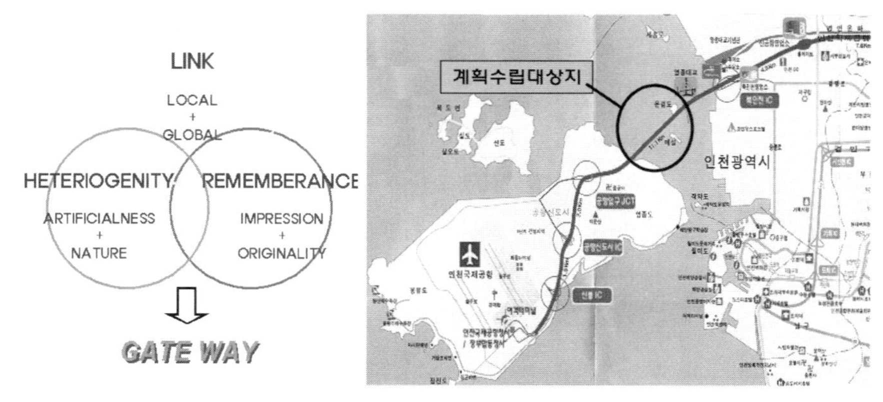

남항의 친수공간은 입지기능과 면적을 고려해 볼 때 친수문화형으로 개발해야 할 당위성을 지니고 있다 남항 친수공간은 면적이 넓어 여러 가지 문화적 기능을 도입할 수 있을 뿐 아니라 인천시의 오픈스페이스의 역할도 해 줄 수 있는 잠재력을 안고 있다. 친수공간 구축은 빠른 시일 내에 시행되어야 할 것이며, 그러기 위해서는 친수공간으로 접근하는 접근로의 개설과 주변지역 정비 등이 선행되어야 할 것이다.

2) 북항 친수공간 조성계획

인천시 동구 만석동 일원에 해양테마파크 개발계획으로 대단위 레저공간 조성으로 관광자원을 개발하는데 목적이 있다. 연안부두, 월미도, 서구 종합관광단지(개발가능지역), 강화 등의 인천 해안권 해양 관광벨트 지역에 입지해 있다.

현재 북항은 공업용지가 많이 분포되어 접근이 불량한 편이다. 장기적인 계획으로 친수공간의 조성이 이루어진다면 수제선을 따라 펼쳐지는 해안의 매력을 만끽할 수 있는 공간으로서의 역할을 할 수 있을 것이다.

3) 월미도 해상테크조성

인천시 중구 북성동 일원의 약 3,300㎡ 면적에 수변 위락시설(수족관, 공연장)을 갖춘 해상테크조성에 관한 구상이 있다. 현재 중구청에서 구상하는 안으로 설계가 마무리된 상태에 있으며 해양수산부에 승인요청 중에 있다. 그러나 각 관련기관의 의견대로 15~23m 정도의 공간을 확대하려면 데크(Deck)를 설치하여 교각으로 지지해 주어야 하는데 데크 하단부의 환경오염과 구조물 자체가 주는 미관상의 부정적인 이미지가 고려되지 않을 수 없을 것이다. 따라서 공간확대 여부는 보다 심층적이 연구와 현황분석을 실시한 후에 판단되어야 할 것이다.

그림 10-11 인천 친수공간 배치계획

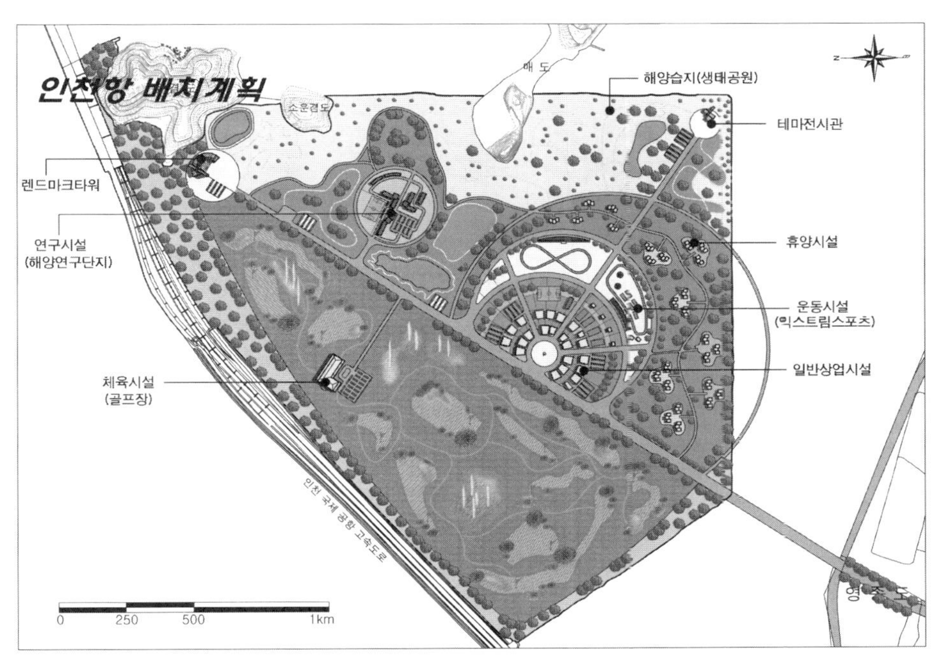

인천항은 지금까지 항만의 기능이 도시의 균형적인 발전을 저해해 왔음을 알 수 있다. 월미도와 같은 해안의 특성이 강한 곳에 오히려 상업적인 기능

만이 부각되어 왔기 때문에 항만을 휴식과 문화의 기능을 수행하지 못했음을 볼 수 있다. 그러므로 개발유형은 친수 위락형 개발이 바람직하다고 볼 수 있다. 또한 인천시의 공원면적부족과 휴식과 문화의 공간이 부족한 실정이므로 이러한 공간의 확보를 위해서도 친수공간의 유형은 이러한 기능을 수행할 수 있는 친수 문화형 개발이 반드시 필요하다.

4) 인천 운겸도 테마파크 조성

인천에서 영종도에 이르는 국제공항 고속도로의 연결구간인 운겸도 인근 해역을 매립으로 조성하고 해양습지 생태공원, 테마전시관, 휴양 및 골프, 스포츠시설, 해양연구단지 및 일반상업시설을 유치하여 도시민에 해양을 적극적으로 활용한 교육 · 학습 · 체험의 장을 제공함은 물론, 대한민국의 관문으로서의 이미지를 창출함에 목표를 두고 있다. 총 대지면적 3,161천㎡ 중 시설면적 324천㎡을 계획하여 주로 공원, 운동장 및 생태공원과 전원형 숙박시설을 유치하는 것으로 되어 있다.

3. 포항항재개발계획

경상북도 포항시 송도동과 구항 일원을 연결하는 구역으로 176천㎡의 공간을 재개발하는 구상이다. 총 대지면적 176천㎡ 중 시설면적은 525천㎡을 계획하고 있다.

1) 항만도시의 현황분석

포항은 제철산업과 연계한 제조업, 유통 및 무역 등의 중추기능을 담당하는 도시로 농업 및 어업부분과 서비스 부분보다 공업부분에 치중한 도시구조를 가지고 있다. 포항공대, 포항제철연구소 등 첨단과학연구도시 기능에 산과 바다를 동시에 감상할 수 있는 관광자원을 지니고 있는 도시로 대구 · 경북지역의 관광 휴양 중심이 되고 있다. 새천년 영원의 불이 보존되고 있는 호미곶, 국내 최초의 등대박물관, 12폭포와 보경사 및 수목원이 있는 내연산이 있고 동해안 최대의 상설시장인 죽도시장, 도심권해수욕장인 북부해수욕장은 시민의 휴식처로 각광을 받고 있는 실정이다. 송도는 날로 악화되는 유원지 환경으로 재개발 계획의 조속한 수립이 요구되고 있는 실정이다. 특히, 영일만 신항개발과 함께 호미곶과 동해를 잇는 길이 11㎞, 넓이 20m의 4차선 영일만대교를 가설하고 200만㎡의 인공섬 해상도시를 추진하고 있어 포항항을 중심으로 환형교통망과 함께 부산에서 강원에 이르는 동해안 관광루트의 중심역으로 발돋움하고 있다.

그림 10-12 포항항의 재개발 특성 그림 10-13 재개발 녹지공간계획

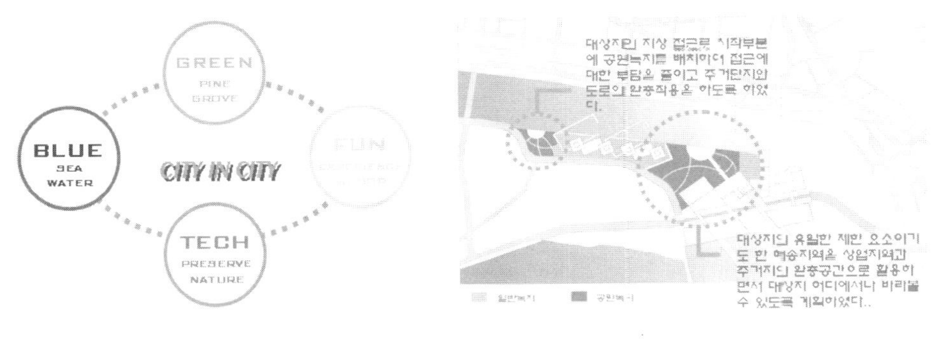

2) 구항 친수공간 조성계획

포항 송도와 구항의 공간을 연결하여 도심부에 충분한 문화/휴양공간을 제공하고 기존 송도의 해송지역을 중심으로 해양친수공간을 개발로 관광 및 레저기능을 강화하는 것으로 계획하였다. 포항이 가진 철강산업을 기반으로 한 첨단과학기술을 육성하고, 공업을 위주로 한 개발우선 정책으로 상실된 도시환경을 인간중심의 친환경도시로 변모시켜서 지역의 정체성을 회복하기 위해 선진도시 건설을 추진하고자 했다. 특히, 컨벤션센타, 호텔, 테마형 상가, 공연장 등 국제적 수준의 비즈니스 인프라 구축, 도심공동화 방지를 위한 고급주거지 제공, 도심중추기능 및 상권의 확보, 도시속의 녹지, 공원, 광장 및 랜드마크를 대상지역에 조성하는 계획이다.

배치계획 중 대상지의 중심에 대형광장을 배치하여 사람들의 다양한 행위를 유도하고 모든 광장은 바다와 녹지를 향해 열려있도록 배려하였다. 대상지의 활용을 균등하게 하기 위해 저층부는 모두 상업공간으로 구성하여 자연

스럽게 사람들을 유도하고, 고층부는 모두 해안을 바라볼 수 있도록 서로 조망권을 침해하지 않도록 계획하였다.

그림 10-14 포항 구항 친수공간 계획

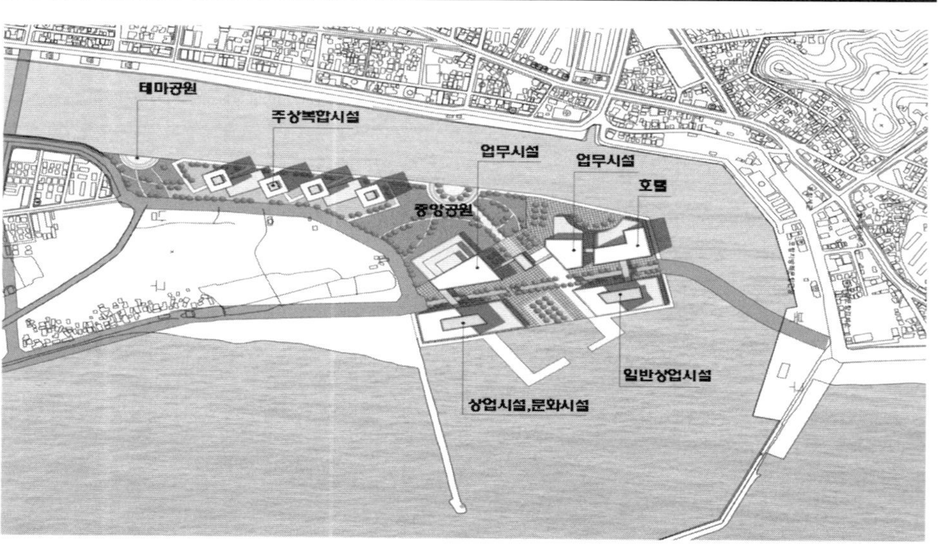

4. 대천항재개발계획

충청남도 보령시 신흑동 대천항 내 준설토 투기장 370천㎡의 공간을 재개발하는 구상이다. 총 대지면적 370천㎡ 중 시설면적은 111천㎡으로 비교적 여유 있는 공간을 형성하도록 했다.

1) 항만도시의 현황분석

대천해수욕장과 인근섬 여행지, 성주산과 오서산 자연휴양림, 석탄박물관과 체험프로그램 등 서해안의 해변관광자원이 다수 분포하여 잠재적 관광자원을 보유하고 있다. 서해안 고속도로의 통과 및 장항선 철도 및 국도 21, 36, 40으로 광역교통접근체계가 향상된 점에서 국가적 차원의 서해안 개발에 역점을 두고 있는 시점에 대천항은 친수공간으로 활용이 높아지고 있지만 농어촌의 인구감소추세로 배후도시의 정주체계구성이 미흡한 점과 안면도 등 주변지역의 대규모 관광단지 개발사업으로 경쟁적 관계를 이루어 다소 개발효과의 불확실성으로 추진력이 떨어질 우려가 있어서 차별화된 환경친화적 친수공간 조성이 목표이다.

그림 10-15 대천항의 재개발 특성

그림 10-16 대천항 재개발 위치도

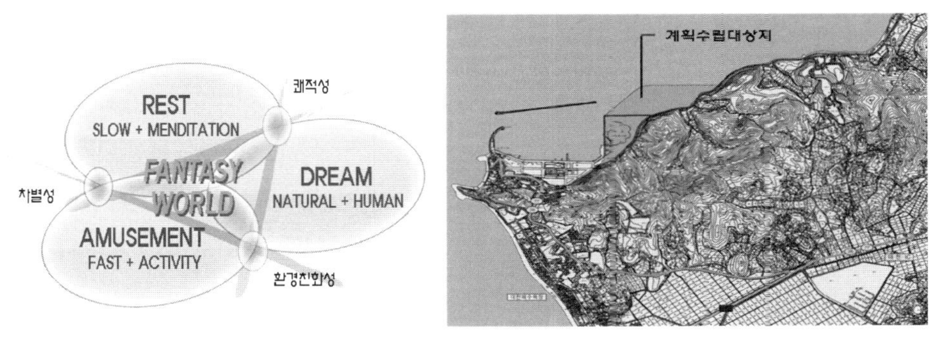

그림 10-17 대천항 친수공간 계획

2) 대천항 친수공간 조성계획

대천항의 동측 해안 준설토 투기장의 활용방안으로 추진하고 있는 대천항 친수공간 계획은 서해안 지역의 대표적 휴양·레저단지로 대천해수욕장 및 도서지역을 연계한 서해관광의 거점지의 역할을 하기 위한 계획이다. 개발수요 및 개발여건을 기초로 한 공간기본구상에 의해 적정용도의 도입기능을 선정하였으며, 공간배분은 휴양/레저기능, 문화전시기능, 위락/유희기능으로 구분, 배치하여 기능상의 분리 및 연계를 도모하였다. 고층형 콘도와 저층형 빌라를 포함한 전원형 휴양공간과 다양한 유희시설을 도입한 해안형 종합관광단지가 목표이다. 시설녹지 및 주변녹지 연장을 위한 녹지를 형성하고 해양박물관, 해양공원 및 대형수족관, 해양리조트 단지, 놀이공원을 포함한 테마파크를 조성하고, Sea-food 식당가 및 일반 상업시설을 반영하였다.

5. 군산내항재개발계획

전라북도 군산시 장미동 일원의 군산 내항 208천㎡의 공간을 재개발하는 구상이다. 대지면적 208천㎡ 중 시설면적은 240천㎡으로 항만기능이 쇄락한 공간을 재개발하는 계획이다.

1) 항만도시의 현황분석

군산항과 장항항의 연결구간에 위치하여 서해안고속도로, 해상교통, 항공, 군산선 철도와 국도 21, 26으로 교통접근성이 양호한 지역이다. 인근해역에 72개소의 유인도서가 있으며, 41개 도서에 여객선이 취항중이며, 선유도 해수욕장, 금강호 관광지, 은파시민공원, 월명공원 등의 관광지와 개항도시의 원형을 간직하고 있는 대표적인 군산도심권의 근대역사 문화경관지이다. 내항이 지니는 역사적 의미를 현대적으로 재생하여 상징성을 갖고 환황해권 및 대중국 교역증대로 개발잠재력이 높다. 다만, 생산기반 및 산업구조가 취역하고 개성적 도시환경이 미흡한 점과 배후지역이 낙후된 농촌지역으로 지역중심성이 떨어지는 점이 개발추진에 걸림돌이 되고 있다.

그림 10-18 군산 내항의 재개발 특성 그림 10-19 군산 내항 재개발 위치도

그림 10-20 군산 내항 친수공간 계획

2) 군산 내항 친수공간 조성계획

군산 내항의 개발방향은 과거, 현재, 미래를 연결시키는 공간개념으로 출

발하였다. 근대역사 문화유산 보존과 교육의 장, 군산개항의 역사적 이미지 창출, 역사적 장소를 현대적으로 재생함과 함께, 낙후된 구항지역에 대해 도시재생을 통한 도시 중추기능 및 상권을 확보하고 기존 도심과의 원활한 연결로 도시민과 관광객을 위한 새로운 명소를 제공하는데 목표를 두고 있다. 특히, 도심부에서 충분한 문화 및 휴식공간을 제공하고, 친수공간화하여 관광 및 레저 기능을 강화하여 국토서남부의 관문으로 이미지를 창출하고자 시도하였다.

6. 목포항재개발계획

전라남도 목포시 해안동, 영해동 일원의 63천㎡의 공간을 재개발하는 구상이다. 총 대지면적 63천㎡ 중 시설면적은 93천㎡으로 단위공간으로는 소규모이다.

그림 10-21 목포항의 재개발 특성

그림 10-22 목포항 재개발 위치도

1) 항만도시의 현황분석

목포항의 초기 개발지역으로 도시기반이 낮게 형성되어 과거 상습 침수지역으로 알려져 개발에 걸림돌이 되었던 곳으로 제주도, 홍도, 진도, 완도, 산지도, 백일도 등 남서해 도서지역을 연계시키는 연안여객선 부두가 위치하여 해상교통을 연결하는 중개지의 기능이 강한 지역이다. 서해안 고속도로의 종착지이고 호남선 철도와 무안국제공항 및 목포-장흥간 고속도로, 국도 1, 2호가 연결되어 있다. 명소인 유달산, 갓바위, 삼학도, 다도해의 우수한 해안경관을 보유하고 있고, 대흥사, 우수산 등의 산악경관을 함께 가진 근대건축과 역사문화자원을 보유한 지역이다. 고속철 개통 및 크루즈 도서관광의 거점도시로 일본 및 중국의 해외관광객이 증가하는 추세에 있으며 최근 지자체의 노력으로 조선산업단지가 활발하게 조성되어 지역산업을 지배하고 있는 형태이다. 그러나 친수공간개발을 위한 집약된 토지자원의 부족과 체류형 휴식, 휴양단지가 부족한 것이 단점이다.

그림 10-23 목포항 친수공간 계획

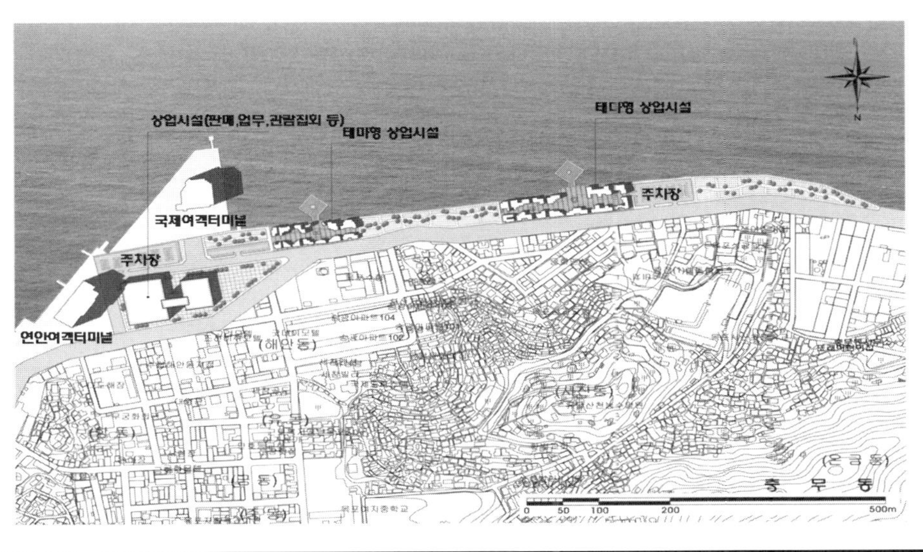

2) 목포항 친수공간 조성계획

목포항의 개발방향은 해륙의 관문과 관광거점 및 방문공간으로 설정하고 구항을 연결하는 수변공간을 정비하는 것을 목표로 하고 있다. 국토서남부의 관문으로서 육해공 교통집결지에 유달산지역 개발 및 삼학도 공원조성계획과 연계하여 목포의 이미지를 창출하고, 기존 도심부의 기능을 보완하는 것이 첫 단계이며, 서남해안 관광, 동북아 국제관광의 거점도시로 랜드마크를 제시하고 도심부에 충분한 문화, 휴식공간을 제공함으로써 관광 및 레저기능을 강화하고, 아울러 테마형 상업시설로 공익성과 수익성을 조화시키는 것에 치중하고 있다.

7. 광양항재개발계획

전라남도 여수시 묘도동 일원의 3,085천㎡의 공간을 재개발하는 구상이다. 대지면적 3,085천㎡ 중 시설면적은 375천㎡으로 묘도의 준설토 투기장을 재개발하는 계획이다.

그림 10-24 광양항의 재개발 특성

그림 10-25 광양항 재개발 위치도

1) 항만도시의 현황분석

광양항은 북으로는 광양시 남으로는 여수시 동서로 남해하동과 순천으로 에워싸인 대규모 만으로 개발된 항만으로 광양제철소 부두, 광양항 컨테이너 부두 1-3단계, 율촌 산단, 여천국가산업단지 등 산업활동이 활발한 공간으로 국가가 추진한 Two Port System(부산항을 포함한 2개의 허브항) 정책에 따라

단계적으로 개발되어 왔다. 선박의 대형화 추세에 따라 나 만어 이르는 긴 항로의 준설이 필요하였고 이에 따라 광양만의 중앙에 위치한 묘도의 동측을 투기장으로 하여 장기간 매립해 왔다. 항만을 중앙으로 하여 여러 도시가 연쇄적으로 발달하였으나 도시 인프라가 미흡하여 개발의 진척도가 더딘 실정이나 여천 석유산업단지와 광양제철의 영향으로 산업화가 가속되고 있으며 남해고속도로 국도 2호의 통과와 묘도에 이르는 교량건설계획으로 점차 인구유입이 늘어날 것으로 전망하고 있다.

그림 10-26 광양항 묘도 친수공간 계획

2) 광양항 묘도 친수공간 조성계획

여수시 묘도에 광양만의 준설토를 투기하여 조성된 공간을 도시민과 관광객을 위한 새로운 활력공간으로 개발하는 계획이다. 개발목표를 다이내믹한 활동으로 손꼽히는 자동차서키트, 익스트림 스포츠 공간의 조성으로 차별성을 강조하고 있으며 섬으로 조성된 공간적 특성을 활용하여 생태계 체험 및 관광

레저기능을 강화하고자 했다. 부지의 상당부분을 해양생태공원, 습지, 인공호수, 해양환경개선 연구단지 등을 반영하고 골프장 및 운동시설, 근린생활 및 위락시설과 펜션, 호텔, 콘도형 빌라의 숙박시설로 이용객의 편의를 제공토록 했다.

8. 제주항재개발계획

제주도 제주시의 북부에 위치한 제주 외항의 518천㎡의 공간을 재개발하는 구상이다. 대지면적 518천㎡ 중 시설면적은 916천㎡으로 비교적 집적된 시설을 도입하여 재개발하는 계획이다.

그림 10-27 제주항의 재개발 특성 그림 10-28 제주항 재개발 위치도

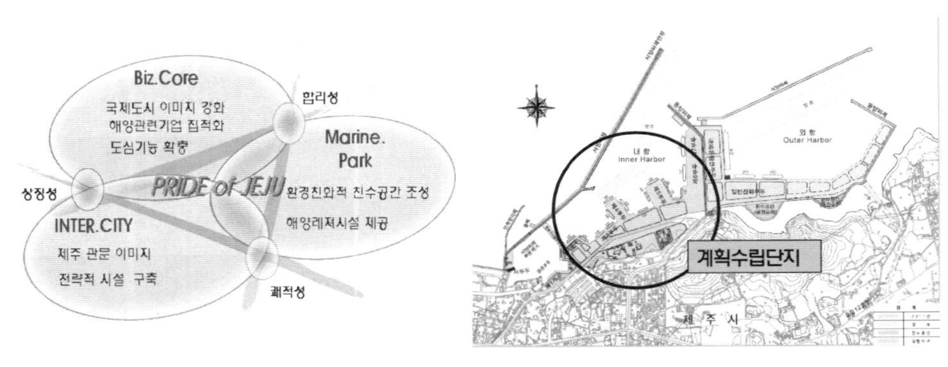

1) 항만도시의 현황분석

제주항은 제주도 북부 중앙에 위치하고 있으며, 1927년 7월 개항 이래 제주지역 물류중심지 및 관광지원항으로 역할을 수행하고 있다. 입출항 선박과 화물의 원활한 처리를 위해 항만운영정보시스템, 항만교통정보시스템 등 신속한 행정지원체계를 갖추고 있으며, 제주국제자유도시 추진에 따라 제주 내항은 생활필수품, 감귤 등을 처리하는 복합기능의 항만으로, 제주외항은 경관성을 감안한 국제적 관광항으로 개발되고 있다. 연간 6천여척의 선박이 입출항

하고 있으며, 여객수송인원은 80여만명을 웃돌고 있고 화물량은 약 600만톤에 달하고 있다.

2) 제주외항 친수공간 조성계획

국제자유도시에 걸맞는 국제 해양관광 미항으로서의 위상정립과 제주도 관문항의 역할 충족으로 지역경제 활성화를 도모하기 위한 사업의 일환으로 추진 중인 이 사업은 관광제주에 걸맞게 볼거리를 제공하는 친수공간을 겸비한 친환경적인 방파제와 수변공간을 조성하여 바다를 직접 접할 수 있는 학습공간을 마련하고 방파제 내측을 접안시설로 활용할 수 있도록 새로운 형식의 미래지향적인 시설로 연안여객터미널 1,2호와 국제 및 국내여객터미널을 건설하는 계획이다. 생태공간의 확보, 해양·항만관련기관 집적으로 비즈니스 인프라를 구축하고 휴양형 주거단지와 랜드마크 타워건설 및 여객편의를 위한 공간을 위주로 계획했다.

그림 10-29 제주항 친수공간 계획

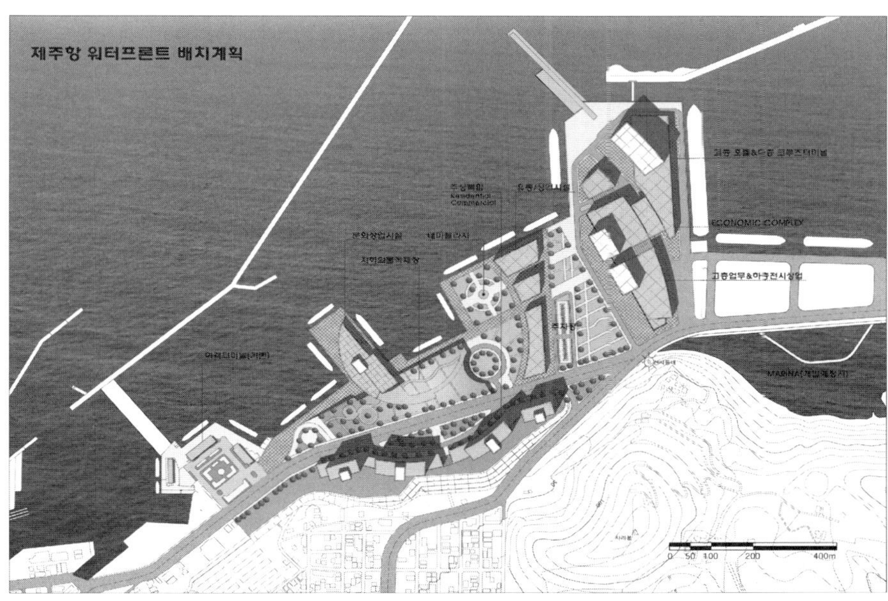

9. 묵호항재개발계획

동해시의 묵호항 서측의 해안의 1,289천㎡의 공간을 재개발하는 구상이다. 대지면적 1,289천㎡ 중 시설면적은 411천㎡으로 항만기능변화를 반영하여 재개발하는 계획이다.

1) 항만도시의 현황분석

묵호항은 원래 소규모 어항이었으나 1930년대 장성, 도계탄광의 개발과 함께 무연탄의 출하 중심항만으로 개발된 후 대량선적을 위한 하역장비 등을 갖추고 무연탄, 시멘트 등을 해상수송하여 왔다. 현재는 석탄산업의 사양화에 다라 시멘트, 석회석, 백운석, 크링카 등을 주로 출하하고 있으며 남북한 교류의 증진에 따라 북한산 수산물 등이 들어오는 남북해상 교역항으로 그 기능이 점차 확대되고 있다. 또한 울릉도와는 최단거리에 위치하고 있어 포항시와 함께 울릉도 관광항로의 기점항으로 동해시의 관광산업 발전에 이바지하고 있다.

그림 10-30 묵호항의 재개발 특성　　그림 10-31 묵호항 재개발 위치도

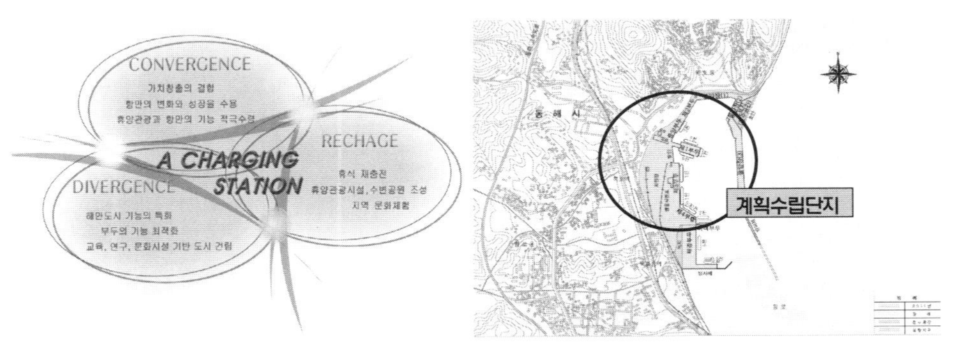

2) 묵호항 친수공간 조성계획

묵호항 교류 물류변화에 따라 항내 측 해안의 부두를 재정비하는 계획으로 동해안 관광축의 거점도시, 지역문화 체험공간 조성, 기존 해경부두 및 여

객터미널을 포함시켜 수산업무단지 및 상업 주거시설을 배치하여 동해고속도로, 철도 및 국도의 교통을 최대한 활용하기 위한 해안도시의 기능을 특화시키기 위한 목표로 계획하였다. 따라서 휴양관광단지의 요구와 물류 및 관광기반을 갖추는 것을 계획의 주안점이다.

그림 10-32 묵호항 친수공간 계획

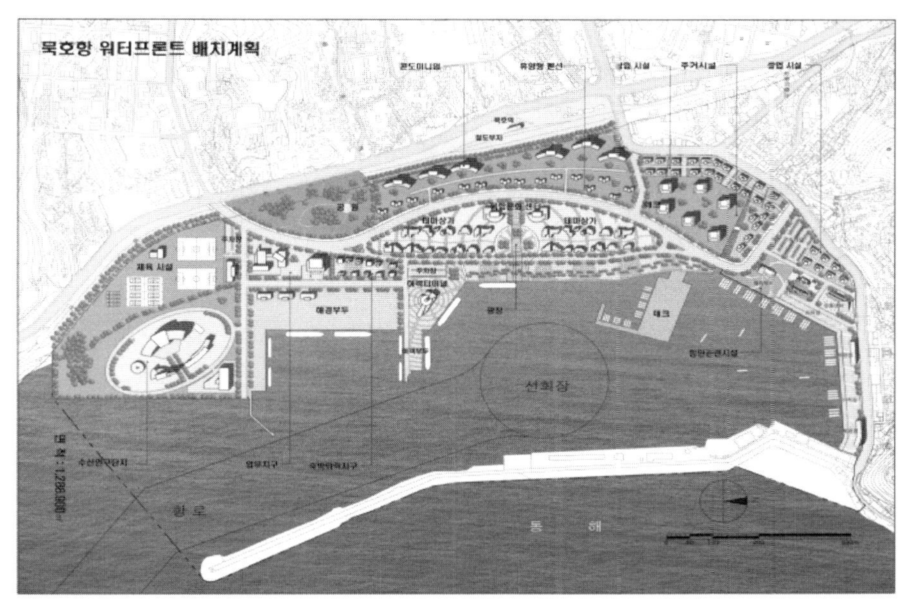

제 5 절 해외항만 재개발 사례

1. 호주 달링하버

1) 도시현황

호주 시드니의 도시권은 서쪽 블루산맥, 북쪽 호크스베리강(江), 남쪽 보터니만(彎)까지 뻗어 있으며, 전국 인구의 약 1/4이 몰려 있는 인구 397만명, 면적 4,074㎢의 호주의 최대 도시이며, 세계 3대 미항(美港)의 하나인 시드니항은 오스트레일리아 무역의 1/4, 뉴사우스웨일스주 무역의 3/4을 취급하고 있다.

2) 달링하버 마스터플랜의 배경 및 원칙

그림 10-33 시드니항 전경

(1) 마스터플랜 수립의 배경

달링하버는 1800년대 초기 개발자와 정착민들이 이용하는 주요 항구였으며, 1880년대부터 현재의 모습이 되기까지 항만의 기능 및 배치가 변경되었으며, 지속적으로 매립되어 왔다. 달링하버는 1900년대 항만으로서 최고의 절정기를 맞이한 이후, 점차적으로 쇠퇴하였으나, 1960년대 수출입을 담당하는 컨테이너항만으로 역할이 변화된 이후 지속적인 성장이 이루어지고 있다.

1970년대에 접어들면서 달링하버는 남부 시드니에 위치한 시드니공항 인근에 보타니 컨테이너항구(Botany Container Facility)가 신설되고 달링하버의 모든 항만기능이 달링하버의 피어몬트교(Pymont Bridge)의 북쪽(현 동부 달링하버) 외각으로 이전함에 따라 점차 쇠퇴하게 되었다.

그림 10-34 달링하버의 변천과정

그림 10-35 매립에 따른 해안선의 변화

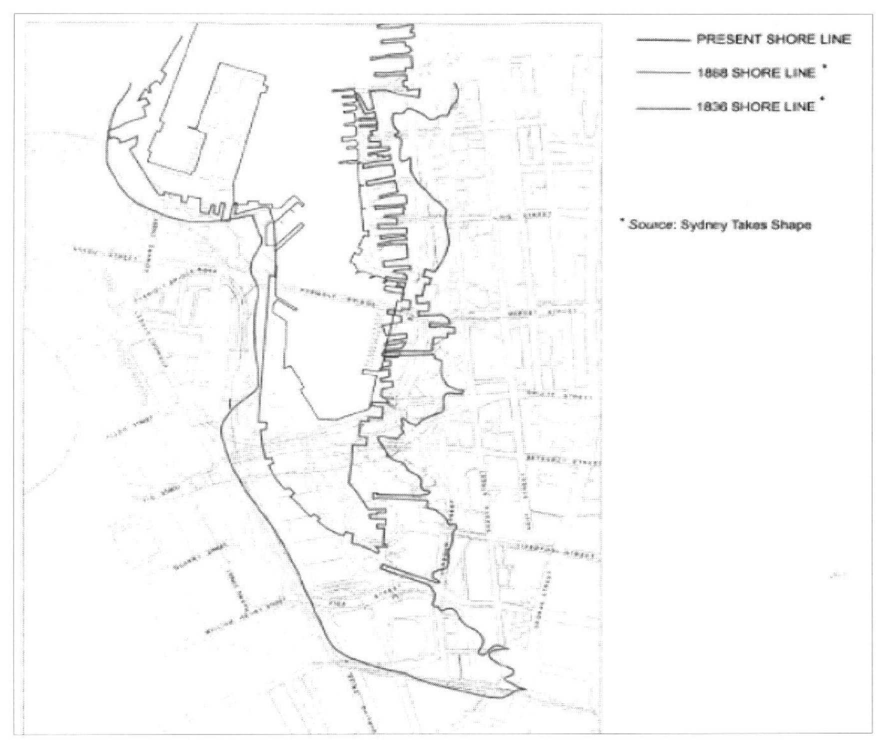

1960년대 달링하버의 항만기능이 쇠퇴함에 따라, 재정적 지원 또한 전무하여 1960~1970년대 달링하버의 발전이 정체되었다. 1980년대에 접어들면서 NSW(New South Wales) 주정부는 달링하버를 '세계인에게 회자되는 특별한 장소 시드니'로 변모시키고자 재개발을 승인했으며, 폭발적인 경제성장의 동남아시아 경제와 연계한 무역과 관광을 중심으로 시드니의 개발 거점으로 육성하게 되었다.

(2) 마스터플랜 수립의 원칙

달링하버의 마스터플랜은 국제적인 개발회사와 도시계획가들이 볼티모어의 내항을 컨셉모델로 삼아 1984년에 계획하였으며, 정부가 현실적 목표를 설정하고 프로젝트의 나아갈 바에 대한 원칙을 설정하였다.

1984년에 계획된 마스터플랜은 현재 달링하버 개발의 원칙이 되고 있으며, 달링하버의 미래에 대한 지속적인 관리, 개발 등의 내용을 포함한 다음과 같은 개발원칙을 담고 있다.

① 개발대상지내의 새로 조성되는 중심상업지역과 기존 도심인 피어몬트 건물들 사이에 커뮤니티 보행로를 조성하여 사람들이 모여들 수 있도록 오픈스페이스를 조성

② 철도 주변에 보행자가 이용하기 편리한 보행자 도로를 계획하여 도로와 철도에 의한 도시로의 접근성을 개선

③ 코클배이(CoCkle Bay) 주변의 Harbour Edge를 시드니 남부에 있는 공원과 워터프론트 공간으로 연계하여 공공산책로로 개발

④ 공원과 도시를 연계하는 요소로서 달링하버가 핵심이 되도록 계획

(3) 마스터플랜의 전략

달링하버 마스터플랜은 공공박람회(1984년 12월)에서 중간평가가 이루어졌다. 달링하버 마스터플랜의 개발전략은 '사람을 위한 공간'이라는 주제에 걸맞게 레크리에이션, 교육, 박람회, 관광 등의 다양한 분야에 걸처 공공 및 민간투자의 비율을 적절히 유지하도록 하였으며, 개발대상지의 특징을 살리기 위한 다채로운 개발 컨셉을 반영하도록 하였다. 세부 디자인의 컨셉을 '생기가 넘치고 즐겁고 기능적인 장소'로 설정, 개발전략은 다음과 같은 세부 가이드라인을 설정하여 구체화하였다.

① 시드니 컨벤션 센터는 공공의 기능으로 계획하며, 박람회장은 무역박람회를 유치할 수 있는 국가적 규모인 25,000㎡의 관람규모와 3,500명을 수용할 수 있도록 계획함. 또한, 국가의 재정으로 조성되는 국립해양박물관 (National Maritime Museum)은 서부 해안가에 배치

② Darling Harbour Park(현재 이름 Tumbalong Park)는 대규모의 엔터테인먼트 시설과 활동적인 Activity 공원, 가든, 레스토랑 등의 시설을 보유한 Outdoor형 시설로 계획함. 차이나가든은 차이나타운에 근접 배치하여 계획

③ 워터프론트 산책로를 주요 보행산책로와 연계 계획하며, 달링하버의 해변 주위로 각 공원과 연결된 공원 네트워크를 구축

④ 피어모트교의 복원은 보행산책로 용도로 복원

⑤ Harbourside 마켓(현재 Harbourside Shopping Centre)은 서부 해안의 단일건물 내에 카페, 레스토랑, 높은 수준의 특성화된 기능 등으로 구성하고, 동부 해안의 워터프론트 공간에 5성급의 호텔을 계획

⑥ 전세형 선박을 위한 반영구적인 계류시설 및 정박시설을 계획하고, 정박시설을 보유한 마리나 시설이 계획에 포함됨

⑦ 수족관(현재 Sydney Aquarium)은 달링하버의 입구인 동부 해안에 위치시키고, 민간투자 사업대상지에 건립하기로 계획함

이러한 개발 세부 가이드라인은 개발의 핵심으로서 마스터플랜의 근간이 되었으나, 1988년 일부 수정 및 보완되었다. 'Post 83 개발'이라고 명명된 개발대상지는 우선 정부 투자 개발의 자금을 확보하고 달링하버 재개발사업에 있어 공공투자 투입비용에 대한 여러 문제의 해결방안을 마련한 후 계획에 포함시켰다.

그림 10-36 시드니항 개발구역도

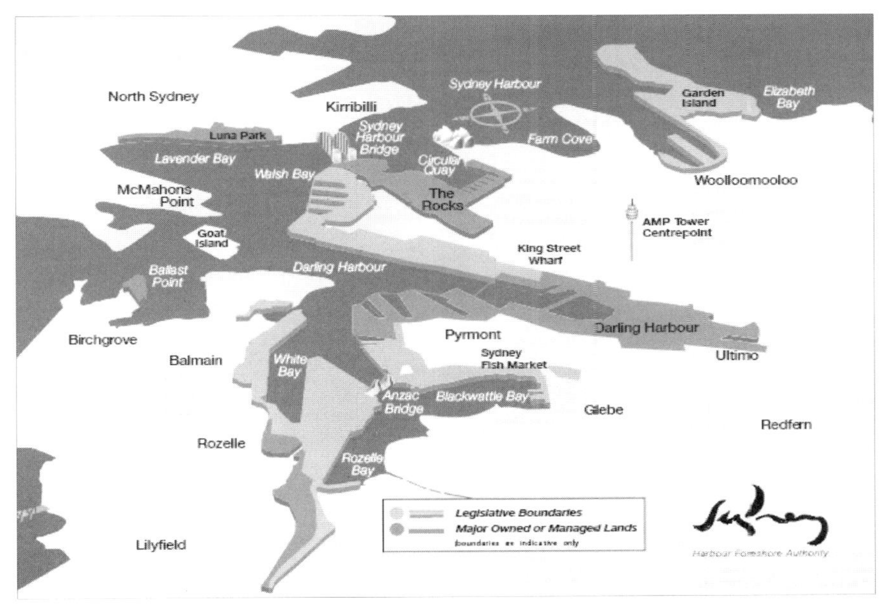

3) 사업내용

(1) 사업범위 및 추진주체

달링하버 재개발은 시드니항 재개발 프로젝트의 주요 프로젝트 중의 하나로 대상지는 항내의 피어몬트반도 인근이다. 사업의 주체인 시드니항만 연안공사(Sydney Harbour Foreshore Authority)는 1996년 시드니항의 전체적인 재개발을 위해 설립된 기관으로서 달링하버의 재개발을 전담하고 있던 달링하버공사(Darling Harbour Authority), 피어몬트/울티모 지역의 재개발을 맡고 있던 서부도시개발공사(Citywest Development Corporation), Rocks 지역을 담당하과 있던 시드니재개발공사(Sydney Cove Redevelopment) 등 3개 기관의 합병을 통해 탄생하였다.

그림 10-37 시드니항 재개발지역

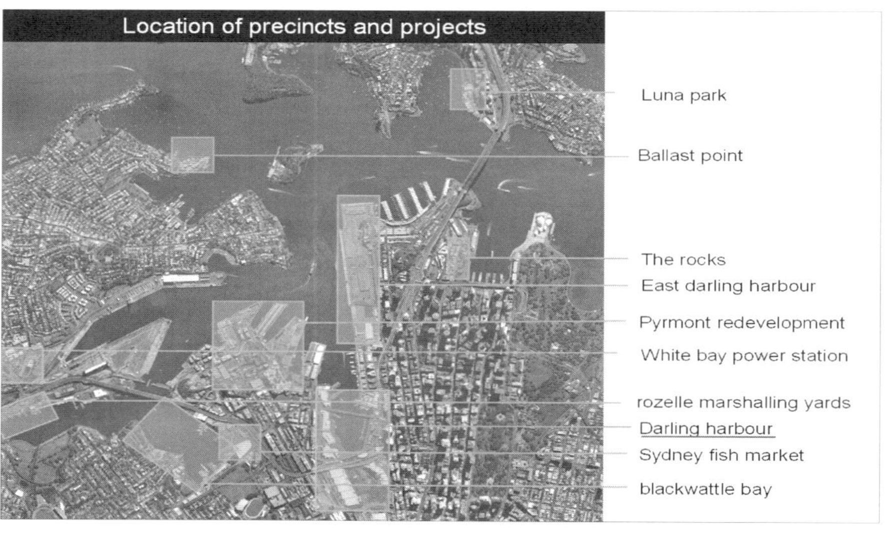

(2) 달링하버 재개발

달링하버를 재개발할 당시에 NSW주정부는 개발 주체에게 원활한 개발을 위해 토지의 무상 양도 및 각종 법률적·행정적 절차를 간소화하는 면제 및 특권을 부여했으며, 1984년에 달링하버 공사가 설립되어 재개발의 주체를 맡게 되었고, 1985년 마스터플랜이 승인되어 정부지원금 10억달러, 민간분야 투자금 21.6달러의 공사비를 들여 1990년에 공사를 완공하였다.

그림 10-38 달링하버 내 전경

그림 10-39 달링하버 내 시설위치도

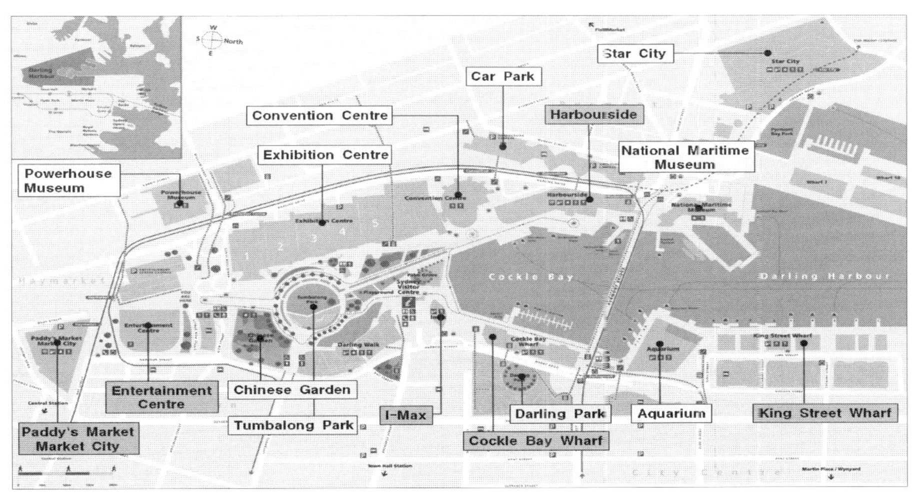

(3) 사업내용

① 시드니항만연안공사는 컨벤션센터(Convention Centre)와 박람회관(Exhibition Centre)의 개보수를 통해 현재의 기능과 NSW주의 미술관 시설로 유지하고자 5천만$를 투자하였다.

그림 10-40 Sydney Exhibition Centre

그림 10-41 Sydney Convention Centre

② 시드니 아쿠아리움(Sydney Aquarium)은 수생동물 650종 총 11,000여 마리가 모여 있는 세계최대 규모의 수족관 중 하나로 156m의 수중터널과 2개의 대형 해양수족관, Great Barrier Reef 해양수족관, Seal Sanctuary 등을 갖춘 호주 대표 수족관임

그림 10-42 Sydney Aquarium 전경

③ 아이맥스 영화관(Imax Cinema Complex)은 새롭고 식사와 여가 기회를 제공하는 공간으로서 5천만$에 달하는 사업비가 투자되었다. 또한, Harbourside Shopping Centre의 개발은 기존 계획에는 없었으나, 최근에 달링하버 재개발 대상지내의 인구통계학을 바탕으로 수요조사를 실시하여 재계획되어 건립되었다.

④ King Street Wharf: 기존 부두를 이용하여 레스토랑 등의 시설이 입지한 곳으로 상업 및 주거에 의한 이용객이 증가함에 따라 이용객의 증가로 인해 시설이 기존계획보다 확장 개발되었다. Sydney Wharf는 주택개발을 병행하여 Darling Harbour, Australia National Maritime Museum, 그리고 Star City Casino와 연계되어 건설되었다.

그림 10-43 Imax 영화관 전경

그림 10-44 Harbourside 쇼핑센터 전경

그림 10-45 King Street Wharf 전경

그림 10-46 Sydney Wharf 전경

(4) 개발의 시사점

계획의 비전에 대해 끊임없는 고찰이 필요하다.

① 개발사업의 성공을 위해 단순 방문객 및 거주자 등의 방문, 쇼핑, 이벤트의 만족도에 대하여 지속적으로 조사하는 등 어떻게 이용객을 재방문시킬 것인가에 대한 연구가 필요하다.

② 정부의 강한 추진력 필요
개발사업의 비전을 실현하기 위해 정부에게 어떻게 전략적 접근을 할 것인지를 알릴 필요가 있다.

③ 지역의 인구증가와 세대별 인구비율을 반영한 계획 수립 필요
대상지와 그 주변 지역의 인구 증가율을 계획에 반영하고 방문자뿐만 아니라 거주자를 위한 도시계획이 필요하며, 향후 지역의 안정적 재정확보를 위한 신, 구세대의 비율을 적절히 유지하는 계획이 필요하다.

④ 계획의 결점 수정 필요
민간 또는 정부 등 사업의 주체와 별도로 계획의 결점이 있다면 과감한 수정이 필요하며, 하나의 결점으로 인해 성공의 유무가 결정된다.

⑤ 계획 실험을 위한 시간 필요
달링하버 재개발은 계획한 지 20여년이 넘었고 오늘날에도 완성이 되지 않았고, 하룻밤에 달링하버가 세계적인 관광명소가 된 것이 아니므로 사업계획이 사업대상지에 맞게 계획이 되었는지 고찰하고 기다려주는 시간이 필요하다.

⑥ 장기적인 수익 모델 수립을 통하여 개발사업의 지속성 보장 필요
주요한 이벤트 계획, 마케팅 프로그램 개발을 통해 수익모델 설정이 필요하다.

2. 일본 요코하마 미나토미라이21(MM21)

1) 도시현황

1859년에 개항된 요코하마항은 도쿄에서 남서로 약 30㎞(18마일) 떨어진

카나카와현에 속하며 공업, 유통업, 항만, 문화, 생활, 레저 등 드시의 각 요소가 균형 있게 발달한 국제문화도시이다. 인구 약 360만명에 면적 약 435㎢의 요코하마시에서는 옛 부두시설과 바다를 매립하여 인접 도심과의 일체화를 통해 요코하마의 재생을 도모하는 사업을 추진하기 위하여 대규모 재개발 프로젝트명으로 '미나토미라이21(MM21)'이 1981년 시민공모로 채택되었으며, 현재는 중앙지구의 지명이 되었다.

2) 미나토미라이21의 개요

요코하마항의 내항지구에 항만기능과 도시기능이 조화를 이루는 새로운 21세기형 항만 도시 구축을 목표로 취업인구 19만명, 거주인구 1만명, 지구 면적 186ha의 미래도시를 개발하는 것이다. 입지적 특성을 살려 업무, 문화, 상업, 레크리에이션 등 도심기능의 집적을 도모하고 시민에게 다가가는 항만으로 정비함으로써 매력 넘치는 도심을 형성시켰다. 미나토미라이지구에는 바다 주변 환경과 중앙지구, 신항지구의 특성을 종합하여 도시개발의 구상과 방법을 정하고, 안전하고 쾌적한 도시가 새롭게 창출되었다. 현재 취업인구는 약 51,000명에 이르며 연간 약 4,500만명이 이곳을 방문하고 있다.

3) 개발배경 및 목적

(1) 개발배경

요코하마의 도심부는 칸나이·이세사키쵸지구와 요코하마역 주변지구로 양분되어 있었으며, 이 두 지구를 일체화하고 업무기능, 중추 관리기능을 집적시켜 요코하마의 자립성을 확보하기 위해 MM21을 계획하였다. 21세기 일본 최대의 국제 항만도시로 거듭나기 위한 개항 이후 일본 최고의 대규모 프로젝트로, 워터프론트의 귀중한 특성을 살리고 인간과 자연이 조화를 이룬 윤택한 도시를 실현하고자 '요코하마 21계획'을 구상하게 되었고, 이를 실천하기 위해 MM21 사업이 중점적으로 추진하게 된 것이다.

(2) 개발목적

① 요코하마의 자립성 강화

양분되어 었던 간나이·이세사키쵸지구와 요코하마역 주변지구를 일체화하여 업무기능과 쇼핑·문화기능을 강화함으로써 요코하마의 자립성을 제고시킬 수 있었다.

② 항만기능의 질적인 전환

공원과 녹지를 정비하여 시민의 휴식공간인 워터프런트 공간을 확보하는 등 산업활동 중심구조에서 녹색공간 점유율을 높였다.

③ 수도권 업무기능 분담

수도 기능을 분담하는 최대의 수용지역으로서 업무·상업·국제교류 기능의 강화와 확대를 통해 도쿄 일극 집중을 시정하고 도심의 균형 있는 발전을 도모할 수 있게 되었다.

4) 개발방향

(1) 24시간 활동하는 국제문화도시

컨벤션 기능을 갖춘 국제교류 거점으로서 퍼시피코 요코하마(요코하마 국제평화회의장)를 중심으로 오피스, 문화시설, 도시형주택 등 다양한 기능을 유기적으로 결합, 세계 각지의 움직임에 상시 대응할 수 있는 활기 넘치는 국제문화도시를 창조한다.

(2) 21세기의 정보도시

최첨단기술·지식집약·국제업무 등의 분야에서 활동하는 기업의 중추관리부문과 연구개발부문을 위시하여 국가의 행정기관 등의 업무기능을 집적시켜 경제·문화 등 여러 가지 정보를 창조·발신하는 정보도시로서의 기능을 도모한다.

(3) 수변과 녹지, 역사가 살아 숨쉬는 친환경도시

워터프런트의 귀중한 특성을 살려 인간과 자연이 융합된 윤택한 도시를 창조하고 수변에 펼쳐지는 대규모의 녹지 네트워크 형성한다. 특히, 요코하마의 역사를 상징하는 아카렌가(적벽돌) 창고와 석조 독크(dock) 등을 보존·활용하여 수변과 녹지 속에서 역사의 향기를 자아내는 개방적인 도시환경을 실현하였다.

5) 토지이용계획

구 분	규 모	비율(%)
택지(상업, 업무, 주택)	26.3만평	46.77%
도로 · 철도 용지	12.7만평	22.58%
공원 · 녹지 등	13.9만평	24.73%
부두용지	3.3만평	5.91%
소계	56.3만평	100%

그림 10-47 중앙지구 및 신항지구의 토지이용계획

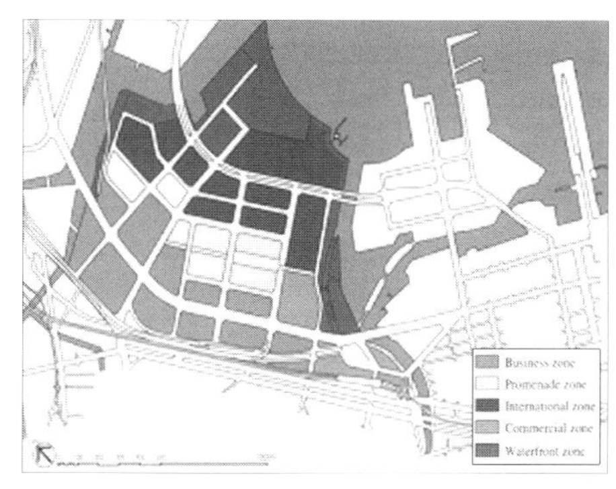

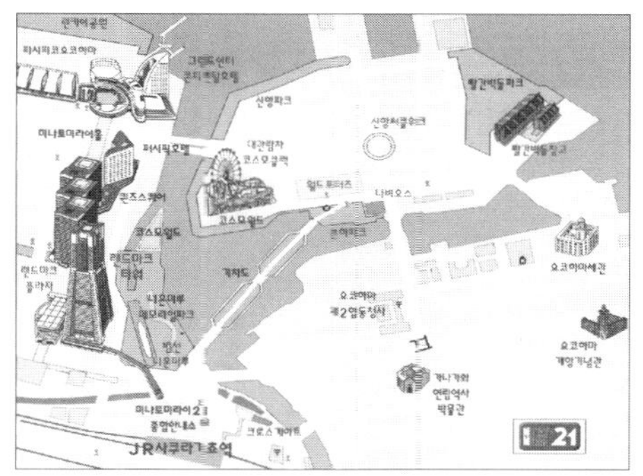

6) 지구별 개발계획

미나토미라이21 중앙지구와 시가지인 간나이 · 야마시타 지구의 결절점인 신항지구(Shinko District)에는 아카렌가(적벽돌) 창고로 대표되는 이 지구의 재개발은 옛 역사적 자산과 항구의 경관을 고려한 21세기형 항만도시로 정비하였는데, 계획면적이 41.3ha에 달한다. 사업주체로는 매립사업과 기반정비를 정부와 요코하마시가 담당하고, 지구개발에 대해서는 제3섹터, 정부 및 요코하마시가 담당하였다. 지구개발의 목표는 다음과 같다.

① 녹지면적 약 37%(약 15ha)를 확보하고 수제선 프로미나드로 연결

② 아카렌가를 비롯하여 역사적 자산을 보존 활용한 도시개발 추진
③ 임항 간선도로 정비와 수상교통 등 다양한 교통수단을 확보
④ Sea-Blue 사업을 통한 해저환경 개선과 생태계의 회복을 꾀함

그림 10-48 MM21 개발주체

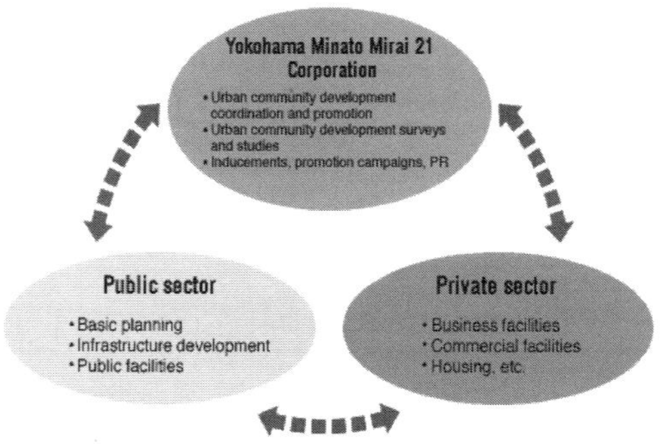

Yokohama Minato Mirai 21 Corporation
• Urban community development coordination and promotion
• Urban community development surveys and studies
• Inducements, promotion campaigns, PR
Public sector
• Basic planning
• Infrastructure development
• Public facilities
Private sector
• Business facilities
• Commercial facilities
• Housing, etc.

MM21지구의 토지권리자와 (주)요코하마 미나토미라이21이 '미나토미라이21 도시개발 기본협정'을 체결(1988년)하고 균형잡힌 도시개발을 위해 도시개발의 주제와 토지이용이미지와 함께 해변과 녹지, 스카이라인 등 도시개발의 기본구상이 제시되었다. '도시개발 기본협정'에 의거하여 1999년 3월에 '미나토미라이21 중앙지구 지구계획'이 결정되었고 이 계획의 규정에 따라 도시개발을 연차적으로 추진해갔다. 2002년 공포된 도시재생특별조치법에 의거하여 도시재생긴급정비지역으로도 지정되었다.

그림 10-49 MM21 지구단위개발 계획

CENTRAL DISTRICT
SHINKO DISTRICT

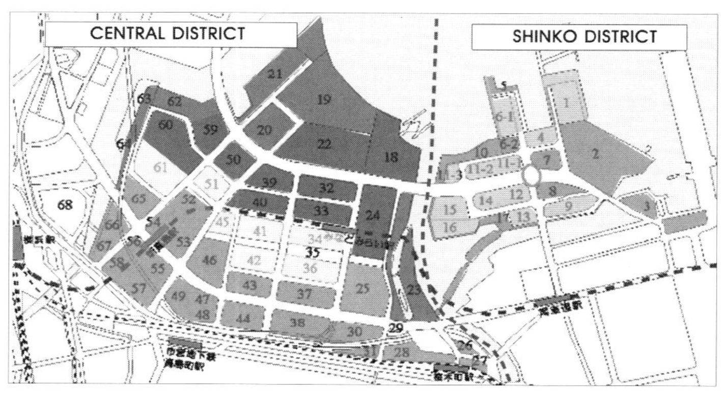

표 10-13 MM21 신항지구(Shinko District)

블록번호 (시설명)	시설 개요	시설 사진
2 아카렌가 창고	• 아카렌가공원의 중핵시설로 워터프런트 창출 • 기능: 문화, 상업, 이벤트 • 부지면적: 약 14,000㎡ • 개장: 2002년	
11-1 국제협력기구 (JICA)	• 사업주체: 독립행정법인 국제협력기구 • 기능: 문화, 교류 등 공공기관 • 부지면적: 약 4,500㎡ • 개장: 2002년	
11-3 MM21 만엽 구락부	• 사업주체: 만엽구락부(주) • 기능: 종합온천레저시설 • 부지면적: 약 4,500㎡ • 개장: 2005년	
12, 14 요코하마 월드무역관	• 사업주체: (주)요코하마 인포터마트 • 부지면적: 약 20.000㎡ • 기능: 공공기관 • 개장: 1999년	
13 요코하마 국제선원센터	• 사업주체: (재)일본선원후생협회 • 항만 노동 관련자를 위한 후생시설 • 부지면적: 약 4,30㎡ • 개장: 1999년	

블록번호 (시설명)	시설 개요	시설 사진
15 요코하마 코스모월드	• 시설운영주체: 센요흥업(주) • 부지면적: 약 11,000㎡ • 기능: 도시형 유원지 • 개장: 1999년(중앙지구에서 이전)	
16 J A C CARTLET	• 사업주체: (주)장그 • 기능: 상업시설(중고차 판매 시설) • 부지면적: 약 15,000㎡ • 개장: 1999년	

표 10-14 MM21 중앙지구(Central District) 비즈니스 존(Business Zone)

블록번호	시설 개요	시설 사진
18, 22 요코하마 국제 평화회의장	• 국제화에 대응한 컨벤션 시설 및 전시홀 등 • 사업주체: (주)요코하마 국제평화회의장 • 부지면적: 약 51,000㎡ • 총건축면적: 151,000㎡	
24 퀸스스퀘어 요코하마	• 오피스, 호텔, 상업, 문화시설 등의 복합시설 • 사업주체: T·R·Y 90 사업자조합, 미쯔비시지소(주), 요코하마시 • 부지면적: 약 44,400㎡	
32 케이유 병원	• 병실수 410실의 종합병원 • 사업주체: (재)카나카와현 경우회 • 부지면적: 약 34,500㎡	

블록번호	시설 개요	시설 사진
39 M.M Tpwers	• 공동주택(분양) • 사업주체: 미쯔비시지소(주), 마에다공업(주) • 부지면적: 약 16,300㎡ • 시설규모: 지상 30층, 지하 1층, 높이 10Cm	
47 IMAX 쇼룸	• 상업시설 • 사업주체: 다이아몬드 리스 • 부지면적: 약 3,200㎡	2003년 개장
37 미쓰비시중공업 요코하마빌딩	• '미쯔비시 미나토미라이 기술관', 점포 등 개설 • 부지면적: 약 10,000㎡ • 지상 33층, 자하 2층, 높이 152m	
44 알카에프	• 일용잡화, 식료품 등 상업시설 • 사업주체: (주)요코하마도시미래 • 부지면적: 약 19,200㎡	

표 10-15 MM21 상업지구(Commercial Zone)

블록번호	시설 개요	시설 사진
25 요코하마 랜드마크 타워	• 요코하마의 심볼・일본 최고층 빌딩, 오피스, 호텔, 쇼핑몰, 문화시설 등의 복합시설 • 사업주체: 미쯔비시지소(주) • 부지면적: 약 38,000㎡ • 시설규모: 지상 70층, 지하 3층, 높이 296m	

블록번호	시설 개요	시설 사진
26 Cross Gate	• 호텔, 오피스, 점포 등으로 구성된 복합빌딩 • 사업주체: 오릭스부동산 투자법인 • 부지면적: 약 3,300㎡ • 개장: 2000년	
27 요코하마 사쿠라키 우체국	• 우체국 외 본부기능의 업무시설 • 사업주체: 일본우정공사 • 부지면적: 약 1,100㎡	
29 현민공제프라자 빌딩	• 홀, 갤러리를 갖춘 업무빌딩 • 사업주체: 가나카와현민 공제생활협동조합 • 부지면적: 약 7,300㎡ • 개장: 2002년	

3. 미국 샌프란시스코 Pier39

1) 도시현황

미국 캘리포니아주 서부의 샌프란시스코는 태평양 연안에서 LA에 이은 제2의 대도시이며, 샌프란시스코만에 면한 천연의 양항으로 골든게이트에서 남쪽 서안에 위치하고 있다. 시가지는 반도의 북쪽 끝을 차지하며, 북쪽은 골든게이트 브리지(금문교)에 의해서 반도를 연결하고 있고, 동쪽은 샌프란시스코만을 넘어 오클랜드와 마주 보고 있다. 이 사이에는 길이 13.5㎞에 이르는 샌프란시스코-오클랜드 베이 브리지가 걸려 있고, 신흥도시 LA가 최근에 샌프란시스코를 앞지를 때까지는 오랫동안 태평양 연안 제1의 항구이었으며, 지금도 세계 유수의 항만 도시 및 국제도시로서의 면모를 갖추고 있다.

2) 사업내용

그림 10-50 샌프란시스코 전경

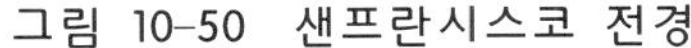

미국 샌프란시스코 북쪽 해안의 'Pier39'는 어업 선착장인 '피셔맨스 워프'에 위치하고 있으며, 1960년에 부두를 개조하여 관광명소로 발전시키는 것을 목표하였다. 'Pier39'는 1905년 화물용 부두로 시작하여 어시장이던 부두 인근 역에 20세기 초의 샌프란시스코 마을을 재현한 2층의 목조건물을 개조하여 1978년 개장하였다. 현재, 연간 1,050만명의 관광객이 찾고 있고 방문자의 수가 세계 제3위에 들 정도로 유명해졌다.

그림 10-51 Pier39 전경1

그림 10-52 Pier39 전경2

개발 대상 역에 도입한 기능은 쇼핑시설, 먹거리시설, 볼거리시설 등 저층의 관광관련 업종 및 요트 계류장을 유치하였고, 특히 해산물 요리점이 유명하여 관광 및 쇼핑의 일번지가 되어 명실 공히 항만재개발을 성공적으로 수행한 사례로 꼽히고 있다. 특히 'Pier39' 중앙무대에서는 개인 퍼포먼스 연기자들의 연기 및 예술가의 공연도 관람할 수 있으며, 샌프란시스코 다운타운 풍경과 검푸른 바다 건너 보이는 알카트라즈섬을 볼 수 있다.

그림 10-53 Pier40 내의 마리나 시설

그림 10-54 Pier39 내의 물개서식지

그림 10-55 Pier39 시설배치도

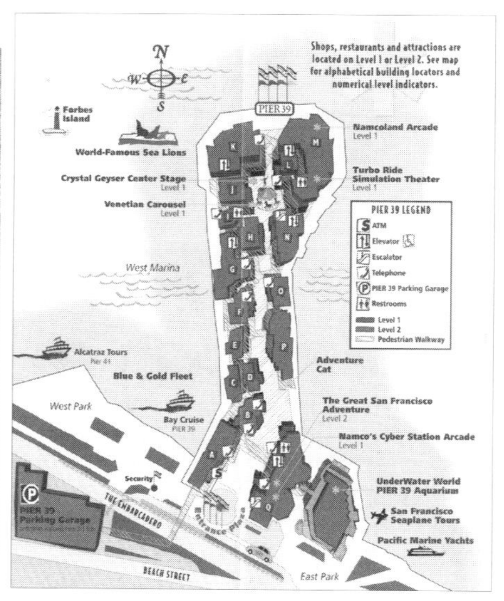

현재 Blue & Gold Fleet 페리들이 이곳을 기점으로 항해하고 있으며, 이 나무 갑판으로 연결된 2층 구조의 열 일곱개의 건물 안으로 레스토랑이나 선물가게와 여러 가지 재미있는 놀이 시설 때문에 관광객뿐만 아니라 샌프란시스코의 시민에게도 가족단위로 주말을 보내는 장소로 알려져 있다.

계획초기에 과거의 건물은 그대로 두어서 해풍과 햇볕으로 바랜 목조 건물들과 현대의 놀이문화가 조화되어 고풍스러운 분위기가 어울리도록 하였고, 'Pier39'의 끝인 K독(Dock)에서는 한가롭게 누워 햇볕을 쬐고 있는 야생 캘리포니아 바다사자들도 볼 수 있도록 배려하였다.

제 6 절 어항재개발

1. 어촌종합개발사업

1988년도에 시작된 어촌종합개발사업은 시범사업으로 어촌계가 3억원의 한도 내에서 어·패류양식 등 소득증대사업과 소득원 도로 등 생산기반시설

표 10-16 어촌종합개발 지원사업의 종류

항 목	사 업 명
어항시설	선착장, 물양장, 방파제, 방사제, 방조제, 선양장, 선가장, 안벽, 부잔벽, 준설, 암반제거, 돌제, 계류장, 하역시설, 용수시설, 대합실
해안시설	사방시설, 보전시설, 제방, 호안, 방호벽
도로정비	마을길, 어장진입로, 해안도로, 갯벌로
가공시설	특산품가공, 산지가공, 화입건조, 냉동냉장, 저빙
유통시설	활어유통, 활어수조, 운반차, 운반선, 직판장
어업지원	공동작업장, 공동창고, 어장관리선, 탈의실, 사료저장고, 작업대, 어선, 어선수리소, 어업용 전기, 종묘배양장, 패각처리장, 패각분쇄기
자원조성	해조장, 잠제, 투석, 해중림, 해적생물구제
양식시설	가두리, 육상양식, 축제식, 연승식, 육성장
어민복지	목욕탕, 회관건립, 어민대기소, 어선원숙박
관광부업	활어횟집, 식사숙박, 낚시터, 유람선, 투시선, 체험어장, 특산품전시관, 주차장, 어업인사업센터, 종합회관
생활환경	상하수도, 급수, 화장실, 쓰레기소각장, 관정, 오수정화, 정화처리, 어선처리, 폐기물처리, 폐유수거, 가로등, 해안조명

및 상·하수도, 어업인 회관 등 복지시설을 스스로 선택, 시설할 수 있도록 하는 것으로서 상향식 개발방식의 지원이라는 점에서 종전의 정부사업 방식과는 매우 다른 내용의 사업이었다. 이 사업은 전국에 바다를 끼고 있는 시·군이 당시 65개임을 고려하여 1시·군에 1어촌계씩 65개 어촌을 대상으로 하여 1992년까지 5년간 187억 4,200만원을 투입하였다.

이처럼 시범사업에 머물러 있던 어촌종합개발사업은 1994년 7월 농어촌특별세법에 의한 투자재원의 확보로 어촌종합개발사업의 장기투자계획을 수립함으로 써 본격적으로 추진될 수 있게 되었다. 따라서 1994년부터는 여러 개의 어촌을 묶은 권역을 선정하고, 이 권역을 중심으로 어촌·어항·어장을 연계한 통합적 개발방식에 의 한 어촌종합개발사업을 추진하고 있다. 어촌종합개발사업의 종류는 [표 10-16]과 같다.

전국 어촌을 160개 권역으로 구분하고 한 권역당 약 35억원씩 투자하여 2004년까지 실시한 이 사업에는 총 5,432억원이 투입되었다. 투자된 내역은 현

표 10-17 어촌종합개발사업 시·도별 지원실적

구 분	총 계 획		실 적	
	물량 (권역)	사업비 (억원)	물량 (권역)	사 업 비(억원) 계
합계	160	5,432	109	3,265
부산	2	70	1	32
인천	7	235	5	124
울산	4	140	3	79
경기	2	70	2	93
강원	13	437	11	339
충남	9	306	8	253
전북	7	237	6	175
전남	57	1,905	31	890
경북	15	513	11	338
경남	31	1,074	21	638
제주	13	445	10	304

주: 사업비 금액은 기본계획 용역비를 제외한 것임.

재까지 소규모 어항의 시설, 도로 등 생산기반시설이 전체의 67%를 차지하여 압도적이고, 어촌관광·부업시설, 자원조성, 양식어업시설, 가공시설 등이 그 뒤를 잇고 있다.

이 사업은 그 동안 어촌지역별 지원사업이 여의치 못하였던 전체 어촌지역을 포함하여 전면적으로 개발함으로써 어촌의 생산기반, 정주여건, 소득 증대 등에 획기적으로 기여하여 어업인들로부터 적극적인 호응을 얻어오고 있다.

표 10-18 어촌종합개발사업 종류별 지원현황(1994~2001) (단위: 개소, 백만원)

항 목	구 분	사업종류	사업량	금 액	점유율
합 계		84종	1,794	326,530	100
생산기반시설	어항, 도로, 공동작업장 등	53종	1,255	219,765	67.3
소득원시설	소 계	31종	539	106,765	32.7
	가공시설	5종	48	14,290	4.4
	유통시설	5종	21	4,115	1.3
	자원조성사업	6종	229	15,852	4.9
	양식어업시설	5종	69	15,544	4.7
	어촌관광·부업	10종	172	56,954	17.4

2. 어촌관광사업

1) 어촌휴양단지 조성

이 사업은 증가하는 도시민들의 관광·레저 수요를 어촌지역으로 유치하여 어촌에서의 레저활동을 통한 국민정서의 함양은 물론, 어촌 유휴노동력의 고용기회 창출과 어업 외 소득원 개발과 어촌지역 개발을 위하여 농어촌정비법에 의하여 지원되는 사업이다. 이 사업의 주요시설은 가족호텔, 수산물판매장, 어업전시장 등의 휴양시설로서 사업규모는 개소당 30억원(2개년 사업)으로 지원조건은 국고융자 50%, 지방비 50%이며 지원지역은 전남 보성

군과 신안군 등이다.

2) 어촌민속전시관 건립

1998년부터 사라져 가는 전국 연안 어촌지역의 주요 전래 전통민속문화를 발굴·보존·전시하여 어촌주민의 정신적·문화적 혜택 제공과 지역간 균등발전을 도모하고, 어업발달사를 한눈에 볼 수 있는 친수산, 친해양 교육의 산실을 마련하고자 시작한 사업이 어촌민속관 건립사업이다. 주요시설은 실내·외 전시관, 시청각실, 수족관, 주차장 등이며 사업규모는 개소당 60억원(3개년 사업)으로서 지원조건은 국고 50%, 지방비 50%이고, 2001년에 전남 완도군, 경남 거제시, 강원 삼척시 등 3개 지역이 추진하여 완공하였다.

3) 어촌체험관광마을 조성

증가하는 도시민들의 관광·레저 수요를 어촌지역으로 유치하여 환경친화적인 생태관광을 통한 국민정서의 함양은 물론, 어촌 유휴노동력의 고용기회 창출과 어업 외 소득원과 어촌지역 개발을 위하여 이루어지는 사업으로 주요시설은 관광안내소, 진입로, 샤워장 등 관광 기초기반시설이다. 지원조건은 국고 50%, 지방비 45%, 자가부담 5%인데 2001년에 와서는 어촌종합개발의 소득사업시설 미집행 잔여 사업비로 전국적으로 9개 지역에 대하여 지방비·자가부담 50%를 포함, 총 94억원의 지원이 이루어졌다([표 10-19] 참조).

정부에서 수행하고 있는 각종 어촌관광시설사업들은 이제 초기단계에 불과하나 이미 지원된 사업들 중 상당 부분은 지역적으로 기반을 잡아서 어업인들의 소득증대와 도시민의 여가기회 확대에 기여하기 시작하고 있다.

표 10-19 어촌관광개발사업 지원실적 및 계획 (단위: 개소, 백만원)

사 업 명	합 계	
	물 량	사 업 비
어촌휴양단지조성	2	3,000
어촌민속전시관건립	7	42,000
어촌체험관광마을조성	60	30,000
지역특산어류전시관	11	22,000

자료: 국토해양부 어촌어항과, ( )는 계속사업임.

제 11 장 미래의 항만

제 1 절 미래항만의 수요

해안지대는 바로 해안에서 접근으로 영향을 받는 육역과 육지에서의 접근으로 영향을 받는 해역으로서 규정하였다. 해안지대는 대륙붕까지의 내해, 해안선 그리고 해변 가장자리의 강어귀도 포함한다. 조석, 파와 연안류는 자주 변화하는 환경을 가진 해안지역의 특징을 나타내고 이들은 동·식물 등 생태계의 다양성을 제공한다.

항만은 전통적으로 해안지대에서 발전하였으며 항만에서의 활동으로 제품의 수출과 수입에 의한 산업의 발전을 이룩하였다. 산업의 발달로 인해 노동력이 필요하게 되고 이것은 자연적으로 지역사회를 활성화시켰다. 이 지역사회가 주요 대도시지역을 만든 것이다.

그 후 사람들은 이 도시지역으로 계속해서 이주하고 있으며 현재 세계 주요 국가에서는 인구의 70% 이상이 해안선에 위치한 도시에 거주한다. 또한 바다에 접한 대부분의 국가에서 가장 인구가 많은 주나 도는 해변이나 대호수를 끼고 있다.

해변도시지역으로의 인구의 집중현상은 주택과 산업개발의 수요 증가, 전력·식수·쓰레기 처리·범죄 등 많은 문제점들을 일으키게 된다. 특히 해운에 있어서 수송산업의 기술진보는 항만에서의 제반 장비와 화물하역 형태에 모두 영향을 끼친다. 그리고 기술 진보로 인해 직접적인 주의를 요하는 부차적 문제점을 만들어 낸다. 예를 들면 한 방향운송에서 백만 배럴이 넘는 액체화물을 나를 수 있는 초대형 운송수단이 현재 운항중이며 이보다 더 큰 선박들도 현재 건조중이거나 계획에 있다.

이 거대한 선박들의 사용으로 인해 막대한 비용을 절약할 수 있지만, 이 선박은 기본적으로 항만에서 현재 이용할 수 있는 수심이나 수로보다 더 큰 규모가 된다. 기존 항만에서 필요한 수심을 증가시키는 것은 유례없는 물리적, 생태학적 안전성면과 재정적인 어려움 및 여러 제약조건을 수반한다. 복잡한 내륙수로를 통행하여 최종적인 부두에 계류하는 과정에 여러 가지 운항관점에서 안정에 위험을 내포하고 있다.

여기에서는 장래 외해 항만의 개발개념을 나타낸 것으로 이것이 만병통치약을 의미하는 것은 아니지만 적절한 환경적 특성과 항만의 변화 개념을 수용하기 위해 건설에 충분한 유연성이 있는 일반적 방향을 제시하고자 하였다.

특히, 주기적 고찰과 실제 필요한 평가와 추세의 파악은 장기적인 안목에서 유효한 계획을 세우기 위해 필요하다. 그러한 실행의 효과는 단지 시스템적 분석과 건설분야에서 각 단계의 평가과정을 통해서만 수립한 장기목표의 수행 여부를 예상할 수 있다. 그러한 프로그램은 항만이 소속되어 있는 지역에서 효과적이고 능률적인 토지이용계획으로부터 출발할 수 있을 것이다.

1. 개발과정

미래항만의 개발은 석유산업과 같은 외해구조물의 필요성으로부터 출발한다. 미국의 경우 석유는 1894년 캘리포니아의 목재부두에서 시추한 유정들로부터 처음 생산되었으며, 1936년에 시추작업은 주로 멕시코만에서 시작되었다. 이 유정들은 모두 육지에서 볼 수 있었고, 멕시코만의 루지아나 해변과 떨어진 첫번째 외해 플랫폼은 1948년에 최초의 외해 파이프라인으로 완전하게 연결되었다. 이 초창기 플랫폼은 50명의 작업자가 거주하도록 설계되었고, 수심은 16m 정도였다. 이 플랫폼은 아직도 작동하고 있다.

바다 쪽으로 계속 시추작업이 옮겨짐에 따라 건설비용이 증가하고 자주 유정이 바닥나기 때문에 고정 플랫폼은 경제적으로 맞지 않게 되었다. 경제적인 비용수준으로 보다 심해에서 시추를 하기 위해 유동플랫폼이 개발되었다. 최초의 유동 플랫폼은 바지 위에 플랫폼을 설치한 형태로 나타났다. 유동플랫폼은 육상에서 제작되어 바다에 떠서 작업장으로 이동되었으며 작업은 수중에서 이루어진다. 이 플랫폼의 작업 깊이는 초기에는 7～10m 정도에 불과하였으나 점차 심해역으로 이동되고 있다.

1) 유동 플랫폼

자력으로 상하이동이 가능한 플랫폼은 보다 깊은 바다에서 사용하기 위해 개발되었다. 이 플랫폼은 부력을 지닌 선체와 올라갔다 내려갔다 할 수 있는 다리의 조합으로 건설되었다. 이것들은 다리를 올린 채 작업장으로 바지에 의해 예선된다. 작업장에서 그 다리들은 내려지고 플랫폼은 수면 위로 올려진다. 설계는 300m 깊이의 수역에서의 jack-up 플랫폼으로 제안되어 왔다.

잠수 가능한 플랫폼과 자력으로 수직상승이 가능한 플랫폼들은 구조물을 위치시킬 때 최대파와 관계없이 해저 면에 위치시킬 수 있다는 장점이 있고, 거친 바다에서도 계속 작업을 할 수 있다.

2) 부유 플랫폼

부유 플랫폼은 바닥을 지지하는 형태의 안정성을 가지고 있지 않다. 하지만 이 플랫품은 수심에 제약받지 않고 70m 이상의 수심에 대해 운영 면에서 다른 것보다 경제적이다.

준 잠수정은 바지형태의 선체 또는 실린더형 관으로 된 부력에 대해 수직방향으로 지지하는 부유플랫폼이다. 그 구조물이 작업장에 도달했을 때 대략 선체의 1/2이 물속으로 잠길 때까지 ballast로 채워진다. 선체로부터 ballast water를 펴냄으로써 잠수정은 떠오른다. 대부분의 잠수정들은 예인선으로 예인되어 작업장까지 간다. 하지만 많은 수의 모델들이 자체 추진시스템을 갖추고 있다.

3) 인 공 섬

인공섬은 필요로 하는 많은 지역에 건설되어있다. 많은 벌크화물터미널과 오일생산시스템들은 인공섬 위에 건설되어 왔다. 이 섬들은 많은 양의 속채움재료를 필요로 하고, 이것은 건설비를 증가시키고, 속채움재료의 이용가능성과 수송의 용이함 여부에 관계된다.

대양 플랫폼의 필요성은 과학적, 지방자치, 군사적 이용뿐만 아니라 산업을 위해서도 증가하고 있다. 다목적 플랫폼은 다음과 같은 여러 장점들을 제공한다. 산업활동과 함께 해양생활에 오일 유출이 끼치는 영향에 대한 연구는 좋은 예가 될 것이다. 이 예에서 과학자, 공학도 그리고 개인 산업은 공동목적을 위해 공동으로 연구할 것이다. 현재 해안지역에 위치하고 있는 바람직하지 못한 시설들을 인간중심의 활동을 위한 수변역(water front)에 더 많은 공간을 제공하기 위해서 외해에 재배치할 수 있다.

2. 부지정보

항만에 대한 필요성을 확립한 후에 사전 입지연구를 실행하는 것이 필요하다. 사전 연구는 대여섯 가지의 실제적인 입지 대안들을 갖게 될 고려영역을 정의해야 한다. 각각의 대안들은 최적위치를 결정하기 위해서 다른 대안들과 비교, 조사하여야 한다.

1) 대여섯 가지의 대안들은 다음 형태의 정보를 근거로 도출될 것이다.
   ① 해양학적인 자료 – 수심, 해저의 일반적인 특징, 조석과 조류의 범위
   ② 기상학적인 자료 – 바람, 온도, 강우량, 안개
   ③ 지형적인 자료 – 모래톱이 있는 바다의 얕은 곳, 암초, 강어귀, 해안선
   ④ 지리적인 자료 – 바위의 깊이와 형상, 표토의 깊이, 점토

2) 개별적인 입지의 최종적인 선택을 결정하는 요인은 다음을 포함한다.
   ① 소요 준설량
   ② 저질조건 등 최적의 해저상태
   ③ 터미널의 설치 또는 개발을 위한 가장 적절한 지역
   ④ 수송 수단의 접근성
   ⑤ 장래 개발 또는 확장을 위한 지역
   ⑥ 수로수심
   ⑦ 기능별 구역 설정/평면 배치
   ⑧ 경제적 고려 조건들

3) 고려하여야 하는 추가적인 요인은 다음을 포함한다.
   ① 인구집중 – 전통적으로 기존 항만 위치 지역 주변의 연안 도시 집중 센터 항만과 관련 산업 개발이 성장함에 따라 도심 또한 밀집되고 있다. 도시의 성장은 청수, 전력, 상업 및 여가와 오락시설은 물론 더 많은 하수처리를 위한 더 커다란 수요를 창출한다.
   ② 환경적인 요인 – 과거보다 건설과 운영의 결과로 야기되는 환경상의 영향을 더욱더 고려해야 한다.

이러한 고려사항은 유출 사고를 막기 위하여 사전에 예방척도에 대한 준비가 이루어져야 한다. 방제시스템은 환경에 대한 재해가 발생하자마자 바로 제어할 수 있도록 완벽하게 가동되어야 한다.

특정 입지를 선택하였을 때, 상세한 입지정보는 최종 설계단계보다 앞서 얻어져야 한다. 이러한 정보는 다음 사항을 포함한다.

① 수리적인 조사 – 해면의 변화, 고조와 저조에 대한 정보, 해저 장애물의 위치와 표기
② 토질조사와 분석 – pile 또는 caisson 기초를 지지할 수 있는 암반지대 또는 적절한 지지 지층을 위한 정수면 아래의 시추, 점토의 종류, 물의 함유량 측정(계산), 비중 측정, 공극률, 무제한 압축시험, 삼축 전단시험
③ 조석과 조류 관측 – 일반적인 유향·유속, 연속적인 고조 사이의 평균

간격
④ 바람
⑤ 지진
⑥ 직접적인 영향과 주변의 환경
⑦ 주변경제에 대한 영향

제 2 절 미래항만계획의 기본철학

기술적인 발전은 해양무대의 주요 분야이고 항상 그래왔다. 어쨌든 지금 일어나고 있는 변화는 이전보다 더욱 광범위하고 더 빠르다. 화물 하역방법 뿐만 아니라. 장비에도 영향을 주는 해운에 있어서 혁명이 되었다. 특히, 액화화물을 백만 배럴 이상 한 항차로 운송할 수 있는 초대형 선박은 이미 건설되어 운항 중이다. 매우 큰 경제적 이점은 큰 규모의 선박에 의해서 가능하다. 어쨌든 이러한 선박은 지금 이용할 수 있는 것보다 깊은 수심의 묘박시설 또는 항구가 필요하다. 이러한 수심을 제공하기 위해서는 자연적 그리고 인위적으로 양쪽에서 다음을 포함하는 많은 문제점이 나타난다.

① 물리적 – 수심, 수로, 장비
② 생태학적 – 개발과 사고
③ 안전성
④ 법적
⑤ 경제적/재정적

산화물이 아닌 상품의 컨테이너화는 전례 없는 비율로 늘어나고 있다. 그 이점은 다음을 포함한다.

① 저렴한 물류비용
② 신속한 하역 및 수송으로 더 빠른 인도
③ 화물에 대한 운송 중 손상 및 도난의 감소
④ 경제적인 하역비용

이러한 이점을 실현하기 위해서는 기존항만 설비를 현대화하거나 신항만을 건설하는 데 많은 양의 자금을 확보하는 것이 필요할 것이다.

제 3 절 미래항만의 전망

이런 계획된 복합구조물을 위한 최상의 구조시스템은 매립과 pile로 지지한 구조물의 혼합으로 나타난다. 전체적으로 pile로 지지한 구조물은 불안정한 해저조건 때문에 비용 면에서 엄청나게 비싸다. 이런 구조물은 매우 비싼 장비와 인력이 많이 필요하다. 매립에 의해 건설된 인공섬은 가장 안정한 구조물의 기초를 제공할 것이다. 어쨌든 이러한 형태의 건설은 주요 건축물을 바로 지지하기 이전에 매립토나 속채움재료가 안정되기 위한 시간이 필요하다. 안정시키는 처리과정을 줄이기 위한 한 가지 수단방법은 수평적인 이동 또는 미끄러짐으로부터 속채움물질을 보호하는 유지장벽과 같은 방호벽을 건설하는 것이다.

독립적인 인공섬의 형태보다 수심이 얕은 해안역을 매립으로 확장하여 기존 항만이나 해안도시와 연계해서 도시항만 복합기능을 강화하여 녹지, 휴게공간을 구성하는 것도 새로운 추세이다.

전반적으로 기존 도시의 밀집으로 공간의 부족을 해안 또는 외해의 매립으로 해소하고 도시와 함께 항만을 개발하는 추세로 진행되고 있으며 아울러 도시의 문제인 거주지, 산업용지, 폐기물처리, 발전・소음・쓰레기 등을 해결하기 위한 공간으로 해양공간은 점차 활용도가 커지고 있다.

특히, 이 절에서는 기후를 극복하면서 사막지역에서 놀랍게 건설되고 있는 아랍에미리트의 두바이항만과 도시공간 형성의 예를 미래항만의 대표적 사례로 제시한다. 2009년에 들어와서 비록 금융위기에 항만도시의 건설은 주춤하고 있으나, 전체를 계획도시로 출발하는 점에서 대표적인 개발계획으로 볼 수 있다.

그림 11-1 인간과 자연이 공생하는 항만공간의 개발 예

그림 11-2 신형식 초고속선 터미널의 건설

1) 도시현황

(1) 도시 개요

① 위치: 두바이는 걸프만의 입구, 아라비아반도의 동쪽 해안에 위치하며, 7개의 토후국가로 이루어진 UAE의 두 번째 토후국가임

② 면적: 두바이의 면적은 3,885㎢로 제주도의 2.1배이며, 90%가 사막으로 이루어짐

그림 11-3 두바이의 위치

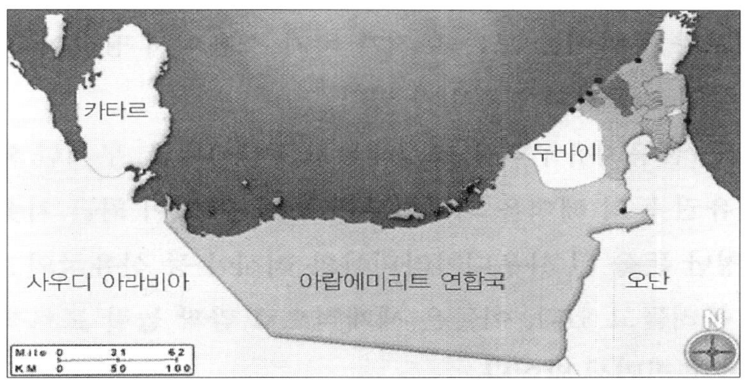

두바이는 석유의존의 경제에서 벗어난 경제활동을 이룩하기 위하여 대규모 건설사업을 시행하고 있다. 두바이는 "2018년 연간 관광객 1억명을 불러 모으겠다"라는 목표로 대규모 프로젝트라는 전략을 세워 인간의 상상력을 극대화시킨 '꿈의 오아시스'로 탈바꿈시키고 있다.

2) 사업내용

두바이는 차세대 성장 동력으로서 금융, 관공, 무역 허브 구축에 역점을 두고 대규모 개발프로젝트를 진행하고 있다. 이 사업은 세계 최고층 빌딩인 버즈 두바이를 비롯해 사막의 실내스키장, 야자수와 세계지도 모양의 인공섬 등 세계적 관광단지를 조성하는 것이다. 중동의 실리콘밸리를 목표로 두바이 실리콘 오아시스 테크놀로지 파크를 건설하며, 지역경제 금융 허브 조성을 위해 국제금융센터 설립을 추진하고, 아울러 인터넷, 무역, 미디어, 헬스, 교육, 스포츠시티 등 10여개 경제자유구역을 지정하여 해외 기업유치를 위한 규제완화를 적극적으로 추진하였다. 고급, 대형호텔 및 리조트 건설을 추진하는 등 세계의 허브로 도약하기 위한 프로젝트로 개발구역은 사막을 개발하고 바다를 매립하여 팜 데이라, 팜 주메이라, 팜 제벨 알리, 더 월드, 두바이 월드, 두바이 워터프론트 등 도시 전체를 6개 지구로 나누어 접근하였다.

그림 11-4 두바이의 워터프론트 개발도

(1) 팜 아일랜드

야자수 모양의 팜 주메이라, 팜 제벨알리, 팜 데이라 라는 3개의 인공섬에 조성한 종합 관광레저타운으로 달에서도 식별이 가능하다고 하여 세계 8번째 불가사의라고 불린다. 야자수 모양으로 해안선을 계획하여 해안선을 엄청나게 늘리며, 해안선을 따라 아파트와 호텔을 비롯한 휴양시설계획이다.

① 팜 데이라(Palm Deira)

지름 14.5㎞, 면적 200㎢로 인공섬 중 가장 규모가 크며, 총 8,000개의 2층짜리 타운하우스가 지어질 예정이나, 워낙 규모가 방대해 공사 진척에 난항을 겪고 있다.

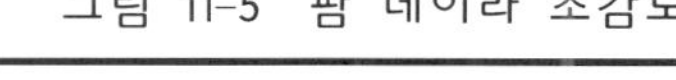
그림 11-5 팜 데이라 조감도

② 팜 주메이라(Palm Jumeirah)

지름 5.5㎞, 면적 25㎢의 규모로 개발되는 인공섬에 35개의 특급호텔, 고급빌라, 아파트, 고급쇼핑센터, 요트장 등 레저시설을 도입하였다.

그림 11-6 팜 주메이라 조감도

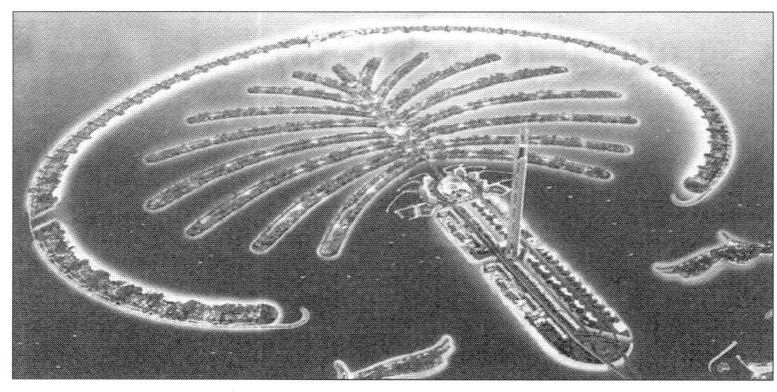

③ 팜 제벨알리(Palm Jebel Ali)

지름 7.5㎞, 면적 52.5㎢의 규모로 섬 한복판에 고층빌딩으로 이루어진 중심가를 조성하는 계획이다.

그림 11-7 팜 제벨알리 조감도

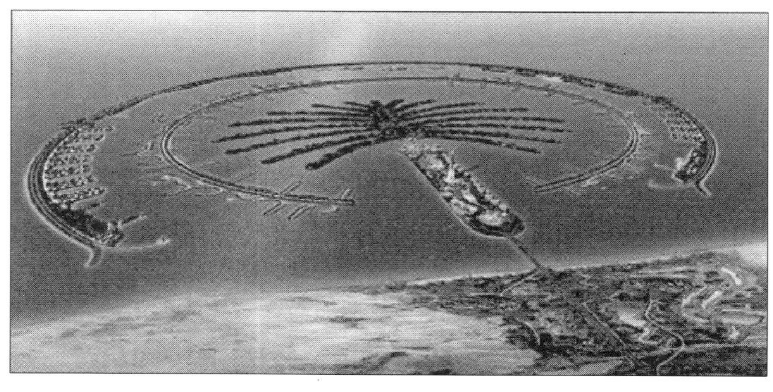

(2) 더 월드(The World)

해안에서 8㎞ 떨어진 바다위에 가로 9㎞, 세로 6㎞ 면적 50㎢의 원형 해상을 조성하고, 크고 작은 인공섬 300여개로 이루어진 세계지도 모양의 해상도시개발계획이다. 섬의 모양은 아시아, 아프리카, 유럽, 남북 아메리카, 오세아니아 등 지구의 6대륙 국가를 본뜨고 있으며, 미국이나 중국처럼 큰 나라 등은 여러 조각의 섬으로 나누었다. 각 섬에는 고급빌라, 주택, 호텔, 쇼핑몰이 들어설 예정이며 외곽 방파제 공사가 가 선행된 이후 나부 섬을 조성하는 것으로, 2008년에 전반적인 외형이 완성되었다.

그림 11-8 더 월드 조감도

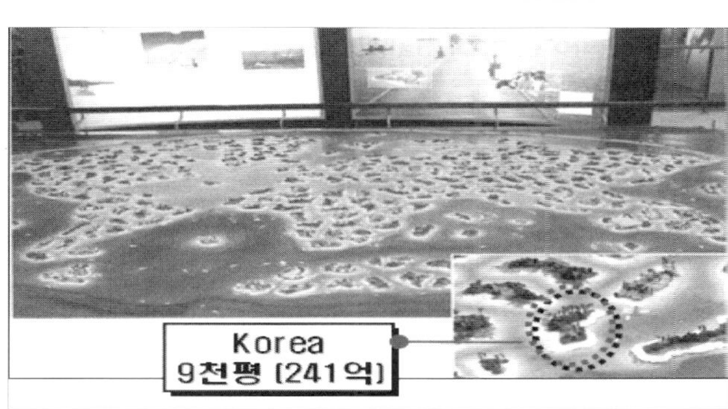

(3) 두바이 월드(Dubai World)

사막 한가운데 4,271만여평에 두바이 정부가 2018년까지 '관광객 유치 1억명 달성' 목표로 사막 한가운데에 조성중인 세계 최대 테마파크로 총사업비는 무려 50억달러에 이른다. 대형 유리 돔 안에 인공으로 조성한 열대우림, 스키 슬로프, 각종 놀이시설, 박물관 등으로 이루어진다.

6개의 테마지역으로 이루어지며, 어트랙션-익스피어리언스 월드에는 우주과학박물관, 실내 인공스키장, 실내 초대형 인공파도 풀장을 계획하였다. 스포츠-아웃도어 월드에는 롤러블레이트 등 스포츠시설, 대형 실외종합운동장, 자동차 경주장, 폴로 경기장, 18홀 규모의 골프코스를 계획하였다. 에코-투어리즘 월드에는 동물원, 공룡월드, 과학역사박물관, 고래언덕호텔, 사막사파리 등 12개의 자연체험장이 들어서며, 기적의 팰콘시티 테마파크에는 고대 이집트의 피라미드, 바빌론의 공중언덕, 알렉산드리아의 등대, 중국의 만리장성, 프랑스의 에펠탑, 인도의 타지마할, 이탈리아의 피사의 사탑을 도시 안에 복원할 예정이다.

그림 11-9 두바이 월드 조감도

(4) 두바이 워터프론트(Dubai Waterfront)

그림 11-10 두바이 워터프론트 조감도

면적 82㎢의 규모로 초승달 모양으로 계획된 두바이 워터프론트에 위치한 항구의 규모는 미국 뉴욕 맨해튼보다 크다.

① 버즈 알 아랍(Burj Al Arap)

두바이 시내에서 남쪽으로 15㎞ 떨어진 주메이라 해변에서 280m의 다리로 연결된 인공섬 위에 건설된 세계 최고시설의 호텔로 총 28층에 202개의 스위트룸으로 구성되어 있다.

② 스키 두바이(Ski Dubai)

세계 최대의 쇼핑센터라는 에미리트몰 안에 위치하고 있는 실내스키장으로 높이 62m, 길이 400m, 면적 3,000㎡로 세계 3위의 규모로 2005년 10월에 완공하였다.

그림 11-11 버즈알 아랍 조감도

그림 11-12 스키 두바이 내부모습

그림 11-13 하이드로폴리스 조감도

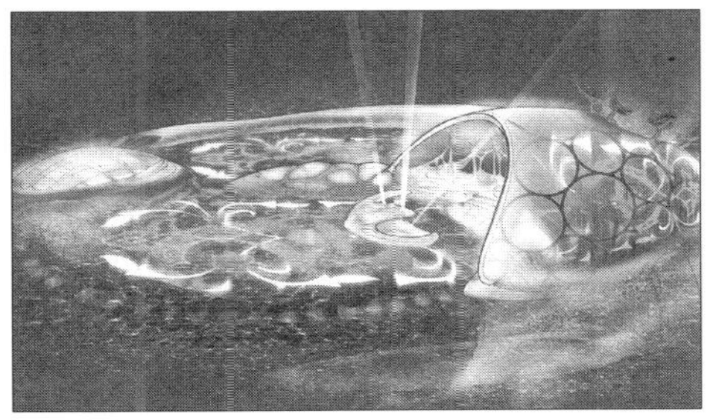

③ 하이드로폴리스 (Hydropolis)

주메이라 해변에서 200m 떨어진 곳에서 20m 해저에 건설 추진되고 있는 세계 최초의 해저호텔로 모두 5억 5,000만달러가 투입될 예정인 하이드로폴리스는 팜아일랜드와 버즈 알 아랍 호텔을 연계한 대규모 해양파크 조성을 목표로 한다. 객실 220개, 스파시설, 컨벤션 시설, 해저 빌라와 각종 부대시설이 들어서며, 해저 300m 길이의 해저 터널, 잠수장 선착장을 갖출 예정이다.

④ 버즈 두바이(Burj Dubai)

대략 지상 160층, 높이 800m 초고층의 랜드마크 타워로 대지 32,000평 연면적 15만평에 공사비 총 8억 7,600억 달러를 투입하였으며, 그 용도는 1~39층 호텔, 40~108층 고급아파트, 109층 이상은 사무실 및 전망대로 계획하였다.

그림 11-14 버즈 두바이 및 두바이시 조감도

⑤ 기타

골프장, 자유지역인 시티(City) 등 대규모 사업을 시행하고 있으며, 전세계 대형 크레인의 20%가 두바이에 집결해 있다.

3) 개발의 시사점

(1) 독창적 아이디어와 역발상의 도시개발 모델 창출

두바이는 항만도시에 대한 새로운 발상의 전환으로 태양, 바다와 사막이라는 단조로운 자원에서 창의적인 아이디어를 활용하여 세계적 관광 중심지로 도약하고자 하였다. 사막에 초고층 대형빌딩 및 대규모 간척사업을 시행하고, 그 과정에서 고급화 전략을 밀고 나가며, 다양한 아이디어 실현을 위하여 선 공급, 후 수요창출의 역발상식 두바이 도시개발 모델을 새롭게 정립하였다.

(2) 해외자본 유치를 위한 'Open Sky Policy'

외국인 토지임차 및 소유권 보장으로 친비즈니스 환경의 조성을 우선과제로 삼았다. 소득세, 법인세, 부가가치세 면제 및 관세 5% 부과 등 개인 및 기업투자자의 활동을 적극 지원하여 투자자를 유치하고, 금융자유구역을 헌법으로 명시해 다국적 기업의 참여를 촉진하였으며, 건설프로젝트를 진행할 때 용적률이나 층높이의 완화를 제한하고 있다. 특히, 해외자본으로 연내 SOC 기반조성에 투자해 지역개발을 주도하였으며, 국제 관광도시 인프라와 고객중심 서비스전략을 추진하고 있다. 아울러, 다국적 국제도시로 해외 관광객들에 대한 편의와 안전을 철저히 배려하였으며, 항구에 관세를 면제하는 자유무역지대를 설치하고, 전세계로 직항으로 연결하는 국제공항을 개설하였다.

(3) 세계적인 홍보마케팅 전략

세계적인 쇼케이스 홍보를 통해 해외 주요 기업을 유치하여 관련 기업의 투자신뢰도 향상 및 간접적인 홍보효과를 유발시키고자 하였다. '세계 최초, 최대, 최고'라는 타이틀을 내걸고 대외에 홍보하였으며, 해외 유명 스타를 동원한 각종 이벤트 및 대규모 국제행사를 개최하여 두바이의 인지도를 상승시키는 전략을 추진해갔다.

(4) 정부의 지속적인 프로젝트 지원 및 리더십

급속한 개발추진으로 인한 교통난 해소를 위해 경전철을 도입하고, 대중교통 시스템 개혁하였다. 또한, 저소득층을 위한 주거공간의 공급으로 집값 안정을 도모하였으며, 부족한 인력문제 해결을 위하여 해외로부터 노동인구를 유입하고 이와 병행하여 노동생산성의 향상을 지원하고 있다.

참고문헌

건설부, 항만공사 표준시방서, 1977.

교육인적자원부, 고등학교 해양토목, 한국직업능력개발원, 대한교과서주식회사, 2002.

김상훈, 최신 항만공사 시공 실무편람, 신기술, 1996.

김형태 · 백종실 · 우종균, 지방자치단체의 항만관리능력 향상방안, 한국해양수산개발원, 2000.

김희종, 신편 항만공학, 경문출판사, 1984.

도서출판과학기술, 해양토목기술, 1999.

민병형 · 옥치율 · 민일규, 항만공학, 형설출판사, 1999.

부산항만공사, 동북아 주요항만의 운영현황 및 개발계획, 2005.

부산항만공사, 부산북항재개발마스터플랜, 2008.

삼성건설토목사업본부, 항만건설기술, 구미서관, 2006.

이성우, "일본 동경만의 환경친화적 항만공간의 정비방향," 월간 해양수산 통권 제194호, 2000.

이성우, "일본 항만배후부지 개발사례 연구," 월간 해양수산 통권 제206호, 2001.

이성우, "일본의 항만배후지 활성화 동향," 월간 해양수산 통권 제217호, 2002.

이성우, "일본의 항만리모델링 관련제도," 월간 해양수산 통권 제211호, 2002.

이성우, "일본의 항만리모델링 발전과정 연구," 월간 해양수산 통권 제226호, 2003.

이중우, 항만계획 및 개발, 1998.

이중우, 항만공학 - 기초편, 설계편, 1996.

이중우 · 이명권 · 신승호, 21세기 해양개발, 기문당, 1997.

이철영, 항만물류시스템, 효성출판사, 1998.

이길영 · 오인영 · 함능수, 박운용, 항만공학, 형설출판사, 1989.

이정규 역, 불규칙파와 항만 구조물 설계, 청문각, 1992.

일본토목학회편, 신체계토목공학 80 해안 · 항만조사법, 기보당출판, 1979.

일본토목학회편, 신체계토목공학 81 항만계획, 기보당출판, 1979.

일본토목학회편, 신체계토목공학 82 항만시설의 설계, 기보당출판, 1979.

일본토목학회편, 신체계토목공학 83 항만시설의 시공, 기보당출판, 1980.

전일수・김형태, 우리나라 항만개발 및 투자정책에 관한 연구, 해운산업연구원, 1991.

정봉민・장형탁, 환경친화적 항만개발 및 운영방안, 한국히양수산개발원, 2003.

정영석, 세계의 항만, 2001.

주재욱・강석형, 실무자를 위한 항만 및 어항공학, 한림원. 2006.

최영박・윤태훈・지홍기, 해안과 항만공학, 문운당, 2001.

한국해양대학교 건설환경공학부, 워터프론트 인프라 설계 Ⅰ・Ⅱ, 2007.

한국해안해양공학회, 항만관련 설계 및 시공 사례, 2002.

한국해양연구원・국토해양부, 대수심 방파제 및 연약지반 관련기술, 2008.

해양수산부, 항만재개발기본계획, 2006.

해양수산부, 전국무역항항만기본계획, 2001.

해양수산부, 전국무역항 항만기본계획 수정계획보고서 1・2・3권, 2006.

해양수산부, 21세기를 대비한 중장기 항만기술 발전 기본계획, 1999.

해양수산부, 항만기본계획 재정비, 1999.

해양수산부, 항만건설용어해설집, 1997.

해양수산부, 항만매몰 및 오염방지 대책 기반기술 연구, 2001.

해양수산부, 항만 및 어항 설계기준 상권・하권, 1999.

해양수산부, 항만 신공법 사례집, 2006.

해양수산부, 제2차(2006-2011) 전국항만기본계획 수정계획(무역항), 2006.

해운산업연구원, 항만시설관리 및 유지 보수 합리화 방안 연구, 1993.

國土交通省, Ports and Harbours in Japan, 2000.

日本港灣協會, 港灣, Vol. 77, 2000.

日本港灣協會, 港灣計劃書作成 Manual, 1997.

長尾義三, 港灣工學, 共立出版株式會社, 1969.

長尾義三, 港工學概說, 國民科學社, 2003.

石黑隆, 海岸・港灣・海洋工事, 山海堂, 1983.

伊燉岬, 海洋公刊のテサ-イン, 彰國社, 1999.

合田良實, 海岸・港灣, 1998.

畔柳昭雄, 渡邊秀俊, 都市の水邊と人間行動, 共立出版株式會社, 2000.

土木施工設計計算例委員會, 港灣.海洋構造物の設計計算例, 山海堂, 1987.

Abbott, M. B. and Price, W. A., Coastal, Estuarial and Harbour Engineers' Reference

Book, E & FN SPON, 1994.

British Standards Institution, British Standard Code of Practice for Maritime Structures, 1984.

Bruun, P., Port Engineering, Vol. 1 & 2, 1990.

Bruun, P., Stability of Coastal Inlets, 1978.

Committee for Waterfront Structures, "Recommendations of the Committee for Waterfront Structures Harbours and Waterways, EAU 1990," Ernst & Sohn, 1992.

Det Norske Veritas, Rules for Design, Construction and Inspection of Fixed Offshore Structures, 1977.

ERNST G. Frankel, E.G., Port Planning and Development, MIT, 1987.

Gaythwaite, J. W., Design of Marine Facilities for the Berthing, Mooring, and Repair of Vessels, 1990.

Horikawa, K., Coastal Engineering, Univ. Tokyo Press, 1978.

PIANC, "Approach Channels, A guide for Design," PIANC & IAPA, 1996.

Ports and Harbours Bureau, Ministry of Land, Infrastructure and Transport, Ports and Harbours in Japan, 2005.

Thoresen, C. A., Port Design Guidelines and Recommendations, Tapir Publishers, 1988.

Tsinker, G. P., Handbook of Port and Harbor Engineering, Chapman & Hall, 1997.

UNCTAD, Review of maritime transport 2006, 2006.

UNCTAD, Port Development, 1985.

US Navy, Harbor and Coastal Facilities Design Manual, NAVFAC DM-26.1, Harbors.

US Army Coastal Engineering Research Center, "Shore Protection Manual," Vol. I & II, 1984.

US Department of Commerce, Port Handbook for estimating Marine Terminal Cargo Handling Capability, No. D0-A01-78-00-3093, 1979.

Vancouver Port Authority, The land use plan for the Port of Vancouver, 2005.

색 인

[기타]

[공저자약력]

이 중 우
한국해양대학교 해사대학 항해학과 졸업
한국해양대학교 대학원(항만수송공학)
미국 하와이주립대학교 대학원 석사・박사(해양공학)
미국 하와이주립대학교 객원교수
한국해양대학교 교무부처장, 산업기술연구소장, 공과대학장
[현] 한국해양대학교 공과대학장, 건설환경공학부 교수(e-mail : jwlee@hhu.ac.kr)
국토해양부, 부산광역시, 울산광역시, 창원시 건설기술자문・심의위원
부산항・인천항 건설사무소 항만건설 자문위원
부산항만공사 부산북항재개발 자문위원

[주요저서]
부산항사(공저, 부산지방해운항만청), 1991
환경창조를 지향하는 21세기 해양개발(공저, 집문사), 1997
수치해석의 기초(공저, 동화기술), 2000
고등학교 해양토목(공저, 대한교과서주식회사), 2002
해양에너지자원공학(다솜출판사), 2004

이 재 완
연세대학교 공과대학 토목공학과 졸업
프랑스 국립토목대학원 공학석사
프랑스 국립파리 1대학교 대학원 대학박사
연세대학교 겸임교수
[현] 세광종합기술단 대표이사/회장(e-mail : leeunescap@hanmail.net)
(사)한국해양기업협회회장, (사)녹색성장해양포럼 운영위원장
국토해양부 정책자문위원, 항만공사설계자문위원, FIDIC 집행위원

[주요저서]
운영시스템에 따른 컨테이너부두 계획비교, 1985
동북아시아지역의 컨테이너 운송시스템 변화추세예측, 1988

정 대 득
한국해양대학교 해사대학 항해학과 졸업
한국해양대학교 대학원 공학석사・박사(항만)
호주해양대학교 객원교수
[현] 목포해양대학교 교수(e-mail : ddjeong@mmu.ac.kr)

항만개발계획

2009年　2月　20日　初版印刷
2009年　2月　28日　初版發行

共著者　이중우 · 이재완 · 정대득
發行人　安　鍾　萬
發行處　(株)博　英　社
서울特別市 鍾路區 平洞 13-31番地
電話 (733)6771 FAX (736)4818
登錄 1959. 3. 11. 제300-1959-1호(倫)

www.pakyoungsa.co.kr　e-mail: pys@pakyoungsa.co.kr

定　價　25,000원　　ISBN 978-89-7189-183-4